21世纪高等学校规划教材 | 软件工程

面向对象软件工程

石冬凌 任长宁 贾跃 高兵 编著

清华大学出版社
北京

内容简介

本教材阐述了软件工程的基本思想、软件开发过程、面向对象的分析与设计技术及项目管理的内容。在各章节中以软件生命周期阶段为主线，介绍了软件开发过程中的每个阶段需要达成的任务目标、涉及的基本原理及采用的技术。在每一章中都会使用同一业务背景下的案例带领读者运用讲述的知识进行实践，指导读者灵活解决实际问题。每一章节后面都为读者准备了相应的练习题，帮助读者巩固和加深对知识点的理解。教材的最后一章设置了综合实训环节，将前面讲述的知识进行完整的应用，起到将所学知识融会贯通的作用。

本教材适合高校信息类专业"软件工程"课程的教学，也可作为广大软件开发爱好者的参考资料。

本书封面贴有清华大学出版社防伪标签，无标签者不得销售。
版权所有，侵权必究。举报：010-62782989，beiqinquan@tup.tsinghua.edu.cn。

图书在版编目(CIP)数据

面向对象软件工程/石冬凌等编著. —北京：清华大学出版社，2016（2024.8重印）
21世纪高等学校规划教材·软件工程
ISBN 978-7-302-44888-4

Ⅰ. ①面… Ⅱ. ①石… Ⅲ. ①面向对象语言－软件工程－高等学校－教材 Ⅳ. ①TP311.5

中国版本图书馆CIP数据核字(2016)第209324号

责任编辑：贾 斌 薛 阳
封面设计：傅瑞学
责任校对：梁 毅
责任印制：杨 艳

出版发行：清华大学出版社
网　　址：https://www.tup.com.cn，https://www.wqxuetang.com
地　　址：北京清华大学学研大厦A座　　**邮　　编**：100084
社 总 机：010-83470000　　**邮　　购**：010-62786544
投稿与读者服务：010-62776969，c-service@tup.tsinghua.edu.cn
质量反馈：010-62772015，zhiliang@tup.tsinghua.edu.cn
课件下载：https://www.tup.com.cn，010-83470236
印 装 者：三河市人民印务有限公司
经　　销：全国新华书店
开　　本：185mm×260mm　　**印　　张**：18.75　　**字　　数**：458千字
版　　次：2016年10月第1版　　**印　　次**：2024年8月第8次印刷
印　　数：6501～7000
定　　价：59.80元

产品编号：067279-02

出版说明

随着我国改革开放的进一步深化，高等教育也得到了快速发展，各地高校紧密结合地方经济建设发展需要，科学运用市场调节机制，加大了使用信息科学等现代科学技术提升、改造传统学科专业的投入力度，通过教育改革合理调整和配置了教育资源，优化了传统学科专业，积极为地方经济建设输送人才，为我国经济社会的快速、健康和可持续发展以及高等教育自身的改革发展做出了巨大贡献。但是，高等教育质量还需要进一步提高以适应经济社会发展的需要，不少高校的专业设置和结构不尽合理，教师队伍整体素质亟待提高，人才培养模式、教学内容和方法需要进一步转变，学生的实践能力和创新精神亟待加强。

教育部一直十分重视高等教育质量工作。2007 年 1 月，教育部下发了《关于实施高等学校本科教学质量与教学改革工程的意见》，计划实施"高等学校本科教学质量与教学改革工程（简称'质量工程'）"，通过专业结构调整、课程教材建设、实践教学改革、教学团队建设等多项内容，进一步深化高等学校教学改革，提高人才培养的能力和水平，更好地满足经济社会发展对高素质人才的需要。在贯彻和落实教育部"质量工程"的过程中，各地高校发挥师资力量强、办学经验丰富、教学资源充裕等优势，对其特色专业及特色课程（群）加以规划、整理和总结，更新教学内容、改革课程体系，建设了一大批内容新、体系新、方法新、手段新的特色课程。在此基础上，经教育部相关教学指导委员会专家的指导和建议，清华大学出版社在多个领域精选各高校的特色课程，分别规划出版系列教材，以配合"质量工程"的实施，满足各高校教学质量和教学改革的需要。

为了深入贯彻落实教育部《关于加强高等学校本科教学工作，提高教学质量的若干意见》精神，紧密配合教育部已经启动的"高等学校教学质量与教学改革工程精品课程建设工作"，在有关专家、教授的倡议和有关部门的大力支持下，我们组织并成立了"清华大学出版社教材编审委员会"（以下简称"编委会"），旨在配合教育部制定精品课程教材的出版规划，讨论并实施精品课程教材的编写与出版工作。"编委会"成员皆来自全国各类高等学校教学与科研第一线的骨干教师，其中许多教师为各校相关院、系主管教学的院长或系主任。

按照教育部的要求，"编委会"一致认为，精品课程的建设工作从开始就要坚持高标准、严要求，处于一个比较高的起点上；精品课程教材应该能够反映各高校教学改革与课程建设的需要，要有特色风格、有创新性（新体系、新内容、新手段、新思路，教材的内容体系有较高的科学创新、技术创新和理念创新的含量）、先进性（对原有的学科体系有实质性的改革和发展，顺应并符合 21 世纪教学发展的规律，代表并引领课程发展的趋势和方向）、示范性（教材所体现的课程体系具有较广泛的辐射性和示范性）和一定的前瞻性。教材由个人申报或各校推荐（通过所在高校的"编委会"成员推荐），经"编委会"认真评审，最后由清华大学出版社审定出版。

目前,针对计算机类和电子信息类相关专业成立了两个"编委会",即"清华大学出版社计算机教材编审委员会"和"清华大学出版社电子信息教材编审委员会"。推出的特色精品教材包括：

(1) 21 世纪高等学校规划教材·计算机应用——高等学校各类专业,特别是非计算机专业的计算机应用类教材。

(2) 21 世纪高等学校规划教材·计算机科学与技术——高等学校计算机相关专业的教材。

(3) 21 世纪高等学校规划教材·电子信息——高等学校电子信息相关专业的教材。

(4) 21 世纪高等学校规划教材·软件工程——高等学校软件工程相关专业的教材。

(5) 21 世纪高等学校规划教材·信息管理与信息系统。

(6) 21 世纪高等学校规划教材·财经管理与应用。

(7) 21 世纪高等学校规划教材·电子商务。

(8) 21 世纪高等学校规划教材·物联网。

清华大学出版社经过三十多年的努力,在教材尤其是计算机和电子信息类专业教材出版方面树立了权威品牌,为我国的高等教育事业做出了重要贡献。清华版教材形成了技术准确、内容严谨的独特风格,这种风格将延续并反映在特色精品教材的建设中。

清华大学出版社教材编审委员会
联系人：魏江江
E-mail:weijj@tup.tsinghua.edu.cn

目　录

第1章 软件工程概述

1.1 项目导引

为了欢迎刚刚入职的应届毕业生小张，项目组秉承一贯的公司文化，下班后在××酒店聚餐。加入这个新的大家庭，小张一方面感到欣喜，一方面感到紧张和陌生，他急于知道这里不同于学校的一切。

组长老李看出了小张的心思，“小张啊，有什么不懂的，尽管问吧。”小张终于等到了机会，赶紧说道：“我有很多不懂的，比如说，虽然在学校里我们学习了很多开发软件的技能和技巧，可还是很难想象，一个大规模的项目是怎么开发出来的？软件开发中有那么多失败的案例，有的不能满足用户要求，有的超出预算，有的无法控制开发周期，有的后期维护很困难，这些案例失败的原因都是什么呢？软件开发到底是一个怎样的流程呢？最初应该只是用户的要求吧，怎么就能够最终变成功能强大的软件呢？这一定不仅仅是编码就能解决的问题，我觉得这一定很神奇。”项目组同事听到后哈哈大笑，技术顾问老丁说：“孺子可教啊，一连串这么多问题，没错，你说的是一个很现实很复杂的问题，我给你概括一下，就是说软件如何从无到有，如何以团队的形式，在规定的时间及有限的预算内，开发出保证质量，并满足用户需求的软件产品，对吧？”小张点点头。老李接着说：“的确问得好，这就是软件工程要解决的问题，在我们做项目时，软件工程的理论必须贯穿始终。”

1.2 项目分析

那么什么是软件工程呢？软件工程就是告诉人们怎样去开发软件和管理软件。具体地讲，它表现在与软件开发和管理有关的人员和过程上。

从软件项目团队来讲，软件工程的作用在于：在规定的时间内，以预算内的成本，完成预期质量目标（软件的功能、性能和接口达到需求报告标准）的软件。从软件企业本身来讲，软件工程的作用在于：持续地规范软件开发过程和软件管理过程，不断地优化软件组织的个人素质和集体素质，从而逐渐增强软件企业的市场竞争实力。从软件发展进程来讲，软件工程的作用在于：克服软件危机，控制软件进度，节约开发成本，提高软件质量。

简言之，软件工程是研究和应用如何以系统性的、规范化的、可定量的过程化方法去开发和维护软件,以及如何把经过时间考验而证明正确的管理技术和当前能够得到的最好的技术方法结合起来。

1.3 软件工程的历史

在计算机系统发展早期,软件开发基本上沿用“软件作坊”式的个体化方法,这种方法在软件开发和维护过程中遇到了一系列严重问题:程序质量低下,错误频出,进度延误,费用剧增等,这些问题导致了“软件危机”。1968年,北大西洋公约组织的计算机科学家在联邦德国召开国际会议讨论软件危机问题,正式提出并使用了“软件工程”这个名词,从此诞生了一门新兴的工程学科。

1. 软件的发展和软件危机

从20世纪40年代中期世界上第一台计算机出现以后,程序的概念就产生了,在随后的几十年中,计算机软件经历了三个发展阶段,即程序设计阶段(约为20世纪50～60年代)、程序系统阶段(约为20世纪60～70年代)和软件工程阶段(约为20世纪70年代以后),如表1-1所示。

表1-1 计算机软件发展的三个阶段及其特点

阶段 描述内容	程序设计	程序系统	软件工程
软件所指内容	程序	程序及说明书	程序、文档及数据
主要程序设计语言	汇编及机器语言	高级语言	软件语言*
软件工作范围	程序编写	包括设计和测试	包括整个软件生存周期
需求者	程序设计者本人	少数用户	市场用户
开发软件的组织	个人	开发小组	开发小组及大、中型软件开发机械
软件规模	小型	中、小型	大、中、小型
决定质量的因素	个人程序设计技术	小组技术水平	管理水平
开发技术和手段	子程序、程序库	结构化程序设计	数据库、开发工具、工程化开发方法、标准和规范、网络和分布式开发、面向对象技术、软件过程与过程改进
维护责任者	程序设计者	开发小组	专职维护人员
硬件特征	价格高、存储容量小、工作可靠性差	降价、速度、存储容量及工作可靠性有明显提高	向超高速、大容量、微型化及网络化方向发展
软件特征	完全不受重视	软件技术的发展不能满足需求,出现软件危机	开发技术有进步,但未获突破性进展,价格高,未完全摆脱软件危机

*软件语言包括需求定义语言、软件功能语言、软件设计语言、程序设计语言等。

(1) 软件发展最根本的变化体现在以下几个方面。

① 人们改变了对软件的看法。早在20世纪50～60年代,程序设计曾经被看做是一种自由发挥创造才能的技术领域。当时人们认为,只要能在计算机上得出正确的结果,程序的

写法可以不受任何约束。随着计算机的使用日趋广泛，人们不断提出更高的要求(例如，要求程序易懂、易用、易于修改和扩充)，于是程序便从按个人意图创造的“艺术品”转变为能被广大用户接受的工程化产品。

② 需求是软件发展的动力。早期为了满足自己的需要，程序开发者不拘风格地自由创作。这种自给自足的生产方式是其初级阶段的表现。进入软件工程阶段后，软件开发的成果具有社会属性，它要在市场中流通以满足广大用户的需要。

③ 软件工作的考虑范围从只顾程序的编写扩展到涉及整个软件生命周期。

④ 随着计算机硬件技术的进步，要求软件能与之相适应。这个时期出现了“软件作坊”，它基本上仍然沿用早期的个体化软件开发方法。缺乏统一的管理和协调导致许多开发项目由于软件质量问题造成巨大损失，同时随着产品的增加，软件开发力量不得不全部投入维护，没有能力继续开发新的应用系统，这就造成了计算机应用进一步发展的停滞，即 20 世纪 60 年代的“软件危机”现象。软件危机是指计算机软件在开发和维护过程中所遇到的一系列严重问题，主要有以下一些表现形式。

- 软件代价高。随着软件产业的发展，软件成本日益增长，而计算机硬件随着技术的进步、生产规模的扩大，价格却不断下降，造成了软件代价在计算机系统中所占的比例越来越大。20 世纪 50 年代，软件成本在整个计算机系统中所占的比例不大，为 10%～20%；到 20 世纪 60 年代中期已经增长到 50%左右；20 世纪 70 年代以后，软件代价高的问题不仅没有解决，反而进一步加深了。图 1-1 大体表示了一个计算机系统中，硬件和软件所占费用的比例。

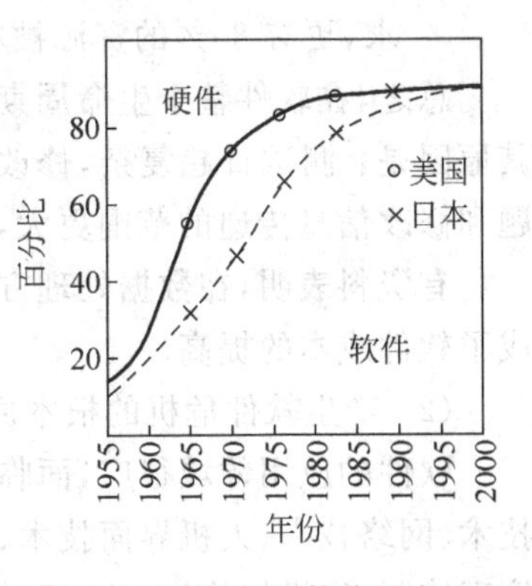

图 1-1 软件与硬件费用之比

- 开发进度难以控制。软件是一种逻辑的系统元素。为了完成一个复杂的软件，常要建立庞大的逻辑体系。同样的算法可以由差别甚大的不同程序形式来实现，在研究大型系统时遇到的困难也是越来越多，软件的开发过程很难加以控制。
- 工作量估计困难。通常要根据任务的复杂性、工作量及进度要求来安排人力，但这种工作量估算方式仅对各部分工作独立互不干扰的工作适用，而软件系统整体各部分之间存在的任务合作与交流活动也会增加工作量。由于软件系统结构复杂，各部分之间的附加联系极大，在拖延的软件项目上增加人力通常只会使其更难按期完成。这对于一般的工业产品来说是难以想象的。
- 质量差。软件的产品质量与其他商品的质量问题有着很大的不同。使用“软件作坊”开发软件的方法沿袭了早期形成的个体化方式，软件(程序)开发过程没有交互性，软件的规划、设计、测试和维护都只能由某一个人全部负责，只有程序清单而没有任何正式的软件规划文档。这就使得软件修改和维护十分困难，有时甚至变得不可能。此外，软件规模和数量的急剧增加，用户需求的不断变化，使得软件的质量控制成为一个很难解决的问题，这是由于软件所处的特殊地位造成的。

• 修改、维护困难。当软件系统变得庞大、问题变得复杂时，常常还会发生“纠正一个错误却带来更多新错误”的问题。此外，人们习惯于认为软件易于修改、容易扩充，因此在系统投入运行后为适应新环境，经常提出要求进行维护。这样产生的维护工作量将难于估算。根据1999年美国的Standish Group对当年美国的软件项目的统计数字表明(如图1-2所示)，只有26%的软件项目是真正成功的，其余的项目全部是失败的或是有问题的，28%的项目是完全失败的。这些存在问题的或是失败的项目带来的直接损失是870亿美金，占美国当年全部IT投资(2550亿美金)的近40%，而由于这些项目所带来的间接损失是无法估量的，在全部这些项目中，平均超期189%，平均超预算222%，平均27个月滞后于最终用户的需求，更有80%的资源被花费在对应用的维护上。

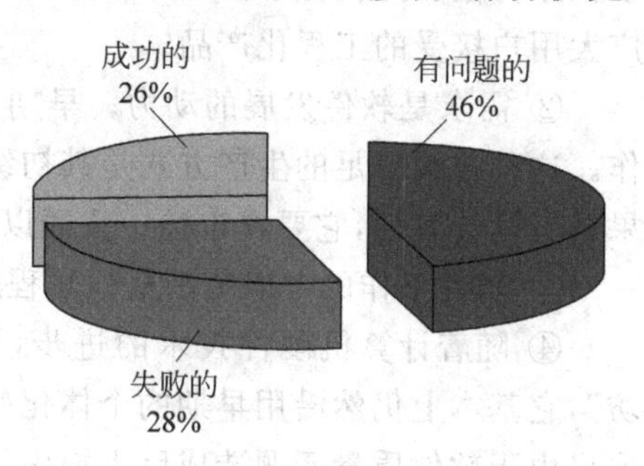

图1-2 Standish Group小组报告

总之，在软件整个生命周期中，错误发现得越晚，纠正错误所要付出的代价也就越大。其原因是：测试日趋复杂，修改的文件和文本需分发的范围更广，多次反复以前的测试，问题和修改信息传递的范围更大，涉及的人员更多。

有资料表明，在数据处理方面，30%～80%的预算往往用于软件维护工作，这就直接造成了软件成本的提高。

(2) 产生软件危机的根本原因是软件面临的问题空间的复杂性。

软件的应用领域很广，面临的问题很复杂，所以涉及的处理技术也十分广泛，包括信息技术、网络技术、人机界面技术、人机会话环境技术等。另外，面临的问题空间往往还牵涉到管理体制、组织机构、内外部环境、用户水平、经济学、心理学等许多非技术问题。问题空间的复杂性决定了软件系统的复杂性。

产生软件危机的另一个重要原因是计算机硬件体系结构的发展速度滞后于软件应用面拓展速度。时至今日，硬件的体系结构基本未变。从5大组成部件来看，出现了图形扫描仪、光笔、绘图机等许多新式输入输出设备，多CPU的计算机在实时系统中得到应用，内外存的容量和存取速度有很大提高，但是，这些部件的变化都只是硬件功能的完善、性能的提高，属于改良性质的变化。时至今日，计算机的硬件体系结构仍属于冯·诺依曼计算机，它的基本特征是：顺序地执行程序指令，按地址访问线性的存储空间，数据和指令在机内采用统一的表示形式，只能完成四则运算和一部分逻辑运算。冯氏计算机的初衷是为数值计算服务的，然而随着计算机应用领域的扩大，所面临的问题90%以上是非数值计算。为了满足用户的需求，或在逻辑上构建许多的软件层次，每一软件层次都可以看作是一种语言的翻译器或解释器，用这种方法来填补用户和裸机之间的鸿沟。简单地说，就是把解题过程分解成一系列能由冯氏计算机处理的四则运算和逻辑运算，这就使软件非常庞大，开发工作十分困难，软件的可靠性和可维护性很差。因此，可以说，正是因为把以科学计算为基础的冯氏计算机应用在非数值计算的数据处理中(会计信息系统属于此类处理)，所以也把危机转嫁在软件上。

软件危机的产生，除了上述两个主要原因之外，还与人们在软件开发和维护中采用错误的方法有关。

软件系统的复杂性虽然给开发和维护带来了客观困难，但是人们在开发和使用计算机系统的长期实践中，也积累和总结了许多经验，如果坚持不懈地使用经过实践证明是正确的方法，许多困难是完全可以克服的。但是，目前相当多的开发人员对软件开发和维护还有不少糊涂的观念，在实践中或多或少地采用错误的技术和方法，如忽视软件的维护性等。这些关于软件开发和维护的错误认识和做法是产生软件危机的第三个重要原因。

此外，造成软件危机还有如下一些原因。

① 用户需求不明确，体现在 4 个方面：软件开发出来之前，用户自己不清楚其具体需求；用户对软件需求的描述不精确（有遗漏或者二义性）甚至有错误；软件开发过程中用户不停地提出修改要求（例如修改软件功能、界面、支撑环境等）；软件开发人员对用户的理解与用户本来愿望有差异。

② 缺乏正确的理论指导，特别是缺乏有力的方法学和工具方面的支持。

③ 软件规模越来越大。

④ 软件复杂度越来越高。

⑤ 软件灵活性要求高。

影响软件生产率与质量的因素十分复杂，包括个人能力、团队联系、产品复杂度、合适的符号表达方式，可利用的时间地点以及其他因素（诸如技术水平、变更控制、采用的方法、所需要的可靠性、对问题的理解、需求稳定程度、设施及资源、相应的培训、管理水平、恰当的目标、期望的高低等）。

2. 软件工程的诞生

1968 年，北大西洋公约组织的计算机科学家在联邦德国召开的国际学术会议上，讨论和制定摆脱"软件危机"的对策。同时，第一次提出了软件工程（Software Engineering）这个概念，从此一门新兴的工程学科——软件工程学——为研究和克服软件危机应运而生。

"软件工程"的概念是为了有效地控制软件危机的发生而被提出来的，它的中心目标就是把软件作为一种物理的工业产品来开发，要求"采用工程化的原理与方法对软件进行计划、开发和维护"。软件工程是一门旨在开发满足用户需求、及时交付、不超过预算和无故障的软件的学科。软件工程的主要对象是大型软件。它的最终目的是摆脱手工生产软件的状况，逐步实现软件开发和维护的自动化。

我们要求工程目标能在一定的时间、一定的预算之内完成。软件工程是针对软件危机提出来的。从微观上看，软件危机的特征正是表现在完工日期一再拖后、经费一再超支，甚至工程最终宣告失败等方面。而从宏观上看，软件危机的实质是软件产品的供应赶不上需求的增长。

自从软件工程概念提出以来，经过几十多年的研究与实践，虽然"软件危机"没有得到彻底解决，但在软件开发方法和技术方面已经有了很大的进步。尤其应该指出的是，自 20 世纪 80 年代中期，美国工业界和政府部门开始认识到，在软件开发中，最关键的问题是软件开发组织不能很好地定义和管理其软件过程，从而使一些好的开发方法和技术都起不到所期望的作用。也就是说，在没有很好定义和管理软件过程的软件开发中，开发组织不可能在好的软件方法和工具中获益。

1.4 软件工程的基本概念

Fritz Bauer 曾经为软件工程做了如下定义："软件工程是为了经济地获得能够在实际机器上有效运行的可靠软件而建立和使用的一系列完善的工程化原则。"1993 年，IEEE 给出的定义为："软件工程是将系统化的、规范的、可度量的方法应用于软件的开发、运行、维护过程，即将工程化应用于软件中的方法的研究。"目前人们给出的一般定义是：软件工程是一门旨在生产无故障的、及时交付的、在预算之内的和满足用户需求的软件的学科。实质上，软件工程就是采用工程的概念、原理、技术和方法来开发与维护软件，把经过时间考验而证明正确的管理方法和最先进的软件开发技术结合起来，应用到软件开发和维护过程中，来解决软件危机问题。

软件工程包括三个要素：方法、工具和过程，如图 1-3 所示。

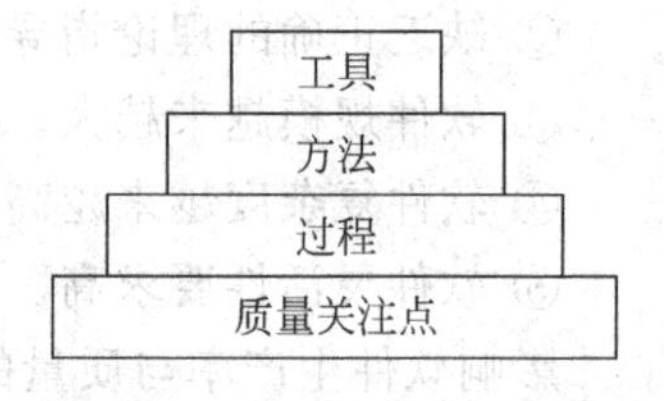

图 1-3 软件工程层次

软件工程方法为软件开发提供了"如何做"的技术。它包括多方面的任务，如项目计划与估算、软件系统需求分析、数据结构、系统总体结构的设计、算法过程的设计、编码、测试以及维护等。

软件工具为软件工程方法提供了自动的或半自动的软件支撑环境。目前，已经推出了许多软件工具，这些软件工具集成起来，建立起称为计算机辅助软件工程(CASE)的软件开发支撑系统。CASE 将各种软件工具、开发机器和一个存放开发过程信息的工程数据库组合起来形成一个软件工程环境。

软件工程的过程则是将软件工程的方法和工具综合起来以达到合理、及时地进行计算机软件开发的目的。过程定义了方法使用的顺序、要求交付的文档资料、为保证质量和协调变化所需要的管理，及软件开发各个阶段完成的里程碑。

1.5 软件工程的基本原理

自从 1968 年提出"软件工程"这一术语以来，研究软件工程的专家学者们陆续提出了一百多条关于软件工程的准则或信条。美国著名的软件工程专家 Boehm 综合这些专家的意见，并总结了 TRW 公司多年的开发软件的经验，于 1983 年提出了软件工程的 7 条基本原理。Boehm 认为，这 7 条原理是确保软件产品质量和开发效率的原理的最小集合。

它们是相互独立的，是缺一不可的最小集合；同时，它们又是相当完备的。人们当然不能用数学方法严格证明它们是一个完备的集合，但是可以证明，在此之前已经提出的一百多条软件工程准则都可以由这 7 条原理的任意组合蕴含或派生。

1. 用分阶段的生命周期计划严格管理

这一条是吸取前人的教训而提出来的。统计表明，50%以上的失败项目是由于计划不周而造成的。在软件开发与维护的漫长生命周期中，需要完成许多性质各异的工作。这条原理意味着，应该把软件生命周期分成若干阶段，并相应制定出切实可行的计划，然后严格按照计划对软件的开发和维护进行管理。Boehm 认为，在整个软件生命周期中应指定并严格执行 6 类计划：项目概要计划、里程碑计划、项目控制计划、产品控制计划、验证计划、运行维护计划。

2. 坚持进行阶段评审

统计结果显示：大部分错误是在编码之前造成的，大约占 63%；错误发现越晚，改正它要付出的代价就越大，要差两三个数量级。因此，软件的质量保证工作不能等到编码结束之后再进行，应坚持进行严格的阶段评审，以便尽早发现错误。

3. 实行严格的产品控制

开发人员最痛恨的事情之一就是改动需求。但是实践告诉我们，需求的改动往往是不可避免的。这就要求我们要采用科学的产品控制技术来顺应这种要求。也就是要采用变动控制，又叫基准配置管理。当需求变动时，其他各个阶段的文档或代码随之相应变动，以保证软件的一致性。

4. 采纳现代程序设计技术

从 20 世纪 60、70 年代的结构化软件开发技术，到最近的面向对象技术，从第一、第二代语言，到第四代语言，人们已经充分认识到：采用先进的技术既可以提高软件开发的效率，又可以减少软件维护的成本。

5. 结果应能清楚地审查

软件是一种看不见、摸不着的逻辑产品。软件开发小组的工作进展情况可见性差，难于评价和管理。为更好地进行管理，应根据软件开发的总目标及完成期限，尽量明确地规定开发小组的责任和产品标准，从而使所得到的标准能清楚地审查。

6. 开发小组的人员应少而精

开发人员的素质和数量是影响软件质量和开发效率的重要因素，应该少而精。

这一条基于两点原因：高素质开发人员的效率比低素质开发人员的效率要高几倍到几十倍，开发工作中犯的错误也要少得多；当开发小组人数为 N 时，可能的通信信道为 $N(N-1)/2$，可见随着人数 N 的增大，通信开销将急剧增大。

7. 承认不断改进软件工程实践的必要性

遵从上述 6 条基本原理，就能够较好地实现软件的工程化生产。但是，它们只是对现有的经验的总结和归纳，并不能保证赶上技术不断前进发展的步伐。因此，Boehm 提出应把承认不断改进软件工程实践的必要性作为软件工程的第 7 条原理。根据这条原理，不仅要积极采纳新的软件开发技术，还要注意不断总结经验，收集进度和消耗等数据，进行出错类型和问题报告统计。这些数据既可以用来评估新的软件技术的效果，也可以用来指明必须着重注意的问题和应该优先进行研究的工具和技术。

1.6 软件生命周期

软件的生命周期是一个孕育、诞生、成长、成熟和衰亡的生存过程，也就是由软件定义、软件开发和运行维护三个时期组成，而每个时期又有所要完成的不同的基本任务。

下面用“网上选课系统”作为案例来分析各个时期的不同任务。

软件定义时期的主要任务是解决“做什么”的问题，通俗地讲就是做此项目的可行性报告及明确主要功能等。对于网上选课系统，在软件定义阶段要确定以下几个功能模块：管理员管理课程、教师、学生的增删改查和对教师、学生的权限授予等功能；教师对自己信息的修改和对自己课程的上传、修改、删除、查询等功能；学生对课程的选择、退选及查询等功能。针对此项目，从技术、经济、法律、成本、可获得的效益、开发的进度做出一系列的估算，制订出具体的实施计划。

软件开发时期的主要任务是解决“如何做”的问题，也就是如何完成此项目的过程，要解决每个构件所要完成的工作以及完成此工作的顺序。选择编写源程序的开发工具，把软件设计转换成计算机可以接受的程序代码。对于网上选课系统，在软件开发阶段，确定先要进行管理员的模块编写，再进行教师模块的编写，进而进行学生模块的编写，另外也要确定运用某种软件开发工具，如Java、C语言等进行模块的开发等。在此阶段还要把前期的各个模块组装起来进行测试，保证按需求分析的要求完成软件功能的测试并对此进行确认，交与开发方运行测试。

运行维护时期的主要任务是使软件持久地满足用户的需要。对于网上选课系统，在运行维护阶段，主要针对客户在使用过程中系统出现的问题进行修改，保证系统的正常运行。同时也可以对用户提出功能上的增强或完善性要求进行响应，以增强用户对系统的满意度。

完整的软件生命周期是一个耗时很长的工程。在软件工程生命周期的三个时期中，又可以基于各阶段任务相对独立，以及同一阶段任务性质相同的原则，将生存周期划分成如下几个阶段。

1. 问题定义

问题定义阶段必须回答的关键问题是“要解决的问题是什么？”如果不知道是什么就试图解决这个问题，显然是盲目的，最终得到的结果很可能是毫无意义的。所以在此阶段，系统分析员需要与客户进行沟通，以明确问题的性质、工程目标及规模。

问题定义阶段是软件生命周期中最短的阶段，一般只需要一天或更少的时间。

2. 可行性分析

此阶段是软件开发方与需求方共同讨论，主要确定软件的可行性。在这个阶段中需要从开发的技术、成本、效益等各个方面来衡量这个项目，进行可行性分析，形成可行性分析报告书，并以此为基础进行需求分析等后期的工作。

3. 需求分析

在此阶段主要解决的问题是“做什么”。在确定软件开发可行的情况下，对软件需要实现的各个功能进行详细分析，明确目标的功能需求和非功能需求，并建立分析模型，从功能、数据、行为等方面描述系统的静态特性和动态特性，对目标系统做进一步的细化，了解此系统的各种需求细节。在这个阶段实施时产生的需求分析说明书是今后开发过程中至关重要的一个文档，因此，需求分析阶段是整个软件生命周期中一个重要的阶段。随着系统的复杂性和规模的不断扩大，需求也会在整个软件开发过程中不断地发生变化，因此对需求的合理管理，是保护整个项目顺利进行的前提。

4. 软件设计

此阶段是整个软件开发的技术核心部分，解决“怎么做”的问题。主要是根据需求分析的结果，对整个软件系统进行设计，如系统框架设计、数据库设计等。软件设计一般分为总体设计和详细设计。总体设计包括系统模块结构设计和计算机物理系统的配置方案设计。此过程中主要解决的是如何将一个系统划分成多个子系统，每个子系统如何划分成多个模块，如何确定子系统之间、模块之间传送的数据及其调用关系，如何评价并改进模块结构的质量等。计算机物理系统配置方案设计是要解决计算机软硬件系统的配置、通信网络系统的配置、机房设备的配置等问题。详细设计主要确定每个模块内部的详细执行过程，包括局部数据组织、控制流、每一步的具体加工要求等，一般来说，处理过程模块详细设计的难度已不太大，关键是用一种合适的方式来描述每个模块的执行过程。

5. 程序编码

此阶段是选择合适的编程语言，将软件设计的结果转换成计算机可运行的程序代码，在程序编码中必须要制定统一、符合标准的编写规范。以保证程序的可读性，易维护性，提高程序的运行效率，且与设计相一致。

6. 软件测试

在软件开发完成后要经过严密的测试，以发现软件在整个设计过程中存在的问题并加以纠正。在测试过程中要建立详细的测试计划并严格按照测试计划进行测试，要根据需求规格说明书的要求，对必须实现的各项需求，逐步进行确认，判定已开发的软件是否符合用户需求，能否交付用户使用。

7. 软件运行和维护

软件维护是软件生命周期中持续时间最长的阶段。在软件开发完成并投入使用后，由于多方面的原因，软件不能继续适应用户的要求。要延续软件的使用寿命，就必须对软件进行维护。

1.7 软件开发过程模型

软件开发应该是一种组织良好、管理严密、各类人员协同配合、共同完成的工程项目，需要充分吸收和借鉴人类长期以来从事各种工程项目所积累的行之有效的管理、概念、技术和方法，特别要吸取几十年来人类从事计算机硬件研究和开发的经验教训。经过几十年的软件开发实践证明：按工程化的原则和方法组织管理软件开发工作是有效的，是摆脱软件危机的一个主要出路。为了解决软件危机，既要有技术措施（方法和工具），又要有必要的组织管理措施（例如软件质量管理、配置管理等）。软件工程正是从管理和技术两方面研究如何摆脱“软件危机”、如何更好地开发和维护计算机软件的一门新兴学科。

为了解决实际问题，软件工程师必须基于项目和应用的性质、采用的方法和工具以及需要控制和交付的产品，综合出一个开发策略。该策略包含过程、方法和工具三个层次以及定义阶段、开发阶段和支持阶段三个一般性阶段。这个策略常被称为过程模型或软件工程规范。

软件开发可以通过一个如图 1-4(a)所示的问题解决环进行刻画，环中包含 4 个不同阶段：状态引用、问题定义、技术开发和解决集成。状态引用表示事物的当前状态；问题定义标识要解决的特定问题；技术开发通过应用某些技术来解决问题；解决集成向需要解决方案的人提交结果。

上述问题解决环可以应用于软件工程的多个不同开发级别上，可以使用分形表示以提供关于过程的理想化视图，如图 1-4(b)所示。问题解决环的每一阶段又包含一个相同的问题解决环，继续嵌套直到一个合理的边界（对于软件而言是代码行）。因为阶段内部和阶段之间的活动常常有交叉，很难清楚地划分出这 4 个阶段的活动，但是在某个细节的级别上它们同时共存，所以，在一个完整应用的分析和一小段代码的生成过程中可以递归地应用这 4 个阶段。

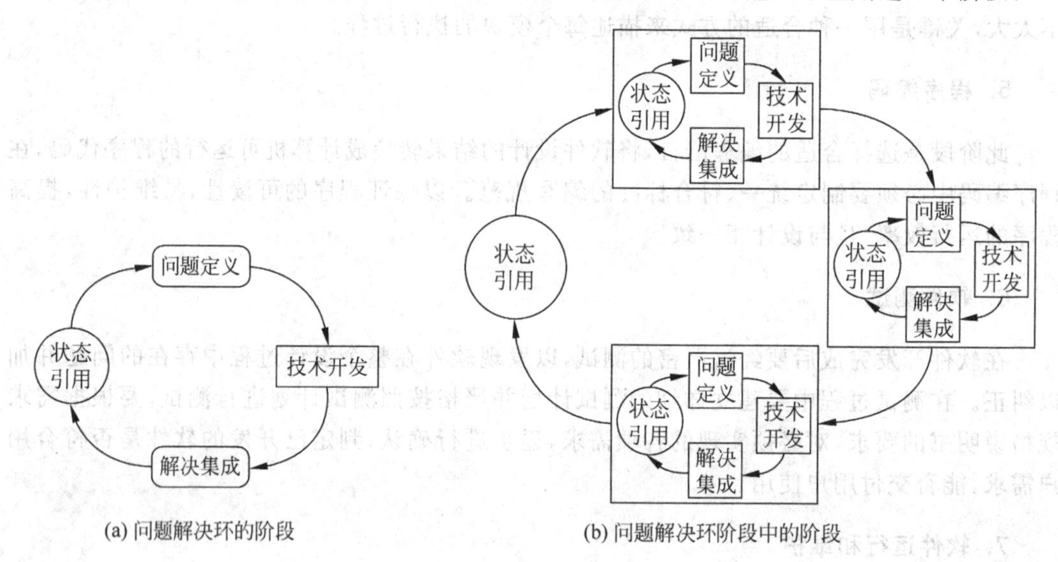

图 1-4 软件过程模型

软件过程模型是从软件需求定义直至软件交付使用后报废为止，在这整个生存期中的系统开发、运行和维护所实施的全部过程、活动和任务的结构框架。到目前为止已经提出了多种模型，主要有线性顺序模型即传统的瀑布模型、原型模型、螺旋模型、迭代开发与 RUP 等。模型的选择是基于软件的特点和应用的领域。下面介绍一些典型的过程模型。

1.7.1 瀑布模型

瀑布模型是最早出现的软件开发模型，在软件工程中占有重要的地位，它提供了软件开发的基本框架。瀑布模型提出了系统地按软件的生命周期顺序开发软件的方法，包括问题定义、需求分析、软件设计、编码、测试、运行和维护，如图 1-5 所示。各项活动自上而下，相互衔接如同瀑布流水，逐级下落，体现了不可逆转性。

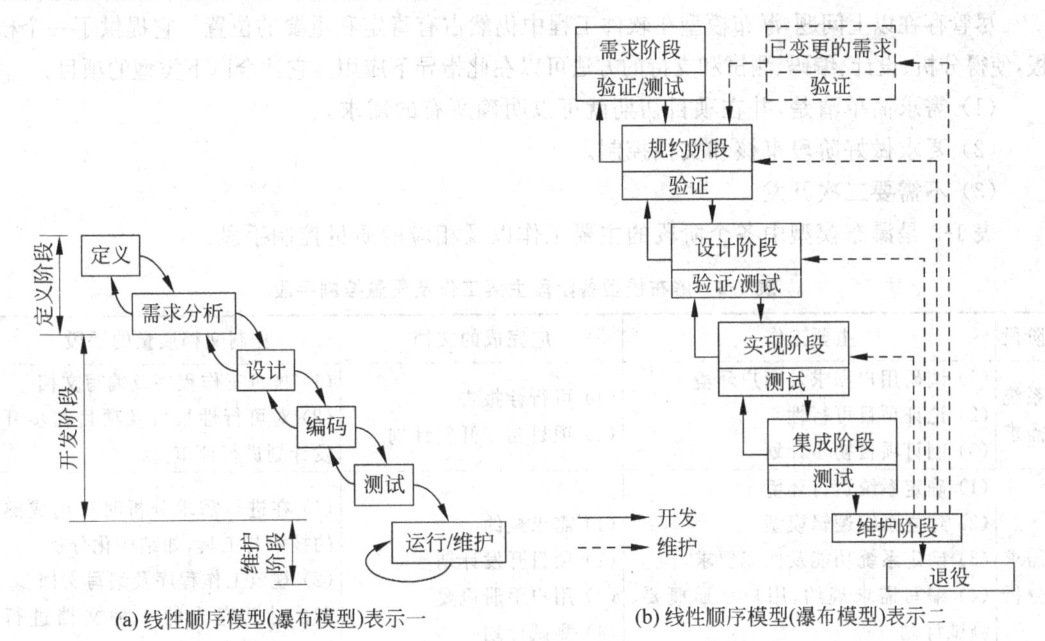

(a) 线性顺序模型(瀑布模型)表示一　(b) 线性顺序模型(瀑布模型)表示二

图 1-5　瀑布模型的表示

当然，软件开发的实践表明，上述各项开发活动之间并非完全是自上而下，呈现线性模式。实际上，要对每项活动实施的工作进行评审，若得到确认则继续下一项活动，在图 1-5(b)中用向下的箭头表示；否则返回前面的活动进行返工，在图 1-5(b)中用向上的箭头表示。

几十年来瀑布模型得到了广泛应用，一是由于它在支持开发结构化软件、控制并降低软件开发的复杂度、促进软件开发工程化方面起到了显著作用；二是由于它为软件开发和维护提供了一种当时较为有效的管理模式，根据这一模式制订开发计划、进行成本预算、组织开发力量，以项目的阶段评审和文档控制为手段，有效地对整个软件开发过程进行指导，从而保证了软件产品及时交付，并达到预期的质量要求。我国曾在 1988 年依据该模型制订并公布了"软件开发规范"国家标准，对软件开发起到了较大的促进作用。

瀑布模型也被称为线性顺序模型、生命周期模型，它的优点表现在其强调开发的阶段性、强调早期计划和需求调查以及强调产品测试。但是在使用时有时会遇到如下一些问题。

(1) 实际项目很少按照该模型给出的顺序进行。虽然线性模型允许迭代，但却是间接的，在项目开发过程中可能会引起混乱。

(2) 客户常常难以清楚地给出所有需求，而该模型却要求必须如此，所以它不能接受在许多项目的开始阶段自然存在的不确定性。

(3) 客户必须有耐性。一直要等到项目开发周期的后期才能得到程序的运行版本，此时若发现大的错误，其后果可能是灾难性的。

(4) 过分依赖于早期进行的需求调查，不能适应需求的变化；由于是单一流程，开发中的经验教训不能反馈应用于本产品的过程；风险往往迟至后期的开发阶段才显露，因而失去及早纠正的机会，项目开发往往失去控制。

除此之外，瀑布模型的线性特征还会导致"阻塞状态"，即某些项目团队成员不得不等待团队内的其他成员先完成其所依赖的任务，耽误的时间可能会超过在开发工作上的时间。

尽管存在以上问题，瀑布模型在软件工程中仍然占有肯定和重要的位置。它提供了一个模板，使得分析、设计、编码、测试和支持的方法可以在此指导下应用。它适合以下类型的项目。

(1) 需求简单清楚，并在项目初期就可以明确所有的需求。

(2) 要求做好阶段审核和文档控制。

(3) 不需要二次开发。

表 1-2 是瀑布模型中各个阶段的主要工作以及相应的质量控制手段。

表 1-2 瀑布模型各阶段主要工作及质量控制手段

阶段	主要工作		应完成的文档	控制文档质量的手段
系统需求		(1) 调研用户需求及用户环境 (2) 论证项目可行性 (3) 制订项目初步计划	(1) 可行性报告 (2) 项目初步开发计划	(1) 规范工作程序及编写文档 (2) 对可行性报告及项目初步开发计划进行评审
需求分析		(1) 确定系统运行环境 (2) 建立系统逻辑模型 (3) 确定系统功能及性能要求 (4) 编写需求规约、用户手册概要、测试计划 (5) 确认项目开发计划	(1) 需求规约 (2) 项目开发计划 (3) 用户手册概要 (4) 测试计划	(1) 在进行需求分析时采用成熟的技术与工具，如结构化分析 (2) 规范工作程序及编写文档 (3) 对已完成的 4 种文档进行评审
设计	概要设计	(1) 建立系统总体结构，划分功能模块 (2) 定义各功能模块接口 (3) 数据库设计(如果需要) (4) 制订组装测试计划	(1) 概要的设计说明书 (2) 数据库设计说明书(如果有) (3) 组装测试计划	(1) 在进行系统设计时采用先进的技术与工具，如结构化设计、结构图 (2) 编写规范化工作程序及文档 (3) 对已完成的文档进行评审
	详细设计	(1) 设计各模块具体实现算法 (2) 确定模块间详细接口 (3) 制订模块测试方案	(1) 详细的设计说明书 (2) 模块测试计划	(1) 设计时采用先进的技术与工具，如结构图 SC (2) 规范工作程序及编写文档 (3) 对已完成的文档进行评审
实现		(1) 编写程序源代码 (2) 进行模块测试和调试 (3) 编写用户手册	(1) 程序调试报告 (2) 用户手册	(1) 在实现过程中采用先进的技术与工具，如结构图 SC (2) 规范工作程序及编写文档 (3) 对实现过程及已经完成的文档进行评审
测试	集成测试	(1) 执行集成测试计划 (2) 编写集成测试报告	(1) 系统的源程序清单 (2) 集成测试报告	(1) 测试时采用先进的技术和工具 (2) 规范工作程序及文档编写 (3) 对测试工作及已经完成的文档进行评审
	验收测试	(1) 测试整个软件系统(鲁棒性测试) (2) 测试用户手册 (3) 编写开发总结报告	(1) 确认测试报告 (2) 用户手册 (3) 开发工作总结	
维护		(1) 为纠正错误，完善应用而进行修改 (2) 对修改进行配置管理 (3) 编写故障报告和修改报告 (4) 修订用户手册	(1) 故障报告 (2) 修改报告	(1) 维护时采用先进的工具 (2) 规范工作程序及编写文档 (3) 配置管理 (4) 对维护工作及已经完成的文档进行评审

1.7.2 原型模型

由于在项目开发的初始阶段人们对软件的需求认识常常不够清晰，因而使得开发项目难于做到一次开发成功，出现返工在所难免。因此，可以先做试验开发，以探索可行性并弄清软件需求，在此基础上获得较为满意的软件产品。通常把第一次得到的试验性产品称为“原型”，即把系统主要功能和接口通过快速开发制作为“软件样机”，以可视化的形式展现给用户，及时征求用户意见，从而明确无误地确定用户需求，同时也可用于征求内部意见，作为分析和设计的接口之一，以便于沟通。

原型实现模型的基本思想是：原型实现模型从需求采集开始，如图1-6所示，然后是“快速设计”，集中于软件中那些对用户/客户可见的部分的表示（如输入方式和输出格式）并最终导致原型的创建。这个过程是迭代的。原型由用户/客户评估并进一步精化待开发软件的需求，通过逐步调整以满足用户要求，同时也使开发者对将要做的事情有一个更好的理解。

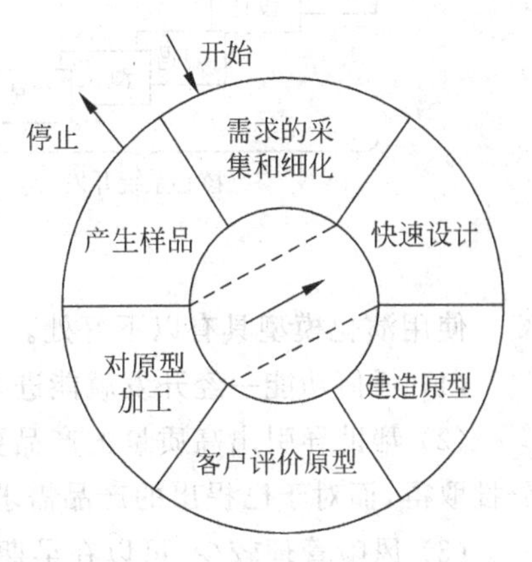

图 1-6 原型实现模型

原型实现模型的主要价值是可视化，强化沟通，降低风险，节省后期变更成本，提高项目成功率。一般来说，采用原型实现模型后可以改进需求质量；虽然先期投入了较多的时间，但可以显著减少后期变更的时间；原型投入的人力成本代价并不大，但可以节省后期成本；对于较大型的软件来说，原型系统可以成为开发团队的蓝图。另外，原型通过充分和客户交流，还可以提高客户的满意度。

对原型实现模型的基本要求有：体现主要的功能；提供基本的界面风格；展示比较模糊的部分，以便于确认或进一步明确，防患于未然；原型最好是可运行的，至少在各主要功能模块之间能够建立相互衔接。

根据运用原型的目的和方式不同，原型可分为以下两种不同的类型。

(1) 抛弃型或丢弃型。先构造一个功能简单而且质量要求不高的模型系统，针对这个模型系统反复进行分析修改，形成比较好的设计思想，据此设计出更加完整、准确、一致、可靠的最终系统。系统构造完成后，原来的模型系统就被丢弃不用。这种类型通常是针对系统的某些功能进行实际验证为目的，本质上仍然属于瀑布模型，只是以原型作为一种辅助的验证手段。

(2) 演化型或追加型。先构造一个功能简单而且质量要求不高的模型系统，作为最终系统的核心，然后通过不断地扩充修改，逐步追加新要求，最后发展成为最终系统。软件的原型是最终系统的第一次演化。也就是说，首先进行需求调研和分析，然后选择一个优秀的开发工具快速开发出一个原型来请用户试用，用户经过试用提出修改建议，开发人员修改原型，再返回到用户进行试用，这个过程经过多次反复直到最终使用满意为止。

有人把抛弃型原型又细分为探索型和实验型。探索型原型的目的是要弄清对目标系统的要求，确定所希望的特性，并探讨多种方案的可行性。它主要针对开发目标模糊、用户和开发者对项目都缺乏经验的情况。而实验型原型用于大规模开发和实现之前，考核方案是否合适，规约是否可靠。

一般小项目不采用抛弃型原型，否则成本和代价通常会偏高；而演化型原型法主要针对事先不能完整定义需求的软件开发。用户可以给出待开发系统的核心需求，并且当看到核心需求实现后，能够有效地提出反馈，以支持系统的最终设计和实现。软件开发人员根据用户的需求，首先开发核心系统。当该核心系统投入运行，经过用户试用后，完成他们的工作，并提出精化系统、增强系统能力的需求。软件开发人员根据用户的反馈，实施开发的迭代过程。每一迭代过程均由需求、设计、编码、测试、集成等阶段组成，如图 1-7 所示。

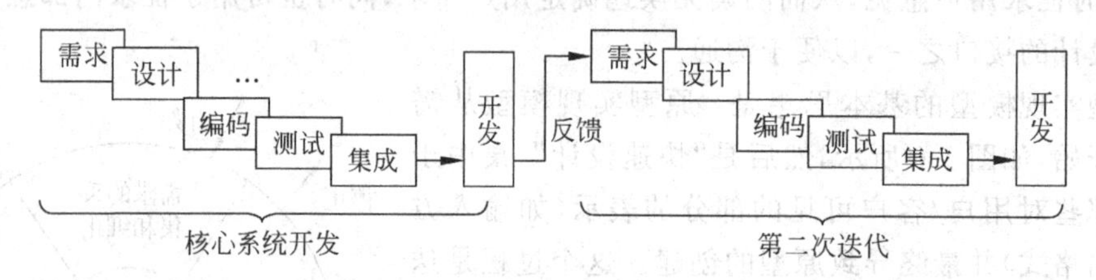

图 1-7　演化模型

使用演化模型具有以下好处。

(1) 任何功能一经开发就能进入测试，以便验证是否符合产品需求。

(2) 帮助导引出高质量的产品要求。如果一开始无法弄清楚所有的产品需求，也可以分批取得，而对于已提出的产品需求则可根据对现阶段原型的试用而做出修改。

(3) 风险管理较少，可以在早期就获得项目进程数据，可据此对后续的开发循环做出比较切实的估算，提供机会去采取早期预防措施，增加项目成功的概率。

(4) 有助于早期建立产品开发的配置管理、产品构建、自动化测试、缺陷跟踪、文档管理，均衡整个开发过程的负荷。

(5) 开发中的经验教训能反馈应用于本产品的下一个循环过程，大大提高质量与效率。

(6) 风险管理中若发现资金或时间已超出可承受的程度，则可以调整后续开发，或在一个适当时刻结束开发，但仍然要有一个具有部分功能的、可使用的产品。

(7) 开发人员早日见到产品的雏形，可在心理上获得一种鼓舞。

(8) 提高产品开发各过程的并行化程度。用户可以在新的一批功能开发测试后，立即参加验证，以提供有价值的反馈。此外，销售工作也有可能提前进行，因为可以在产品开发的中后期用包含主要功能的产品原型去向客户展示或让客户试用。

演化模型同时也存在一些不利之处：在一开始如果所有的产品需求没有完全弄清楚，会给总体设计带来困难并削弱产品设计的完整性，最终影响产品性能的优化及产品的可维护性；如果缺乏严格的过程管理，这个生命周期模型就很可能退化为一种原始的无计划的“试验—出错—改正”模式；心理上松懈，可能会认为虽然不能完成全部功能，但还是构造出了一个有部分功能的产品；如果不加控制地让用户接触开发中尚未测试稳定的功能，可能对开发人员和用户都会产生负面的影响。

理想情况下原型可以作为标识软件需求的一种机制，但它仍然存在问题：

(1) 客户看到的似乎是软件的工程版本，但他们不知道原型只是拼凑起来的，不知道为了使原型很快能够工作而没有考虑软件的总体质量和长期的可维护性。为了达到其高质量，程序员不得不反复修改原型使其成为其最终的工作产品，但却放松了软件开发管理。

(2) 开发者为使原型能够尽快工作,原型中常常会存在一些考虑欠成熟的方面,长时间后开发者可能已经习惯了这些选择,忘记了它们不合适的初始原因,最终这些不理想的选择就会成为系统的组成部分。

尽管存在以上问题,原型仍是软件工程的一个有效模型,关键是定义开始时的执行规则,即客户和开发商两方面必须达到一致:原型被建造仅是为了定义需求,之后就被抛弃(或至少部分被抛弃),实际软件在充分考虑了质量和可维护性之后才能被开发。

原型法在软件过程中的地位如图 1-8 所示。

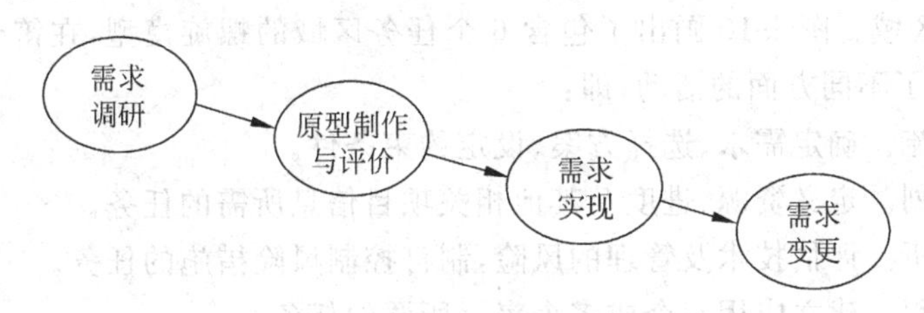

图 1-8　软件原型的地位

采用原型模型的一般过程如图 1-9 所示。

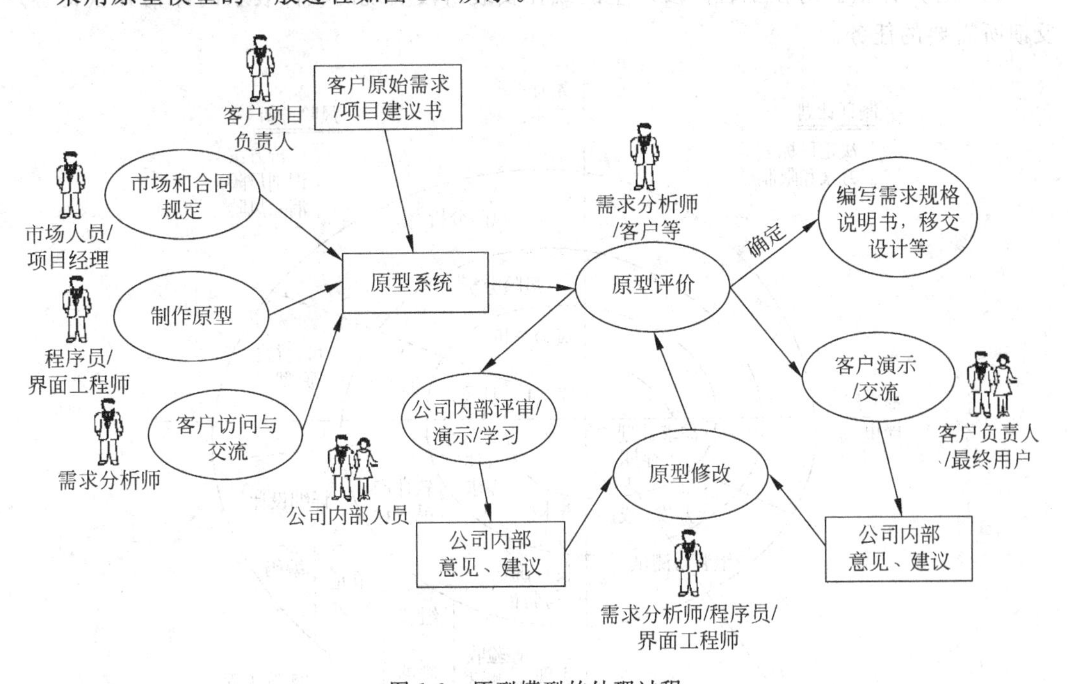

图 1-9　原型模型的处理过程

最后还要注意界面设计的引入。将界面风格在原型阶段就基本确定是一种优化的做法,可以避免后期开发时对界面进行统一调整所带来的不必要的成本花费。良好的界面可以使客户增加对系统的好感,这与系统功能的全面思考并不矛盾。

1.7.3　螺旋模型

1988 年,美国 TRW 公司(B. W. Boehm)提出的螺旋模型是一种特殊的原型方法,适用于规模较大的复杂系统。它将原型实现的迭代特征与线性顺序模型中控制和系统化的方面结合起来，并加入两者所忽略的风险分析，使得软件的增量版本的快速开发成为可能。软件项目风险的大小作为指引软件过程的一个重要因素，引入这一概念后可使软件开发被看作一种元模型，因为它能包容任何一个开发过程模型。在螺旋模型中，软件开发是一系列的增量发布：在早期的迭代过程中发布的增量可能是一个纸上的模型或者原型，在以后的迭代过程中逐步产生被开发系统的更加完善的版本。

螺旋模型被划分为若干个框架活动(或称任务区域)，典型情况下沿着顺时针方向划分为3～6个任务区域。图1-10画出了包含6个任务区域的螺旋模型，在笛卡儿坐标的4个象限上分别表达了不同方面的活动，即：

(1) 客户交流。确定需求、选择方案、设定约束条件。

(2) 制订计划。定义资源、进度及其他相关项目信息所需的任务。

(3) 风险分析。评估技术及管理的风险，制订控制风险措施的任务。

(4) 实施过程。建立应用一个或多个表示所要的任务。

(5) 构造及发布。构造、测试、安装和提供用户支持(如文档和培训)所需要的任务。

(6) 客户评估。对在工程阶段产生的或在安装阶段实现的软件表示的评估并获得客户反馈所需要的任务。

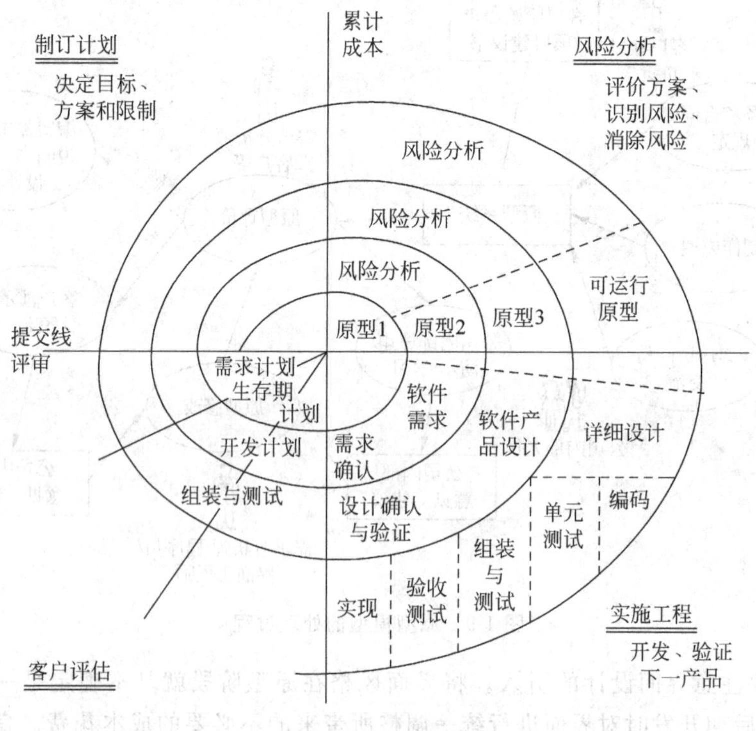

图 1-10 螺旋模型

每一个区域都含有一系列适应待开发项目特点的工作任务，称为任务集合。对于较小的项目，工作任务的数目及其形式化程度均较低；对于较大的、关键的项目，每一个任务区域包含较多的工作任务以得到较高级别的形式化。

随着演化过程的开始，软件工程项目组按顺时针方向从核心开始沿螺旋移动，依次产生产品的规约、原型、软件更完善的版本。经过计划区域的每一圈都对项目计划进行调整，基于从客户评估得到的反馈调整费用和进度，并且项目管理者可以调整完成软件所需计划的迭代次数。

螺旋模型在“瀑布模型”的每一个开发阶段之前，引入非常严格的风险识别、风险分析和风险控制，直到采取了消除风险的措施之后，才开始计划下一阶段的开发工作。否则，项目就很可能被取消。另外，如果有充足的把握判断遗留的风险已降低到一定的程度，项目管理人员可做出决定让余下的开发工作采用另外的生命周期模型。

对于大型系统及软件的开发，螺旋模型是一个很实用的方法。在软件过程的演化中，开发者和用户/客户能够更好地理解和对待每一个演化级别上的风险，所以，螺旋模型可以使用原型实现作为降低风险的手段，而且开发者在产品演化的任一阶段都可应用原型实现方法。螺旋模型在保持传统生存周期模型中系统的、阶段性的方法基础上，对其使用迭代框架，这就更真实地反映了现实世界，而且螺旋模型可以在项目的所有阶段直接考虑到技术风险，如果应用得当，就能够在风险出现之前降低它。因此，螺旋模型具有以下的优点。

(1) 强调严格的全过程风险管理。

(2) 强调各开发阶段的质量。

(3) 提供机会检讨项目是否有价值继续下去。

但是，螺旋模型相对比较新，可能难以使用户/客户(尤其在合同情况下)相信演化方法是可行的，而且不像线性顺序模型或原型实现模型那样广泛应用，对其功效的完全确定还需要时间。此外，它需要非常严格的风险识别、风险分析和风险控制的专门技术，且其成功依赖于这种专门技术，这对风险管理的技术水平提出了很高的要求，还需要人员、资金和时间的较大投入。

1.7.4 迭代开发与 RUP

IBM Rational Unified Process (简称 RUP)不仅仅是一个生命周期模型，也是一个支持环境(称为 RUP 平台)，该开发环境帮助开发人员使用和遵从 RUP 生命周期。它以在线帮助、模板、指导等 HTML 或其他文档形式提供帮助，是文档化的软件工程产品。RUP 支持环境是 IBM 软件工程套件中的重要组成部分，但作为一个生命周期模型，各个组织可根据自身的实际情况，以及项目规模对 RUP 进行裁剪和修改，因此，它可以应用于任何软件产品的开发。RUP 有以下三大特点。

(1) 软件开发是一个迭代过程；

(2) 软件开发是由用例驱动的；

(3) 软件开发是以构架设计(Architectural Design)为中心的。

RUP 强调软件开发是一个迭代模型(Iterative Model)，它定义了 4 个阶段：初始(Inception)、细化(Elaboration)、构造(Construction)、交付(Transition)。其中每个阶段都有可能经历以上所提到的从商务需求分析开始的各个步骤，只是每个步骤的高峰期会发生在相应的阶段。例如，开发实现的高峰期发生在构造阶段。实际上这样的一个开发方法论是一个二维模型。这种迭代模型的实现在很大程度上提供了及早发现隐患和错误的机会，因此被现代大型信息技术项目所采用。

RUP 的另一大特征是用例驱动。用例是 RUP 方法论中一个非常重要的概念。简单地说，一个用例就是系统的一个功能。在系统分析和系统设计中，用例被用来将一个复杂的庞大系统分割、定义成一个个小的单元，这个小的单元就是用例。然后以每个小的单元为对象进行开发。按照 RUP 过程模型的描述，用例贯穿整个软件开发的生命周期。在需求分析中，客户或用户对用例进行描述，在系统分布和系统设计过程中，设计师对用例进行分析，在开发实现过程中，开发编程人员对用例进行实现，在测试过程中，测试人员对用例进行检验。

RUP 的第三大特征是它强调软件开发是以构架为中心的。构架设计（Architectural Design）是系统设计的一个重要组成部分。在构架设计过程中，设计师必须完成对技术和运行平台的选取，整个项目的基础框架（Framework）的设计，完成对公共组件的设计，如审计（Auditing）系统，日志（Log）系统，错误处理（Exception Handling）系统，安全（Security）系统等。设计师必须对系统的可扩展性（Extensibility），安全性（Security），可维护性（Maintainability），可延拓性（Scalability），可重用性（Reusability）和运行速度（Performance）提出可行的解决方案。

RUP 生命周期模型是一个二维的软件开发模型，如图 1-11 所示。纵轴代表核心工作流，是静态的一面，是软件周期活动和支持活动。横轴代表时间，显示过程动态的一面，它表示整个过程消耗的时间，用工作流程、周期、阶段、迭代、里程碑等名词描述。

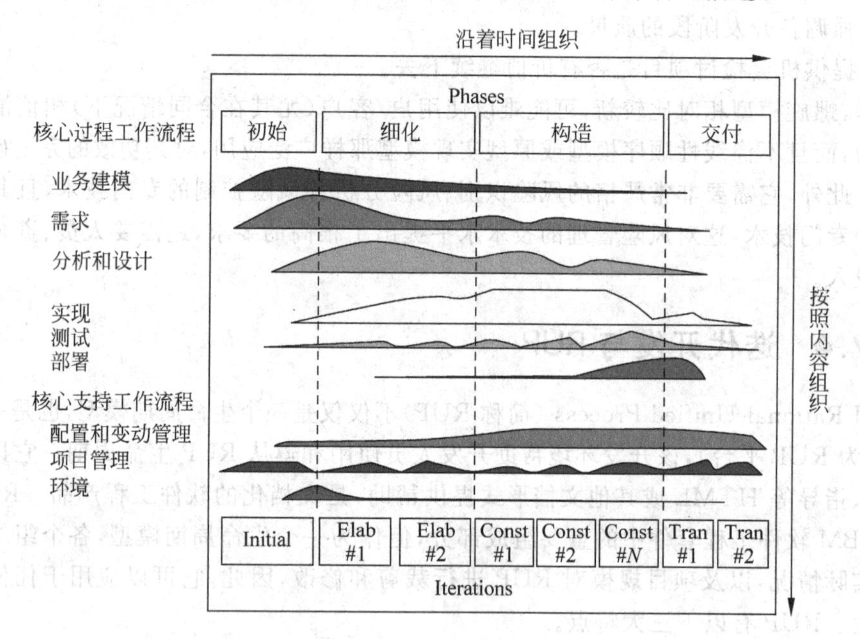

图 1-11 RUP 过程模型

1. 纵轴

纵轴表示的是在每次迭代过程中都要经历的工作流程（有一定顺序的活动）。核心过程工作流程中描述了软件生命周期过程中的各个阶段。核心支持工作流程则是一直贯穿于生命周期活动中的管理部分的内容。

（1）业务建模。理解待开发系统所在的机构及其商业运作，确保所有人员对它有共同的认识，评估待开发系统对结构的影响。

（2）需求。定义系统功能及用户界面，为项目预算及计划提供基础。

（3）分析与设计。把需求分析结果转换为分析与设计模型。

(4) 实现。把设计模型转换为实现结果,并做单元测试,集成为可执行系统。

(5) 测试。验证所有需求是否已经被正确实现,对软件质量提出改进意见。

(6) 部署。打包、分发、安装软件,培训用户及销售人员。

(7) 配置与变更管理。跟踪并维护系统开发过程中产生的所有制品的完整性和一致性。

(8) 项目管理。为软件开发项目提供计划、人员分配、执行、监控等方面指导,为风险管理提供框架。

(9) 环境。为软件开发机构提供软件开发环境。

2. 横轴

从横轴来看,RUP把软件开发生命周期划分为多个迭代,每个迭代生成产品的一个新版本,整个软件开发生命周期由4个连续阶段组成。它们分别是初始阶段、细化阶段、构造阶段、交付阶段。下面逐一进行解释。

1) 初始阶段

初始阶段主要是定义最终产品视图和业务模型,确定系统范围。

RUP不是瀑布模型,初始阶段作为RUP的第一个阶段不需要完成所有需求或建立可靠预算和计划。这些内容是在细化的过程中逐步完成的。大部分的需求分析是在细化阶段进行的,并且伴以具有产品品质的早期编程和测试。因此大多数项目的初始阶段持续的时间相对较短,例如耗时一周或几周。

在初始阶段主要的工作包括如下内容。

(1) 简短的需求讨论会;

(2) 确定大多数参与者、目标和用例名称;

(3) 以摘要形式编写大多数用例;

(4) 以详细形式编写10%～20%的用例;

(5) 确定大多数质量需求;

(6) 编写设想和补充性规格说明;

(7) 列出风险列表;

(8) 技术上的概念验证原型和其他调查;

(9) 面向用户界面的原型;

(10) 对购买/构建/复用构件的建议;

(11) 对候选的高层架构和构件给出建议;

(12) 第一次迭代的计划;

(13) 候选工具列表。

如果这个时期过长,那么往往是需求规格说明和计划过度的表现。用一句话来概括初始阶段要解决的主要问题:是否就项目设想基本达成一致,项目是否值得继续进行认真研究。

2) 细化阶段

细化阶段主要设计、确定系统的体系结构,制订工作计划及资源要求。

它是最初的一系列迭代,在这一阶段中,小组进行细致的调查、实现(编程和测试)核心架构、澄清大多数需求和应对高风险问题。在RUP中"风险"包含业务价值。因此早期工作可能包括实现那些被认为重要的场景,而不是专门针对技术风险。

细化阶段通常由两个或多个迭代组成,建议每次迭代的时间为2~6周。最好采用时间较短的迭代,除非开发团队规模庞大。每次迭代都是时间定量的,这意味着其结束日期是固定的。

细化不是设计阶段,不是要完成所有模型的开发,也不是创建可以丢弃的原型,与之相反,该阶段产生的代码和设计是具有产品品质的最终系统的一部分。

用一句话来概括细化阶段:构建核心架构,解决高风险元素,定义大部分需求,以及预计总体进度和资源。

(1) 关键思想和最佳实践

① 实行短时间定量、风险驱动的迭代;

② 及早开始编程;

③ 对架构的核心和风险部分进行适应性的设计、实现和测试;

④ 尽早、频繁、实际地测试;

⑤ 基于来自测试、用户、开发者的反馈进行调整;

⑥ 通过一系列讨论会,详细编写大部分用例和其他需求,每个细化迭代举行一次讨论会。

(2) 迭代1结束时应该完成的任务

① 所有软件已经被充分测试;

② 客户定期地参与对已完成部分的评估,从而使开发人员获得对调整和澄清需求的反馈;

③ 已经对(子)系统进行了完整的集成和固化,使其成为基线化的内部版本;

④ 迭代计划会议;

⑤ 对UI的可用性分析和工程也正在进行中;

⑥ 数据库建模和实现也正在进行中;

⑦ 举行另一个为期两天的需求讨论会。

3) 构造阶段

构造阶段构造产品并继续演进需求、体系结构、计划直至产品提交。

在此阶段将会涉及两个重要概念:

① 程序重构,指对程序中与新添功能相关的成分进行适当改造,使其在结构上完全适合新功能的加入;

② 模式,解决相似问题的不同解决方案。

此阶段要建立类图、交互图和配置图;如一个类具有复杂的生命周期,可绘制状态图;如算法特别复杂,可绘制活动图。

4) 交付阶段

交付阶段,把产品提交给用户使用。

迭代式开发关键在于规范化地进行整个开发过程。在交付阶段,不能再开发新的功能(除了个别小功能或非常基本的以外),而只是集中精力进行纠错工作,优化工作。

如果在使用RUP的过程中,与下述一点或几点的看法一致,就说明没有真正理解 RUP。

(1) 在开始设计或实现之前试图定义大多数需求；

(2) 在编码之前试图做绝大部分需求分析和设计，将项目的主要测试和评估放到项目的最后；

(3) 在编程之前花费数日或数周进行 UML 建模；

(4) 认为初始阶段=需求阶段，细化阶段=设计阶段，构造阶段=实现阶段；

(5) 认为细化的目的是完整仔细地定义模型，以能够在构造阶段将其转换成代码；

(6) 试图对项目从开始到结束制订详细计划；试图预测所有迭代，以及每个迭代中可能发生的事情；

(7) 没有进行迭代开发；

(8) 迭代周期过长；

(9) 每次迭代都以产品发布作为结束(提交而非发布)；

(10) 细化阶段的目标是提交一个用之即抛弃的原型为目标(应该是起始阶段使用原型)；

(11) 使用预见性的计划；

(12) 在细化阶段完成之前就完成构架文档。

RUP 是一个通用的过程模板，包含很多开发指南、制品、开发过程所涉及的角色说明，由于它非常庞大所以对具体的开发机构和项目，用 RUP 时还要做裁剪，也就是要对 RUP 进行配置。RUP 就像一个元过程，通过对 RUP 进行裁剪可以得到很多不同的开发过程，这些软件开发过程可以看作 RUP 的具体实例。RUP 裁剪可以分为以下几步。

(1) 确定本项目需要哪些工作流。RUP 的 9 个核心工作流并不总是需要的，可以进行取舍。

(2) 确定每个工作流需要哪些制品。

(3) 确定 4 个阶段之间如何演进。确定阶段间演进要以风险控制为原则，决定每个阶段要哪些工作流，每个工作流执行到什么程度，制品有哪些，每个制品完成到什么程度。

(4) 确定每个阶段内的迭代计划。规划 RUP 的 4 个阶段中每次迭代开发的内容。

(5) 规划工作流的内部结构。工作流所涉及的角色、活动及制品，它的复杂程度与项目规模即角色多少有关。最后规划工作流的内部结构，通常用活动图的形式给出。

1.8 案例分析

在 RUP 的初始阶段，不仅关注需求的获取和描述，而且还需要从项目管理的角度对整个项目制定宏观上的规划。编写开发案例就是对项目的实施方案做一个统筹的安排。

在 RUP 中，一个开发案例是项目管理者如何为当前的项目定制这一开发过程的描述，它将描述如何根据需要采用 RUP，是 RUP 中的一个重要制品。即使是在一个小型项目、定义相当清楚的项目中，使用 RUP 也可以引导项目团队执行项目开发过程，并帮助他们保持工作的方向。

那么，如何根据项目的背景来确定使用 RUP 中的相关过程呢？借鉴 Gary Police 等所著的《小型团队软件开发——以 RUP 为中心的方法》一书中所提到的方法，可以从下面两个角度，描述可以作为启发性原则帮助项目团队确定使用的过程。首先，“只进行那些可以直接导致向你的客户或者其他项目相关人员交付有价值产品的活动，则生产相关的制品”。另外，换个角度说“如果开发团队不进行一个特定的过程步骤，会发生不好的事情吗”。根据这两个角度，项目团队可以从繁杂的 RUP 过程中抽取适当的过程和制品用于自己的项目中，从而对 RUP 进行有效的裁剪。

开发案例的另一个重要部分就是解释项目中每个不同角色的职责。特别是对于一个小型团队来讲，很可能每个人担任了不止一个角色，所以仔细定义所有这些职责是很重要的。团队成员需要明白他们的职责。他们需要了解这个项目期望他们产生哪些制品，他们可以使用哪些制品以及这些制品本身的形式。

即使对一个使用通用开发案例的大型机构来讲，每个项目团队也都会针对自己的项目对开发案例进行裁减。

项目团队应该着重于制品而不是活动。关注制品可以使团队成员将精力集中在要完成的任务上，明确本阶段的目标。因此在开发案例中最重要的载体就是用于描述每一个制品的表格。表 1-3 是在开发案例中制品表格的常见格式。

表 1-3 开发案例中制品表格的格式

<table>
<tr><th rowspan="2">制品</th><th colspan="4">如何使用</th><th rowspan="2">审阅的详细情况</th><th rowspan="2">使用的工具</th><th rowspan="2">负责人</th></tr>
<tr><th>初始阶段</th><th>细化阶段</th><th>构造阶段</th><th>移交阶段</th></tr>
<tr><td></td><td></td><td></td><td></td><td></td><td></td><td></td><td></td></tr>
</table>

下面对在表 1-3 中出现的属性进行简单说明。

1. 制品

描述制品的名称，对 RUP 中某种制品的引用，或是在开发案例中定义的某种局部制品。

2. 如何使用

描述在生命周期中如何使用该制品。判定在每一个阶段中该制品是否被生成或者被显著地修改。这一字段可能的值包括：C，在本阶段生成；M，在本阶段被修改；空缺，不需要进行审阅。

3. 审阅的详细情况

定义对该制品的审阅等级以及审阅的过程。“正规”表示由客户或者相关涉众进行审阅和签署。“非正规”表示由一个或多个团队成员进行审阅，不需要进行签署。“空缺”表示不需要审阅。

4. 使用的工具

定义用于产生该制品的开发工具。有关用于开发和维护该制品的工具的详细参考。

5. 负责人

负责该制品的角色。描述由哪一个角色，例如项目经理或开发人员，来负责保证该制品的完成。

以示例项目为例，表 1-4 简单描述了案例项目的开发案例。

表 1-4 计划的简单开发案例

工作流程	制品	如何使用				审阅的详细情况	使用的工具	负责人
		初始阶段	细化阶段	构造阶段	移交阶段			
业务建模	领域模型		C				VSS,MS Word&MS Visio	系统分析师
需求	用例模型	C	M			正规的	VSS,MS Word&MS Visio	系统分析师
	补充性规格说明	C	M			正规的	VSS,MS Word&MS Visio	系统分析师
	词汇表	C	M				VSS&MS Word	系统分析师
	用户界面原型		C				Dreamweaver	用户界面设计师
	前景	C	M			正规的	VSS&MS Word	系统分析师
分析和设计	设计模型		C	M		正规的	VSS,MS Word&MS Visio	软件架构师
	软件架构文档		C	M		正规的	VSS&MS Word	技术文档作者
	数据模型		C	M		正规的	VSS&PowerDesigner	数据设计师
实现	…							
项目管理	…							
⋮								

在初始阶段团队成员的主要任务是确定项目的总体范围，明确项目的前景，因此，在初始阶段关注的是前景的创建，但随着细化阶段迭代的不断进行，前景的内容也会不断进行改进和完善。同时，为了能够更好地获得系统的功能性需求，团队成员采用用例技术对需求进行描述。因此，用例模型的构建将是初始阶段的又一重要的任务，随后将会了解到，用例模型的构建仍需要在细化阶段进行不断地修改和补充。由于用例模型的重要性，因此需要对阶段性的内容进行正规的评审，以保证质量。在构建模型的过程中，强调了工具环境的要求。一方面保证项目初期能够尽早建立一个团队的开发环境，另外一方面也强调了文档书写的一致性。

1.9 技术拓展

从 20 世纪 90 年代开始，一些新型软件开发方法逐渐引起广泛关注，敏捷软件开发就是其中的一种。敏捷软件开发又称敏捷开发，是一种应对快速变化的需求的软件开发能力。它们的具体名称、理念、过程、术语都不尽相同，相对于“非敏捷”，更强调程序员团队与业务专家之间的紧密协作、面对面的沟通(认为比书面的文档更有效)、频繁交付新的软件版本、紧凑而自我组织型的团队、能够很好地适应需求变化的代码编写和团队组织方法,也更注重软件开发中人的作用。

简言之,敏捷开发是一种以人为核心、迭代、循序渐进的开发方法。它不是一门技术,它是一种开发方法,也就是一种软件开发的流程,它会指导我们用规定的环节去一步一步完成项目的开发,而这种开发方式的主要驱动核心是人;它采用的是迭代式开发。

所谓"以人为核心",是指敏捷开发不像瀑布开发模型那样以文档为驱动,在瀑布模型的整个开发过程中,要编写大量的文档,把需求文档写出来后,开发人员都是根据文档进行开发的,一切以文档为依据;而敏捷开发只编写有必要的文档,或尽量少编写文档,敏捷开发注重的是人与人之间面对面的交流,所以它强调以人为核心。

所谓"迭代",是指把一个复杂且开发周期很长的开发任务,分解为很多小周期可完成的任务,这样的一个周期就是一次迭代的过程;同时每一次迭代都可以生产或开发出一个可以交付的软件产品。

敏捷开发的具体方式主要包括 Scrum 和 XP,二者的区别在于:Scrum 偏重于过程,XP 则偏重于实践。

1.9.1 敏捷开发技术 1——Scrum

Scrum 软件开发模型是敏捷开发的一种,在近几年内逐渐流行起来。Scrum 在英文中是橄榄球运动的一个专业术语,表示"争球"的动作,把一个开发流程的名字取名为 Scrum,寓意为开发团队在开发一个项目时,大家像打橄榄球一样迅速、富有战斗激情、人人你争我抢地完成它。而 Scrum 就是这样的一个开发流程,运用该流程,能够看到团队高效地工作。

Scrum 的基本假设是:开发软件就像开发新产品,无法一开始就能定义软件产品最终的规程,过程中需要研发、创意、尝试错误,所以没有一种固定的流程可以保证专案成功。Scrum 将软件开发团队比拟成橄榄球队,有明确的最高目标,熟悉开发流程中所需具备的最佳典范与技术,具有高度自主权,紧密地沟通合作,以高度弹性解决各种挑战,确保每天、每个阶段都朝向目标有明确的推进。

Scrum 开发流程通常以 30 天(或者更短的一段时间)为一个阶段,由客户提供新产品的需求规格开始,开发团队与客户于每一个阶段开始时挑选该完成的规格部分,开发团队必须尽力于 30 天后交付成果,团队每天用 15 分钟开会检查每个成员的进度与计划,了解所遭遇的困难并设法排除。

下面首先介绍有关 Scrum 的几个名词。

Backlog,可以预知的所有任务,包括功能性的和非功能性的所有任务。

Sprint,一次迭代开发的时间周期,一般最多以 30 天为一个周期,在这段时间内,开发团队需要完成一个制定的 Backlog,并且最终成果是一个增量的,可以交付的产品。

Sprint Backlog,一个 Sprint 周期内所需要完成的任务。

Scrum Master:负责监督整个 Scrum 进程,修订计划的一个团队成员。

Time-box:一个用于开会的时间段。比如,每个 Daily Scrum Meeting 的 Time-box 为 15 分钟。

Sprint Planning Meeting,在启动每个 Sprint 前召开,一般为一天时间(8 小时),该会议需要制定的任务是：产品负责人和团队成员将 Backlog 分解成小的功能模块，决定在即将进行的 Sprint 里需要完成多少小功能模块，确定好这个 Product Backlog 的任务优先级。另外，该会议还需详细地讨论如何能够按照需求完成这些小功能模块。制定的这些模块的工作量以小时计算。

Daily Scrum Meeting：开发团队成员召开，一般为 15 分钟。每个开发成员需要向 Scrum Master 汇报三个项目：今天完成了什么？是否遇到了障碍？即将要做什么？通过该会议，团队成员可以相互了解项目进度。

Sprint Review Meeting：在每个 Sprint 结束后，这个 Team 将这个 Sprint 的工作成果演示给产品负责人和其他相关的人员。一般该会议为 4 小时。

Sprint Retrospective Meeting：对刚结束的 Sprint 进行总结。会议的参与人员为团队开发的内部人员。一般该会议为 3 小时。

在 Scrum 开发流程中的三大角色是：产品负责人(Product Owner)，主要负责确定产品的功能和达到要求的标准，指定软件的发布日期和交付的内容，同时有权力接受或拒绝开发团队的工作成果。流程管理员(Scrum Master)，主要负责整个 Scrum 流程在项目中的顺利实施和进行，以及清除挡在客户和开发工作之间的沟通障碍，使得客户可以直接驱动开发。开发团队(Scrum Team)，主要负责软件产品在 Scrum 规定流程下进行开发工作，人数控制在 5～10 人左右，每个成员可能负责不同的技术方面，但要求每个成员必须有很强的自我管理能力，同时具有一定的表达能力；成员可以采用任何工作方式，只要能达到 Sprint 的目标。图 1-12 为 Scrum 开发模型的流程图。

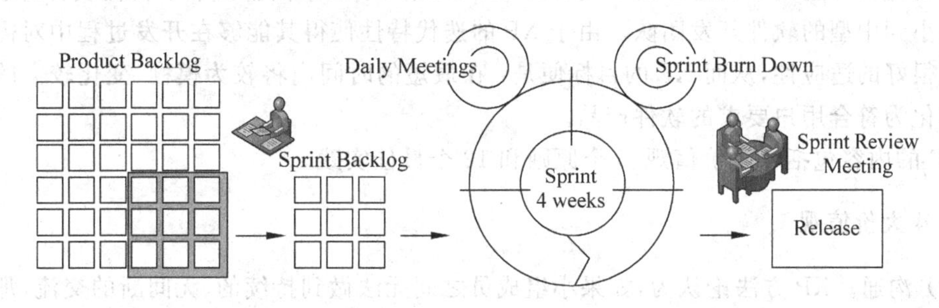

图 1-12 Scrum 开发模型

参照图 1-12，Scrum 的流程如下。

(1) 确定一个 Product Backlog(按优先顺序排列的一个产品需求列表)，这个是由产品负责人负责的。

(2) 开发团队根据 Product Backlog 列表，做工作量的预估和安排。

(3) 有了 Product Backlog 列表，需要通过 Sprint 计划会议来从中挑选出一个 Story 作为本次迭代完成的目标，这个目标的时间周期是 1～4 个星期，然后把这个 Story 进行细化，形成一个 Sprint Backlog。

(4) Sprint Backlog 是由开发团队去完成的，每个成员根据 Sprint Backlog 再细化成更小的任务(细到每个任务的工作量在两天内能完成)。

(5) 在开发团队完成计划会议上选出的 Sprint Backlog 过程中，需要进行 Daily Scrum Meeting(每日站立会议)，每次会议控制在 15 分钟左右，每个人都必须发言，并且要向所有成员当面汇报昨天完成了什么，承诺今天要完成什么，同时遇到不能解决的问题也可以提出，每个人回答完成后，要走到黑板前更新自己的 Sprint Burn Down(Sprint 燃尽图)。

(6) 做到每日集成，也就是每天都要有一个可以成功编译并且可以演示的版本；很多人可能还没有用过自动化的每日集成，其实 TFS 就有这个功能，它可以支持每次有成员进行签入操作的时候，在服务器上自动获取最新版本，然后在服务器中编译，如果通过则马上再执行单元测试代码，如果也全部通过，则将该版本发布，这时一次正式的签入操作才保存到 TFS 中，中间有任何失败，都会用邮件通知项目管理人员。

(7) 当一个 Story 完成，也就是 Sprint Backlog 被完成，也就表示一次 Sprint 完成，这时，要进行 Sprint Review Meeting(演示会议)，也称为评审会议，产品负责人和客户都要参加(最好本公司老板也参加)，每一个开发团队的成员都要向他们演示自己完成的软件产品(这个会议非常重要，一定不能取消)。

(8) 最后就是 Sprint Retrospective Meeting(回顾会议)，也称为总结会议，以轮流发言方式进行，每个人都要发言，总结并讨论改进的地方，放入下一轮 Sprint 的产品需求中。

1.9.2 敏捷开发技术 2——XP

XP 是极限编程(eXtreme Programming)的简称，由 Kent Beck 在 1996 年提出。XP 是一种“轻量型”的以编码为核心任务的灵活软件开发方法。与传统的软件开发方法不同，XP 摒弃了大多数重量型过程中的中间产物来提高软件开发速度，它是基于对影响软件开发速度的因素进行考查而发展起来的。这种开发方式适用于经常面临需求不明确或者需求快速变化的小到中型的软件开发团队。由于 XP 的迭代特性使得其能够在开发过程中对需求的变化有很好的适应性，从而 XP 的目标便是：在最短的时间内将较为模糊、变化较大的用户需求转化为符合用户要求的软件产品。

XP 的内容包括 4 大价值观、5 个原则和 12 个最佳实践。

1. 4 大价值观

(1) 沟通。XP 方法论认为，如果小组成员之间无法做到持续的、无间断的交流，那么协作就无从谈起，从这个角度能够发现，通过文档、报表等人工制品进行交流面临巨大的局限性。因此，XP 组合了诸如对编程这样的最佳实践，鼓励大家进行口头交流，通过交流解决问题，提高效率。

(2) 简单。XP 方法论提倡在工作中秉承“够用就好”的思路，也就是尽量地简单化，只要今天够用就行，不考虑明天会发现的新问题。这一点看上去十分容易，但是要真正做到保持简单的工作其实很难的。因为在传统的开发方法中，都要求大家对未来做一些预先规划，以便对今后可能发生的变化预留一些扩展的空间。正如对传统开发方法的认识一样，许多开发人员也会质疑 XP，保持系统的扩展性很重要，如果都保持简单，那么如何使得系统能够有良好的扩展性呢？其实不然，保持简单的理由有两个：开发小组在开发时所做的规划，并无法保证其是符合客户需要的，因此做的大部分工作都将落空，使得开发过程中重复的、没有必要的工作增加，导致整体效率降低。另外，在 XP 中提倡时刻对代码进行重构，一直保持其是良好的结构与可扩展性。也就是说，可扩展性和为明天设计并不是同一个概念，XP 是反对为明天考虑而工作，并不是说代码要失去扩展性。

而且简单和沟通之间还有一种相对微妙的相互支持关系。当一个团队之间，沟通越多，就越容易明白哪些工作需要做，哪些工作不需要做。另一方面，系统越简单，需要沟通的内容也就越少，沟通也将更加全面。

(3) 反馈。是什么原因使得客户、管理层这么不理解开发团队？为什么客户、管理层总是喜欢给我们一个死亡之旅？究其症结，就是开发的过程中缺乏必要的反馈。在许多项目中，当开发团队经历过了需求分析阶段之后，在相当长的一段时间内，是没有任何反馈信息的。整个开发过程对于客户和管理层而言就像一个黑盒子，进度完全是不可见的。

而且在项目的过程中，这样的现象不仅出现在开发团队与客户、管理层之间，还包括在开发团队内部。这一切问题都需要我们更加注重反馈。反馈对于任何软件项目的成功都是至关重要的，而在XP方法论中则更进一步，通过持续、明确的反馈来暴露软件状态的问题。具体而言就是：在开发团队内部，通过提前编写单元测试代码，时时反馈代码的问题与进展；在开发过程中，还应该加强集成工作，做到持续集成，使得每一次增量都是一个可执行的工作版本，也就是逐渐使软件长大，整个过程中，应该通过向客户和管理层演示这些可运行的版本，以便及早地反馈，及早地发现问题；同时，我们也会发现反馈与沟通也有着良好的配合，及时和良好的反馈有助于沟通，而简单的系统更有利于测试盒反馈。

(4) 勇气。在应用XP方法论时，我们每时每刻都在应对变化：由于沟通良好，因此会有更多需求变更的机会；由于时刻保持系统的简单，因此新的变化会带来一些重新开发的需要；由于反馈及时，因此会有更多中间打断思路的新需求。

总之这一切，使得开发团队立刻处于变化之中，因此这时就需要有勇气来面对快速开发，面对可能的重新开发。也许开发团队会觉得，为什么要让我们的开发变得如此零乱，但是其实这些变化若不让它早些暴露，那么它就会迟一些出现，并不会因此消亡。因此，XP方法论让它们早出现、早解决，是实现"小步快走"开发节奏的好办法。

也就是XP方法论要求开发人员穿上强大、自动测试的盔甲，勇往直前，在重构、编码规范的支持下，有目的地快速开发。

勇气可以来源于沟通，因为它使得高风险、高回报的试验成为可能；勇气可以来源于简单，因为面对简单的系统，更容易鼓起勇气；勇气可以来源于反馈，因为开发人员可以及时获得每一步前进的状态(自动测试)，会使得开发人员更勇于重构代码。

2. 5个原则

(1) 快速反馈。及时地、快速地获取反馈，并将所学到的知识尽快地投入到系统中去，也就是指开发人员应该通过较短的反馈循环迅速地了解现在的产品是否满足了客户的需求。这也是对反馈这一价值观的进一步补充。

(2) 简单性假设。类似地，简单性假设原则是对简单这一价值观的进一步补充。这一原则要求开发人员将每个问题都看得十分容易解决，也就是说只为本次迭代考虑，不去想未来可能需要什么，相信具有将来必要时增加系统复杂性的能力，也就是号召大家出色地完成今天的任务。

(3) 逐步修改。就像开车打方向盘一样，不要一次做出很大的改变，那样将会使得可控性变差，更适合的方法是进行微调。而在软件开发中，这样的道理同样适用，任何问题都应该通过一系列能够带来差异的微小改动来解决。

(4) 提倡更改。在软件开发过程中,最好的办法是在解决最重要问题时,保留最多选项的那个。也就是说,尽量为下一次修改做好准备。

(5) 四大价值观之外。在这四大价值观之下,隐藏着一个更深刻的东西,那就是尊重。因为这一切都建立在团队成员之间的相互关心、相互理解的基础之上。

3. 12个最佳实践

(1) 计划游戏。计划游戏的主要思想就是先快速地制订一份概要的计划,然后随着项目细节的不断清晰,再逐步完善这份计划。计划游戏产生的结果是一套用户故事及后续的一两次迭代的概要计划。“客户负责业务决策,开发团队负责技术决策”是计划游戏获得成功的前提条件。也就是说,系统的范围、下一次迭代的发布时间、用户故事的优先级应该由客户决定;而每个用户故事所需的开发时间、不同技术的成本、如何组建团队、每个用户故事的风险,以及具体的开发顺序应该由开发团队决定。

首先客户和开发人员坐在同一间屋子里,每个人都准备一支笔、一些用于记录用户故事的纸片,最好再准备一个白板,就可以开始了。

客户编写故事:由客户谈论系统应该完成什么功能,然后用通俗的自然语言,使用自己的语汇,将其写在卡片上,这也就是用户故事。

开发人员进行估算:首先客户按优先级将用户故事分成必须要有、希望有、如果有更好三类,然后开发人员对每个用户故事进行估算,先从高优先级开始估算。如果在估算的时候,感到有一些故事太大,不容易进行估算,或者是估算的结果超过两人/周,那么就应该对其进行分解,拆成两个或者多个小故事。

确定迭代的周期:接下来就是确定本次迭代的时间周期,这可以根据实际的情况进行确定,不过最佳的迭代周期是两三周。有了迭代的时间之后,再结合参与的开发人数,算出可以完成的工作量总数。然后根据估算的结果,与客户协商,挑出时间上够、优先级合适的用户故事组合,形成计划。

(2) 小型发布。XP方法论秉承的是“持续集成,小步快走”的哲学,也就是说每一次发布的版本应该尽可能的小,当然前提条件是每个版本有足够的商业价值,值得发布。由于小型发布可以使得集成更频繁,客户获得的中间结果也越频繁,反馈也就越频繁,客户就能够实时地了解项目的进展情况,从而提出更多的意见,以便在下一次迭代中计划进去,以实现更高的客户满意度。

(3) 隐喻。相对而言,隐喻这一个最佳实践是最令人费解的。什么是隐喻呢?根据词典中的解释是:“一种语言的表达手段,它用来暗示字面意义不相似的事物之间的相似之处。”那么这在软件开发中又有什么用呢?总结而言,常常用于4个方面。①寻求共识:也就是鼓励开发人员在寻求问题共识时,可以借用一些沟通双方都比较熟悉的事物来做类比,从而帮助大家更好地理解解决方案的关键结构,也就是更好地理解系统是什么、能做什么。②发明共享词汇:通过隐喻,有助于提出一个用来表示对象、对象间的关系的通用名称。例如,策略模式(用来表示可以实现多种不同策略的设计模式)、工厂模式(用来表示可以按需“生产”出所需类的设计模式)等。③创新的武器:有的时候,可以借助其他东西来找到解决问题的新途径。例如,可以将工作流看做一个生产线。④描述体系结构:体系结构是比较抽象的,引入隐喻能够大大减轻理解的复杂度。例如,管道体系结构就是指两个构件之间通过一条传递消息的“管道”进行通信。

当然，如果能够找到合适的隐喻是十分快乐的，但并不是每种情况都可以找到恰当的隐喻，也没有必要强求。

(4) 简单设计。强调简单设计的价值观，引出了简单性假设原则，落到实处就是“简单设计”实践。这个实践看上去似乎很容易理解，但却又经常被误解，许多批评者就指责 XP 忽略设计是不正确的。其实，XP 的简单设计实践并不是要忽略设计，而且认为设计不应该在编码之前一次性完成，因为那样只能建立在“情况不会发生变化”或者“我们可以预见所有的变化”之类的谎言的基础上。

Kent Beck 概念中简单设计是这样的：能够通过所有的测试程序；没有包括任何重复的代码；清楚地表现了程序员赋予的所有意图；包括尽可能少的类和方法。

(5) 测试先行。为了鼓励程序员愿意甚至喜欢在编写程序之前编写测试代码，XP 方法论提供了许多有说服力的理由：如果已经保持了简单的设计，那么编写测试代码根本不难；如果在结对编程，那么如果想出一个好的测试代码，你的伙伴一定行；当所有的测试都通过的时候，再也不会担心所写的代码存在其他隐患；当你的客户看到所有的测试都通过的时候，会对程序充满前所未有的信心；当需要进行重构时，测试代码会给你带来更大的勇气，因为你要测试是否重构成功只需要一个按钮。所以，测试先行是 XP 方法论中一个十分重要的最佳实践，并且其中所蕴含的知识与方法也十分丰富。

(6) 重构。重构是一种对代码进行改进而不影响功能实现的技术，XP 需要开发人员在发现代码有隐患时，有重构代码的勇气。重构的目的是降低变化引发的风险，使得代码优化更加容易。通常重构发生在两种情况之下：①实现某个特性之前，尝试改变现有的代码结构，以使得实现新的特性更加容易；②实现某个特性之后，检查刚刚写完的代码后，认真检查一下，看是否能够进行简化。

重构技术是对简单性设计的一个良好的补充，也是 XP 中重视“优质工作”的体现，这也是优秀的程序员必备的一项技能。

(7) 结对编程。结对编程及和搭档一起写程序，自从 20 世纪 60 年代，就有类似的实践在进行，长期以来的研究结果证明，结对编程的效率比单独编程更高。一开始虽然会牺牲一些速度，但慢慢地，开发速度会逐渐加快，究其原因，主要是结对编程大大降低了沟通的成本，提供了工作的质量。具体表现在：所有的设计决策确保不是由一个人做出的；系统的任何一个部分都肯定至少有两个人以上熟悉；几乎不可能有两个人都忽略的测试项或者其他任务。

结对编程技术被誉为 XP 保持工作质量、强调人文主义的一个典型的实践，应用得当还能够使得开发团队之前的协作更加流畅、知识交流与共享更加频繁，团队的稳定性也会更加稳固。

(8) 集体代码所有制。由于 XP 方法论鼓励团队进行结对编程，而且认为结对编程的组合应该动态地搭配，根据任务的不同、专业技能的不同进行最优组合。由于每个人都肯定会遇到不同的代码，所以代码的所有制就不再适合于私有，因为那样会给修改工作带来巨大的不便。也就是说，团队中的每个成员都拥有对代码进行改进的权利，每个人都拥有全部代码，也都需要对全部代码负责。同时，XP 强调代码是谁破坏的(也就是修改后发生问题)，就应该由谁来修复。由于在 XP 中，有一些与之匹配的最佳实践，因此无须担心采用集体代码所有制会让代码变得越来越乱。在 XP 项目中，集成工作是一件经常性的工作，因此当有人修改代码而带来了集成的问题，会在很短的时间内被发现。每一个类都会有一个测试代码,因此不论谁修改了代码,都需要运行这个测试代码,这样偶然性的破坏发生的概率将很小。每一个代码的修改就是通过了结对的两个程序员的共同思考,因此通常做出的修改都是对系统有益的。集成代码所有制是 XP 与其他敏捷方法的一个较大不同,也是从另一个侧面体现了 XP 中蕴含的很深厚的编码情节。

(9) 持续集成。在前面谈到小型发布、重构、结对编程、集体代码所有制等最佳实践的时候,多次看到“持续集成”的身影,可以说持续集成是对这些最佳实践的基本支撑条件。持续集成与小型发布不同,小型发布是指在开发周期中经常发布中间版本,而持续集成的含义则是要求 XP 团队每天尽可能多次地做代码集成,每次都在确保系统运行的单元测试通过之后进行。这样,就可以及早地暴露、消除由于重构、集体代码所有制所引入的错误,从而减少解决问题的痛苦。要在开发过程中做到持续集成并不容易,首先需要养成这个习惯。而且集成工作往往是十分枯燥、烦琐的,因此适当地引入每日集成工具是十分必要的。

(10) 每周工作 40 小时。XP 方法论认为,加班最终会扼杀团队的积极性,最终导致项目失败,这也充分体现了 XP 方法关注人的因素比关注过程的因素更多一些。Kent Beck 认为开发人员即使能够工作更长的时间,他们也不该这样做,因为这样做会使他们更容易厌倦编程工作,从而产生一些影响他们效能的其他问题。因此,每周工作 40 小时是一种顺势行为,是一种规律。其实对于开发人员和管理者来说,违反这种规律是不值得的。但是,“每周工作 40 小时”中的 40 不是一个绝对数,它所代表的意思是团队应该保证按照“正常的时间”进行工作。那么如何做到这一点呢?首先,定义符合团队情况的“正常工作时间”;其次,逐步将工作时间调整到“正常工作时间”;再次,除非时间计划一团糟,否则不应该在时间上妥协;最后,鼓起勇气,制定一个合情合理的时间表。

(11) 现场客户。为了保证开发出来的结果与客户的预想接近,XP 方法论认为最重要的是需要将客户请到开发现场。就像计划游戏中提到过的,在 XP 项目中,应该时刻保证客户负责业务决策,开发团队负责技术决策。因此,在项目中有客户在现场明确用户故事,并做出相应的业务决策,对于 XP 项目而言有着十分重要的意义。现场客户在具体实施时,也不是一定需要客户一直和开发团队在一起,而是开发团队应该和客户能够随时沟通,可以是面谈,可以是在线聊天,可以是电话,当然面谈是必不可少的。其中的关键是当开发人员需要客户做出业务决策时,需要进一步了解业务细节时能够随时找到相应的客户。

不过,也有一些项目是可以不要现场客户参与的:当开发组织中已经有相关的领域专家时;当做一些探索性工作,而且客户也不知道他想要什么时(例如新产品、新解决方案的研究与开发)。

(12) 编码标准。XP 方法论认为拥有编码标准可以避免团队在一些与开发进度无关的细节问题上发生争论,而且会给重构、结对编程带来很大麻烦。不过,XP 方法论的编码标准的目的不是创建一个事无巨细的规则表,而是只要能够提供一个确保代码清晰,便于交流的指导方针。

小结

软件工程的研究热点是随着软件技术的发展而不断变化的。最初重点是着眼于提高程序员的工作效率,于是开发了各种软件工具(编辑、编译、跟踪、排错、源程序分析、反汇编、反编译等)。随后把零散的工具整合在一起成为在一定程度上配套的工具箱。再后来又增加了文件管理、数据库支持、版本管理、软件配置管理等功能,逐步形成了所谓的计算机辅助软件工作环境(CASE)。接下来,软件工程所关心的就是"模型"问题,"线性顺序模型"的出现就是要把其他行业中实施工程项目的经验搬到软件行业中,其隐含的基本假设之一就是项目目标固定不变,所以强调一定要把需求彻底弄明白,并且上一阶段的工作没有彻底做好之前决不开始下一阶段的工作。然而对于软件来说,项目目标固定不变这一假设通常不现实,许多大型项目的开发周期比较长,当项目进行到后期时,往往发现前面规定的项目目标已经没有意义了。为了解决这一问题,在"线性顺序模型"中添加了种种反馈,随后又针对"用户自己也不知道到底需要什么"的问题提出了原型化开发思想以及与之相关的若干变形。由此看来,软件工程在实践中不断发展和完善,特别是近年来,随着软件规模的迅速扩大,以及各行各业对软件需求的增长,更促进了软件工程的发展。

强化练习

一、选择题

1. 1968年,北大西洋公约组织的计算机科学家召开国际会议,讨论(　　)问题,这次会议上正式使用了"软件工程"这个名词。

   A. 系统设计　　B. 软件危机　　C. 设计模式　　D. 软件开发

2. 下面不属于软件工程学的内容是(　　)。

   A. 软件开发方法　　B. 软件环境　　C. 成本估算　　D. 人员配置

3. 下面哪个途径属于摆脱软件危机的方法?(　　)

   A. 多安排软件人员进行编程　　B. 招聘编程水平高的人员
   C. 采用必要的组织管理措施　　D. 提高计算机硬件的配置

4. 下面哪个是开发原型系统的目的?(　　)

   A. 检验设计方案是否正确　　B. 画出系统的逻辑模型
   C. 给出系统的最终用户界面　　D. 系统是否可行

5. 在下列工具与环境中(　　)属于较早期的CASE。

   A. 基于信息工程的CASE　　B. 人工智能CASE
   C. 集成CASE环境　　D. 交互编程环境

6. 软件复杂性主要体现在(　　)。

   A. 数据的复杂性　　B. 程序的复杂性　　C. 控制的复杂性　　D. 问题的复杂性

7. 用于设计阶段,考核实现方案是否可行的是(　　)原型。

   A. 探索型　　B. 演化型　　C. 实验型　　D. 增量型

8. 具有风险分析的软件生存周期模型是(　　)。

   A. 瀑布模型　　B. 喷泉模型　　C. 螺旋模型　　D. 增量模型

9. 软件工程管理的具体内容不包括对(　　)管理。

   A. 开发人员　　B. 组织机构　　C. 过程　　D. 设备

10. RUP开发过程模型的主要特征是(　　)。

A. 迭代和原型　B. 增量和原型　C. 迭代和增量　D. 瀑布和原型

二、简答题

1. 在你平时开发软件时,遇到过类似于“软件危机”的现象吗？你通常是怎么解决的？

2. 通过对本章内容的学习,你认为软件工程主要研究哪些问题？谈谈对这些问题的理解？

3. 假如你的客户需求很模糊,或者不是很了解软件开发的一些概念,这时,你拟采取什么过程模型？为什么？

4. 假设你开发一个软件,它的功能是把73 624.9385这个数开平方,所得到的结果应该精确到小数点后4位,一旦实现并测试完之后,该产品将被抛弃。你打算选用哪种生命周期模型？请说明理由。

第2章 软件工程管理

2.1 项目导引

小张在正式开始工作之前，被安排参加为期两周的新员工培训，培训的第一项内容是项目管理。上课之前，小张问项目组的小李："为什么要让我们首先学习项目管理呢？我们又不是项目组长？"小李笑道："都一样的，新员工培训中都是首先要学习项目管理，虽然不管别人，但得被别人管啊。"正说到此，老丁恰好经过，敲了小李的头一下："你就是这么学的啊？还老员工呢。项目管理呢，是软件工程学科中重要的一个组成部分，为了保证软件项目的成功，也就是保证在规定的时间内和预算内开发出令用户满意的软件产品，那么项目的开发全过程中必须要遵循严格的管理过程，这其中当然包括对人的管理，但不仅包括对人的管理，还有对项目整体的管理，学了你就明白了，小同志。"小张点点头，虽然依旧有些半信半疑，但经过老丁这么一说，倒是真的下定决心，好好学习一下项目管理的相关知识。

2.2 项目分析

软件工程管理几乎与软件工程同时于20世纪70年代中期引起人们的广泛关注。美国国防部立题专门研究的结果发现70%的项目是因为管理不善而不能很好完成，而并不是因为技术原因。这表明软件管理是影响软件研发的关键因素，而技术则处于次要位置。到了20世纪90年代中期，软件工程管理不善的问题仍然存在。对美国软件工程实施现状的调查表明，软件研发的情况依然很难预测，大约只有10%的项目能够在规定的费用内按期完成。1995年，美国共取消了810亿美元的软件项目，其中31%的项目未做完就取消了，53%的软件项目进度通常要延长50%的时间，通常只有9%的软件项目能够及时交付并且费用也不超支。

软件项目失败的主要原因有：需求定义不明确；缺乏一个好的软件开发过程；没有一个统一领导的产品研发小组；子合同管理不严格；没有经常注意改善软件过程；对软件构架很不重视；软件界面定义不善且缺乏合适的控制；关心创新而不关心费用和风险；军用标准太少且不够完善等。在关系到软件项目成功与否的众多因素中，软件度量、工作量估计、项目规划、进展控制、需求变化和风险管理等都是与工程管理直接相关的因素。由此可见，软件工程管理至关重要。

软件工程管理和其他工程管理相比有其特殊性。首先，软件是知识产品，进度和质量都难以度量，生产效率也难以保证。其次，软件系统复杂程度也是超乎想象的。例如，宇宙飞船的软件系统源程序代码多达2000万行，如果按过去的生产效率一个人一年只能写1万行代码的话，那么需要2000人年的工作量，这是非常惊人的。正因为软件如此复杂和难以度量，软件工程管理的发展还很不成熟。本章所讲的软件工程管理不仅是软件工程过程本身的管理，还包括软件工程过程有关的外部影响因素的管理，是全面的软件工程管理。

软件管理包括软件项目范围(需求)管理、软件项目估算、计划与进度管理、软件项目配置管理、软件项目组织管理、软件项目质量管理、软件项目风险管理、关键文档管理等内容。

2.3 软件项目管理概述

软件项目是以软件为产品的项目。软件产品的特质决定了软件项目管理和其他领域的项目管理的区别。

1. 抽象性

软件是脑力劳动的结果，是一种逻辑实体，具有抽象性。在软件项目的开发过程中没有具体的物理制造过程，因而不受物理制造过程的限制，其结束以软件产品交付用户为标志。软件一旦研制成功，就可以大量复制，因此软件产品需要进行知识产权的保护。

2. 缺陷检测的困难性

在软件的生产过程中，检测和预防缺陷是很难的，需要进行一系列的软件测试活动以降低软件的错误率。但即使如此，软件缺陷也是难以杜绝的，这就像一些实验科学中的系统误差，只能尽量避免，但不能够完全根除。

3. 高度的复杂性

软件的复杂性可以很高。有人甚至认为，软件是目前为止人类所遇到的最为复杂的事物。软件的复杂性可能来自实际问题的复杂性，也可能来自软件自身逻辑的复杂性。

4. 缺乏统一规则

作为一个学科，软件开发是年轻的，还缺乏有效的技术，目前已经有的技术还没有经过很好的验证。不可否认，软件工程的发展带来了许多新的软件技术，例如软件复用、软件的自动生成技术；也研制出了一些有效的开发工具和开发环境，但这些技术在软件项目中采用的比率仍然很低，直到现在，软件开发还没有完全摆脱手工艺的方式，也没有统一的方法，否则它早已通过装配生产线实现了。具有不同经验和学科教育背景的人们为软件开发的方法论、过程、技术、实践和工具的发展做出了贡献，这些多样性也带来了软件开发的多样性。

IT项目管理是以信息技术为基础的项目管理，它是项目管理的一种特殊形式，是随着信息技术的发展而诞生并不断完善的一种新的项目管理。一般项目管理的科学理论、思想方法和技术在IT项目管理中依然适用，同时由于它的特殊性也使其有特殊的管理问题需要研究和讨论。

1. 软件项目管理的定义

软件项目管理的概念涵盖了管理软件产品开发所必需的知识、技术及工具。根据美国项目管理协会PMI对项目管理的定义“在项目活动中运用一系列的知识、技能、工具和技术,以满足或超过相关利益者对项目的要求”,可以给出软件项目管理的一种定义:在软件项目活动中运用一系列知识、技能、工具和技术,以满足软件需求方的整体要求。

2. 软件项目管理的过程

为保证软件项目获得成功,必须清楚其工作范围、要完成的任务、需要的资源、需要的工作量、进度的安排、可能遇到的风险等。软件项目的管理工作在技术工作开始之前就应开始,而在软件从概念到实现的过程中继续进行,且只有当软件开发工作最后结束时才终止。管理的过程分为如下几个步骤。

1) 启动软件项目

启动软件项目是指必须明确项目的目标和范围,考虑可能的解决方案,明确技术和管理上的要求等,这些信息是软件项目运行和管理的基础。

2) 制订项目计划

软件项目一旦启动,就必须制订项目计划。计划的制订以下面的活动为依据。

(1) 估算项目所需要的工作量。

(2) 估算项目所需要的资源。

(3) 根据工作量制订进度计划,继而进行资源分配。

(4) 做出配置管理计划。

(5) 做出风险管理计划。

(6) 做出质量保证计划。

在软件项目进行过程中,应严格遵守项目计划,对于不可避免的变更,要进行适当的控制和调整,但要确保项目计划的完整性和一致性。

3) 评审项目计划

对项目计划的完成程度进行评审,并对项目的执行情况进行评价。

4) 编写管理文档

项目管理人员根据软件合同确定软件项目是否完成。项目一旦完成,则检查项目完成的结果和中间记录文档,并把所有的结果记录下来形成文档而保存。

3. 软件项目管理的内容

软件项目管理的内容涉及上述软件项目管理过程的方方面面,概括起来主要有如下几项。

(1) 软件项目范围管理;

(2) 软件项目成本管理;

(3) 软件项目进度管理;

(4) 软件项目配置管理;

（5）软件项目组织管理；
（6）软件项目质量管理；
（7）软件项目风险管理；
（8）软件项目沟通管理；
（9）软件项目集成管理。

软件项目管理的框架如图 2-1 所示。

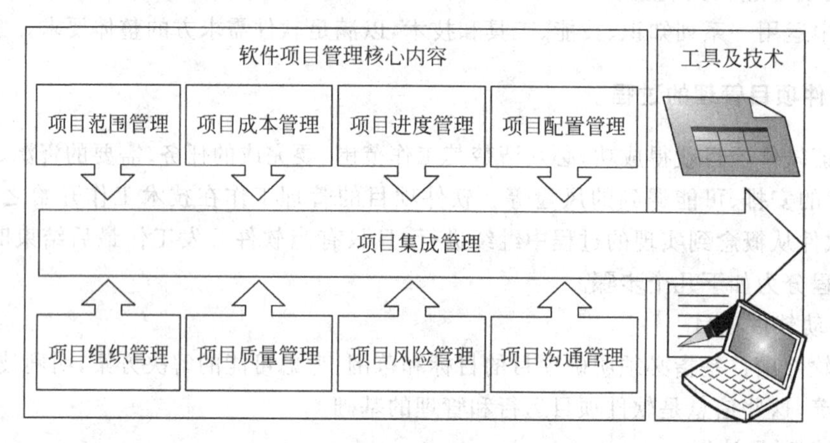

图 2-1 软件项目管理框架

2.4 项目范围管理

项目范围的管理也就是对项目应该包括什么和不应该包括什么进行相应的定义和控制。它包括用以保证项目能按要求的范围完成所涉及的所有过程，包括确定项目的需求、定义规划项目的范围、范围管理的实施、范围的变更控制管理以及范围核实等。烽火猎头专家也认为项目范围是指产生项目产品所包括的所有工作及产生这些产品所用的过程。项目干系人必须在项目要产生什么样的产品方面达成共识，也要在如何生产这些产品方面达成一定的共识。

2.4.1 项目范围变更控制

用户需求的不确定、公司上层对产品交付期的严格要求、人员的不合理流动等，使得项目组要制订一个完美的项目需求调研的分析计划几乎成为不可能的奢望。反过来，压缩需求期的工作，减少文档的编写，把相互交流和沟通降到最低限度，又必然造成用户因不满意产品需求的质量，不断修改变化需求，从而使得后期维护成本增加，造成恶性循环。

IT 项目经常存在范围蔓延的问题，即项目范围存在不断扩大的趋势。项目范围蔓延是指项目范围在人们不注意的情况下逐步地微量增加，尤其在时间跨度较长的项目中经常出现。范围蔓延会导致项目进度无法控制、项目预算严重超支、项目回款延期、项目所交付的产品差强人意；同时会导致项目团队对项目失去了方向、士气低落、项目迟迟不能验收、项目成果得不到认可，使甲乙双方两败俱伤。一般来讲，需求的变更通常意味着需求的增加，相对而言需求的减少相对很少,而且处理需求减少方面的问题也比较容易。

2.4.2 项目范围变更原因

范围变更的表现形式多种多样,如客户临时改变对功能需求的想法,项目预算发生变化等。在IT项目中,这些需求范围变更可能来自方案服务商、客户或者产品供应商,也可能来自项目组内部,分析各种需求变更的原因,可以归结为以下4个方面。

(1) 范围没有明确就开始细化。范围的细化一般是由需求分析人员根据用户提出描述性的、总结性的短短几句话去细化,提取其中的一个个功能,并给出相应的描述。当客户向需求分析人员提出需求的时候,往往是将自己的想法用自然语言来表述的,这样的表示结果对于真实的需求来说只是某个角度的描述,不能保证这样的需求描述达到百分之百的正确理解。如果用户在需求不明确甚至提不出需求,或者因为项目组对业务不熟悉或者没有与用户密切配合,需求分析工作做得不细致等原因,使得需求范围没有明确就开始了细化工作,当进入项目实施阶段,需求范围发生变化,就需要做很大的改动。

(2) 系统实施时间过长。大中型IT项目的建设需要延续一段时间,当客户得出需求范围时,并不能立刻看到系统的运行情况,往往是双方认为理解没有分歧时,开发方就开始工作在项目漫长的实施过程中,客户由于自身业务发生变化或突然产生新的想法,会不时地对项目提出新的需求;或者当客户拿到差不多可以试用的交付物时,他们会对系统的功能、性能等从一些亲身的感受出发,提出需求变更请求。

(3) 用户业务需求改变。由于客户竞争激烈,运行情况不确定,需要随时对业务或环境变化做出反应,用户自然会经常提出需求变更的请求。

(4) 系统正常升级。由于开发方自身版本升级、性能改进、设计调整等要求会产生需求变更。

2.4.3 范围变更控制过程

许多IT项目都存在范围蔓延的趋势,无论是项目的开始阶段,还是项目即将结束的阶段,发生范围变更都是不可避免的。因此,再好的计划也不可能做到一成不变。而项目范围的变更必然对项目产生影响,除了需要对项目范围加以核实以外,关键问题是如何对变更进行有效的控制。

范围变更控制就是指对有关项目范围的变更实施控制。控制好范围变更必须有一套规范的变更管理过程,在发生变更时遵循规范的变更程序来管理变更。其过程如图2-2所示。

(1) 在发生范围变更时,首先需要向变更控制委员会(SCCB)提交范围变更申请表。对于任何范围变更请求,首先要做的是记录下来这个范围变更请求是什么,是由哪一类利益相关者提出来的,以及相应的联系方式。因为有些变更请求如果在本阶段不被接受,也许可以成为以后参考的功能或范围。

(2) 变更控制委员会(SCCB)对范围变更进行评估。SCCB是决定批准或拒绝特定项目中提出的变更请求的团队,通常由有关各方的代表组成,主要完成决定变更哪些需求,变更是否在项目范围之内;评估变更的范围,决定变更是否可以接受;对变更的需求设置优先级,制定版本规定等工作。SCCB需要对范围变更请求产生的原因进行分析,比如,是由于

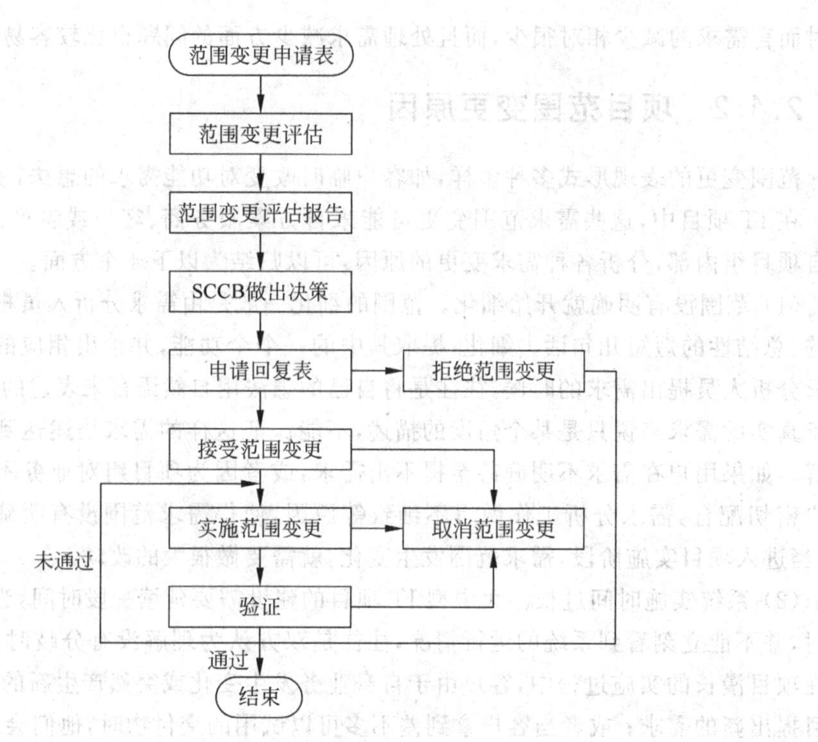

图 2-2 范围变更控制流程

在项目初期没有明确产品范围而产生的项目变更；或是没有明确项目范围产生的变更；还是由于外部事件所致。在评估时 SCCB 进行范围变更分析，精确理解需求，评估系统对范围变更的接纳程度、变更的代价、变更对系统总体架构，甚至产品发展的影响，为变更控制委员会决定是否批准范围变更提供依据。在范围变更评估分析中，还要进行需求范围稳定性分析。过于频繁的范围变更表明项目进程已经超出了需求变化的范围，项目经理应该考虑项目组织管理方面是不是发生了问题。

(3) SCCB 根据项目现有进度、进行项目范围变更的项目进度影响、费用及项目可接受影响的程度，对项目范围变更排列优先级。提出变更请求采取的应对措施建议，记录风险和相应的风险应对计划。同时与项目赞助人协商项目变更影响、解决变更请求需要的条件、相应的费用变化以及项目赞助人的可接受程度等问题，据此确定是否实施变更。如果拒绝范围变更请求，则范围变更控制过程结束；如果接受范围变更请求，需要将范围变更加入现有项目详细计划中，更新相应的项目文档，通知相应项目有关人员关于项目内容、进度、人员、费用的变更，接下来就应该实施范围变更。

(4) 实施范围变更。实施过程主要完成以下任务。

① 跟踪所有范围变更影响的工作产品。当确定某一需求范围发生变更时，根据需求跟踪矩阵，修改与范围变更需求有关的各层、各环节需求项，如涉及需求项的设计模型、代码模块、测试用例等；同时完整地跟踪所有范围变更所影响的地方，甚至包括对最终产品以外的影响。例如，因需求变更，版本控制没有相应的记录、产品使用手册没有做相应的修改等。在实施范围变更的过程中，如果发现范围变更不恰当，如出现了未预料到的高额费用等，可以及时取消范围变更。

② 确定是否调整需求基线。需求范围变更以后,SCCB 决定是否调整需求基线。新需求是反映为基线的调整,还是版本的变化。基线变化可以作为产品标准的变化,也可以理解为将发布一个新版本的产品。但是新版本产品并不一定就是新产品,因此 SCCB 要决定对新需求全面升级还是局部更改,是基线变化还是个别版本变化。

③ 维护范围变更记录和文档。决定变更基线或提升版本以后,需要做好记录,修改相应的文档。范围变更记录要记录范围变更原因、内容、影响、实现过程、其他相应的变更等。范围变更记录越完整,对于追溯甚至以后可能发生的回退就越有帮助。

④ 范围变更后还需要进行验证,如果未通过验证,要取消范围变更。如果通过验证,则范围变更实施结束。这时需要记录实际项目范围变更带来的影响,总结经验教训。

2.4.4 实施范围变更管理原则

(1) 建立需求范围基线。需求范围基线是指是否容许需求变更的分界线。在开发过程中,需求确定并经过评审后(用户参与评审),可以建立第一个需求基线。随着项目的进展,需求的基线也在变化。此后每次变更并经过评审后,都要重新确定新的需求基线。

(2) 制定简单、有效的变更控制流程,并形成文档。在建立了需求基线后,提出的所有变更都必须遵循这个控制流程。同时,这个流程具有一定的普遍性,对以后的 IT 项目开发和其他项目都有借鉴作用。

(3) 成立项目变更控制委员会(SCCB)或具有相关职能的类似组织,负责裁定接受哪些变更。

(4) 需求变更一定要先申请然后再评估,最后经过与变更级别相当的评审确认。

(5) 需求变更后,受影响的软件计划、产品、活动都要进行相应的变更,以保证和更新的需求一致。

(6) 妥善保存变更产生的相关文档。

2.4.5 项目范围变更控制

IT 项目的生命周期分为启动、计划、实施、控制和收尾 5 个过程。范围变更的控制不应该只是项目实施过程考虑的事情,而是要分布在整个项目生命周期。项目中不可避免地会发生范围的变更,不论是在项目的开始阶段或是将要结束阶段,都有可能会发生项目范围的变更,而项目范围的变更会自然地对项目产生影响。所以,怎么样控制项目的范围变更是项目管理的一个重要内容。

项目所处的阶段越早,项目的不确定性越大,项目范围调整或变更的可能性就越大,此时带来的代价比较低。随着项目的进行,不确定性逐渐减小,变更的代价、付出的人力、资源逐渐增加,就会增加决策的难度。为了将项目范围变更的影响降到最小,就需要采用综合变更控制方法。综合变更控制主要内容有找出影响项目变更的因素、判断项目变更范围是否已经发生等。

进行综合变更控制的主要依据是项目计划、变更请求和提供了项目执行状况信息的绩效报告。为了保证项目变更的规范和有效实施,通常项目实施组织会采取以下措施。

1. 项目启动阶段的需求范围变更预防

任何 IT 项目的范围变更都是不可避免的，只能从项目启动的需求分析阶段就开始积极应对。对一个需求分析做得很好的项目来说，基准文件定义的范围越详细清晰，客户跟项目经理不断提出需求范围变更的机会就越少。如果需求没做好，基准文件里的范围含糊不清，往往要付出许多无谓的代价。如果需求做得好，文档清晰且又有客户签字，那么后期客户提出的变更一旦超出了合同范围，就需要另外收费。这并非要刻意赚取客户的钱财，而是不能让客户养成经常变更范围的习惯，否则对于项目来说后患无穷。

2. 项目实施阶段的需求范围变更

成功项目和失败项目的区别就在于项目的整个过程是否可控。项目经理应该树立一个理念——"范围变更是必然的、可控的、有益的"。项目实施阶段的变理控制需要分析变更请求，评估变更可能带来的风险和修改基准文件，特别需要注意以下几点。

(1) 范围一定要与投入有联系，如果范围变更的成本由开发方来承担，则项目范围的变更就会频繁发生。所以，在项目的开始，无论是开发方还是出资方都要明确这一条：需求变，项目的投入也要变。

(2) 范围的变更要经过出资者的认可，保证关键利益相关者对范围的变更有成本的概念，能够慎重地对待范围的变更。

(3) 小的范围变更也要经过正规的范围变更流程。人们往往不愿意为小的范围变更去执行正规的范围变更流程，认为降低了开发效率，浪费了时间。但这种观念经常使得范围逐渐变得不可控，最终导致项目的失败。

(4) 精确的需求与范围定义并不会阻止需求的变更。并非对需求定义得越细，就越能避免需求的渐变，这是两个层面的问题。太细的需求定义对需求渐变没有任何效果，因为需求的变化是永恒的，并非需求写细了，它就不会变化了。

(5) 注意沟通的技巧。实际情况是用户、开发者都认识到了上面的几点问题，但是由于需求的变更可能来自客户方，也可能来自开发方，因此，作为需求管理者，项目经理需要采用各种沟通技巧来使项目的各方各得其所。

(6) 在开发上尽量根据情况采用多次迭代的方式，在每次迭代的同时让客户参与和使用软件，对下一步的开发提出建议，争取在项目前期有效地减少后期可能出现的变更情况。

3. 项目收尾阶段的总结

能力的提高往往不是从成功的经验中来，而是从失败的教训中来。范围变更过程的结果之一就是教训的总结。许多项目经理不注意经验教训总结和积累，即使在项目运作过程中碰得头破血流，也只是抱怨运气、环境和团队配合不好，很少系统地分析总结，或者不知道如何分析总结，以至于同样的问题反复出现。

事实上，项目总结工作应作为现有项目或将来项目持续改进工作的一项重要内容，同时也可以作为对项目合同、设计方案内容与目标的确认和验证。项目总结工作包括对项目中事先识别的风险和没有预料到而发生的变更等风险的应对措施的分析和总结，也包括对项目中发生的变更和项目中发生问题的分析统计的总结。

2.5 项目成本管理

项目成本管理是承包人为使项目成本控制在计划目标之内所做的预测、计划、控制、调整、核算、分析和考核等管理工作。项目成本管理就是要确保在批准的预算内完成项目，具体项目要依靠制定成本管理计划、成本估算、成本预算、成本控制 4 个过程来完成。项目成本管理是在整个项目的实施过程中，为确保项目在批准的成本预算内尽可能好地完成而对所需的各个过程进行管理。

2.5.1 成本管理过程

项目成本管理由一些过程组成，要在预算下完成项目的这些过程是必不可少的，这些过程的主要框架如下。

(1) 资源计划过程：决定完成项目各项活动需要哪些资源（人、设备、材料）以及每种资源的需要量。

(2) 成本估计过程：估计完成项目各活动所需每种资源成本的近似值。

(3) 成本预算过程：把估计总成本分配到各具体工作。

(4) 成本控制过程：控制项目预算的改变。

以上 4 个过程相互影响、相互作用，有时也与外界的过程发生交互影响，根据项目的具体情况，每一过程由一人或数人或小组完成，在项目的每个阶段，上述过程至少出现一次。同时，以上过程是分开陈述且有明确界线的，实际上这些过程可能是重选的，相互作用的，对此不做详细讨论。

项目成本管理主要与完成活动所需资源成本有关。然而，项目成本管理也考虑决策对项目产品的使用成本的影响。例如，减少设计方案的次数可减少产品的成本，但却增加了今后顾客的使用成本，这个广义的项目成本叫项目的生命周期成本。许多应用领域，未来财务状况的预测和分析是在项目成本管理之外进行的。但有些场合，预测和分析的内容也包括在成本管理范畴，此时就得使用投资收益、有时间价值的现金流、回收期等技巧。

项目成本管理还应考虑项目相关方对项目信息的需求——不同的相关方在不同时间以不同方式对项目成本进行度量。当项目成本控制与奖励挂钩时，就应分别估计和预算可控成本和不可控成本，以确保奖励能真正反映业绩。

2.5.2 成本管理手段

1. 基于预算的目标成本控制方法

在国内企业中，采取严格的预算管理的企业并不多见。尽管一些企业管理者从各种渠道了解到实行预算管理的种种好处，因而每到年底，他们总会要求财务部门，或者是销售部门，或者是“总经办”这样的部门去为来年做一份预算。然而，由于大家都对怎样做预算一知半解，企业平时又没有积累起做预算所需要的各种数据，以及做预算所需要相应的组织环境，加上时间十分紧迫（通常他们会要求有关人员在 1～7 天内完成）和其他一些原因，他们做出的预算，其实只是做预算者在揣摸领导意图后拿出的一个来年的花钱的计划。而且做这个计划的人通常明明知道这个花钱计划只是做一做，满足老板当前的要求而已。在大多数企业中，很少有人认为预算会是有用的，不是指预算从理论上讲无用，而是在他们的企业没有用。

人们普遍确信的是，"计划没有变化快"。"计划没有变化快"，这是一句可以做多样理解的话。一种理解是，老板自己不会按照他要求做出的预算执行，预算做得再好也没有用。一种理解是，我们的企业根本就做不出切实可行、行之有效的预算。还有一种理解是，人际关系太复杂、当家的人太多，即便老板要坚持按预算办事，也不定哪一天就有一人物把他破坏了。可能还有一种解释是，环境因素变化太快，企业发展的变数太多，根本就无法预测两三个月以后的事，所以预算做不出来，做了也一定会不实用。

但是，国外成功企业的经验显示，预算管理是有效的成本控制方法。所谓预算，通俗地讲就是，事前确定好明天花多少钱？哪里花钱？谁来花钱？怎么花钱？谁来控制花钱？要回答这些问题，不仅需要对全盘有把握，而且要知道资金从哪里来（并保证能得到这笔资金），以及知道各种需要购进的东西的未来价格走势。因为是按计划来花钱，自然就不会乱花钱、花冤枉钱。为什么说按事前的计划花钱就不会花冤枉钱呢？因为计划通常是事前经过在各部门的共同参与下，反复讨论协商出来的。

当然，正如世界上没有绝对好的东西一样。基于预算的目标成本控制方法，也并非百分之百好用，因为总有一些事情是无法预计的。但这不能否定预算管理的效果，预算一旦执行以后，也不是铁板一块，必要的时候是可以做适当调整的。最重要的是，有预算管理一定会比没有预算管理好。

2. 基于标杆的目标成本控制方法

所谓标杆，就是样板，就是别人在某些方面做得比自己好，所以要以别人为楷模来做，甚至比别人做得还要好，或者说别人做到了那样的效果，所以也要求自己达到甚至超过那样的效果。

这里的"别人"有三层意思：其一，它可以是别的企业。当一个企业在某些方面做到某种较好程度时，通常就会有一批企业起而效仿它，比如A汽车制造厂由于采用某种新的工艺，促使每台车的生产成本降低了1%，因此众多的汽车生产企业也纷纷采取这种工艺。又如，某企业的人均贡献率达到了某种水平，于是一家企业开始研究它是如何达到那个水平的，当这家企业确信自己找到答案时，它便以那家企业为目标，采取措施（不一定跟那个企业的做法一模一样）试图取得同样的人均贡献率，甚至更高的人均贡献率。以其他企业为标杆，其学习途径主要有三个：一是，通过一定的媒介（电视、报纸、期刊、书籍、网络、管理顾问）知道某个企业在某一方面或几个方面做得比自己好，因而决意学习它；二是，到那家企业参观学习或由那家企业的人员当面介绍，因而决意学习它；三是，在那家企业工作过的人员带来了那家企业的经验，在本企业推广它。其二，以自身企业过去的某些绩效为标准来作为未来的目标予以控制。比如，在本企业的历史上，最高的人均利润贡献额为50 000元，或者销售费用率仅为8%，于是决意在下一年度以此为目标来予以控制。这一点与基于历史数据的目标成本控制方法是基本一致的。其三，是以本企业的某个部门或某个人创造的某项纪录为目标，要求其他部门或其他人以此为标杆，并力争超越他。比如，某部门连续三个月创造了人均办公用品费用不超过10元的纪录，经分析认为，全公司的其他部门如果努力控制办公用品使用，也能达到这个效果，于是便在全公司倡导或强制性地执行以那个部门的这一结果为标准，来实施降低办公用品费用的计划。又如，某位计件工当月创造了一项较高的生产记录，公司便号召其他人向他学习，也是一种标杆式的管理方法。

3. 基于市场需求的目标成本控制方法

基于市场需求的目标控制方法有时也称为"基于决策层意志的成本控制法"，因为这种方法在使用过程中，决策者的意志将起主导作用。下面是一个典型的基于市场需求的目标成本控制方法的操作案例。

某公司计划开发生产一种新产品——A型涂料，公司技术人员经过攻关，终于研制出了这种涂料的配方。生产这种涂料需要用清铅粉、黑铅粉、黏土和糖浆4种原料，它们所占的比重分别为35%、45%、14%和6%。该公司通过市场调查发现，该类型涂料具有竞争性的市场价格0.50美元/千克，公司确定的产品投放市场后的目标毛利为0.25美元/千克。这样一来，A型涂料的目标成本即为0.25美元/千克(0.50美元/千克—0.25美元/千克)。然而该公司通过市场调查得知：上述4种原料的成本分别为0.45美元/千克、0.18美元/千克、0.15美元/千克和1.00美元/千克。据此，A型涂料的成本为：0.45×35%+0.18×45%+0.05×14%+1×6%=0.31美元/千克。也就是说，这个设计方案虽然在技术上是可行的，但其成本却达不到目标成本的要求。为了实现既定的目标成本，该公司科技人员决定对A型涂料现有的配方进行重新研究调整，以便达到成本目标。通过运用价值工程的原理，他们发现A型涂料耐高温性能有些过剩，而悬浮稳定性却略显不足。为此，科技人员决定在保证A型涂料必要的功能的前提下改进配方。新配方只用清铅粉、黑铅粉和膨润土三种原料，它们所占的比重分别为15%、80%和5%，而膨润土的成本仅为0.09美元/千克。这样新的A型涂料配方的成本为：0.45×15%+0.18×80%+0.09×5%=0.27美元/千克。新配方的成本达到目标成本的要求，可以正式投产。

这一方法已经被众多的企业所采用，即实践证明它是一种十分有效的控制成本的手段。最初，这种方法可能是某企业迫于竞争的无奈而创造出来的。现在也主要在竞争激烈的行业中被广泛采用。但是，实际上在竞争并不激烈的产业中，推行此方法依然可以获得奇特的管理效果。人的潜力是无限的，有时候看似不能达到的目标，如果有一个强权者一定要让人们达到它，它有时还真的能够如愿以偿。许多企业往往并不知道自己企业是否存在降低成本的空间，采取这种方法，有时可以把海绵中所有的水都拧干。

4. 基于价值分析的成本控制方法

一些优秀的制造业中的大企业都使用了这种方法。这类企业往往设有一个专门的部门来负责"降低成本"，他们分析现有的工作、事项、材料、工艺、标准，通过分析它们的价值并寻找相应的替代方案，可以相应地降低成本。比如，某企业的成本管理人员经过认真分析，发现将企业内的保洁工作外包给公司以外的专业保洁公司完成，比企业自己养清洁工成本更低，于是提出议案，公司领导看后认为可以，于是就把公司的保洁工作委托给了一家专业保洁公司。

这种方法在先进的公司使用是经常的和制度化的，即企业设有专门的人员（通常是工程师）以此为工作职责。但是，几乎所有的公司看似或多或少地使用了这种方法，而其实做得并不专业。具体分析会发现两种情况：一是，一些企业所进行的价值分析实际上是学另外的企业的经验。比如，听到或看到某企业将保洁工作实现外包，降低了保洁和管理成本，于是也来采取外包保洁的管理办法。这实际上是在运用标杆，而不是独立的价值分析的过程和结果。其二，一些企业经常也会特地对某些工作、事项、业务、流程等进行价值分析，并且有时也可能找出一个良好的替代方案，以及实行的效果的确比较理想。然而，这种价值分析的过程更多的是因为某些重要人物心血来潮时的行为。

5. 基于经验的成本管理方法

这是一种最为基础的和较低级别的，但是应用最为广泛，在一定的条件下效果也是十分好的成本控制法。大多数企业的成本管理都是由此开始的，而其他每一种成本控制方法的最底层部分其实都是由此构成的。

它是管理者借助过去的经验来实现对管理对象进行控制，从而追求较高的质量、效率和避免或减少浪费的过程。比如，经验告诉我们，在采购的过程中，“货比三家、反复招标、尽量杀价”，可以降低采购成本，于是管理者就要求他们的下属在采购时“货比三家、反复招标、尽量杀价”。又比如，经验告诫我们，对外采购的过程中，如果缺少必要的监督机制，有的采购人员就可能产生自私行为，从而导致企业损失，于是大量的企业常常不惜牺牲效率和成本设置“关卡”来防止采购人员的自私行为。还比如，人们注意到只要对员工盯紧一点儿，员工的工作效率就会得到相应的提高，于是企业普遍十分强调对员工行为的监督。

毫无疑问，基于经验的成本管理方法有时是最有效用的提高效率、保证质量和控制成本的措施。一个从最基层销售员干起，一直干到营销副总经理职务的管理者，他所管理的销售人员，一般较少有机会犯直接蓄意损害企业利益的错误。然而，经验有时也是不可靠的。一位企业总经理过去管理文化层次较低的工作人员的经验告诉他，加强对犯错员工的处罚可能减少员工犯错，从而减少或避免企业的损失，然而如果他现在管理的工作人员文化层次较高，且都是独生子女一代，那么他的这一经验可能不但不管用，甚至走向反面。

基于经验的成本管理法有时并不管用，一般有两点原因：一是，经验带有严重的个人色彩，当变化的环境问题超过经验的范围时，经验可能失去效用。二是，经验往往是“就事论事”的，不是系统思维的结果，因此经验在实用过程中可能出现系统性消极后果，即对具体的对象而言它们有助于控制甚至降低成本，但就总体而言它们则可能无助于控制成本，甚至造成系统性成本上升。此外，实施经验化的成本管理，可能在未来留下历史的阴影。

2.6 项目进度管理

进度是IT项目的一个关键因素，项目进度控制和监督的目的是增强项目进度的透明度，以便项目进展与项目计划出现严重偏差时，可以采取适当的纠正措施。已经归档和发布的项目计划是项目控制和监督中活动、沟通、采取纠正和预防措施的基础。

2.6.1 影响项目进度的因素

要有效地进行进度控制，必须对影响进度的因素进行分析，事先或及时采取必要的措施，尽量缩小计划进度与实际进度的偏差，实现对项目的主动控制。IT 项目中影响进度的因素很多，如人为因素、技术因素、资金因素、环境因素等，其中人为因素是最重要的因素，技术因素归根到底也是人的因素。常见的有以下几种情况。

1. 低估 IT 项目实现的条件

(1) 低估技术难度。IT 项目的高技术本身，说明其实施中会有很多的技术难度，除了需要高水平的技术人员实施外，还要考虑为解决性能问题而进行科研攻关和项目实验。实际中，项目主管通常会低估项目技术的难度，使得项目不能按照项目计划顺利实施。

(2) 低估了多个项目团队参加项目时工作协调和复杂度以及难度。IT 项目团队成员通常比较强调个人的智慧，强调个性，这就会增加需要团队合作的项目协调工作的复杂度。尤其对于由很多子项目组成的大项目来说，更会增加项目协调和进度控制上的难度。

(3) 低估环境因素。企业项目主管和项目经理也经常低估环境因素，没有充分了解项目情况，从而低估了项目实现的条件。

2. 项目参与者的失误

每个项目参与者的行为都会影响到项目进度。若项目计划本身有错误，如计划制定者在系统框架设计上的错误、成本预算编制的错误等，那么执行过程也难免出错，进而对进度产生影响。即使项目计划正确，项目执行上也一样会出现错误，如项目所需款项没有到位、关键人员离职等，都会影响项目进度。此外，如果没有很好地管理项目转包的部分，也会造成进度的延误。

3. 不可预见事件的发生

项目会因为一些不可预见的事件，如计划中要采购的设备没有货等，对项目进度产生影响。

通常项目进入实施阶段之后，项目经理所关注的活动都是围绕进度展开的。进度控制的目标与成本控制和质量控制的目标是对立统一的关系，三者互相制约。比如，一般情况下，进度快需要增加投资，而项目的提前完工可能会提高投资效益；进度快有可能影响质量，而严格控制质量又有可能影响进度，有时也有可能因为严格控制质量而不出现返工，反而加快了进度。这三个目标是一个系统，寓于一个统一体中，必须协调和平衡它们之间的关系才能得到全局的最优解。项目经理需要系统地考虑三者之间的制约关系，既要进度快，又要成本省、质量好，使三个目标的控制达到最优。

4. 项目状态信息收集的情况

离开了信息，对项目进行成功的控制就是无源之水、无本之木。由于项目经理的经验或素质原因，对项目状态信息收集掌握不足，及时性、准确性、完整性比较差。比如，某些项目团队成员报喜不报忧，在软件程序的编制过程中，可能会先编制一些表面的东西，给领导造成比较乐观的感觉,而实际上只是一个"原型系统"或演示系统。如果项目经理或者管理团队没有及时地发现这种情况,将对项目的进度造成严重的影响。

5. 计划变更调整的及时性

IT 项目不是一个一成不变的过程,开始时的项目计划可以制定得比较粗一些,随着项目的进展,特别是需求明确以后,项目的计划就可以进一步地明确,这时候应该对项目计划进行调整修订,通过变更手续取得利益相关者的共识。计划应该随着项目的进展而逐渐细化、调整、修正。没有及时调整计划或者是随意的、不负责任的计划是难以控制的。

IT 项目计划的制订需要在一定条件的限制和假设之下采用渐渐明晰的方式,随着项目的进展进行不断细化、调整、修正、完善。对于较为大型的 IT 项目的工作分解结构可采用二次甚至多次 WBS 方法。由于需求的功能点和设计的模块或组件之间并不是一一对应的关系,所以只有在概要设计完成以后才能准确地得到详细设计或编码阶段的二次 WBS,根据代码模块或组件的合理划分而得出的二次 WBS 才能在详细设计、编码阶段乃至测试阶段起到有效把握和控制进度的作用。有些项目的需求或设计做得不够详细,无法对工作任务的分解、均衡分配和进度管理起到参考作用,因此要随着需求的细化和设计的明确,对项目的分工和进度进行及时的调整,使项目的计划符合项目的变化,使项目的进度符合项目的计划。

2.6.2 项目进度控制

项目进度控制应该以项目进度计划为依据。项目经理通过各种有效沟通途径,获取项目进度的实际信息,比照进度计划基准,识别进度方面是否存在偏差。如果发现偏差,要分析偏差形成的原因,以及该偏差对项目总体的影响程度,同时要确定偏差是否可以接受。如果利益相关者认为偏差可以接受,则可以调整项目进度计划,反之,则需要制定具体的措施,将偏差纠正到可以接受的范围之内。将纠正措施合并到项目的总体计划中,一起进行跟踪管理。

由此可以看出,项目进度偏差是项目进度控制的重要依据。如果不能及时有效地管理项目进度偏差,可能会对项目造成很大的影响。比如,项目延期引起客户满意度的下降,影响了和客户的继续合作;人力资源投入时间延长,增加了项目成本,并间接影响到其他项目的实施;项目延期导致团队情况消极,士气低落,生产率下降;不能及时收回款项,降低资金流动速度;公司名誉受到影响等。这些结果往往比进度偏差本身严重得多。

1. 识别偏差

在进行 IT 项目进度控制时,应检查是否存在偏差,通常从分析项目关键路径上的任务是否存在偏差开始,然后检查项目近关键路径上的任务,再检查其他任务的进展情况。通常项目团队使用项目进度管理一览表来管理项目实施过程中出现的进度偏差,如表 2-1 所示。在表的最左边,将出现偏差的任务分为三类:关键路径上任务、近关键路径上任务和非关键路径上任务。在每一类中,按照进度偏差的大小进行排序。

表 2-1　项目进度管理一览表

项目名称：										
项目编号：							项目经理：			
本文件所依据计划基准文件名称及编号：										
文件编号：						发布日期：		发布人：		
WBS编号	任务名称	计划日期	实际日期	进度偏差	偏差原因	影响	偏差是否可以接受，若不能接受，提供纠正措施	计划解决日期	实际解决日期	责任人
关键路径上任务										
近关键路径上任务										
非关键路径上任务										

2. 分析偏差原因

识别了进度偏差之后，项目经理应该与存在进度偏差的任务的负责人一起分析偏差原因。如果任务责任人对偏差原因没有清晰的认识，项目经理应该帮助其分析探讨。通常将鱼刺图作为分析原因的工具，如图 2-3 所示。

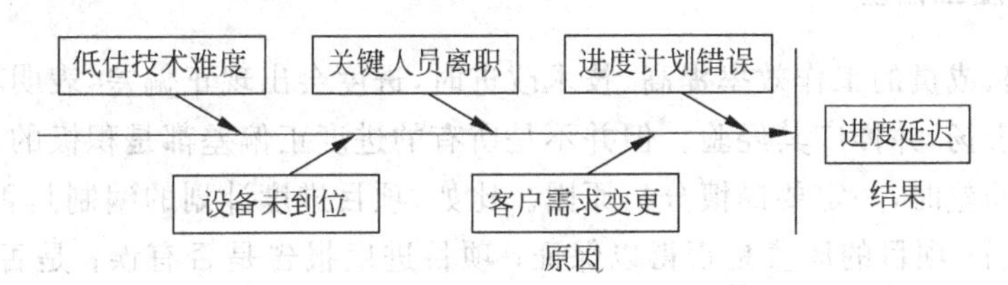

图 2-3　进度偏差原因分析

在 IT 项目中，造成项目进度延误的原因主要包括项目团队内部原因、项目执行组织的原因、客户原因和外部原因 4 个方面。

项目团队内部原因主要包括：进度计划本身存在漏洞；人员技能达不到预想水平；团队士气不高、内部沟通不畅；协作配合不力；项目技术不成熟等。项目执行组织的原因，如组织中管理层或者其他职能部门的不支持，使得项目所需资源不能及时到位，流程不合理影响项目进展等。客户原因，如客户没有按期准备所需事项；客户配合不力；客户需求更改过多等。外部原因，如分包商配合不力导致项目延误，以及一些不可控因素导致进度拖延等。

只有真正了解进度偏差发生的原因，才能确定对偏差的态度，决定是否需要采取措施。

3. 确定对既发偏差的态度

项目经理和团队应该重点关注项目进度管理一览表中排在前面的偏差。如果接受了某一项进度偏差，并因此调整进度计划时，项目的关键路径和近关键路径通常会发生变化，相应地，位于关键路径和近关键路径上的任务也会发生变化。

并非所有的偏差都需要采取纠正措施。比如，一些发生在非关键路径上的偏差，如果其小于此路径上的总浮动时间，不会直接导致项目整体进度的延误，这时可以接受此偏差，不采取纠正措施。当然如果发生在非关键路径上的偏差大于此路径上的浮动时间，那么该路径就成了项目的关键路径，这时如果不采取措施就会影响项目的总进度。

一般来说，项目本身通常留有一定的进度冗余。当存在较大的进度冗余时，在进度偏差不超过冗余的情况下，利益相关者可以容忍一定的进度偏差。但是如果进度偏差发生在项目实施早期，项目团队为了给以后的实施留出足够的冗余来抵御不可预见的风险，往往会纠正早期出现的进度偏差。

接受偏差一定要取得客户、公司管理层等关键利益相关者的认可，并及时与相关任务的负责人进行协调，避免潜在的人力资源冲突。

如果不接受偏差，就要及时制定纠正措施。例如，把非关键路径上的资源转移到关键路径上；投入更多的人力资源或加班赶进度，提高生产效率；使用项目中预留的时间冗余；更换不称职的团队成员；与客户主动沟通争取客户的谅解和配合；将组织内部问题升级以取得管理层注意和支持等，都是常常使用的措施。当面对具体的进度偏差时，应该尽可能地找出所有可能的纠正措施，项目经理与项目团队成员、利益相关者、专家等一起从技术可行性、经济可行性、是否易于维护、是否会对项目其他任务造成影响等角度来进行筛选，并选择合适的纠正措施。

4. 关注进度正偏差

当项目团队成员的工作效率提高、技术改进时，进度会出现正偏差，表明项目进度超前，这时应该提出表扬，并推广其经验。但并不是所有的进度正偏差都是积极的，尤其是当出现较大幅度的正偏差时，一定要谨慎分析原因。比如，项目进度计划的编制是否有误；项目范围是否有所遗漏；项目的质量是否得以保证；项目进度报告是否有误；是否投入了过多的资源导致成本的迅速上升等。这些因素都预示了项目的潜在风险，需要采取必要的措施。

5. 调整项目进度计划

在项目实施过程中，难免会调整进度计划。通常对项目进度计划进行调整有以下几种情况。

(1) 客户由于业务或需求变化提出变更申请，经批准后对进度计划进行相应调整。

(2) 项目团队由于客观条件变化或者设计了更好的方案，提出变更申请，经批准后对进度计划进行相应调整。

(3) 计划本身存在缺陷需要修正，应及时调整计划，并尽最大可能减少调整计划造成的负面影响。

(4) 关键利益相关者接受项目进度出现的偏差，对进度计划进行相应的调整。

(5) 纠正项目其他方面的偏差引起项目进度的偏差，经批准后对进度计划进行相应调整。

(6) 随着项目的实施和内容的细化，对进度计划进行调整，以增加更加详细的内容。

对项目进度计划的调整，可能引起项目关键路径发生转移。因此每当对计划进度调整之后，项目经理需要重新确定关键路径。

2.7 项目配置管理

软件开发过程有许多资料，例如需求分析说明、设计说明、源代码、可执行代码、用户手册、测试用例、测试结果等文档；还有合同、计划、会议记录、报告管理文档。软件开发过程中出现变更也是不可避免的。如何有序高效地产生、存放、查找和利用如此庞大且不断变动的资料，确保在需要的时候能够及时获得正确的资料，尽可能少地出现混乱和差错成为软件工程项目十分突出的问题。软件配置管理正是为解决这个问题而提出的，它为软件开发提供了一套管理办法和活动原则，是软件开发过程质量保证活动的重要一环。

配置管理包括项目源代码、文档的版本控制与管理，标识软件配置项，建立产品基准库，对配置项的修改加以系统的控制。软件有一种进化的本性，从一个软件产品的定义一直到它被停止使用的过程中会经历许多变更。每一次变更的结果就是该产品的一个新版本。配置管理的目的就是在初始、评估以及执行这些变更的同时，维护产品的完整性。它提供了一个理性的框架来处理包括用户需求和资源限制的非理性世界。配置管理的目的就是标识每一软件项、管理并控制软件项的变更、便于追踪各软件项和后期维护。

2.7.1 配置管理的意义

在质量体系的诸多支持活动中，配置管理处在支持活动的中心位置。它有机地把其他支持活动结合起来，形成一个整体，相互促进，相互影响，有力地保证了质量体系的实施。

同发达国家相比，我国的软件企业在开发管理上，过分依赖个人的作用，没有建立起协同作战的氛围，没有科学的软件配置管理流程；在技术上只重视系统和数据库、开发工具的选择，而忽视配置管理工具的选择，导致即使有配置管理的规程，也由于可操作性差而搁浅。以上种种原因导致开发过程中普遍存在如下一些问题。

(1) 开发管理松散。部门主管无法确切得知项目的进展情况，项目经理也不知道各开发人员的具体工作，项目进展随意性很大。

(2) 项目之间沟通不够。各个开发人员各自为政，编写的代码不仅风格各异，而且编码和设计脱节。开发大量重复，留下大量难维护的代码。

(3) 文档与程序严重脱节。软件产品是公司的宝贵财富，代码的重用率相当高，如何建好知识库，用好知识库对优质高效开发产品，具有重大的影响。如果程序既无像样的文档，开发风格又不统一，这会给系统维护与升级带来极大的困难。

(4) 测试工作不规范。传统的开发方式中，测试工作只是人们的一种主观愿望，根本无法提出具体的测试要求，测试工作往往是走过场，测试结果既无法考核又无法量化，当然就无法对以后的开发工作起指导作用。

(5) 施工周期过长，且开发人员必须亲临现场。由于应用软件的特点，各个不同的施工点有不同的要求，开发人员要手工地保持多份不同的备份，即使是相同的问题，但由于在不同地方提出，由不同人解决，其做法也不同，程序的可维护性越来越差。

通过科学的配置管理能够大大地改善软件开发的环境与软件开发的效益，能够节约费用，缩短开发周期，有利于知识库的建立及规范管理，从而保证软件开发工程能够在规定的时间内保质、保量地完成，开发出易于维护、易于升级的软件。有效的配置管理可以帮助我们提高软件产品质量，提高开发团队工作效率。很多软件企业已经逐渐认识到配置管理的重要性，在国外一些成熟的配置管理工具的帮助下，制订相应的配置管理策略，取得了很好的成效。

软件配置管理的目标是：规划软件配置管理活动；经由选择的软件工作产品能够被识别、控制及可获取；对被识别的软件工作产品的调整进行控制；相关的组和个人能获知软件基准的情况和具体内容。

软件配置管理方面的工作包括：在指定的时间及时确定软件的配置（比如软件产品和它们的描述）；在整个软件生命周期中系统地控制这些配置的调整，并维持其完整性和可跟踪性；被置于软件配置管理之下的工作产品包括发布给用户的软件产品（比如软件需求文档和代码）以及创建软件产品所必需的内容（比如编译器）。

2.7.2 配置管理的实施过程

软件配置管理活动在整个开发活动中是一项支持性、保障性的工作，它本身并不直接为企业产出可以赢利的工作成果；而配置管理每一项活动都需要消耗企业的人力资源，有些还需要购置专门的工具来支持活动的进行，这些都会导致企业生产成本的增加。所以，在计划实施配置管理时，要小心地界定每一项活动。取舍的标准是：从事这项活动是不是真正有助于实施活动的成功？它对于提高产品的质量有多大的帮助？能否帮助开发团队更高效率地工作？配置管理的实施要注意以下几个方面的问题。

1. 评估开发团队当前配置管理现状

对于本国管理现状的评估，可以自己进行，也可以引入外部专业咨询人员来完成。引入外部专业咨询人员进行评估有两个好处：一是通常这样的咨询人员有比较丰富的配置管理实施经验，评估工作可以进行得更细致，而且通常咨询人员会在评估结果的基础上提出实施的建议；二是引入外部人员，通常评估结果会比内部自我评估更客观。坏处是要花钱。不管以何种方式进行，评估这个步骤的工作是一定要仔细进行的。有了评估的结果，才谈得上改进。

2. 定义实施的范围

对于没有正式实施过软件配置管理的开发团队，在配置管理方面存在的问题可能会比较多；经过评估，会找出来很多需要改进的点。那么，怎样来计划改进的工作步骤呢？原则就是利用管理学中的黄金法则抓住团队最头疼的几个问题，努力想办法解决这些问题。能找出 20％对软件开发带来 80％的困扰和痛苦的问题，然后集中 80％的精力来解决这些问题。流程改进是一个持续的历程，一个阶段会有一个阶段改进的重点，抓住重点、做出成绩，才是有效的改进之道。

3. 计划资源要素

具体来说，配置管理实施主要需要两方面的资源要素：一是人力资源，二是工具。人力方面，因为配置管理是一个贯穿整个软件生命周期的基础支持性活动，所以配置管理会涉及团队中比较多的人员角色，比如，项目经理、配置管理员、开发人员、测试人员、集成人员、维护人员等。但是，工作在一个良好的配置管理平台上并不需要开发人员、测试人员等角色了解太多的配置管理知识，所以，配置管理实施的主要人力资源集中在配置管理员上。配置管理员对一个实施了配置管理，建立了配置管理工作平台的团队来说，是非常重要的。整个开发团队的工作成果都在他的掌管之下，他负责管理和维护的配置管理系统如果出现问题，轻则影响团队其他成员的工作效率，重则可能出现丢失工作成果、发布错误版本等严重的后果。在国外一些比较成熟的开发组织中，对于配置管理员都很重视。在选拔配置管理员的时候，也有相当高的要求，比如，有一定的开发经验，对于系统（操作系统、网络、数据库等方面）比较熟悉，掌握一定的解决问题的技巧，在个人性格上，要求比较稳重、细心。

在配置管理员这个资源配置方面，要注意后备资源的培养。在大家越来越重视配置管理的大环境下，经验丰富的配置管理员会成为抢手的人才；而配置管理员的离开可能会给团队的工作进度带来一定的影响，所以聪明的管理者会为自己留好备份。

选择什么样的配置管理工具，一直是大家关注的热点问题。配置管理工作更强调工具的支持。在配置管理工具的选型上，可以综合考虑以下一些因素。首先是经费。一般来说，如果经费充裕，采购商业的配置管理工具会让实施过程更顺利一些，商业工具的操作界面通常更方便一些，与流行的集成开发环境（IDE）通常也会有比较好的集成，实施过程中出现与工具相关的问题也可以找厂商解决。如果经费有限，不妨采用自由软件（如 CVS 之类的工具）。如果准备选择商业配置管理工具，就应当重点考虑下面几个因素。

（1）工具的市场占有率。大家都选择的东西通常是比较好的东西；而且市场占有率高也表明该企业经营状况好，被人收购或者倒闭的可能性小。

（2）工具本身的特性，如稳定性、易用性、安全性、扩展能力等。在投资以前应当仔细地对工具进行试用和评估。比较容易忽略的是工具的扩展能力（Scalability）。

（3）厂商支持能力。工具使用过程中出现的问题，有些是因为使用不当引起的，有些则是工具本身的毛病。这样的问题会影响到开发团队的工作进度，要确保找到厂商的专业技术人员帮助解决这些问题。

配置管理工具不是用一次两次的工具，因此，选择配置管理工具其实是选择和哪个厂商来建立一种长期的关系，所以一定要慎重选择。

4. 建立有关的数据库

（1）建立代码知识库实现对程序资源进行版本管理和跟踪。保存开发过程中每一过程版本，可以大大提高代码的重用率，还便于同时维护多个版本和进行新版本的开发，防止系统崩溃，最大限度地共享代码。同时项目管理人员可以查看项目开发日志；测试人员可以根据开发日志和不同版本对软件进行测试；工程人员可以得到不同的运行版本，并且供外地施工人员存取最新版本，无须开发人员亲临现场。科学地应用可以大大提高开发效率，避免了代码覆盖、沟通不够、开发无序的混乱局面。如果利用公司原有的知识库，则更能提高工作效率，缩短开发周期。

（2）建立业务及经验库。通过配置管理可形成完整的开发日志及问题集合，以文字方式伴随开发的整个过程，不依某个人的转移而消失，有利于公司积累业务经验，无论对版本整改或版本升级,都具有重要的指导作用。

(3) 建立代码对象库。软件代码是软件开发人员脑力劳动的结晶,也是软件公司的宝贵财富,长期开发过程中形成的各种代码对象就像一个个零件坯一样,是快速生成系统的组成部分。许多组织的现实是一旦某个开发人员离开工作岗位,其原来所写的代码便基本成为垃圾,无人过问。究其原因,就是没有专门对各人的有用对象进行管理,把其使用范围扩大到公司一级,进行规范化,加以说明和普及。建立代码对象库就能解决这些问题。

5. 建立开发管理规范

把版本管理档案挂接在公司内部的 Web 服务器上,工程人员可获取所需的最新版本。开发人员无须下现场,现场工程人员通过对方系统管理员收集反馈意见,提交到公司内部开发组项目经理,开发组内部讨论决定是否修改,并做出书面答复。这样可以同时管理多个项目点,克服开发人员分配到各个项目点、分散力量、人员不够的弊端,同时节约大量的差旅费用。规范管理能带来以下好处:量化工作量考核,传统的开发管理中,工作量一直是难以估量的指标,靠开发人员自己把握,随意性相当大;靠管理人员把握,主观性又太强;规范测试,测试工作人员根据每天的修改细节描述对每一天的工作做具体的测试,对测试人员也具有可考核性,这样环环相扣,大大减少了其工作的随意性;加强协调与沟通,通过文档共享及其特定机制与电子邮件的集成,大大加强了项目成员之间的沟通,做到有问题及时发现、及时修改、及时通知,但又不额外增加很多的工作量。

6. 建立基准

经过正式评审和认可的一组配置项(文档和其他软件工作产品),可以作为进一步开发的基础,并且只有通过正式的更改控制规程才能被更改。

7. 更改控制

在合同阶段与客户明确系统更改的控制方法,以确保系统的成功实施。因客户的业务需求变更而进行更改时应有客户的确认,以防开发人员的软件项的随意更改。在各项目开发结束后,所有代码和文档备份到专用的代码备份服务器归档。后期的维护作为新任务的开始,定期整理维护活动产生的结果,追加到原项目的备份中去,同时更新配置状态报告。

在初期的软件开发过程中人们常常忽略文档的管理,往往认为程序是软件的核心,而文档则是可有可无的,对文档不重视也是产生软件危机的一个原因。所幸的是,现在人们对文档的重要性已经有某种程度的认识。文档是用来表示对活动、需求、过程或结果进行描述、定义、规定、报告或认证的书面信息。它们描述和规定了软件设计和实现的细节,说明使用软件的操作命令,是软件使用、升级和维护的最重要的依据。文档是软件的一部分,没有文档的软件是一个不完整的软件。软件在整个软件生存期中,各种文档作为半成品或是最终成品,会不断地生成、修改或补充。为了最终得到高质量的产品,达到质量要求,必须加强对文档的管理。在文档管理方面要注意以下几点。

(1) 软件开发小组应设一位文档保管人员,负责集中保管本项目已有文档的两套主文本。两套文本内容完全一致,其中的一套可按一定手续办理借阅。

(2) 软件开发小组的成员可根据工作需要在自己手中保存一些个人文档。这些一般都应是主文本的复制件，并注意和主文本保持一致；在做必要的修改时，也应先修改主文本。

(3) 开发人员个人只保存主文本中与他工作相关的部分文档。

(4) 在新文档取代了旧文档时，管理人员应及时注销旧文档。在文档内容有更动时，管理人员应随时修订主文本，使其及时反映更新了的内容。

(5) 项目开发结束时，文档管理人员应收回开发人员的个人文档。发现个人文档与主文本有差别时，应立即着手解决。这常常是未及时修订主文本造成的。

(6) 在软件开发过程中，可能发现需要修改已完成的文档，特别是规模较大的项目，主文本的修改必须特别谨慎。修改以前要充分估计修改可能带来的影响，并且要按照提议、评议、审核、批准和实施等步骤进行严格的控制。在整个软件生存期中，各种文档作为半成品或是最终成品，会不断地生成、修改或补充。为了最终得到高质量的产品，达到质量要求，必须加强对文档的管理。

2.7.3 配置控制

为配合整个软件开发过程的管理，保证各阶段成果有完备、一致、可追踪性和技术状态的可控制性，在整个产品实现过程中标识、组织和控制修改项，需要在软件产品开发和维护过程中实施软件配置管理活动。

软件配置管理(Software Configuration Management，SCM)的真正含义可以从以下角度理解和掌握。

(1)《ISO/IEC 12207(1995)信息技术——软件生存期过程》：配置管理过程是在整个软件生存期中实施管理和技术规程的过程，它标识、定义系统中软件项并制订基线；控制软件项的修改和发布：记录和报告软件项的状态和修改申请；保证软件项的完整性、协调性和正确性；以及控制软件项的存储、装载和交付。

(2)《ISO 9000-3(1997)质量管理和质量保证标准——第3部分：ISO 9001：1994在计算机软件开发、供应、安装和维护中的使用指南》：软件配置管理是一个管理学科，它对配置项的开发和支持生存期给予技术上和管理上的指导。配置管理的应用取决于项目的规模、复杂程度和风险大小。

(3) 巴比齐(W. Babich)：软件配置管理能协调软件开发，使得混乱减少到最小。软件配置管理是一种标识、组织和控制修改的技术，目的是最有效地提高生产率。

(4)《GB/T 11457(1995)软件工程术语》：软件配置管理是标识和确定系统中配置项的过程，在系统整个生存周期内控制这些项的投放和更动，记录并报告配置的状态和更动要求，验证配置项的完整性和正确性。

总之，软件配置管理是指通过在软件生命周期的不同时间点上对软件配置进行标识，并对这些被标识的软件配置项的更改进行系统控制，从而达到保证软件产品的完整性和可溯性的过程。

为了达到上述目的，SCM必须完成下面4项工作。

(1) 配置标识。配置标识是软件生命周期中选择定义各类配置项、建立各类基线、描述相关软件配置项及其文档的过程。首先，软件被分组成一系列软件配置项，一旦各配置项和它们各自应包含的内容被选定，就制订一套框架方案，包括对代码、数据、文档进行命名，最后，对这些配置项的功能、性能和物理特性生成描述文档。在配置管理系统中，基线就是一个配置项或一组配置项在其生命周期的不同时间点上通过正式评审而进入正式受控的一种状态，是产品中所有模块的配备(版本集)。

(2) 配置控制。即控制对配置项的修改，要对配置项的变更申请进行初始化、评估、协调、实现，包括将通过和实现的变更加入到基线中的更改控制过程。更改控制确保各类变更被正式地初始化、分类、评估、批准/或不批准。获批准的变更请求将得到正确的实现、记录和验证。

(3) 配置状态发布。配置状态发布是跟踪对软件更改的过程，它保证对正在进行和已完成的变更进行记录、监视并通报。

(4) 配置评审。确认受控软件配置项满足需求并就绪。配置评审是验证一个可发布的软件基线是否包含它应包括的所有内容，通常包括两类评审：功能配置评审和物理配置评审。功能配置评审确认软件已通过测试并满足基线规定的需求说明，即确保配置的正确性；物理配置评审确认将发布的软件包含所有必需的组成部分，包括代码、文档、数据等，确保配置的完整性。

模块代码通常以三种形式存在：源代码(现在常使用 C++、Java 或 Ada 等高级语言编写)、目标代码(通过编译源代码生成)和可执行载入映像(目标代码与运行时例程结合)，如图 2-4 所示。程序员可使用每个模块的多种不同版本。软件配置是指一个软件产品在软件生存周期各个阶段所产生的各种形式(机器可读或人工可读)和各种版本的文档、程序及其数据的集合。该集合中的每一个元素称为该软件产品软件配置中的一个配置项(Configuration Item)。

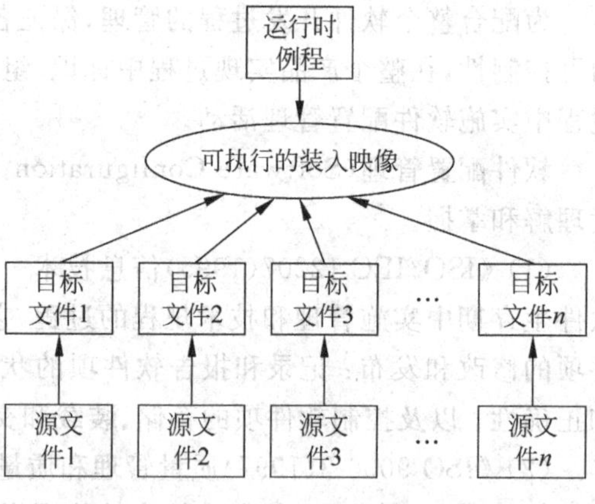

图 2-4 模块代码的三种存在形式

需要指出，“配置”和“配置项”是两个不同的概念。“配置”是在技术文档中明确说明并最终组成软件产品的功能或物理属性。因此，它包括即将受控的所有产品特性、相关文档、软件版本、变更文档、软件运行的支持数据，以及其他一切保证软件一致性的组成要素。相对于硬件类配置，软件产品的“配置”包括更多的内容并具有易变性。

受控软件经常被划分为各类“配置项”，这类划分是进行软件配置管理的基础和前提。“配置项”是逻辑上组成软件系统的各组成部分，比如一个软件产品包括几个程序模块，每个程序模块及其相关文档和支撑数据可能被命名为一个配置项。如果一个产品同时包括硬件和软件部分，那么配置项也同时包括软件和硬件部分。一个纯软件的配置项通常也称之为软件配置项。软件硬件的配置管理有一些相通的地方，但因为软件更易于修改，所以软件配置管理是一个更应该系统化的过程。

接受 SCM 过程控制的软件受控“配置项”应包括一切可能对软件产品的完整性和一致性造成影响的组成要素，比如项目文档、产品文档、代码、支撑数据、项目编译建立环境、项目运行环境等。所有这些可以由同一套 SCM 过程统一管理。

一般地，软件开发过程从概念演绎和需求分析开始，然后是设计、各配置项的编码或写作、集成测试，最后是用户手册的编写等。软件配置管理包括软件生命周期的时间分散点上对各配置项进行标识并对它们的修改进行控制的过程。在一个开发阶段结束或一组功能开发完成后，要对相应的配置项进行基线化并形成各类基线。

在进行软件测试时，为了重现模块在某组测试数据上的问题，必须使用一个配置控制工具(否则需要查看二进制的可执行载入映像才能指出错误源头)来确定是模块哪个变种版的哪个修订版进入了该产品失效的哪个配置版本。所以，处理多个版本时必须解决两个问题：区分版本以便将每个模块的正确版本编译并链接到产品中；对一个可执行映像还要确定每个组件的哪个版本进入它了。

解决这个问题首先要有版本控制工具。许多操作系统支持版本控制(尤其是大型计算机的操作系统)。对于不支持版本控制的操作系统可以使用一个单独的版本控制工具。在版本控制中，每个文件的名称常常包含两个部分：文件名本身和修订版本号。程序员借此可以准确指明为完成某任务需要哪一个修订版。

版本控制在管理模块的多个版本和整体产品方面的帮助很大，但是在维护 V 个变种版本时，如果其中一个发现了错误，则全部 V 个变种版都需要恢复。较好的处理方法是只存储一个变种版，然后其他任何变种版都存储根据从最初的版本到变种版本所做改变的存储列表。这些差异的列表被称为“增量”，所以，存储的只是一个变种版和 V-1 个增量，通过访问最初的变种版并应用不同的增量就可以得到其他变种版。然而对最初的变种版的任何修改都会自动应用到所有其他的变种版中。

使用配置控制工具，不仅可以自动管理多个变种版，而且还能处理小组开发和维护时出现的其他问题。例如，在产品维护期间的配置控制中，如果多个程序员同时维护一个产品，就会出现修复错误的变更不同步问题。对于团队维护来说，应该每次只允许一个用户修改模块。配置控制不仅在维护阶段非常重要，在产品开发过程中的实现和集成阶段也需要。管理者为了充分监控开发过程，一有可能就会使用配置控制来管理，这样就能掌握每个模块的状态。一个可用的软件配置状态报告如表 2-2 所示。

表 2-2 软件配置状态报告

项目名称		项目编号		项目周期		开发环境	
报告期间		所属部门		报告编制		流水号	

软件配置状态

序号	变更记录流水号	已变更配置项	相关变更	变更状态	变更原因	变更时间	变更者	备注对应 QA 票

常用的软件配置管理工具如下。

(1) Source Integrity(SI)——版本管理工具。

(2) Track Integrity——问题跟踪、变更管理工具。

(3) Rational 公司的产品：

① ClearCase——版本控制工具。

② ClearQuery——变更管理工具。

(4) 微软的 Studio Package 中带的 VSS。

(5) UNIX 版本控制工具：

① SCCS——源代码控制系统；

② RCS——修订版控制系统；

③ CVS——并行版本控制系统。

(6) 较早被使用的版本管理工具——PVCS。

此外，还使用辅助工具来进行配置管理。配置库系统是实现配置管理的一种辅助自动化工具，它提供对配置项的增量式存储和对各类流程(比如变更控制流程、配置状态发布)的支持。项目应根据其规模和配置管理的复杂程度使用专门的配置管理系统建立配置库系统。

为了体现对配置项的分层控制，在逻辑上可将配置库分为三类：基线库、开发库、产品库。

(1) 基线库。包含通过评审的各类基线及变更统计数据。

(2) 开发库。即程序员的工作空间，始于某一基线，为某一目的的阶段开发服务，最终通过正式的评审过程归并到某一基线，回归到基线库。

(3) 产品库。保存各基线的静态复件。基线库进入发布阶段形成产品库，可以在产品数据库中形成相应的复件。

通常情况下，用软件配置管理工具的分支和合并功能实现基线库、开发库和产品库的分离。版本树主干作为基线库，在进行功能增强或错误、缺陷修改时，建立相应的版本分支作为开发库，修改完成后归并到基线库中。

上面提到的基线按照软件开发的不同阶段，可以分为下面几种类型。

(1) 功能基线。是指在系统分析与软件定义阶段结束时，经过正式评审和批准的系统设计规约书中对待开发系统的规约；或是指经过项目委托单位和项目承办单位双方签字同意的协议书或合同中所规定的对待开发软件系统的规约；或是由下级申请经上级同意或直接由上级下达的项目任务书中所规定的对待开发软件系统的规约。功能基线是最初批准的功能配置标识。

(2) 指派基线。是指在软件需求分析阶段结束时，经过正式评审和批准的软件需求的规约。指派基线是最初批准的指派配置标识。

(3) 产品基线。是指在软件组装与系统测试阶段结束时，经过正式评审的批准的有关所开发的软件产品的全部配置项的规约。产品基线是最初批准的产品配置标识。

2.7.4 配置管理报表

在系统的运行与维护过程中，还要注意一些常用的配置管理报表及其格式。

1. 软件问题报告单

在系统的运行与维护阶段对软件产品的任何修改建议，或在软件开发的任一阶段中对前面各个阶段的阶段产品的任何修改建议，都应填入软件问题报告单(Software Problem Report，SPR)。软件问题报告单的格式见表 2-3。

表 2-3 软件问题报告单(SPR)

<table>
<tr><td colspan="9" rowspan="3">软件问题报告单</td><td colspan="8">登记号(A)</td></tr>
<tr><td colspan="4">登记日期(B)</td><td colspan="4">年 月 日</td></tr>
<tr><td colspan="4">发现日期(C)</td><td colspan="4">年 月 日</td></tr>
<tr><td colspan="2">项目名(D)</td><td colspan="3"></td><td colspan="2">子项目名(E)</td><td colspan="2"></td><td colspan="8">代号(F)</td></tr>
<tr><td>阶段名</td><td>软件定义</td><td>需求分析</td><td>概要设计</td><td>详细设计</td><td>编码测试</td><td>组装测试</td><td>安装验收</td><td>运行维护</td><td>状态</td><td>1</td><td>2</td><td>3</td><td>4</td><td>5</td><td>6</td><td>7</td></tr>
<tr><td colspan="2" rowspan="2">报告人</td><td colspan="3">姓名</td><td colspan="4"></td><td colspan="4">电话</td><td colspan="4"></td></tr>
<tr><td colspan="3">地址</td><td colspan="12"></td></tr>
<tr><td colspan="2">问题(G)</td><td colspan="15">例行程序 程序 数据库 文档 改进</td></tr>
<tr><td colspan="2">子例行程序/子系统：(H)</td><td colspan="3"></td><td colspan="4">修改版本号：(I)</td><td colspan="2"></td><td colspan="3">媒体(J)</td><td colspan="3"></td></tr>
<tr><td colspan="2">数据库：(K)</td><td colspan="3"></td><td colspan="4">文档：(L)</td><td colspan="2"></td><td colspan="3"></td><td colspan="3"></td></tr>
<tr><td colspan="2">测试实例：(M)</td><td colspan="3"></td><td colspan="4">硬件：(N)</td><td colspan="2"></td><td colspan="3"></td><td colspan="3"></td></tr>
<tr><td colspan="17">问题描述/影响：(O)</td></tr>
<tr><td colspan="17">附注及修改建议：(P)</td></tr>
</table>

1) 配置管理人员填写内容

表中 A、B、C、P 和状态等项目是由负责修改控制的配置管理人员填写的，其他各项即 D、E、F、G、H、I、J、K、N 和 O 各项是由发现问题的人或申请配置管理的人填写的，他可能还要填写 J、L 和 M 三项内容。前 4 项内容的意义如下。

A 是由配置管理人员确定的登记号，一般按报告问题的先后顺序编号；

B 是由配置管理人员登记问题报告的日期；

C 是发现软件问题的日期；

P 是填写若干补充信息和修改建议。

2) 配置管理状态

状态一栏分成 7 种情况，分别为：软件问题报告正被评审，已确定采取什么行动；软件问题报告已由指定的开发人员去进行维护工作；修改已经完成、测试好，正准备释放给主程序库；主程序库已更新，主程序库修改的重新测试尚未完成；已经进行了复测，但发现问题仍然存在；已经进行了复测，已经顺利完成所做的修改，软件问题报告单被关闭(维护已完成)；留待以后关闭，因问题不是可重产生的，或者是属于产品改善方面的，或者只具有很低的优先级等。

3) 配置管理申请人员填写的内容

在软件问题报告单中，属于配置管理申请人填写的各项内容的意义如下。

D、E 两项是项目和子项目的名称，F 是该子项目的代号。应按配置标识的规定来命名代号。

阶段名和报告人的姓名、住址和电话等的含义显而易见。

G 表示问题属于哪一方面，是程序的问题还是例行程序的问题，是数据库的问题还是文档的问题，是功能适应性修改还是性能改进性修改问题，也可能是它们的某种组合。

H 表示子例行程序/子系统，即要指出出现问题的子例行程序名字。如果不知道是哪个子例行程序，可标出子系统名，总之，尽可能给出细节。

I 是修订版本号，指出出现问题的子例行程序版本号。

J 是媒体，表示包含有问题的子例行程序的主程序库存储媒体的标识符。

K 是数据库，表示当发现问题时所使用的数据库标识符。

L 是文档号，表示有错误的文档的编号。

M 表示出现错误的主要测试实例的标识符。

N 是硬件，表示发现问题时所使用的计算机系统的标识。

O 是问题描述/影响，填写问题的详细描述。如果可能则写明实际问题存在，还要给出该问题对将来测试、界面软件和文档等的影响。

2. 软件修改报告单

对软件产品或其阶段产品的任何修改，都必须经过评审、批准后才能重新投入运行或作为阶段产品释放。这一过程用软件修改报告单(Software Change Report，SCR)记录。软件修改报告单的格式见表 2-4。当收到了软件问题报告单之后，配置管理人员便填写软件修改报告单。软件修改报告单要指出修改类型、修改策略和配置管理状态，它是供配置控制小组进行审批的修改申请报告。表中各项内容的意义如下。

表 2-4 软件修改报告单(SCR)

软件修改报告单				登记号(A) 登记日期(B) 评审日期(C)	 年 月 日 年 月 日
项目名(D)		子项目名(E)		代号(F)	
响应哪些 SPR：(G)					
修改类型(X)		修改申请人(Y)		修改人(Z)	
修改：(H)					

修改描述：(I)

批准人：(J)

改动：					
语句类型：(K)	I/O计算 逻辑 数据处理				
程序名：(L)		老版本号：(M)		新版本号：(N)	
数据库(O)	DBCR：(P)	文档：(Q)		DUT：(R)	
修改已测试否：(S)	单元	子系统工程	组装	确认	运行
成功否：(S)					
SPR 的问题叙述准确否？(T)	是 否				
附注：(U)					
问题来自：(V)	系统设计规约书 需求规约书 设计说明书 数据库 程序				
资源来自：(W)	人工数：(单位：人日)计算机时间：(单位：小时)				

A 是登记号，它是配置修改小组收到软件修改报告单时所做的编号。

B 是配置管理人员登记软件修改报告单的日期。

C 是已经准备好软件修改报告单，可以对它进行评审的时间。

D、E 和 F 的意义是软件修改报告单的编号。如该编号中提出的问题只是部分解决，则在填写时要在该编号后附以字母P(PART表示部分之意)。

H指出是程序修改、文档更新、数据库修改还是它们的组合,如果仅指出用户文档的缺陷则在解释处做上记号。

I是修改的详细描述。如果是文档更新,则要列出文档更新通知单的编号;如果是数据库修改,则要列出数据库修改申请的标识号。

J是批准人,经批准人签字、批准后才能进行修改。

K是语句类型。程序修改中涉及的语句类型包括:输入/输出语句类、计算语句类、逻辑控制语句类、数据处理语句类(如数据传送、存放语句)。

L是程序名,即被修改的程序、文档或数据库的名字。如果只要求软件修改报告单做解释性工作,则是重复软件问题报告单中给出的名字。

M指当前的版本/修订本标识。

N指修改后的新版本/修订本标识。

O指数据库,如果申请数据库修改,这里给出数据库的标识符。

P是数据库修改申请号DBCR。

Q指文档,即如果要求文档修改,这里给出文档的名字。

R是文档更新通知单编号DUT。

S表示修改是否已经测试,指出已对修改做了哪些测试,如单元、子系统、组装、确认和运行测试等,并注明测试成功与否。

T指出在软件问题报告单中给出问题描述是否准确,并回答是或否。

U是问题注释,准确地重新叙述要修改的问题。

V指明问题来自哪里,如系统设计规约书、软件需求规约书、概要设计说明、详细设计说明书、数据库、源程序等。

W说明完成修改所需要的资源估计,即所需要的人月数和计算机终端时数。

X指出所要进行修改的类型,由执行修改的人最后填写。修改类型主要有适应性修改、改进性修改以及计算错误、逻辑错误、输入和输出错误、接口错误、数据库错误、文档错误以及配置错误等的修改。

Y是提出对软件问题进行修改的人员或单位。

Z是完成软件问题修改的人员或单位。

2.8 项目组织管理

小型软件项目成功的关键是高素质的软件开发人员。然而大多数软件产品的规模都很大,以致单个的软件开发人员无法在合理的时间内完成软件产品的生产,因此必须把许多软件开发人员组织起来,使他们分工协作共同完成软件开发的工作。因而大型软件项目成功的关键除了高素质的开发人员以外,还必须有高水平的管理。没有高水平的管理,软件开发人员的素质再高,也无法保证软件项目的成功。

为了成功地完成大型的软件开发工作,项目的组成人员必须以一种有意义、有效的方式彼此交互与通信。如何安排项目组成人员是一个管理问题,管理者必须合理地组织项目组,使项目组具有尽可能高的生产率,能够按照预定的进度计划完成所承担的工作。经验表明:

影响项目进展和质量的最重要因素是组织管理水平，项目组组织得越好，生产效率就越高，产品质量也越高。本节介绍几种常见的项目组织形式。管理人员应该了解这些常用的组织形式，根据项目的具体情况决定具体的项目组织形式。此外不要拘泥于这几种组织形式，在实践中还要不断地探索新的组织形式，完善已有的组织形式，这也是CMM最高级对一个组织的要求。

软件工程项目的管理涉及需求分析人员组织管理、规格说明人员组织管理、计划与设计人员的组织管理、编码人员的组织管理等。开发规模较小的软件时，可能由一个人负责需求分析、规格说明、计划和设计工作，而编码则有两三个程序员来完成。这里主要涉及的是程序员的管理。开发大型软件过程的每一阶段都需要大量的开发人员协同工作，而编码阶段是由多个开发人员分担，其中每个程序员独立完成自己负责的模块。因为程序员组主要用在编码阶段，所以程序员组的组织问题在编码阶段最突出。无论是大型软件项目，还是小型软件项目，程序员的组织管理问题都是组织管理的重点，因此主要研究程序员组的管理问题。有两种极端方式可用来组织程序员组，一种是民主制程序员组织，另一种是主程序员的组织。

2.8.1 民主制程序员组

民主制程序员组的指导思想是民主决策、民主监督，它要求改变评价程序员价值的标准，使得每个程序员都鼓励该组织中的其他成员找出自己编写的代码中的错误。每个程序员都不认为发现存在的错误是坏事，而是把找出模块中的一个错误看做是取得了一个胜利。任何人都不应该嘲笑程序员所犯的错误。程序员组作为一个整体，将培养一种平等的团队精神，要树立这样的概念：每个模块都是属于整个程序员组的，而不是属于某个人的。一组无私的程序员构成了一个程序员组。民主制程序员组的结构图如图 2-5 所示(假设该程序员组由 4 个程序员组成)。

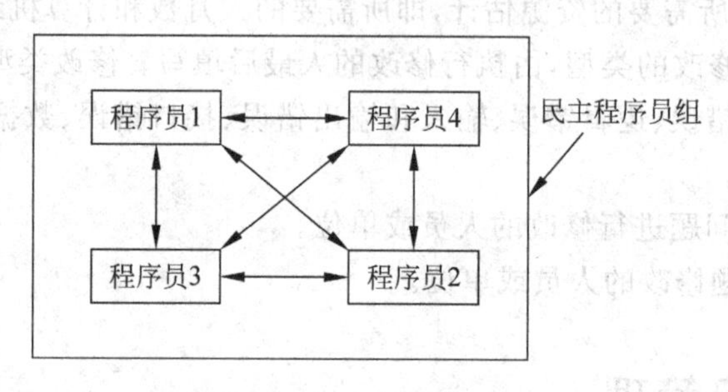

图 2-5 民主制程序员组

民主制程序员组的一个不足之处是，小组成员完全平等，享有充分的民主，通过协商做出技术决策，责任不明确，可能出现表面上人人负责，实际上人人都不负责的局面。再者，小组成员之间的通信是平行的，如果一个小组有 n 个成员，则要占用 $n(n-1)/2$ 个信道。由于这个原因，程序组的人数不能太多，否则将会由于过多的通信而导致效率大大降低。此外，通常不能把一个软件系统分成大量独立的单元，如果程序设计小组人员太多，则每个组员所负责开发的程序单元与系统其他部分的界面将非常复杂，接口出现错误的可能性增加，而且软件测试既困难又费时。

一般说来程序设计小组的规模应该比较小，以 2～8 名成员为宜。如果软件规模很大，用一个小组无法在预定的时间内完成开发任务，则应该采用模块化层层分解的方法，使用多个程序开发小组，每个小组承担工程项目的一部分任务，在一定程度上独立自主地完成各个小组的任务。系统的总体设计应该能够保证各个小组负责开发的各部分之间的接口是经过良好定义的，并且要尽可能简单。

民主制程序员组，通常采用非正式的组织形式，也就是说，虽然名义上有一个组长，但是他和组内其他成员是完全平等的，他们完成同样的任务。这样的小组中，由全体成员讨论决定应该完成的工作，并且根据个人的能力和经验分配适当的任务。

民主制程序员组的优点是：对发现的错误抱着积极的态度，这种积极态度有助于更快速地发现错误，从而生产出高质量的代码；小组成员享有充分的民主，小组具有高度的凝聚力，组内学术气氛浓厚，有利于攻克技术难关。因此，当有难题需要解决时，即当所要开发的软件产品的技术难度较高时，采用民主制程序员组是适宜的。

如果组内大多数成员都是经验丰富技术熟练的程序员，那么非正式的组织形式可能非常成功。在这样的小组内组员享有充分的民主，通过协商，在自愿的基础上做出决定，因此能够增强团结，提高工作效率。但是，如果组内成员多数技术水平不高，或是缺乏经验的新手，那么这种非正式的组织方式也可能产生严重的后果：由于没有明确的权威指导开发工程的进行，组员间将缺乏必要的协调，最终可能导致工程失败。

为了使少数经验丰富、技术高超的程序员在软件开发过程中能够发挥更大的作用，程序设计组可以采用下面介绍的主程序员组织形式。

2.8.2 主程序员组

这种组织形式于20世纪70年代在美国出现。那时IBM公司首先开始采用主程序员组的组织形式。当时采用这种组织形式主要出于以下几方面的考虑。

(1) 软件开发人员多数缺乏经验。

(2) 程序设计过程中有许多事务性的工作，例如有大量的信息存储和更新。

(3) 多信道通信量费时间，降低程序员工作的效率。

这种主程序员组织形式有以下两个关键特性。

(1) 专业化。该组每名成员仅完成那些他们受过专业训练的工作。

(2) 层次性。主程序员指挥组内的每个程序员，并对软件全面负责。

由于以上问题，为了责任分明地做好软件开发工作，发挥少数经验丰富、技术高超的程序员在软件开发过程中的关键作用，通过对其他软件开发人员的专业化训练与专业化分工从而高效率地开发出高质量的软件，所以采用了主程序员组的组织形式。

一个典型的主程序员组如图2-6所示。一个小组由主程序员、后备程序员、编程秘书以及1～3名程序员组成。在必要的时候，小组还可以有其他领域的专家协助。

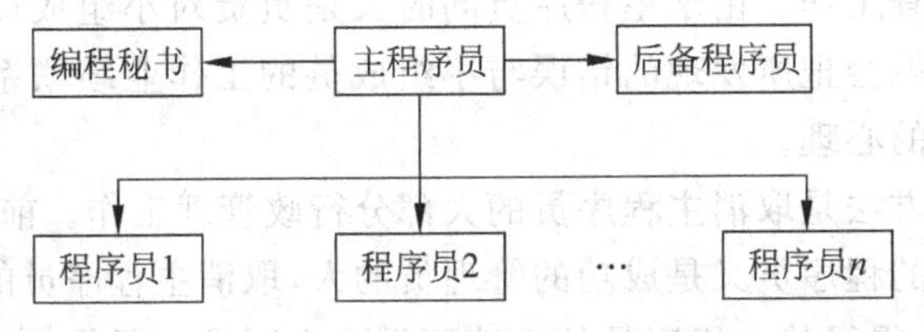

图2-6 主程序员组的组织形式

主程序员组核心人员的分工如下。

(1) 主程序员既是成功的管理人员又是经验丰富、能力强的高级程序员,负责总的软件体系结构设计和关键部分的详细设计,并且负责指导其他程序员完成详细设计和编码工作。程序员之间没有通信渠道,所有接口问题都由主程序员处理。因为主程序员为每行代码的质量负责,所以他还要对其他成员的工作成果进行复查。

(2) 后备程序员也应该技术熟练而且富于经验,他协助主程序员工作并且在必要的时候接替主程序员的工作。因此后备程序员必须在各个方面都和主程序员一样优秀,并且对本项目的了解也应该和主程序员一样多。平时,后备程序员的主要工作是设计测试方案、测试用例、分析测试结果及其他独立于设计过程的工作。

(3) 编程秘书也就是主程序员的秘书或助手,他必须负责完成与项目有关的全部事务性工作,例如,维护项目资料和项目文档,编译、链接、执行程序和测试用例。

这是当初的主程序员组的思想,现在的情况已经大为不同。现在各个程序员都已经有了自己的终端或工作站,他们在自己的终端或工作站上完成代码的输入、编辑、编译、链接和测试等工作,无须由编程秘书统一做这些工作,编程秘书很快就退出了软件工程领域。

1972 年完成的纽约时报信息库管理系统的项目中,由于使用结构程序设计技术和主程序员组的形式,获得了巨大的成功。83 000 行程序只用 11 人/年就全部完成;验收测试中只发现 21 个错误;系统在第一年运行中只暴露出 25 个错误,而且仅有一个错误造成系统失效。

主程序员组的组织形式是一种比较理想化的组织形式,但是在实际中很难组成这种典型的主程序员组的软件开发队伍,典型的主程序员组在许多方面是不切实际的。

首先,如前所述,主程序员应该是高级程序员和成功的管理者的结合体,承担这项工作需要同时具备这两方面的才能。但是,在现实社会中很难找到这样的人才,通常,既缺乏成功的管理者,也缺乏技术熟练的程序员。

其次,后备程序员更难找到。人们总是期望后备程序员像主程序员一样出色,但是他们必须坐在替补席上,拿着较低的工资等待随时接替主程序员的工作。任何一个优秀的高级程序员或高级管理人员都不愿意接受这样的工作。

实际工作中需要一种更合理、更现实的组织程序员组的方法,这种方法应该能充分结合民主制程序员组和主程序员组的优点,并能用于实现更大规模的软件产品。

2.8.3 现代程序员组

民主制程序员组的最大优点是小组成员都对发现程序错误持积极、主动的态度。由于它固有的一些缺点,使得它不适合大型软件项目中的程序员组织,所以产生了主程序员组的组织形式。但是,使用主程序员组的组织方式时,主程序员对每行代码的质量负责,因此必须参与所有代码的审查工作。由于主程序员同时又是负责对小组成员进行评价的管理员,他参与代码审查工作就会把所发现的错误与小组成员的工作业绩联系起来,从而造成小组成员不愿意发现错误的心理。

摆脱上述矛盾的方法是取消主程序员的大部分行政管理工作。前面已经介绍过很难找到一个既是高度熟练的程序员又是成功的管理员的人,取消主程序员的行政管理工作,不仅摆脱了上述矛盾,也使得寻找主程序员的人选不再那么困难。于是,实际的主程序员由两个人来担任：一个技术负责人，负责小组技术活动；一个行政负责人，负责所有非技术的管理决策。这样的组织结构如图 2-7 所示。

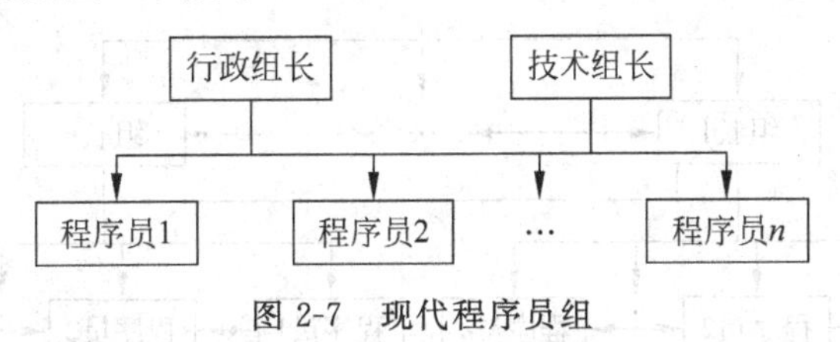

图 2-7 现代程序员组

如图 2-7 所示的组织结构并没有违反雇员不应该向多个管理者汇报工作的基本管理原则。负责人的负责范围定义得很清楚：技术组长只对技术工作负责，因此他不处理诸如预算和法律之类的问题，也不对组员业绩进行评价；另外，行政组长全权负责非技术事务，因此，他无权对产品的交付日期做出许诺，这类承诺只能由技术组长来做。

技术组长自然要参与全部代码的审查工作，因为他对全部代码的质量负责。相反，不允许行政组长参加代码审查工作，因为他的职责是对程序员的业绩进行评价，行政组长的责任是在常规调度会议上了解小组中每个程序员的技术能力。

在项目开始前，明确划分技术组长和行政组长的管理权限是很重要的。但是，有时也会出现职责不清的矛盾，例如，考虑年度休假问题，行政组长有权批准某个程序员年度休假的申请，因为这是一个非技术问题；但是技术组长可能马上会否决这个申请，因为已经接近预定的产品完工期限，人手非常紧张。解决这类问题的办法是求助于更高层次的管理人员，对于行政组长和技术组长都认为是属于自己职责范围的事务，制订一个处理方案。

由于程序员组的组成人员不宜过多，当软件项目规模较大时，应该把程序员分成若干个小组，采用如图 2-8 所示的组织结构。该图描绘的是技术管理的组织结构，非技术管理的组织结构与此类似。由图 2-8 可以看出，产品的实现作为一个整体是在项目经理的指导下进行的，程序员向他们的组长汇报工作，而组长向项目经理汇报工作。当产品规模更大时，可以增加中间管理层次。

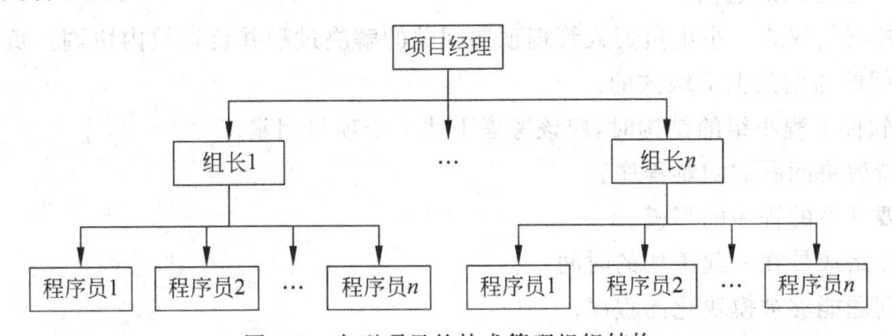

图 2-8 大型项目的技术管理组织结构

把民主程序员组和主程序员组的优点结合起来的另一种方法是在合适的地方采用分散决定的方法，如图 2-9 所示。这样做有利于形成畅通的通信渠道，以便充分发挥每个程序员的积极性和主动性，集思广益攻克技术难关。

这种组织方式对于适合采用民主方法的那类问题非常有效。尽管这种组织方式适当地发扬了民主，但是上下级之间的箭头仍然是向下的，也就是说，是在集中指导下发扬民主。显然，如果程序员可以指挥项目经理，则只会引起混乱。

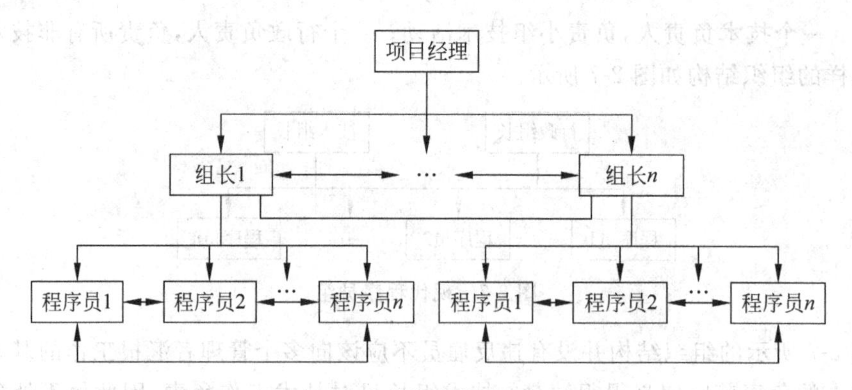

图 2-9 包含分散决策的组织方式

2.8.4 软件项目组

如前所述，程序员组的组织方式主要用于实现阶段，当然也适用于软件生命周期的其他阶段。

1. 三种组织方式

Mantei 提出了以下三种通用的项目组织方式。

(1) 民主分权式。这种软件工程小组没有固定的负责人，任务协调人是临时指定的，随后将由新的协调人取代。用全体组员协商一致的方法对问题及解决问题的方法做出决策。小组成员间的通信是平行的。

(2) 控制分权式。这种软件工程小组有一个固定的负责人，协调特定任务的完成并指导负责子任务的下级领导人的工作。解决问题仍然是一项群体活动，但是，通过小组负责人在子组之间划分任务来实现解决方案。子组和个人之间的通信是平行的，但是也有沿着控制层的上下级之间的通信。

(3) 控制集权式。小组负责人管理顶层问题的解决过程并负责组内协调。负责人和小组成员之间的通信是上下级式的。

选择软件工程小组的结构时，应该考虑下述 7 个项目因素。

(1) 待解决问题的困难程序。

(2) 要开发的程序的规模。

(3) 小组成员在一起工作的时间。

(4) 问题能够被模块化的程序。

(5) 待开发系统的质量和可靠性的要求。

(6) 交付日期的严格程度。

(7) 项目的社交(通信)程度。

集权式结构能够更快地完成任务，它最适合处理简单问题。分权式的小组比起个人来，能够产生更多、更好的解决方案，这种小组在解决复杂问题时成功的可能性更大。因此，控制分权式或者控制集权式小组结构能够成功地解决简单的问题，而民主分权式结构则适合于解决难度较大的问题。

小组的性能与必须进行的通信量成反比，所以开发规模很大的项目最好采用控制分权式或者控制集权式小组结构的小组。

小组生命周期长短影响小组的士气。经验表明，民主分权式结构能够导致较高的士气和较高的工作满意度，因此适合于生命周期长的小组。

民主分权式结构最适合于解决模块化程度较低的问题，因为解决这类问题需要更大的通信量。如果能达到较高的模块化程度，则控制分权式或者控制集权式小组结构更为适宜。

人们曾经发现，控制分权式或者控制集权小组结构产生的缺陷比民主分权式结构小组少，但这些数据在很大程度上取决于小组采用的质量保证的问题。

完成同一个项目，分权式结构通常需要比集权式结构更多的时间；不过当需要高通信量时，分权式结构是最适宜的。

历史上最早的软件项目组是控制集权式结构，当时人们把这样的软件项目组称为主程序员组。表 2-5 概括了项目特性对项目组织方式的影响。

表 2-5　项目特性对项目结构的影响

项目特性 \ 小组类型		民主分权式	控制分权式	控制集权式
困难程度	高	√		
	低		√	√
规模	大		√	√
	小	√		
小组生命周期	长		√	√
	短	√		
模块化程度	高		√	√
	低	√		
可靠性	高	√	√	
	低			√
交付日期	紧			√
	松	√	√	
通信	高	√		
	低		√	√

2. 软件工程小组的组织范型

软件工程小组有以下 4 种组织范型。

(1) 封闭式范型。按照传统的权力层次来组织项目组。当开发与过去已经做过的产品相似的软件时，这种项目组可以工作得很好；但是，在这种封闭范型下难以进行创新性的工作。

(2) 随机式范型。松散地组织项目组，小组工作依靠小组成员发挥个人的主动性。当需要创新性或技术上的突破时，用随机式范型组织起来的项目组能够工作得很好；但是，当需要“有次序地执行”才能完成任务时，这样的项目组就可能陷入困境。

(3) 开放式范型。这种范型试图以一种既具有封闭式范型的控制性，又包含随机式范型的创新性的方式来组织项目组。通过大量协商和基于一致意见做出的决策，项目组成员相互协作完成任务。用开放式范型组织起来的项目组适合解决复杂问题，但是可能没有其他类型小组的效率高。

(4) 同步式范型。按照对问题的自然划分，组织项目组成员各自解决一些子问题，他们之间很少有主动的通信要求。

2.8.5 IT组织管理

前面从微观方面介绍了软件开发程序员组的组织形式，下面从宏观方面讨论IT组织(或企业)如何组织才有利于软件项目的实施。

无论是项目型公司还是产品型公司，从事软件开发的组织或公司都应该有一定的软件开发组织结构。一个合理的软件开发组织结构是确保软件开发质量的最基本保证，各个组织各负其责，可以确保软件开发按拟订的质量控制规则与软件开发计划进行，有利于软件公司软件质量与成本的控制。

1. 软件开发组织机构设置

一般而言，对于产品型软件公司，其公司内部均会有一个类似于产品管理小组这样的组织和一个专门负责产品发展的产品经理部门；而项目型公司则相对简单一些，主要是针对项目进行定制开发，一般对项目的发展方向不做控制。但从项目开发演变为可推广产品的另当别论。一般来讲，图2-10是一个典型的软件公司软件开发的组织机构设置。

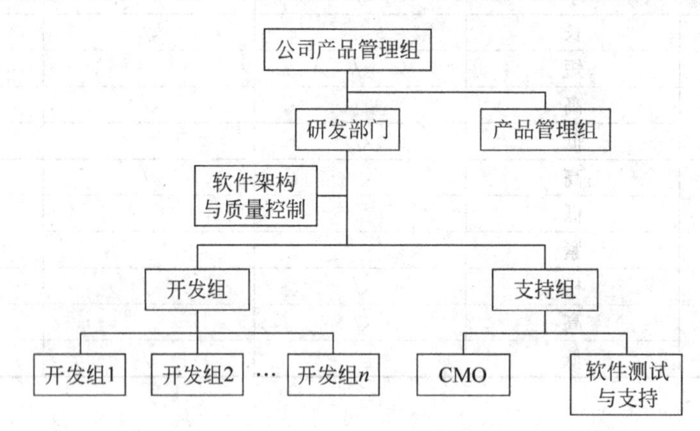

图2-10 软件公司的组织机构设置

2. 组织机构的职责分工

在上述组织机构中，各职能组织有各自明确的责权范围，完成各自的本职工作。各组织相互协调完成相应的软件开发与维护工作。

(1) 公司产品管理组。对于产品型软件公司而言，软件产品是其生存与发展的基础。公司对新产品立项、现有产品的发展方向及有关产品发展的重大决定均需由公司产品管理组来决定。公司产品管理组一般由公司的执行总裁、技术总监、市场总监、产品经理、研发经理及其他必要人员组成。

(2) 产品管理部门。产品管理部门是介于研发部与市场部之间的一个桥梁部门。产品管理部门的主要职责是负责产品发展策略的制订与执行。这里的执行包括软件开发前期的市场及需求调研,完成可行性分析报告,制订产品规格。它参与软件开发项目组,并完成相关工作。

(3) 研发部门。研发部是软件开发的主体,主要任务是完成软件或项目的开发工作。其工作内容通过各职能组实现,主要包括:功能规范、开发活动、支持工作、项目计划、定义项目里程碑、软件定版等。

(4) 软件架构与质量控制。是软件开发的质量控制机构,主要职责是负责软件开发过程的质量控制,及时发现问题、解决问题,确保进入下一阶段的设计符合设计规范要求,实现软件开发全程监控。软件架构与质量控制为非常设机构,主要由研发经理、产品经理、资深系统分析员、测试经理等人员组成。根据项目进展需要,由研发经理召集进行项目阶段评审。

(5) 软件开发组。主要由各种角色的开发人员构成,完成开发任务。

(6) CMO(Configuration Management Officer,软件配置管理员)。一个具有一定规模的软件公司都会有一个软件配置管理机构,对于小型公司一般由项目经理代管。CMO 的主要职责是进行软件开发过程中的软件配置管理,以及软件定版后的维护管理。在软件开发过程中,由于多个开发人员协同工作,需要对其工作协同管理,确保协同工作的顺利进行。同时,由专人进行配置管理,使得大部分开发人员不会得到全部源代码,也有利于软件公司的安全保密工作。在软件定版后,由于软件的 Bug、功能的完善及各种原因导致的对软件的修改,版本控制就显得极为重要,软件配置管理可以确保得到不同时间的软件版本。

(7) 软件测试组。软件是软件工程的重要组成部分。软件测试组承担的工作主要是 a 测试。模块测试与集成测试由软件开发人员完成。对于项目软件开发,用户的计算机技术人员参加到软件测试与支持工作组,使用户参与整个软件的测试工作,确保交付的应用系统是用户可信赖的系统。

在以上的软件开发组织机构中,不论公司规模大小,以上的各个职能应该是健全的。明确的责任分工有利于软件开发的顺利进行与质量控制;同时,也必将有利于公司的成本控制,降低软件开发风险。

3. 软件开发项目组的角色

一般来讲,一个软件开发项目组由多个不同角色的人员构成,每种角色在软件开发中起不同的作用,各个不同角色的人员协同工作,共同完成软件开发工作。

典型的软件开发项目组由下列角色构成,如图 2-11 所示。

在软件开发项目组中一般有 6 种角色,分别是:产品管理;程序开发;程序管理;测试及质量保证;用户培训;后勤支援。

在大型软件开发项目中,可以将每个角色赋予不同的个人。对小型项目,一个人可以肩负多个不同的角色。每种角色的人员在项目中起着同等重要的作用。每种角色都有其特定的任务及技能要求。

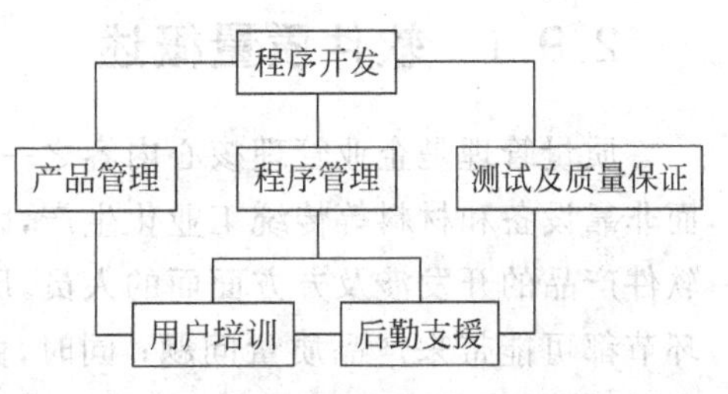

图 2-11 软件开发项目组的主要角色

(1) 产品管理。产品管理负责建立及更新项目的商业模型,在确定及设置项目目标方面起关键作用。产品经理应确保项目成员清楚理解项目的商业目的,并根据商业需求的优先级确定功能规范。

(2) 程序管理。程序管理负责确定软件特色及功能规范,根据软件开发标准协调日常开发工作,确保及时交付开发任务。协助产品经理完成项目需求文档,并根据需求文档起草软件功能规范;同时负责与系统分析、规范及框架结构有关的各种活动。管理与协调同外部标准与系统的互操作性,控制项目进度。程序经理是项目组成员间沟通与协调的核心。

(3) 程序开发。开发队伍负责交付符合功能规范的软件系统。开发队伍应积极参与功能规范的制订,在建立项目原型时开发人员与程序经理可以同步进行并分析技术可行性。在功能规范确立后,开发人员必须与程序经理就如何解决重大疑难问题达成一致。

(4) 测试与质量保证。测试与质量保证是保证系统符合功能规范的保证。为保证"零误码",测试/QA 人员应积极参与开发过程,确保开发、交付符合功能规范的软件系统。测试/QA 人员负责准备测试计划、测试用例、自动测试程序、执行测试工作、管理并跟踪 Bug。测试工作与开发工作是独立并行的。

(5) 用户培训。培训人员负责设计编写离线及在线培训文档,包括演示材料。用户培训人员应参与用户界面和系统的设计与构造,并参与安装程序与安装过程的设计,参与系统的可用性测试及设计改进,与程序管理与开发有密切的关系,并确保系统的变化及时反映到文档中。

(6) 后勤支援。后勤支援包括确保项目顺利进行的各方面工作。

对于一个项目组,营造一个良好的团队氛围是非常重要的,每个角色在项目中都是不可缺少的,项目的成功是团队成员共同努力的结果。鼓励成员的积极进取、高效参与的团队精神,提高成员的责任感,避免造成团队或项目的成功依赖于少数个人的贡献。

2.9 项目质量管理

根据国际标准组织(ISO)的定义,质量是依靠特定的或暗指的能力满足特定需要的产品或服务的全部功能和特征。这个定义说明了质量是产品的内在特征,描绘了产品的质量观点。质量不是单独以产品为中心的,而是与客户和产品都有联系的。其中,客户是出资金者或受影响的部分人,而产品包括利益和服务。进一步讲,质量的概念会随着时间响应和环境价值的改变而改变,价值会使人们弄清什么是好的、什么是不好的。因此,软件的质量作为产品或服务需要的功能/特征,也必须定义客户和组织间的内容。

2.9.1 软件质量概述

质量管理是企业管理核心内容之一。由于软件产业本身的特殊性,即主要靠脑力劳动,而非靠设备和材料等传统工业化生产,因此,软件企业开展质量管理工作就变得十分困难。软件产品的开发涉及方方面面的人员,历经多个生产环节,产生大量的中间软件产品,各个环节都可能带来产品质量问题;同时,由于软件产品是逻辑体,不具备实体的可见性,因而难以度量,质量也难以把握。因此如何有效地管理软件产品的质量一直是软件企业面临的挑战。归纳起来，软件质量管理大体分为三种：事后检验、全面质量管理和权威认证。

1. 事后检验

事后检验的方式是在产品生产的最后环节进行质量检查，合格的产品准许出厂，不合格的产品作为次品处理。这种质量管理方式对于制造批量大、制造成本较低的产品是一种较好的质量管理方式，但这是传统产业生产的最初的质量管理方式，是低级的质量管理方式。虽然在传统产业中这仍然是质量控制的最后一个环节，但已不是质量管理的主流方法，也不适应软件产品的质量管理要求，因为这种产品的生产没有批量可言。

2. 全面质量管理

ISO 9000 质量管理体系就是全面质量管理体系的一个范例。它要求从影响软件产品质量的各个方面加强对软件质量的全面管理。ISO 9000 中列出的影响软件质量的因素包括管理职责、质量体系、合同评审等 20 个方面。实现对这些影响因素的全面管理就是全面质量管理。当然多数组织不能做到完全符合 ISO 9000 的规定，只要做到其中的绝大多数方面，就可以认为实现了全面质量管理。

3. 权威认证

认证的概念来自于这样的事实：如果一个组织具有合格的技术人员，且这个组织的管理水平很高，比如完全实现了全面质量管理，那么这样的组织就具备了一定的生产合格产品的能力，应该能够生产出合格的软件产品。所以要考察一个组织的产品质量，可以首先看该组织通过了哪一个级别的质量体系认证（是 ISO 9000，还是 CMM2、CMM5）。认证已经成为一个组织资质的证明，也成为买方选择合格供应方的首要考虑。

软件质量管理的目的是建立对项目的软件产品质量的定量理解和实现特定的质量目标。软件质量管理着重于确定软件产品的质量目标，制订达到这些目标的计划，并监控及调整软件计划、软件工作产品、活动及质量目标以满足顾客及最终用户对高质量产品的需要及期望。软件质量管理的实践基于集成软件管理、软件产品工程、定量过程管理的实践，集成软件管理、软件产品工程建立和实施项目的明确定义的软件过程区域。定量过程管理建立了对项目明确定义的软件过程达到期望目标的结果能力的定量理解。有以下要点。

（1）对项目的软件质量活动做出计划。

（2）对软件产品质量的可测量的目标及其优先级进行定义。

（3）确定实现软件产品质量目标的实现过程是可量化的和可管理的。

（4）为管理软件产品的质量提供适当的资源和资金。

（5）对实施和支持软件质量管理的人员进行所要求的培训。

（6）对软件开发项目组和其他与软件项目有关的人员进行软件质量管理方面的培训。

（7）按照已文档化的规程制订和维护软件项目的质量计划。

（8）项目的软件质量管理活动要以项目的软件质量计划为基础。

（9）在整个软件生命周期，要确定、监控和更新软件产品的质量目标。

（10）在事件驱动的基础上，对软件产品的质量进行测量、分析，并将分析结果与产品的定量目标相比较。

(11) 对软件产品的定量质量目标进行合理分工,分派给向项目交付软件产品的承包商。

(12) 对软件产品进行测试,并将测试结果用于软件质量管理活动的状态。

(13) 高级管理者定期参与评审软件质量管理的活动。

(14) 软件项目负责人定期参与评审软件质量管理的活动。

(15) 软件质量保证评审小组负责评审软件的质量管理活动和工作产品,并填写相关报告。

软件质量过程要注意以下4点。

(1) 从一开始就要保证不出错,至少应该努力使错误尽量不在编写代码时发生。为了做到这一点包括采用适当的软件工程标准和过程,建立独立的质量保证标准和过程;根据过去的经验和教训制订正式的方法;像软件工具和合同软件一样的高质量输入。

(2) 确保尽早发现错误并纠正。错误隐藏得越久,修正错误花的代价就越大。因此,质量控制必须在开发生命周期中的每一个阶段都要重视,如需求分析、设计、文档和代码。这些都隶属于所有的回顾方法,如检查、预先排除与技术回顾。

(3) 消除引起错误的引导因素,还没有找到错误的诱因就纠正错误是不恰当的。通过消除错误的诱因就达到了改良过程的目的。

(4) 质量管理的基本原则实际上就是贯彻全面质量管理的原则。具体地说就是坚持下面的质量管理原则:控制所有过程的质量;过程控制的出发点是预防不合格;质量管理的中心任务是建立并实施文件化的质量体系;持续的质量改进;有效的质量体系应满足顾客和组织内部双方的需要和利益;定期评价质量体系;搞好质量管理关键在于领导。

2.9.2 软件质量因素

一个软件的质量如何,可以用以下一套质量指标来衡量。

(1) 正确性。系统满足规格说明和用户目标的程度,即在预定环境下能正确地完成预期功能的程序。它要求软件没有错误,能够满足用户的目标。

(2) 健壮性。在硬件发生故障、输入的数据无效或操作错误等意外环境下,系统能做出适当响应的程度。

(3) 效率。为了完成预定的功能,系统需要的计算资源的多少。这可以用系统需要占用的计算机硬件资源,或者所需要的时间来表示。

(4) 完整性(安全性)。对未经授权的人使用软件或数据的企图,系统能够进行控制(禁止)的程度,以及为某些目的能够保护数据,使系统免受偶然的/有益的破坏、改动或遗失的能力。

(5) 可用性。系统在完成预定应该完成的功能时令人满意的程度,即用户学习、使用软件及程序准备输入和解释输出所需要的工作量的大小。

(6) 风险。按预定的成本和进度把系统开发出来,并且为用户所满意的概率。

(7) 可理解性。理解和使用该系统的容易程度。

(8) 可维修性。为了满足用户的新需求或者由于环境发生了变化,或者发生了新的错误,诊断和改正在运行现场发现的错误所需要的工作量的大小。

(9) 灵活性(适应性)。修改或改进正在运行的系统需要的工作量的多少。

(10) 可测试性。软件容易测试的程度,及测试软件以确保其能够执行预定功能所需要的工作量的大小。

(11) 可移植性。把程序从一种硬件配置和(或)软件系统环境转移到另一种配置和环境时,需要的工作量多少。有一种定量度量的方法是:使用原来程序设计和调试的成本除移植时需用的费用。

(12) 可再用性。在其他应用中该程序可以被再次使用的程度(或范围)。

(13) 互运行性。把该系统和另一个系统结合起来需要的工作量的多少。

2.10 项目风险管理

软件风险是软件开发过程某个时间点以后的关于软件的不确定性因素对于软件开发过程的影响。风险会造成的损失可能是经济上的,也可能是时间上的,或者是无形的其他损失等。如果项目风险变成现实,就有可能会影响项目的进度,增加项目的成本,甚至使软件项目不能实现。如果软件开发项目不关心风险管理,结果就会遭受极大的损失。如果对项目进行良好的项目风险管理,就可以降低软件项目的风险,大幅度增加项目实现目标的可能性。因此任何一个系统开发项目都应将风险管理作为软件项目管理的重要内容。软件风险管理的目的在于标识、定位和消除各种风险因素,在其来临之前阻止或最大限度地减少风险的发生,从而避免不必要的损失,以使项目成功操作或使软件重写的概率降低。

在进行软件项目风险管理时,要标识出潜在的风险,评估它们出现的概率及产生的影响,并按重要性加以排序,然后建立一个规划来管理风险。风险管理的主要目标是预防风险,所以必须建立一个意外事件计划,使其在必要时能以可控的和有效的方式做出反应。风险管理目标的实现包含三个要素:第一,必须在项目计划书中写下如何进行风险管理;第二,项目预算必须包含解决风险所需的经费,如果没有经费,就无法达到风险管理的目标;第三,评估风险时,风险的影响也必须纳入项目规划中。

2.10.1 风险的分类

根据风险内容,可以将风险分为项目风险与外来风险。项目风险是项目自身具有的风险,包括需求风险(表现为需求的变化或者原来需求分析不准而带来的风险)、项目技术风险(表现为采用了不成熟的技术而使软件开发不能顺利进行下去)、管理风险(公司管理人员是否成熟等)、预算风险(预算是否准确等)。外来风险包括外来技术风险(由于更新的技术的出现,而使得采用的技术过时等)、商业风险(开发出的产品由于不被市场接受而无法销售出去等)、战略风险(公司的经营战略发生了变化)等。

在这些风险中,有些风险是可以预见到的,如员工离职;而有些是不可预见的。可以预见的风险不会造成根本性的损失,不可预见的风险有时会造成系统彻底失败。

2.10.2 风险的识别

风险识别是系统化地识别可预测的项目风险,在可能时避免这些风险,且当必要时控制这些风险。风险识别的有效方法是建立风险项目检查表,对所有可能的风险因素进行提问。主要涉及以下几方面的检查。

(1) 产品规模风险。与软件的总体规模相关的风险,即对于软件的总体规模预测是否准确。如果预测规模小于实际软件规模,肯定会导致费用上升,开发时间增加。

(2) 需求风险。是否与用户进行了充分的交流,是否了解用户使用软件所处理的问题域,是否充分理解用户的需求,书面形式的需求分析是否得到用户的认可。

(3) 过程定义风险。与软件过程定义相关的风险。

(4) 开发环境风险。与开发工具的可用性及质量相关的风险。

(5) 技术风险。采用的技术对于解决项目所涉及的问题是否是最适当的技术,技术是否成熟,是否会被淘汰等。技术风险威胁到软件开发的质量及交付的时间;如果技术风险变成现实,则开发工作可能变得很困难或根本不可能。

(6) 人员数目及经验带来的风险。

与参与工作的软件工程师的总体技术水平及项目经验相关的风险。在进行具体的软件项目风险识别时,可以根据实际情况对风险分类。但简单的分类并不是总行得通的,某些风险根本无法预测。比如美国空军软件项目风险管理手册中的风险识别方法,要求项目管理者根据项目实际情况标识影响软件风险因素的风险驱动因子,这些因素包括以下几个方面:性能风险,即产品能够满足需求和符合使用目的的不确定程度;成本风险,即项目预算能够被维持的不确定的程度;支持风险,即软件易于纠错、适应及增加的不确定的程度;进度风险,即项目进度能够被维护且产品能按时交付的不确定的程度。

2.10.3 风险评估

风险评估对识别出的风险进行进一步的确认分析。假设这一风险将会出现,评估它会对整个项目带来什么样的不利影响,如何将此风险的影响降低到最小,同时确定主要风险出现的个数及时间。进行风险评估时,最重要的是量化不确定性的程度和每个风险可能造成损失的程度。为了实现这点,必须考虑风险的不同类型。识别风险的一个方法是建立风险清单(见表 2-6),清单上列举出在软件开发的不同阶段可能遇到的风险,最重要的是要对清单的内容随时进行维护,更新风险清单,并向所有的成员公开。应鼓励项目中的每个成员勇于发现潜在的风险并提出警告。风险清单给项目管理提供了一种简单的风险预测技术,它实际上是一个三元组[$R_iP_iL_i$],其中,R_i 是第 i 种风险,P_i 是风险 R_i 出现的概率,L_i 是假设 $P_i=1$ 时的损失。风险分析表如表 2-6 所示。这种损失可以用增加多少费用、增加多少开发时间或者只是某些定量的影响程度指标来表示,则 P_iL_i 可以刻画这种风险对于软件开发过程的潜在影响,而风险管理的目标就在于尽量减小 P_i 的值。

表 2-6 风险分析表

风 险	风险出现的概率 P_i	风险的影响 L_i	风 险 排序
风险 1	0.6	6	3.6
风险 2	0.6	5	3.0
…	…	…	…
风险 n	0.01	5	0.05

风险清单中,风险的概率值可以由项目组成员个别估算,然后加权平均,得到一个有代表性的值;也可以通过先做个别估算而后求出一个有代表性的值来完成。对风险产生的影

响可以用影响评估因素进行分析。一旦完成了风险清单的内容，就要根据 P_iL_i 值进行排序，该值大的风险放在上方，以此类推。项目管理者对排序进行研究，并划分重要和次重要的风险，对次重要的风险再进行一次评估并排序。对重要的风险要进行管理。从管理的角度来考虑，风险的影响及概率是起着不同作用的，一个具有高影响且发生概率很低的风险因素不应该花太多的管理时间，而高影响且发生率高的风险以及低影响且高概率的风险，应该首先列入管理考虑之中。

2.10.4 风险的驾驭和监控

风险的驾驭与监控是指利用某些技术或方法，比如原型化、软件自动化、软件心理学、可靠性方法及软件项目管理的方法、保险方法等避开或者转移风险，使风险对项目所造成的影响(损失)尽可能地减小；如无法避免则应该使它降低到一个可以接受的水平。风险的驾驭，现在还没有成熟的方法或技术来指导，主要靠管理者的经验，根据不同的情况来实施。风险驾驭的原则如下。

(1) 先抓主要风险。所谓主要风险就是风险分析表中排在最前面的 P_iL_i 值最大的风险因素。通过对该风险的分析，找出避免或转移风险的办法，使该风险的 P_iL_i 值尽可能减小，并计算出该风险的新的 P_iL_i 值。将避免与转移风险的方案形成风险驾驭文档，然后对经过这样处理过的风险分析表重新进行排序。

(2) 对新的风险分析表重复第(1)步的方法，又得到一个新的风险分析表。这样多次重复，直到风险分析表中的所有项的 P_iL_i 值都在可以接受的范围内，停止进行。

(3) 在项目开始前与项目进行中，时刻注意可能出现的风险，按照风险驾驭文档的方法避免或转移风险。出现新的风险时，要及时对风险分析表进行调整，并形成新的风险驾驭文档。

Boehm 归纳了 6 步风险管理法则，其中有两步关键法则有三个子步骤。Boehm 建议采用适当的技术来实现每个关键步骤和子步骤。

第一步是评估，包括：

(1) 风险确认。确认详细的影响软件成功的项目风险因素。

(2) 风险分析。检查每个风险因素的发生概率和降低其发生概率的可能性。

(3) 给确认和分析的风险因素确定级别，即风险考虑的先后顺序。

一旦项目风险因素的先后顺序排列出来了，第二步就是风险管理。这一步中，要对这些风险因素进行控制，包括：

(1) 风险管理计划。分析每个风险因素应如何定位，这些风险因素的管理如何与整个项目计划融为一体。

(2) 在每个实现活动或工作中的风险解决方案中，消除或解决风险因素的特殊活动。

(3) 风险监视。跟踪解决风险活动的风险过程的趋势。

2.11 项目沟通管理

项目沟通管理，就是为了确保项目信息合理收集和传输，以及最终处理所需实施的一系列过程。包括为了确保项目信息及时适当的产生、收集、传播、保存和最终配置所必需的过程。项目沟通管理为成功所必需的因素——人、想法和信息之间提供了一个关键连接。涉及项目的任何人都应准备以项目"语言"发送和接收信息，并且必须理解他们以个人身份参与的沟通会怎样影响整个项目。沟通就是信息交流。组织之间的沟通是指组织之间的信息传递。对于项目来说，要科学地组织、指挥、协调和控制项目的实施过程，就必须进行项目的信息沟通。好的信息沟通对项目的发展和人际关系的改善都有促进作用。

项目沟通管理具有复杂和系统的特征。著名组织管理学家巴纳德认为"沟通是把一个组织中的成员联系在一起，以实现共同目标的手段"。没有沟通，就没有管理。沟通不良几乎是每个企业都存在的老毛病，企业的机构越复杂，其沟通越困难。往往基层的许多建设性意见尚未反馈至高层决策者，便已被层层扼杀，而高层决策的传达，常常也无法以原貌展现在所有人员面前。

2.12 项目集成管理

项目集成管理，是指为确保项目各项工作能够有机地协调和配合所展开的综合性和全局性的项目管理工作和过程。它包括项目集成计划的制订，项目集成计划的实施，项目变动的总体控制等。

2.13 案例分析

2.13.1 角色的映射

每一个项目都需要将其中的工作职责以不同的方式分配给其团队成员。没有几个项目能够在 RUP 所描述的角色和实际的人员之间建立起一一映射。因此，弄清楚每一个人需要承担哪些责任是非常重要的。在小型项目中，由于能够容忍的重复努力是非常有限的，因此这一点尤为关键。

表 2-7 显示了示例项目中最初的角色映射关系。在这张表中，项目负责人确保至少为每一个角色分配了一个团队成员。当明确了各自所承担的角色之后，就可以对照表 2-7 中的负责人一栏的内容明确自己的任务和责任。

表 2-7 开发案例中的角色映射

角　色	老李	老丁	小王	小董	小肖	小张
系统分析师		×				
用户界面设计师			×			
数据设计师				×		
软件架构师	×	×				
集成工程师				×		
实现人员	×	×	×	×	×	×
测试设计师					×	
测试人员	×	×	×	×	×	×

续表

角　色	老李	老丁	小王	小董	小肖	小张
部署经理		×				
技术文档作者	×	×	×	×	×	×
配置经理				×		
项目经理	×					
过程工程师		×				
工具专家	×	×	×	×	×	×

2.13.2 开发案例中的制品

制品的选择着重在于它是否能够直接导致向客户或者其他项目相关人员交付有价值产品。或者说如果项目小组不进行一个特定的过程步骤，是否会对后续的工作带来不便或是不利的影响。

因此一开始制定的开发案例的制品，不一定就是项目小组最终完成的制品。很有可能到后来会发现，原先计划中的事情在实际的操作过程中并不适用，或者是错误的。在这种情况下，大可不必为了完成计划而去做一些无用的事情。项目小组应该选择正确的事情，重新构建那些确实能提供帮助的制品。

下面的内容是常用的开发案例制品列表，供读者参考。

1. 项目前景
2. 风险列表
3. 用例模型
4. 界面原型
5. 设计模型
6. 实施模型
7. 组件
8. 测试计划
9. 测试用例
10. 测试结果
11. 产品(交付给用户的完整系统)
12. 发布说明
13. 终端用户支持材料
14. 迭代计划
15. 迭代评估
16. 项目计划
17. 开发案例
18. 编程指南
19. 工具

2.13.3 为初始阶段制定计划

为了使项目顺利地开展下去，项目小组必须制订相应的计划(如图 2-12 所示)。在使用 RUP 的过程中尤其如此。RUP 是一个基于迭代开发的过程，在每一次迭代开始之前，应该建立当前阶段的迭代计划。

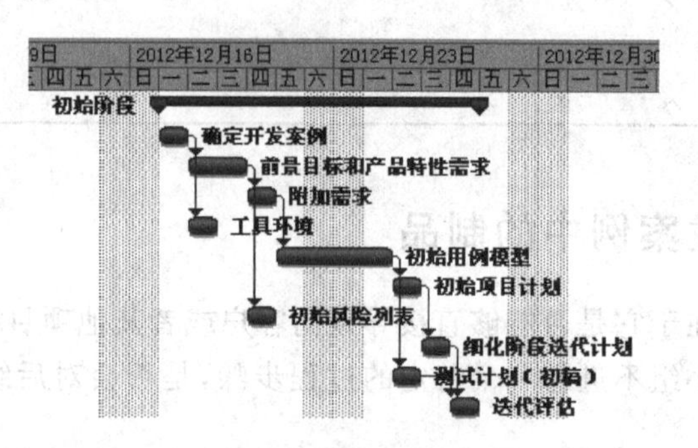

图 2-12 招聘管理系统初始阶段计划

在项目的初始阶段所生成的所有计划最多也只是些推测而不是精确的表述。不要把过多的时间花费在细节上，大多数的细节都会在以后被更改。但一旦形成了计划，就应该保证它传达给整个团队，并且每一个成员都同意采用该计划，开始实现项目负责人制定的意图。

真正的问题在于，项目小组应该花费多少时间和精力来建立和维护开发案例。如果这是一个小型团队，尤其是以前曾经一起工作过并对开发过程有共同理解的团体，那么，开发案例可以只是一个口头上的制品。也就是说可以通过讨论来和全体成员进行沟通。如果项目负责人发现构建的团队离一个小型的、熟悉的团队越远——无论是团队的规模还是团队成员相互之间或是对共同的开发过程缺乏了解——越需要写下开发案例，并保持它与当前情况相符合。

2.14 知识拓展

在软件项目的质量管理中，国际上通行一些管理产品质量的有效方法，即质量认证，也叫合格评定。ISO/IEC 指南 2：1986 中对“认证”的定义是：“由可以充分信任的第三方证实某一鉴定的产品或服务符合特定标准或规范性文件的活动。”质量认证按认证的对象分为产品质量认证与质量体系认证；按认证的作用可分为安全认证和合格认证。

2.14.1 质量管理资格认证 1——ISO 9000：2000

ISO 9000 是目前比较通行的质量管理体系，是组织在质量管理方面的最低标准。现在很多的 IT 企业都通过了 ISO 9000 的认证。IT 企业贯彻实施 ISO 9000 质量体系认证，可以选择质量标准 ISO 9001 和 ISO 9003。其中，ISO 9001 是 1994 年的《质量体系：设计、开发、生产、安装和服务的质量保证模式》，ISO 9003 是 1994 年的《质量体系：最终检验和试验的质量保证模式》。

ISO 9001：2000 把 ISO 9001 和 ISO 9003 合并为一，并结合了 CMM 的一些精髓，使其

适合 IT 企业作为实施 ISO 9001 质量保证模式的指南。通过对 IT 产品从市场调查、需求分析、编码、测试等开发工作,直至作为商品软件销售,以及安装、维护的整个过程进行控制,保障 IT 产品的质量。

2.14.2 质量管理资格认证 2——CMM

CMM(Capability Maturity Model)是能力成熟度模型的简称,是 Carnegie Mellon 大学(CMU)软件工程研究所(SEI)为美国国防部研究的实用软件工程管理技术,可以用来衡量、评估软件企业过程管理水平的成熟度,指导企业不断改进软件工程,达到较高的软件质量和生产率,现在已被广泛用于评定软件企业的授证标准。

CMM 模型描述和分析了软件过程能力的发展过程,确立了一个软件过程成熟度的分级标准,如图 2-13 所示。CMM 的结构包含 5 个成熟度级别,每一个级别都由若干个关键过程方面(Key Process Area,KPA)组成。第 1 级初始级为最低级,不存在明显的 KPA,过程基本处于无序管理,软件产品所取得的成功往往依赖极个别人的努力和机遇。第 2 级为可重复级,企业有基本的项目管理,主要 KPA 为需求管理、项目计划、问题跟踪、质量保证、配置管理和子合同管理等,可用于对成本、进度和功能特性进行跟踪。对类似的应用项目,有章可循并能重复以往所取得的成功。这是承接美国政府项目最起码的等级。第 3 级为已定义级,着重过程的工程化,用于管理的和工程的软件过程均已文档化,并形成了整个软件组织的标准软件过程。主要的 KPA 有:企业过程目标和定义、同级评审、培训程序、组间协调、软件产品工程和集成软件管理。第 4 级称为可管理级,注重过程和产品质量,软件过程和产品质量有详细的度量标准。对软件过程和产品质量起到了定量的认识和控制作用。主要 KPA 有:软件质量管理和定量的过程管理。第 5 级为最高级,称为优化级,着眼于连续的过程改进,通过对来自过程、新概念和新技术等方面的各种有用信息进行定量分析,能够不断地、持续地对过程进行改进,主要 KPA 为:过程改变管理、技术改变管理和缺陷防止。

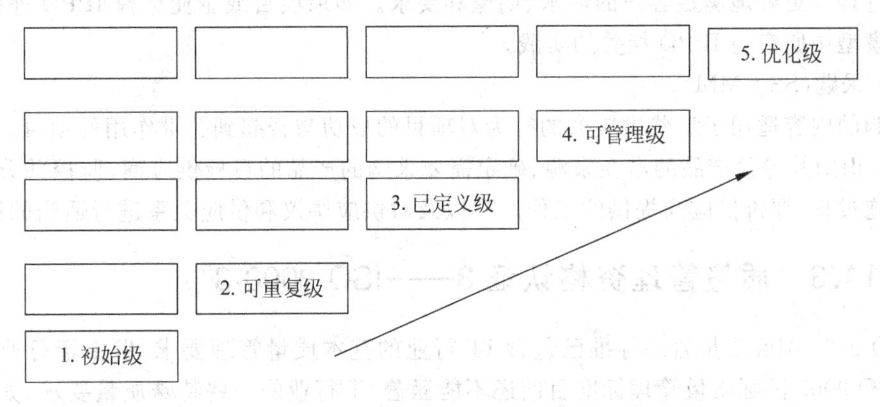

图 2-13 CMM 模型的 5 个成熟度级别

CMMI 的全称为 Capability Maturity Model Integration,即能力成熟度模型集成。CMMI 是 CMM 模型的最新版本。早期的 CMMI(CMMI-SE/SW/IPPD)1.02 版本是应用于软件业项目的管理方法,SEI 在部分国家和地区开始推广和试用。随着应用的推广与模型本身的发展,CMMI 演绎成为一种被广泛应用的综合性模型。

CMMI 是美国国防部的一个设想,他们想把现在所有的以及将被发展出来的各种能力成熟度模型，集成到一个框架中去。这个框架有两个功能：第一，软件采购方法的改革；第二，建立一种从集成产品与过程发展的角度出发、包含健全的系统开发原则的过程改进。就软件而言，CMMI 是 SW-CMM 的修订本。

能力度等级：属于连续式表述，共有 6 个能力度等级(0～5)，每个能力度等级对应到一个一般目标，以及一组一般执行方法和特定方法。

0：不完整级。

1：执行级。

2：管理级。

3：定义级。

4：量化管理级。

5：最佳化级。

CMMI 与 CMM 的差别：CMMI 模型的前身是 SW-CMM 和 SE-CMM，前者就是我们指的 CMM。CMMI 与 SW-CMM 的主要区别就是覆盖了许多领域；到目前为止包括下面 4 个领域。

(1) 软件工程(SW-CMM)。

软件工程的对象是软件系统的开发活动，要求实现软件开发、运行、维护活动系统化、制度化、量化。

(2) 系统工程(SE-CMM)。

系统工程的对象是全套系统的开发活动，可能包括也可能不包括软件。系统工程的核心是将客户的需求、期望和约束条件转化为产品解决方案，并对解决方案的实现提供全程的支持。

(3) 集成的产品和过程开发(IPPD-CMM)。

集成的产品和过程开发是指在产品生命周期中，通过所有相关人员的通力合作，采用系统化的进程来更好地满足客户的需求、期望和要求。如果项目或企业选择 IPPD 进程，则需要选用模型中所有与 IPPD 相关的实践。

(4) 采购(SS-CMM)。

采购的内容适用于那些供应商的行为对项目的成功与否起到关键作用的项目。主要内容包括：识别并评价产品的潜在来源、确定需要采购的产品的目标供应商、监控并分析供应商的实施过程、评价供应商提供的工作产品以及对供应协议和供应关系进行适当的调整。

2.14.3 质量管理资格认证 3——ISO 9000-3

ISO 9000 国际质量管理标准已包含 IT 行业的基本质量管理要求，但由于行业本身的特点，ISO 9000 国际质量管理标准目前还不能涵盖 IT 行业的一些特殊质量要求，如软件需求分析、软件生存周期、软件测试案例、软件配置和软件复制等都只存在于软件工程的管理之中，而这些环节的管理又对软件质量有着重大的影响。因此国际标准化组织在 ISO 9000 国际质量管理标准之外专门针对软件行业发布了 ISO 9000-3。

在 ISO 9000-3 中共列出了 20 个影响软件产品质量的因素，如图 2-14 所示。

ISO 9000-3 首先列出了 ISO 9000-3 的质量方针：ISO 9000 要求负有执行职责的供方管理者，应规定质量方针，包括质量目标和对质量的承诺，并形成文件。还要确保其各级人

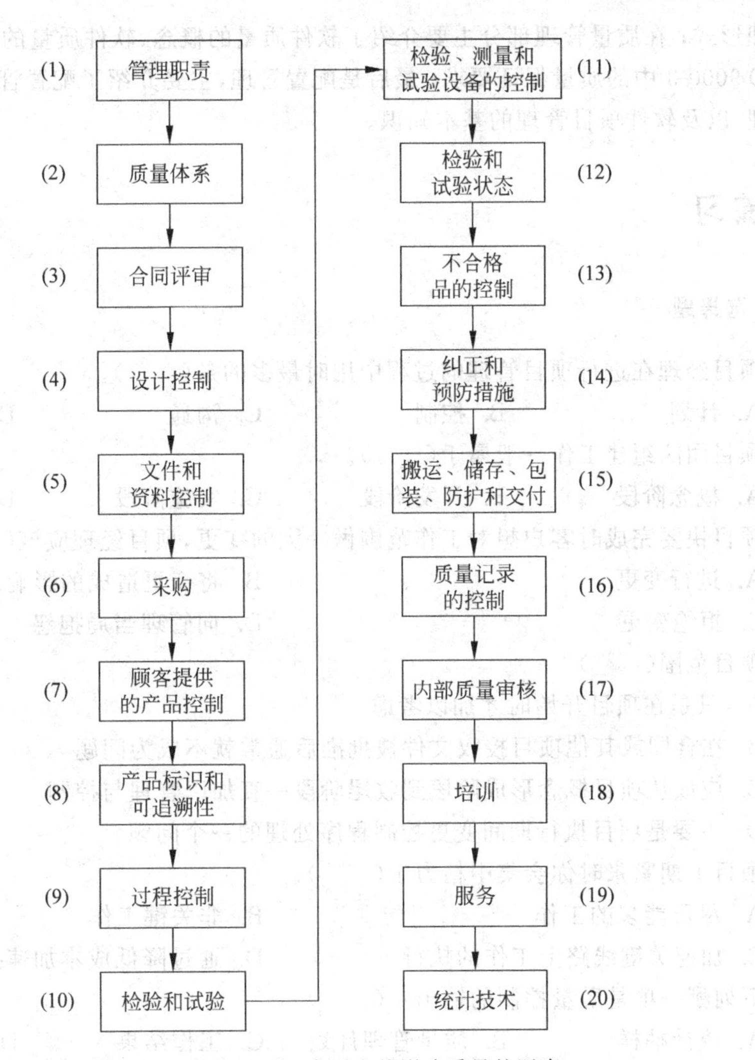

图 2-14　ISO 9000-3 中列出的影响质量的因素

员都理解质量方针，并坚持贯彻执行。

由上面的介绍可以看出，ISO 9000-3 对软件过程中影响软件质量的因素的考虑与规定是非常详和全面的。在实际工作中，如果严格按照这个标准的规定来执行，一定能够生产出高质量的软件。

小结

本章介绍了软件工程管理的几个主要方面：软件工程管理的基本原则，软件工程的范围(需求)管理、软件工程的计划、进度与控制管理，配置管理，软件工程的组织管理，软件工程的质量管理，软件工程的风险管理等。在软件管理的目标与原则中介绍了软件管理的目标、基本原则与专题原则；在风险管理部分主要介绍了风险分类、风险识别、评估和控制；在组织管理部分介绍了三种程序员组的组织形式、软件项目组与增量开发的组织形式、IT

组织管理形式；在质量管理部分主要介绍了软件质量的概念、软件质量的影响因素，重点介绍了ISO 9000-3中的质量保证要求；最后是配置管理，主要介绍了配置管理的意义、实施与文档管理，以及软件项目管理的基本知识。

强化练习

一、选择题

1. 项目经理在进行项目管理的过程中用时最多的是(　　)。

A. 计划　　B. 控制　　C. 沟通　　D. 团队建设

2. 项目团队组建工作一般属于(　　)。

A. 概念阶段　　B. 开发阶段　　C. 实施阶段　　D. 收尾阶段

3. 项目快要完成时客户想对工作范围做一大的变更，项目经理应该(　　)。

A. 进行变更　　B. 将变更造成的影响通知客户

C. 拒绝变更　　D. 向管理当局抱怨

4. 项目范围(　　)。

A. 只是在项目开始时才加以考虑

B. 在合同或其他项目授权文件被批准后通常就不成为问题

C. 应该从项目概念形成阶段到收尾阶段一直加以管理与控制

D. 主要是项目执行期间变更控制程序处理的一个问题

5. 项目工期紧张时你会集中精力于(　　)。

A. 尽可能多的工作　　B. 非关键工作

C. 加速关键线路上工作的执行　　D. 通过降低成本加速执行

6. 下列哪一项是质量控制的输出？(　　)

A. 统计抽样　　B. 质量管理计划　　C. 工作结果　　D. 过程调整

7. 下面4个选项中哪一项与风险影响分析最相关？(　　)

A. 风险管理　　B. 风险评估　　C. 风险识别　　D. 风险减轻

8. 小组成员完全平等，享有充分的民主，通过协商做出技术决策，这种组织程序员组的方法称为(　　)。

A. 主程序员组　　B. 民主制程序员组

C. 现代程序员组　　D. 传统程序员组

9. 软件质量必须在(　　)加以保证。

A. 设计与实现过程　　B. 开发之前　　C. 开发之后　　D. 开发期间

10. 为了保证软件质量，在开发过程的各个阶段进行(　　)是一个重要手段。

A. 验收测试　　B. 用户培训　　C. 软件评审　　D. 文件修改

二、简答题

1. 某软件项目需要40名开发人员。有两种人员组织方案：40人归为一组，或者将40人分为8组。试比较两种方案的优劣并说明理由。

2. 假定要开发一个图书馆管理系统，你是该项目的软件系统负责人。请为该项目的软件开发制订切实可行的规划。

提示：

(1) 可根据软件的生命周期进行计划的制订，整个工期设定为100%，则各阶段所花费的时间可按百分比给出。

(2) 人员的分配可按照角色给出。角色包括以下几种：项目经理、系统分析员、软件架构师、程序员、测试人员、集成人员、客户等。

3. 比较CMM与ISO 9000两者的异同。

4. 假设你被指派为一个软件公司的项目负责人，你的任务是开发一个技术上具有创新性的产品，该产品把虚拟现实硬件和最先进的软件结合在一起。由于家庭娱乐市场的竞争非常激烈，这项工作的压力很大。你将选择哪种项目组结构？为什么？你打算采用哪种(些)软件过程模型？为什么？

第3章 需求确定

3.1 项目导引

项目组启动了一个新的项目——招聘管理系统，目前已得到项目标书，负责用例编写的小王开始忙碌了起来。小张知道小王曾经有过用户需求的经验，所以这些天除了完成老李分配给自己的工作外，他一直围在小王身边问东问西。小张说："怎样才能获得和理解用户的真实需求，为后续的分析工作打好基础呢？软件开发人员分明是按照需求开发出软件，客户为什么仍然不满意?"小王说："何止啊，客户也总是在困惑为什么软件和自己想要的差距会那么大？人们常常错误地认为，在需求分析阶段，开发者必须确定客户想要什么样的软件。事实上，许多项目开发时，客户可能不很明确他们到底需要什么，即使一个客户对所需要的东西有一个好的想法，他也可能难于准确地将其表达给开发者，因为大多数客户的计算机知识比软件开发小组成员来讲要少得多。"

3.2 项目分析

所有的系统需求都有可能时刻在发生改变，负责开发的软件工程人员随着项目的进展对软件的理解不断地加深，购买软件的客户其本身的组织结构可能发生变化，系统的硬件、软件和组织的环境随着时间的推移也会变化。因此，软件开发应从考察需求获取开始。软件需求分析过程不仅需要获得最终用户的需求，更需要不断地与用户沟通、提取需求、验证需求、管理需求，最终才有可能取得用户的满意。

将一个软件产品及时而又不超出预算地开发出来的机会经常会很小，除非软件开发小组成员对软件产品将做什么的理解非常准确且一致，同时开发过程的组织也非常有效。目前，软件工程的焦点正从编写可靠的大型软件转移到确保所设计的软件能够满足用户需要。调查研究和描述用户变化的需求，连同确定该需求所蕴涵的系统特性并编写文档，正是需求分析阶段需要完成的工作。

3.3 需求阶段的任务和目标

需求阶段要解决的问题，是让用户和开发者共同明确将要开发的是一个什么样的系统。具体而言，需求分析主要有两个任务：第一个是通过对问题及其环境的理解、分析，建立分析模型；第二个是在完全弄清用户对软件系统的确切要求的基础上，通过编写需求文档把用户的需求表达出来。

1. 建立分析模型

一般地说，现实世界中的系统不论表面上怎样杂乱无章，总可以通过分析与归纳从中找出一些规律，再通过"抽象"建立起系统的模型。分析模型是描述软件需求的一组模型。由于用户群体中的各个用户往往会从不同的角度阐述他们对原始问题的理解和对目标软件的需求，因此，有必要为原始问题及其目标软件系统建立模型。这种模型一方面用于精确地记录用户对原始问题和目标软件的描述；另一方面，它也将帮助分析人员发现用户需求中的不一致性，排除不合理的部分，挖掘潜在的用户需求。这种模型往往包含问题及其环境所涉及的信息流、处理功能、用户界面、行为模型及设计约束等。它是形成需求说明、进行软件设计与实现的基础。

2. 编写需求说明文档

需求说明文档应该具有准确性和一致性。因为它是连接计划时期和开发时期的桥梁，也是软件分析与设计的依据。任何含混不清、前后矛盾或者一个微小的错漏，都可能导致误解或铸成系统的大错，在纠正时付出巨大的代价。需求说明文档应该具有清晰性且没有二义性。因为它是沟通用户和系统分析员思想的媒介，双方要用它来表达对于需要计算机解决的问题的共同理解。如果在需求说明中使用了用户不易理解的专门术语，或用户与分析员对要求的内容可以做出不同的解释，便可能导致系统的失败。"需求说明"应该直观、易读和易于修改。为此应尽量采用标准的图形、表格和简单的符号来表示，使不熟悉计算机的用户也能一目了然。

3.4 基本概念

什么是需求？到目前为止还没有公认的定义，比较权威的是 IEEE 软件工程标准词汇表中的需求定义：用户解决问题或达到目标所需要的条件或权能。系统或系统部件要满足合同、标准、规范或其他正式规定文档所要具有的条件或权能。反映上面两条的文档说明。

IEEE 公布的需求定义分别从用户和开发者的角度阐述了什么是需求，以需求文档的方式一方面反映了系统的外部行为，另一方面也反映了系统的内部特性。比较通俗的需求定义如下：需求是指明系统必须实现什么的规约，它描述了系统的行为、特性或属性，是在开发过程中对系统的约束。

需求工程是指系统分析人员通过细致的调研分析，准确地理解用户的需求，将不规范的需求陈述转化为完整的需求定义，再将需求定义写成需求规约的过程。需求工程包含需求开发和需求管理两部分。

软件需求是软件工程过程中的重要一环，是软件设计的基础，也是用户和软件工程人员之间的桥梁。简单地说，软件需求就是确定系统需要做什么；严格意义上，软件需求是系统或软件必须达到的目标与能力。软件需求在软件项目中占有重要地位，是软件设计和实现的基础。需求的改变将导致其后一系列过程的更改，因而软件需求是软件开发成功的关键因素。

3.4.1 功能需求

简单地说，功能需求描述系统所应提供的功能和服务，包括系统应该提供的服务、对输入如何响应及特定条件下系统行为的描述。对于用户需求，用较为一般的描述给出；对于功能性的系统需求，需要详细地描述系统功能、输入和输出、异常等，这些需求是从系统的用户需求文档中摘取出来的，往往可以按许多不同的方式来描述。有时，功能需求还包括系统不应该做的事情。功能需求取决于软件的类型、软件的用户及系统的类型等。

理论上，系统的功能需求应该具有全面性和一致性。全面性意即应该对用户所需要的所有服务进行描述，而一致性则指需求的描述不能前后自相矛盾。在实际过程中，对于大型的复杂系统来说，要做到全面和一致几乎是不可能的。原因有二，其一是系统本身固有的复杂性；其二是用户和开发人员站在不同的立场上，导致他们对需求的理解有偏颇，甚至出现矛盾。有些需求在描述的时候，其中存在的矛盾并不明显，但在深入分析之后问题就会显露出来。为保证软件项目的成功，不管是在需求评审阶段，还是在随后的软件生命周期阶段，只要发现问题，都必须修正需求文档。

3.4.2 非功能需求

作为功能需求的补充，非功能需求是指那些不直接与系统的具体功能相关的一类需求，但它们与系统的总体特性相关，如可靠性、响应时间、存储空间等。非功能需求定义了对系统提供的服务或功能的约束，包括时间约束、空间约束、开发过程约束及应遵循的标准等。它源于用户的限制，包括预算的约束、机构政策、与其他软硬件系统间的互操作，以及如安全规章、隐私权保护的立法等外部因素。

与关心系统个别特性的功能需求相比，非功能需求关心的是系统的整体特性，因而对于系统来说，非功能需求更关键。一个功能需求得不到满足会降低系统的能力，但一个非功能需求得不到满足则有可能使系统无法运行。

非功能需求不仅与软件系统本身有关，还与系统的开发过程有关。与开发过程相关的需求包括：对在软件过程中必须要使用的质量标准的描述、设计中必须使用的CASE工具集的描述以及软件过程所必须遵守的原则等。

按照非功能需求的起源，可将其分为三大类：产品需求、机构需求、外部需求。进而还可以细分。产品需求对产品的行为进行描述；机构需求描述用户与开发人员所在机构的政策和规定；外部需求范围比较广，包括系统的所有外部因素和开发过程。非功能需求的分类如表3-1所示。

表 3-1 非功能需求的类别

非功能需求	产品需求	可用性需求	
		效率需求	性能需求
			空间需求
		可靠性需求	
		可移植性需求	
	机构需求	交付需求	
		实现需求	
		标准需求	
	外部需求	互操作需求	
		道德需求	
		立法需求	隐私需求
			安全性需求

非功能需求检验起来非常困难。这些非功能需求可能来自于系统的易用性、可恢复性和对用户输入的快速反应性能的要求，同时需求描述的不详细和不确定也会给开发者带来许多困难。虽然理论上非功能需求能够量化，通过一些可用来指定非功能性系统特性的度量（如表 3-2 所示）的测试可使其验证更为客观，但在实际过程中，对需求描述进行量化是很困难的。这种困难性体现为客户没有能力把目标需求进行量化的同时，有些目标（如可维护性）本身也没有度量可供使用。因此，在需求文档中的目标陈述中，开发者应该明确用户对需求的优先顺序，同时也要让用户知道一些目标的模糊性和无法客观验证性。

表 3-2 指定非功能需求的度量方法

非功能需求	可使用的度量	度 量 方 法
性能	对用户输入的响应时间 每秒处理的事务数	用户/事件响应时间
		屏幕刷新时间
规模	系统最大的尺寸	KB
		RAM 芯片数
易用性	学习 75%的用户功能所需要的时间 在给定时间内，由用户引起的错误的平均值	培训时间
		帮助画面数
可靠性	出错时间 错误发生率	失败平均时间
		无效的概率
		失败发生率
鲁棒性/健壮性	系统出错后重新启动的时间	失败之后的重启次数
		事件引起失败的百分比
		失败中数据崩溃的可能性
可移植性	目标系统数	依赖于目标的语句百分比
有效性	请求后出错的可能性	
完整性	系统出错时，允许丢失数据的最大限度	

3.5 需求获取方法

为了获取正确的需求信息，可以使用一些基本的需求获取方法和技术。下面介绍几种常用的需求获取方法。

3.5.1 建立联合分析小组

系统开始开发时，系统分析员往往对用户的业务过程和术语不熟悉，用户也不熟悉计算机的处理过程。因此用户提供的需求信息，在系统分析员看来往往是零散和片面的，需要由一个领域专家来沟通。因而，建立一个由用户、系统分析员和领域专家参加的联合分析小组，对开发人员与用户之间的交流和需求的获取将非常有用。通过联合分析小组的工作，可极大地方便系统开发人员和用户沟通。有些学者也将这种面向联合开发小组的需求收集方法称为“便利的应用规范技术”(Facilitated Application Specification Techniques, FAST)。有人主张，在参加FAST小组的人员中，用户方的业务人员应该是系统开发的主体，是“演员”和“主角”；系统分析员作为高层技术人员，应成为开发工作的“导演”；其他的与会开发人员是理所当然的“配角”。切忌在需求获取阶段忽视用户业务人员的作用，由系统开发人员越俎代庖。

3.5.2 客户访谈

为了获取全面的用户需求，光靠联合分析小组中的用户代表是不够的，系统分析员还必须深入现场，同用户方的业务人员进行多次交流。根据用户将来使用软件产品的功能、频率、优先等级、熟练程度等方面的差异，将他们分成不同的类别，然后分别对每一类用户通过现场参观、个别座谈或小组会议等形式，了解他们对现有系统的问题和新功能等方面的看法。

客户访谈是一个直接与客户交流的过程，既可了解高层用户对软件的要求，也可以听取直接用户的呼声。由于是与用户面对面的交流，如果系统分析员没有充分的准备，也容易引起用户的反感，从而产生隔阂，所以分析员必须在这个过程中尽快找到与用户的“共同语言”，进行愉快的交谈。在与用户接触之前，先要进行充分的准备：首先，必须对问题的背景和问题所在系统的环境有全面的了解；其次，尽可能了解将要会谈用户的个性特点及任务状况；最后，事先准备一些问题。在与用户交流时，应遵循循序渐进的原则，切不可急于求成，否则欲速则不达。

3.5.3 问卷调查

所谓“问卷调查法”，是指开发方就用户需求中的一些个性化的、需要进一步明确的需求(或问题)，通过采用向用户发问卷调查表的方式，达到彻底弄清项目需求的一种需求获取方法。这种方法适合于开发方和用户方都清楚项目需求的情况。因为开发方和建设方都清楚项目的需求，则需要双方进一步沟通的需求(或问题)就比较少，通过采用这种简单的问卷调查方法就能使问题得到较好的解决。

3.5.4 问题分析与确认

不要期望用户在一两次交谈中，就会对目标软件的要求阐述清楚，也不能限制用户在回答问题过程中的自由发挥。在每次访谈之后，要及时进行整理，分析用户提供的信息，去掉错误的、无关的部分，整理有用的内容，以便在下一次与用户见面时由用户确认。同时，准备下一次访谈时的进一步更细节的问题。如此循环，一般需要2～5次。

3.5.5 快速原型法

通常，原型是指模拟某种产品的原始模型。在软件开发中，原型是软件的一个早期可运行的版本，它反映最终系统的部分重要特性。如果在获得一组基本需求说明后，通过快速分析构造出一个小型的软件系统，满足用户的基本要求，就使得用户可在试用原型系统的过程中得到亲身感受并受到启发，做出反应和评价，然后开发者根据用户的意见对原型加以改进。随着不断试验、纠错、使用、评价和修改，获得新的原型版本。如此周而复始，逐步减少分析和通信中的误解，弥补不足之处，进一步确定各种需求细节，适应需求的变更，从而提高最终产品的质量。

作为开发人员和用户的交流手段，快速原型可以获取两个层次上的需求。第一层包括设计界面。这一层的目的，是确定用户界面风格及报表的版式和内容。第二层是第一层的扩展，用于模拟系统的外部特征，包括引用了数据库的交互作用及数据操作，执行系统关键区域的操作等。此时用户可以输入成组的事务数据，执行这些数据处理的模拟过程，包括出错处理。

在需求分析阶段采用快速原型法，一般可按照以下步骤进行。

(1) 利用各种分析技术和方法，生成一个简化的需求规约。

(2) 对需求规约进行必要的检查和修改后，确定原型的软件结构、用户界面和数据结构等。

(3) 在现有的工具和环境的帮助下快速生成可运行的软件原型并进行测试、改进。

(4) 将原型提交给用户评估并征求用户的修改意见。

(5) 重复上述过程，直到原型得到用户的认可。

表3-3中总结出了使用原型实现方法的优点和缺点。

表3-3 原型实现方法的优缺点

编号	优　点	缺　点
1	开发者与用户充分交流，可以澄清模糊需求，需求定义比其他模型好得多	开发者在不熟悉的领域中不易分清主次，原型不切题
2	开发过程与用户培训过程同步	产品原型在一定程度上限制了开发人员的创新
3	为用户需求的改变提供了充分的余地	随着更改次数的增多，次要部分越来越大，“淹没”了主要部分
4	开发风险低，产品柔性好	原型过快收敛于需求集合，而忽略了一些基本点
5	开发费用低，时间短	资源规划和管理较为困难，随时更新文档也带来麻烦
6	系统易维护，对用户更友好	只注意原型是否满意，忽略了原型环境与用户环境的差异

由于开发一个原型需要花费一定的人力、物力、财力和时间，而且用于确定需求的原型在完成使命后一般就被丢弃，因此，是否使用快速原型法必须考虑软件系统的特点、可用的开发技术和工具等方面。如表 3-4 所示的 6 个问题可用来帮助判断是否要选择原型法。

表 3-4 原型实现方法的选择

问　题	废弃型原型法	演化型原型法	其他预备性工作
应用领域已被理解吗？	是	是	否
问题可以被建模吗？	是	是	否
客户能够确定基本需求吗？	是	否	否
需求已被建立而且稳定吗？	否	是	是
有模糊不清的需求吗？	是	否	是
需求中有矛盾吗？	是	否	是

先进的快速开发技术和工具是快速原型法的基础。如果为了演示一个系统功能，需要手工编写数千行甚至数万行代码，那么采用快速原型法的代价就太大，变得没有现实意义了。为了快速开发出系统原型，必须充分利用快速开发技术和复用软件构件技术。

1984 年，Boar 提出一系列选择原型化方法的因素，包括应用领域、应用复杂性、客户特征以及项目特征。如果是在需求分析阶段使用原型化方法，必须从系统结构、逻辑结构、用户特征、应用约束、项目管理和项目环境等多方面来考虑，以决定是否采用原型化方法。

(1) 系统结构。联机事务处理系统、相互关联的应用系统适合于使用原型化方法，而批处理、批修改等结构不适宜用原型化方法。

(2) 逻辑结构。有结构的系统，如操作支持系统、管理信息系统、记录管理系统等适合于用原型化方法，而基于大量算法的系统不适宜用原型化方法。

(3) 用户特征。不满足于预先做系统定义说明、愿意为定义和修改原型投资、不易肯定详细需求、愿意承担决策的责任、准备积极参与的用户是适合于使用原型的用户。

(4) 应用约束。对已经运行系统的补充，不能用原型化方法。

(5) 项目管理。只有项目负责人愿意使用原型化方法，才适合于用原型化的方法。

(6) 项目环境。需求说明技术应该根据每个项目的实际环境来选择。

当系统规模很大、要求复杂、系统服务不清晰时，在需求分析阶段先开发一个系统原型是很值得的。特别是当性能要求比较高时，在系统原型上先做一些试验也是很必要的。

为了有效实现软件原型，必须快速开发原型，以使得客户可以评估其结果并及时变更。可以使用三类方法和工具来进行快速原型实现。

(1) 第 4 代技术(4GT)。第 4 代技术包含广泛的数据库查询和报表语言、程序和应用生成器以及其他很高级的非过程语言。4GT 使软件工程师能快速生成可执行代码，因此它们是理想的快速原型实现工具。

(2) 可复用软件构件。结合原型实现方法和程序构件复用只能在一个库系统已经被开发以便存在可以被分类和检索的构件的情况下，才可以有效地工作。特殊的是，现有的软件产品可被用做“新的、改进的”替代产品的原型，这在某种意义下也是一种软件原型实现的复用形式。

(3) 形式化规约和原型实现环境。过去 20 年中已经开发出了一系列的形式化规约语言和工具,来替代自然语言规约技术。现在,正在继续开发交互式的环境,以便于分析员能够交互地创建基于语言的系统或者软件规约;激活自动工具把基于语言的规约翻译成可执行代码;使得客户可以使用原型可执行代码去精化形式化需求。

3.6 RUP 中需求的特点

在 RUP 中,项目的初始阶段是展开一系列需求讨论会,并尽快配合具有产品品质的编程和测试,此时不需要进行彻底的分析和需求编写。根据需求易于变化的特点,需要尽早地在开发中获得用户的反馈,并用于精化规格说明。在初始阶段,需要确定大部分需求的名称,即确定用例的名称,同时详细分析 10%具有高优先级的用例。对于其他部分的需求描述将在细化阶段进行,这种需求随着项目的不断进展而不断完善的过程被称为进化式的需求。对于需求的演进过程见表 3-5。

表 3-5 跨越早期迭代的需求工作任务示例

科目	制品	初始(1周)	细化 1(4周)	细化 2(4周)	细化 3(3周)	细化 4(3周)
需求	用例模型	两天的需求讨论会。定义大多数用例的名称,并附以简短文字摘要 从高阶列表中选择10%的需求加以分析并详细编写。这10%的用例应具有重要的架构意义、风险和高业务价值	在本次迭代接近结束时,举行两天的需求讨论会。 从实践工作中获取理解和反馈,然后完成30%的详细用例	在本次迭代接近结束时,举行两天的需求讨论会。 从实践工作中获取理解和反馈,然后完成50%的详细用例	重复,详细完成70%的用例	重复,确定80%~90%的详细用例,并详细编写。其中只有一小部分在细化阶段构建,其余在构造阶段实现
设计	设计模型	无	对一组高风险的、具有重要架构意义的需求进行设计	重复	重复	重复。高风险和重要架构意义的方面现在应该稳定化
实现	实现模型(代码等)	无	实现之	重复,构建了5%的最终系统	重复,构建了10%的最终系统	重复,构建了15%的最终系统
项目管理	软件开发计划	十分粗略地估计整体工作量	预算开始成形	少许改进……	少许改进……	现在可以提交合理的总体项目进程、主要里程碑、工作量、成本预算

注意,当仅定义约10%的需求时,项目小组就开始构建系统的产品化核心了。因为这10%用例的确定是根据优先级的高低确定的,即具有高业务价值、高架构意义、高风险的用例。此时,项目小组需要刻意推进进一步的深入需求工作,直到第一次迭代接近尾声时为止。这样的做法有助于将本次迭代所获得的反馈增加到下一次迭代过程中,也有助于对其他需求的进一步认识和理解。通过细化阶段,给予对部分系统增量构建的反馈、调整,其他

需求将更为清晰并且可以将补充性信息记录在补充性规格说明中。在细化阶段结束时,就可以完成并提交用例、补充性规格说明和设想了。因为此时,这些文档能够合理地反映系统的主要特性和其他需求。通过构造阶段,主要需求(包括功能性需求和其他需求)已经基本稳定下来了,虽然还不是终结,但是已经可以专注于次要的微扰事务了。因此,在该阶段补充性规格说明和设想都不必进行大量改动。

在RUP最佳实践的需求管理中有这样一段描述:“采用一种系统的方法来寻找、记录、组织和跟踪系统不断变更的需求。”定义中的“不断变更”表明RUP能够包容需求中的变更,并将其作为项目的基本驱动力。另一个重要的词是“寻找”。也就是说,RUP中提倡使用一些有效的技巧以获得启示,例如,与用户一起编写用例,开发者和客户共同参加需求讨论会、请客户代表参加项目小组的讨论以及向客户演示每次迭代的成果以便获得反馈。

在RUP或其他进化式方法中,具有产品品质的编程和测试要远早于大多数需求的分析和规格化——或许当时只完成了10%～20%的需求规格说明,这些需求都具有重要的架构意义、存在风险以及具有高业务价值。

在此阶段中系统分析人员将要关注的重要需求制品包括:用例模型和补充性规格说明。

3.7 用例模型

用例模型是所有书面用例的集合,同时也是系统功能性和环境的模型。用例模型中可包括UML用例图,以显示用例和参与者的名称及其关系。UML用例图可以为系统及其环境提供良好的语境图,也为按名称列出用例提供了快捷方式。下面介绍一下用例模型中的两个重要的概念:参与者和用例。

1. 参与者

参与者(或称为执行者)是任何具有行为的人或事物。参与者和用例通信并且期待它的反馈——一个有价值或可觉察的结果。主要参与者和协助参与者会出现在用例文本的活动步骤中。参与者不仅是人所扮演的角色,也可以是组织、软件和计算机。它们必须能刺激系统部分并接收返回。

在某些组织中很可能有许多参与者实例(例如有很多个销售员),但就该系统而言,他们均起着同一种作用,扮演着相同的角色,所以用一个参与者表示。一个用户也可以扮演多种角色。例如,一个高级营销人员既可以是贸易经理,也可以是普通的营销人员;一个营销人员也可以是售货员。在处理参与者时,应考虑其作用,而不是人或工作名称,这一点是很重要的。参与者触发用例,并与用例进行信息交换。

通常有以下三种类型的参与者。

1) 主要参与者

具有用户目标,并通过使用当前系统的服务完成,例如,收银员。他们是发现驱动用例的用户目标。

2) 协助参与者

为当前系统提供服务,例如,自动付费授权服务。协助参与者通常是计算机系统,但也可以是组织或人。通过协助参与者可以明确外部接口和协议。

3）幕后参与者

在用例行为中具有影响或利益，但不是主要或协助参与者，例如，政府税收机关。幕后参与者的确定，确保确定并满足所有必要的重要事务。如果不明确地对幕后参与者进行命名，则有时很容易忽略其影响或利益。

2. 用例

在 RUP 中，用例被定义为一组用例的实例，其中每个实例都是系统执行的一系列活动，这些活动产生了对某个参与者而言可观察的返回值。用例的含义可从下面几个方面进行解释。

1）用例是一个自包含的单元

用例与行为相关意味着用例所包含的交互在整体上组成一个自包含的单元，它以自身为结果，而无须有业务规定时间延迟。

2）用例必须由参与者发起并监控

用例必须由参与者发起，由参与者监控，直至用例完成。

3）用例必须完成一个特定目标

可观察的返回值意味着用例必须完成一个特定的业务目标。如果用例找不到与业务相关的目标，则应该重新考虑该用例。

用例是面向目标的，这一点很关键，它们表示系统需要做什么，而不是怎么做。用例还是中立于技术的，因此它们可以应用于任何应用程序体系结构或过程中。

4）用例应该使系统保持在稳定状态

用例应该使系统保持在稳定状态下，它不能只完成一部分，得不到系统处理的最终结果。一个完整的用例必须描述系统在执行了一系列操作之后所达到的某种状态，而这种状态不至于触发其他动作的执行。

用例描述了当参与者给系统特定的刺激时系统的活动。也描述了触发用例的刺激本质，包括输入、输出到其他参与者，转换输入到输出的活动。用例文本通常也描述每一个活动在特殊的活动路线时可能的错误和系统应采取的补救措施。

这样说可能会非常复杂，其实一个用例就是描述了系统和一个参与者的交互顺序。用例被定义成系统执行的一系列动作，动作执行的结果能被指定的参与者察觉到。用例可以捕获某些用户可见的需求，实现一个具体的用户目标。用例由参与者激活，并由系统提供确切的可观察的值给参与者。

在具体的需求过程中，有大的用例（业务用例），也有小的用例。主要是由用例的范围决定的。用例像是一个黑盒，它没有包括任何和实现有关或是内部的一些信息。它很容易就被用户（也包括开发者）所理解（简单的谓词短语）。如果用例不足以表达足够的信息来支持系统的开发，就有必要把用例黑盒打开，审视其内部的结构，找出黑盒内部的参与者和用例。就这样通过不断地打开黑盒，分析黑盒，再打开新的黑盒，直到整个系统可以被清晰地了解为止。采用这种不同层次来描述信息，主要有以下几点原因。

(1) 需求并不是在项目一开始就很明确，往往是随着项目的推进逐渐细化。

(2) 人的认知往往具有层次的特性，从粗到细、从一般到特殊。采用不同的层次来描述，适于认知的过程。

黑盒用例是最常用和推荐使用的类型，它不对系统内部工作、构建或设计进行描述。反之，它通过职责来描述系统，这是面向对象思想中普遍使用的隐喻主题——软件元素具有职责，并且与其他具有职责的元素进行协作。

在需求分析中避免进行"如何"的决策，而是规定系统的外部行为，就像黑盒一样。此后，在设计过程中创建满足该规格说明的解决方案。表3-6是对用例的黑盒风格和非黑盒风格的一个比较。

表 3-6 用例的黑盒风格与非黑盒风格的比较

黑 盒 风 格	非黑盒风格
系统记录订单信息	系统将录入订单信息写入数据库。……或者(更糟糕的描述) 系统对录入订单信息生成 SQL INSERT 语句……

用例不是面向对象的，编写用例时不会进行面向对象分析。但这并不妨碍其有效性，用例可以被广泛应用。也就是说，用例是经典面向对象分析与设计的关键需求输入。

3.7.1 用例的描述形式

用例是一种编写形式，它可用于多种形式，例如，用来描述一个业务工作过程，或用来集中讨论未来系统的需求问题。用例作为系统的功能性需求将系统分析结果文档化，可能被应用在小型的、集中的工作组中，也可能被应用在大型的、分散的工作组中。每种情况下提倡的编写风格都会有所差异。项目开始阶段中识别出的各个事件必须由用例来满足。一个用例可以满足许多事件，因此一个用例可能有多个路径。路径是为满足参与者的目标而必须进行的步骤的集合。收集有关用例的高层信息，这里所包含的大部分内容都是资料性的，描绘了用例的总体目标。

用例文档是一个按照项目开发者提前定义的格式来创建的文档。有很多格式模板。模板将文档分为几部分，并且引入其他写作惯例。用例文档就是用户需求。

用例有以下三种常用形式，它能够以不同的形式化程度或格式进行编写。

1. 摘要

简洁的一段式概要描述，通常用于主成功场景。在早期需求分析过程中，为了快速了解主题和范围，经常使用摘要式用例描述。可能需要花费几分钟编写即可完成。

2. 非正式

非正式的段落格式。用几个段落覆盖不同场景。一般也是在需求分析早期进行使用。

3. 详述

详细编写所有步骤及各种变化，同时具有补充部分，如前置条件和成功保证。确定并以摘要形式编写了大量用例后，在第一次需求讨论会中，详细地编写其中少量的具有重要架构意义和高价值的用例。表3-7给出了详述形式的用例模板中所包含的主要内容。

表 3-7 用例模板内容

用例的不同部分	注 释
用例名称	以动词开始
范围	要设计的系统
级别	“用户目标”或是“子功能”
主要参与者	调用系统,使之交付服务
涉众及其关注点	关注该用例的人及其需要
前置条件	值得告知读者的,开始前必须为真的条件
成功保证	值得告知读者的,成功完成必须满足的条件
基本流程	典型的、无条件的、理想方式的成功场景
分支流程	成功或失败的替代场景
特殊需求	相关的非功能性需求
技术和数据变元表	不同的I/O方法和数据格式
发生频率	影响对实现的调查、测试和时间安排
杂项	例如未解决问题

下面对表 3-7 中各部分的含义做一简单的解释。

1. 范围

范围界定了所要设计的系统。通常,用例描述的是对一个软件系统(或硬件加软件)的使用,这种情况下称之为系统用例。在更广义的范围上,用例也能描述顾客和有关人员如何使用业务。这种企业级的过程描述被称为业务用例。

2. 级别

用户目标级别是通常所使用的级别,描述了实现主要参与者目标的场景,该级别大致相当于业务流程工程中的基本业务流程。子功能级别用例描述支持用户目标所需的子步骤,当若干常规用例共享重复的子步骤时,则将其分离出来,创建为子功能级别用例,以避免重复公共的文本。

3. 主要参与者

调用系统服务来完成目标的主要参与者。

4. 涉众及其关注点

它建议并界定了系统必须完成的工作。用例应该包含满足所有涉众关注点的事务。在编写用例其余部分之前就确定涉众及其关注点,能够使项目小组更加清楚地了解详细的系统职责。下面给出一个涉众及其关注点的例子。

涉众及其关注点

收银员:希望能够准确、快速地输入,并且没有支付错误。因为,如果少收货款将从其薪水中扣除。

售货员:希望自动更新销售提成。

5. 前置条件和后置条件(成功保障)

首先,不要被前置条件和后置条件所烦扰,除非要对某些不明显却值得重视的事务进行陈述时,以帮助读者增强理解,不要给需求文档增加无意义的干扰。也就是说,在绝大部分情况下,不需要对这部分内容进行描述。

前置条件:给出在用例场景开始之前,必须永远为真的条件。在用例中不会检查前置条件,前置条件总是被假设为真。通常,前置条件隐含已经成功完成的其他用例场景,例如"登录"。要注意的是,有些条件也必须为真,但是不值得编写出来,例如"系统有电力供应"。前置条件传达的是应该引起读者警惕的那些值得注意的假设。

后置条件:给出用例成功结束后必须为真的事务,包括主成功场景及其替代路径。该保证应该满足所有涉众的需求。

下面给出一个前置条件和后置条件的例子。

前置条件:收银员必须经过确认和认证。

后置条件:存储销售信息。准确计算税金。更新账务和库存信息。记录提成。生成票据。

6. 基本流程(主成功场景和步骤)

用例中最常用的路径。该路径中所有内容都产生正面结果。

7. 分支流程(扩展)

分支流程描述了其他所有场景和分支,包括成功和失败路径。成功的分支路径产生正面结果,但发生的频率低于主路径。

8. 特殊需求

如果有与用例相关的非功能性需求、质量属性或约束,那么应该将其写入用例。其中包含需要考虑的和必须包含在内的质量属性(如性能、可靠性和可用性)和设计约束(通常用于I/O设备)。下面是一个特殊需求的例子。

特殊需求:

使用大尺寸平面显示器触摸屏 UI。文本信息可见性为 1m。

90%的信用卡授权响应时间应小于 30s。

支持文本显示语言的国际化。

在步骤 3 和步骤 7 之间能够加入可插拔的业务规则。

9. 技术和数据变元表

需求分析中通常会发现一些技术变元,这些变元是关于如何实现系统的,而非实现系统的哪些功能。这些变元需要记录在用例中。常见的例子是,涉众指定了关于输入或输出技术的约束。例如,涉众可能要求"POS 系统中必须使用读卡器和键盘来支持信用卡账户"。要注意的是,以上都是在项目早期进行的设计决策或约束。一般来说,应该避免早期不成熟的设计决策,但有时候这些决策是明显的或不可避免的,特别是关于输入/输出技术的决策。

虽然在详述过程中,系统分析人员需要描述用例的许多要素,但是,还应该清楚什么是用例最根本的东西,什么是使用用例最根本的目的,这就是对场景的描述。实际中使用的要素要看项目的大小而定。把大量的时间花在用例的描述上是没有意义的。用户需要的是一个软件系统,并不是一大堆的用例说明。而且(在有些情况下),单独列取的用例要素内容实际上已经包含在用例文本描述中了。例如,用例的后置条件实际上已经隐含在用例基本路径中对系统响应的描述中了。因此,用例的描述形式在大多数情况下,采用非正式形式足以表达意图,除非有重要的必须要记录的约束内容,将以详述的形式出现。

3.7.2 用例图

用例图是一种 UML 技术,可用于可视化用例、参与者以及它们之间的联系。可视化图形可以帮助系统分析人员和用户简化对用例的理解,也可以采用流程图、序列图、Petri 网或程序设计语言来表示用例。但从根本上说,用例是文本形式的。所以需要强调的是,用例不是图形,而是文本。用例建模主要是编写文本的活动,而非制图。初学者常见的错误就是注重于次要的 UML 用例图,而非重要的用例文本。

用例图是一种优秀的系统语境图。也就是说,用例图能够展现系统边界、位于边界之外的事务以及系统如何被使用。用例图可以作为沟通工具,用以概括系统及其参与者的行为。图 3-1 展示了某系统绘制的简单的部分用例语境图。本书使用不带箭头的线段将角色与用例连接到一起,表示两者之间交换信息,称为通信联系。参与者之间可以通过泛化关系分类。

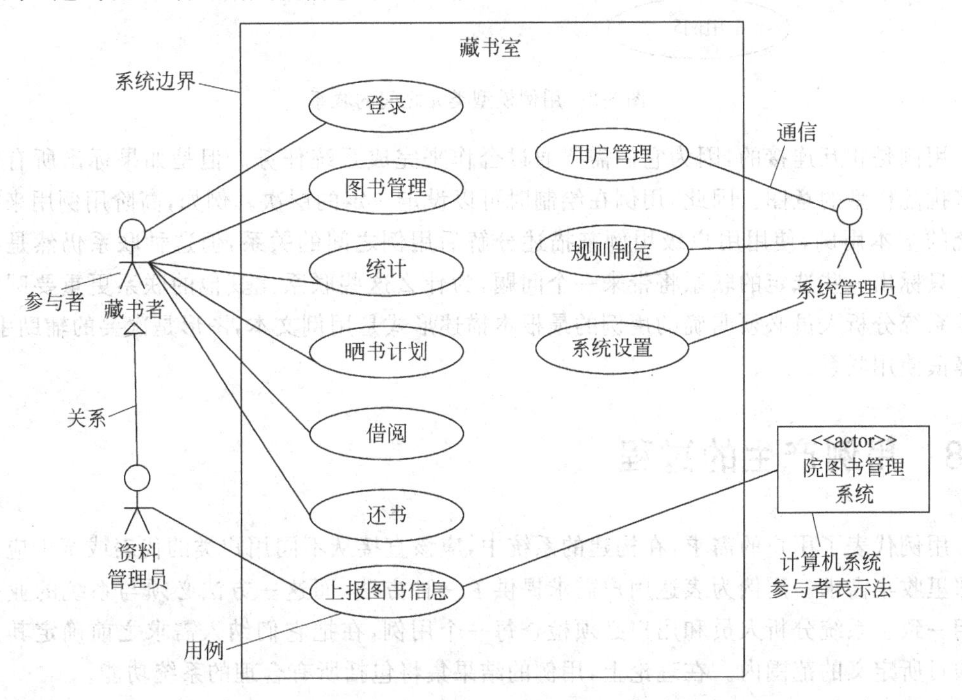

图 3-1 部分用例语境图

用例可以通过关联和泛化关系或者两个构造型关系<<include>>和<<extend>>连接在一起。<<include>>关系表示一个业务用例的执行总是涵盖所包含业务用例(子用例)的所有功能。也就是说,该业务的执行依赖于子用例的执行,如果没有子用例则业务用例的执行是不完整的。例如,用例"预订航班"与子用例"支付费用",如果用户要预订航班则必须支付预订费用以保证航班预订的有效性,否则预订航班的过程不完整,不能够最终完成预订的功能。<<extend>>联系表示一个业务用例的执行有时需要对用例的功能进行扩展。也就是说,这个业务用例的执行不依赖于该子用例,没有子用例的存在该业务用例仍然能够达成自己的任务目标。例如,子用例"为飞行常客预订航班"扩展了用例"预订航班"。用户在正常情况下使用"预订航班"用例就可以完成自己的目标。在特殊情况下,如果用户是经常乘坐飞机的乘客,则可以使用"为飞行常客预订航班"用例,可以使用专门针对于飞行常客的一些优惠政策,完成特殊情况的处理。<<include>>和<<extend>>联系总是单向的,以指出包含和扩展的方向。<<include>>中被包含的子用例指向父用例。<<extend>>中父用例指向扩展的子用例。图 3-2 给出了 UML 图中对用例的描述形式。

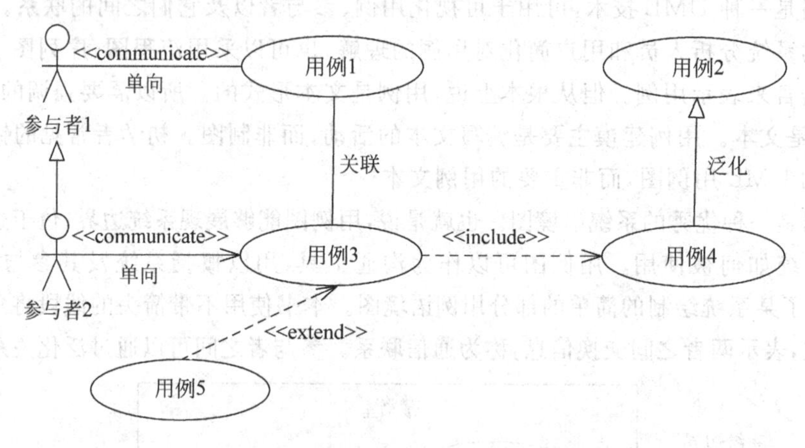

图 3-2 用例模型类元之间的联系

用例是相互连接的,因为它们需要通过合作来完成系统任务。但是如果标出所有的联系将扰乱模型的意图。因此,用例在绘制时可以设定一定的层次。例如,高阶用例用来描述系统的基本用例,使用用户级用例来描述分解后用例之间的关系,但这种联系仍然是有限的。只标出一些选定的联系将带来一个问题,为什么这些联系比其他的联系更重要呢?这就是系统分析人员必须明确的用例的最根本描述形式是用例文本,图形是次要的辅助手段。要谨慎使用联系。

3.8 用例产生的过程

用例代表了用户的需求,在构建的系统中,应该直接从不同用户类的代表或至少应从代理那里收集需求。用例为表达用户需求提供了一种方法,而这一方法必须与系统的业务需求相一致。系统分析人员和用户必须检查每一个用例,在把它们纳入需求之前确定其是否在项目所定义的范围内。在理论上,用例的结果集将包括所有合理的系统功能。

当使用用例进行需求获取时,应避免受不成熟的细节的影响。在对切合的客户任务取得共识之前，用户能很容易地在一个报表或对话框中列出每一项的精确设计。如果这些细节都作为需求记录下来，它们会给随后的设计过程带来不必要的限制。

产生用例最常用的方法是使用事件表。系统分析员以系统特性或业务流程为基础，捕获由此产生的事件，记录事件清单。在对事件清单中的事件补充相应的细节后，分析表中的每一个事件，以决定系统支持这个事件的方式、初始化这个事件的参与者，以及由于这个事件而可能触发的其他用例，并将其整理概括成用例。图 3-3 简单描述了用例的产生过程。

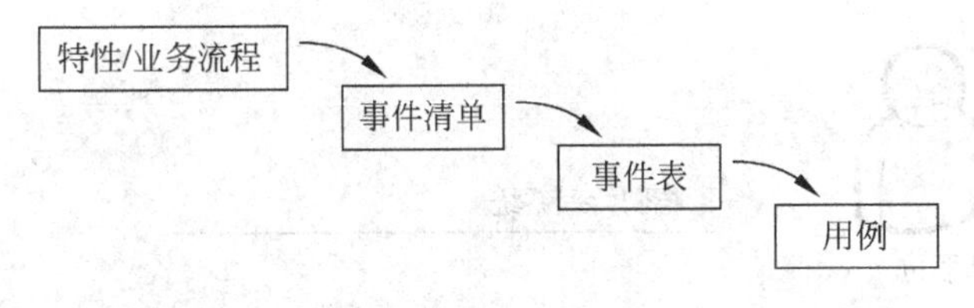

图 3-3 用例产生的过程

3.8.1 事件清单和事件表

实际上，所有的系统开发方法都是以时间概念开始建模的。事件发生在某一特定的时间和地点，可描述并且软件系统可以参与，并且需要记录下来。系统的所有处理过程都是由事件驱动或触发的。因此当定义系统需求时，把所有事件罗列出来并加以分析，是系统分析人员对系统着手分析的人手点。在有些参考书中事件清单和整理好的事件表被称为初始问题陈述。叫法虽然不一样，但是实质上都是对项目中出现的典型事件进行记录、总结的结果。无论是数据流图技术还是用例技术，列出事件清单都是一种快捷的抓住系统主要需求的方法。事件清单的构成就是将在与系统活动相关的行为描述抽取出来后形成一个列表的过程。

当一个系统定义需求时，先调查清楚能对该系统产生影响的事件是十分有用的。更准确地说，需要明确什么事件发生时需要系统参与并做出响应。事件的发现，可以借助于项目前景中系统特性的描述，将重点集中在对用户具有重要价值的核心目标上。在此基础之上询问对系统产生影响的事件。

通过询问对系统产生影响的事件，系统分析人员可以将注意力集中在外部环境上，遵循需求分析的目的是“做什么”，避免陷人“怎么做”的细节之中，应该把整个系统看成一个黑盒。最初的调查帮助系统分析人员主要从高层次上全面考察系统，而不是集中在系统内部工作上。最终用户，即真正使用系统的人，也习惯于按照那些影响他们工作的事件来描述系统需求。因此，当用户使用系统时，把重点集中在事件上也是合情合理的。最后，把重点集中在事件上也提供了一种划分（或分解）系统需求的方法，这样系统分析人员就可以针对不同场合下出现的相关事件而分别研究各个部分了。复杂的系统需要分解成易处理并能更好理解的小单元，而按照事件来划分系统是实现这种分解的一种方法。

1. 事件的类型

系统分析人员在记录和抽取事件的过程中，分清事件的类别有助于更好地理解系统需要做出的响应和系统的职责。

事件分为外部事件、内部事件两类。系统分析人员开始工作时识别并列出尽可能多的事件，在与系统用户的交谈中不断细化这些事件列表。示例项目的外部事件与内部事件的对比如图 3-4 所示。

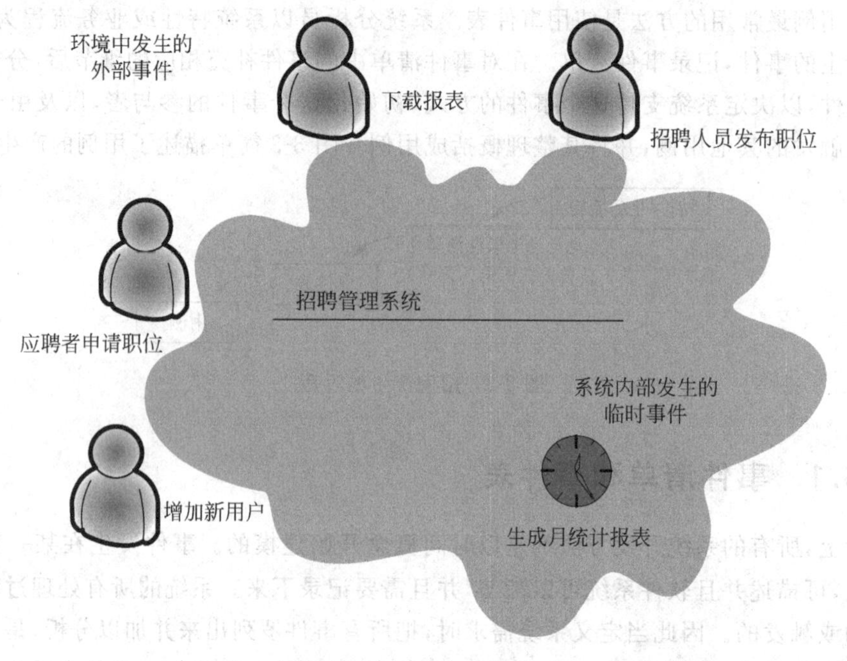

图 3-4 影响系统的事件

1）外部事件

外部事件是系统之外发生的事件，通常都是由外部实体或动作参与者触发的。外部实体（或动作参与者）是一个人或组织单位，它为系统提供数据或从系统获取数据。为了识别关键的外部事件，系统分析人员首先要确定所有可能需要从系统获取信息的参与者。例如，在示例项目中应聘者就是一个典型的参与者，他通过系统获得相关的职位信息，当他通过平台决定申请某一职位时，系统需要根据他提供的应聘者信息将职位信息与应聘者关联起来，记录应聘信息。由参与者发起的这些外部事件促使系统必须处理这些重要的事务。

当描述外部事件时，需要给事件命名，这样参与者才能明确触发的任务。同时将参与者需要进行的处理工作也包括进来。例如，"应聘者申请职位"描述了一个外部参与者（应聘者）以及这个参与者想做的事情（申请职位），这一事件将直接影响系统需要完成的任务。

下面的描述有助于帮助系统分析人员把握事件抽取的情形。当这些情景发生时，就产生了外部事件，系统分析人员就需要对这些情景进行记录。

（1）参与者需要触发一个事务处理（过程）；

（2）参与者想获取某些信息；

（3）数据发生改变后，需要更新这些数据，以备其他相关人员使用；

（4）管理部门想获取某些信息。

2）内部事件

内部事件是由于达到某一时刻时所发生的事件。许多信息需要系统预设在特定时间间隔内产生一些输出结果。例如，工资系统每两周（或每月）生成工资清单，每个月的 1 日需要话费管理系统自动产生话费清单。有时输出结果是管理部门需要定期获得的报表，例如业绩报告、销售统计报表。这些是系统自动产生所需要的输出结果而不需要用户进行操作和干预。也就是没有外部动作参与者下达命令,系统就会在需要的时候(用户指定的时间点上)自己自动产生所需的信息或其他输出。

下面的描述有助于系统分析人员提取要记录的内部事件。

(1) 所需的内部输出结果

如管理部门报表(汇总或异常报表),操作报表(详细的事务处理),综述、状况报表。

(2) 所需的外部输出结果

如结算单、状况报表、账单、备忘录。

2. 示例中的事件

系统分析人员在获取事件的过程中,如果对于项目背景有些了解的话,可以利用原有的业务领域知识来引出一些典型事件,也可沿着典型的业务处理流程来逐个提取业务事件。针对于招聘管理系统,一方面参照用户提供的项目说明(参见3.10.2节的项目说明)抽取里面出现的事件,一方面可以根据企业较为成型的招聘管理流程进行分析。现在以通常情况下招聘流程为例,描述一下事件提取过程,请参见图3-5。从这里,系统分析人员可以提取这样几个事件。

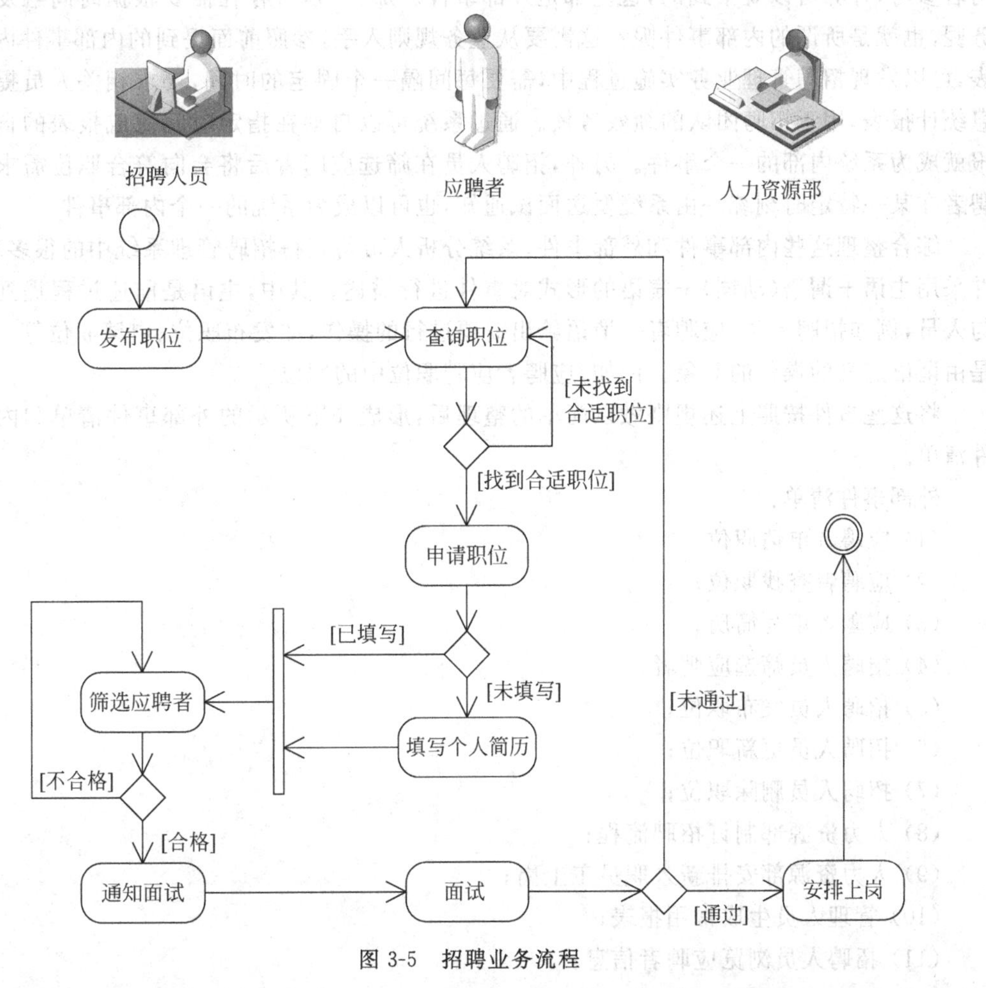

图3-5 招聘业务流程

首先，根据企业各部门招聘的要求，需要对外发布相应职位人才需求的信息，按照招聘管理的要求，需对职位信息进行登记，此时的工作需要招聘人员来完成。因此，相对于招聘人员来讲就会产生与系统业务相关的活动——发布职位，通过这件事情的发生，大家可以观察到系统将会对这件事件的结果进行处理。也就是说，以后系统的构建应该能够提供相应的功能以帮助招聘人员响应这个事件的发生。

应聘者通过一些渠道了解到企业招聘信息，应聘者根据自己的意向查找相应的职位，如果有满足要求的职位，则提出职位的申请请求。那么，应聘者职位申请信息的上报，就成为企业招聘流程中的一个环节。这个事件的发生，对整个系统的行为将会产生影响。因此，将应聘者申请职位作为一个事件进行提取。

招聘人员对提交申请的应聘者信息进行筛选，确定符合要求的人选。对于符合要求的应聘者可以集中发送面试通知。在这里，筛选应聘者和通知面试都将会对业务执行产生影响，这些都可作为事件进行提取。

后续的应聘者的面试过程及人力资源部对招聘进来的新员工安排岗位等活动，都会对业务数据产生影响，都可以作为事件进行提取，这里不一一进行讲解了。

另外，还可以从事件的分类上去获得相关事件。例如，前面所提取的事件都有相应的参与者参与，外界可以观察到的，这些都是外部事件。那么，是否存在需要根据时间触发的任务呢，也就是所谓的内部事件呢？这需要从业务规则入手，参照前面提到的内部事件内容列表，可以发现招聘管理业务实施过程中，需要每间隔一个固定的时间，要求相关人员提供信息统计报表，用于招聘团队的绩效考核。通过系统可以自动在指定时间完成报表的自动上报就成为系统内部的一个事件。另外，招聘人员在筛选应聘者后将会向符合职位需求的应聘者在某一特定时刻统一由系统发送面试通知，也可以成为系统的一个内部事件。

综合整理这些内部事件和外部事件，系统分析人员将获得招聘管理系统中的很多事件，并采用主语＋谓语(动词)＋宾语的形式对事件进行描述。其中，主语是前述过程提到的参与人员，例如招聘人员、应聘者。谓语给出需要进行的操作，如发布职位、申请职位等。宾语是由谓语定义的操作的对象。例如，应聘者应聘职位中的职位。

将这些事件按照上述规则做以简单的整理后，形成如下所示的外部事件清单和内部事件清单。

外部事件清单：

(1) 应聘者申请职位；

(2) 应聘者查找职位；

(3) 应聘者填写简历；

(4) 招聘人员筛选应聘者；

(5) 招聘人员发布职位；

(6) 招聘人员更新职位；

(7) 招聘人员删除职位；

(8) 人力资源部制订招聘流程；

(9) 人力资源部安排新入职员工上岗；

(10) 管理人员生成常用报表；

(11) 招聘人员浏览应聘者信息；

(12) 招聘人员面试应聘者;

(13) 管理人员设定权限;

(14) 管理人员分配角色。

内部事件清单:

(1) 系统生成统计报表;

(2) 系统发送面试通知。

3. 关注每个事件

事件的提取并不只停留在表述的这一个层面上。系统分析人员还需要对事件做进一步的分析。当项目小组在一次会议中提出事件后,需要尽快地在另一次会议中添加事件的相关信息,并将事件放置到事件表中。

事件表是确定项目前景中第一批非常关键的图表之一。事件表识别出事件的附加信息,可能为构建系统的其他领域的内容提供重要的输入。一个事件表包括行和列,事件表中的每一行记录了一个事件的详细信息。表中的每列代表了事件的一个关键信息。被填入事件表中的信息包括主语、谓语、宾语、到达方式、响应。其中,主语描述的是事件的发起者是谁;谓语描述的是引发事件的动作;宾语描述的是事件发生所针对的对象;事件的到达方式则描述了事件发生的频率是有规律的(周期式)还是随机的(阵发式);响应描述的是事件发生时,系统为应对发生的事件所必须做的相应处理。

表 3-8 列出了示例项目中的事件信息。

表 3-8 示例项目中的事件信息

主 语	谓语	宾 语	到达方式	响 应
应聘者	申请	职位	阵发式	系统告知招聘人员应聘信息并进行记录
应聘者	查找	职位	阵发式	系统根据应聘者查找的条件提取职位信息列表
应聘者	填写	简历	阵发式	系统编辑并保存应聘者的简历信息
招聘人员	筛选	简历	阵发式	系统根据招聘人员的筛选条件提取应聘者信息
招聘人员	发布	职位	阵发式	系统编辑职位信息并保存在系统中
招聘人员	更新	职位	阵发式	系统修改职位信息,并更新原有信息
招聘人员	删除	职位	阵发式	系统删除对应职位信息
人力资源部	制订	招聘流程	阵发式	系统编辑并设定招聘的执行流程并进行保存
人力资源部	安排	上岗	阵发式	系统登记新员工信息,并分配上岗部门
管理人员	生成	常用报表	阵发式	系统根据统计条件提取数据信息并形成报表
招聘人员	浏览	应聘者信息	阵发式	系统提取应聘者简历信息
招聘人员	面试	应聘者	阵发式	系统保存面试结果信息
管理人员	设定	权限	阵发式	系统编辑并保存权限信息
管理人员	分配	角色	阵发式	系统将用户对应的角色信息保存在系统中
系统	生成	统计报表	周期式	系统产生统计报表
系统	发送	面试通知	周期式	系统根据筛选结果统一发送面试通知邮件

事件表的获得使得系统分析人员对于系统需要提供的功能有了一个初步的了解。但并不能说每个事件就对应一个功能,或者说是每个事件对应一个用例,系统分析人员还需要进一步对事件进行分析和归类。对于如何从事件表向用例模型进行转换,将在 3.8.2 节中介绍。

4. 业务规则的识别和分类

在事件搜集的过程期间，业务规则经常会被提出来，它将始终贯穿于整个项目的始终，鉴于它的重要性，业务规则将被单独列出，那么如何对业务规则进行识别呢？下列规则的分类有助于系统分析人员识别规则。

业务规则分类大致如下。

1）结构性事实

在业务背景下，必须具有的业务信息的组成形式为结构性事实。要求这些事实或条件为真的情况下，才能进行下一步的工作。例如，每个订单都必须有一个订单处理日期，否则该订单不能称为有效订单。

2）限制性操作

根据其条件来禁止一个或多个操作。例如，进行注册时，通过员工号来确定用户身份，也就是说，非公司员工不允许使用本系统。

3）触发操作

在其条件为真时触发一个或多个操作。例如，对于图书馆借阅时间的监控，如果某个读者的借阅时间距离规定期限还有三天，系统将自动生成催还通知单；逾期未还，则系统连续三天再次发送催还通知单，如若其间归还图书或三天后归还，则结束发送。

4）推论

如果某些事实为真，则推出一个结论或了解一些新的知识。例如，如果新员工进行登记注册后，则拥有了默认的访问网站的用户名和密码。

5）推算

即进行计算的公式。例如，为了鼓励大家进行图书共享，制定优惠政策奖励提供共享图书者。默认情况下，借阅图书数量最多不超过两本。如果该读者共享图书一本或两本，则可多借一本，如果共享图书 3 本或 4 本，则可多借两本，以此类推。

这些分类不是一成不变的，但它们提供了一种收集业务规则的方法。如果需要，系统分析人员还可以添加额外的分类，以便提供更细的粒度。

在整理和认识业务规则的同时，还应注意到一种情况，那就是业务规则的实施往往依附于业务本身的流程。而这种业务流程在有了计算机系统的参与之后可能会发生变化，也就是说，原有系统的业务流程有可能与当前系统的业务流程不一致，这就是所谓的业务流程再造。

5. 业务流程再造

业务流程再造已经成为许多新的信息系统的来源。在许多系统开发项目中，通过提高新的自动化水平来支持现有的商业过程。而在其他的一些项目中，新系统支持一种新的商业服务或业务。

系统分析人员会发现有时他们必须也要成为商业分析员，并且需要根据新的、创新的信息系统来帮助客户重建所有内部商业过程。必须牢记一点，在项目进行期间有可能发现改进商业过程的机会，也有可能对商业过程的某些领域进行彻底地重新评估。作为一个系统分析员，经常有责任在项目进行期间识别和建议这样一些类型的改进方法。系统分析人员可以对公司的不断成功发挥巨大影响，甚至使得公司在激烈的竞争中生存下来。

在这方面，一个典型的案例就是网上拍卖系统，它使得传统的拍卖过程由于信息化的参与完全改变了其原有的业务方式。但是其间所固有的业务规则却并没有改变。这使得拍卖这个领域迅速扩大和发展起来。一些不便于在拍卖交易所进行的民间自发组织的日常用品的交易得以实现。

3.8.2 从事件表转换成用例

下面将着重介绍如何从事件表转换成用例。事件表，按照主语(参与者)进行分类，整理后获得的部分事件表如表3-9所示。系统分析员通过查找在事件表中的主语所在列，分析谁或什么在使用这个系统以及它的用途是什么，可以建立一个参与者列表。注意系统中同一个人可能充当多个特定的角色。

一般情况下，一个事件对应一个用例，但注意表中有些事件具有群集的趋向，例如，处理职位信息维护的一些事件，包括发布职位、删除职位、查询职位等。但有时，一个事件可能产生多个用例，或多个事件表示同一个用例。

系统分析人员应该保持这些自然的分组，并各加一个简略的描述性短语，再提出下列问题做以检查(验证群集分类的正确性)。

(1) 这些事件的共同点是什么?

(2) 这些事件有相同的最终目标吗? 倘若有，目标是什么?

表3-9 示例项目部分事件表

主语	谓语	宾语	到达方式	响应
应聘者	申请	职位	阵发式	系统告知招聘人员应聘信息并进行记录
应聘者	查找	职位	阵发式	系统根据应聘者查找的条件提取职位信息列表
应聘者	填写	简历	阵发式	系统编辑并保存应聘者的简历信息
招聘人员	筛选	简历	阵发式	系统根据招聘人员的筛选条件提取应聘者信息
招聘人员	发布	职位	阵发式	系统编辑职位信息并保存在系统中
招聘人员	更新	职位	阵发式	系统修改职位信息，并更新原有信息
招聘人员	删除	职位	阵发式	系统删除对应职位信息
招聘人员	浏览	应聘者信息	阵发式	系统提取应聘者简历信息
招聘人员	面试	应聘者	阵发式	系统保存面试结果信息
人力资源部	制订	招聘流程	阵发式	系统编辑并设定招聘的执行流程并进行保存
人力资源部	安排	上岗	阵发式	系统登记新员工信息，并分配上岗部门
管理人员	生成	常用报表	阵发式	系统根据统计条件提取数据信息并形成报表
管理人员	设定	权限	阵发式	系统编辑并保存权限信息
管理人员	分配	角色	阵发式	系统将用户对应的角色信息保存在系统中
系统	生成	统计报表	周期式	系统产生统计报表
系统	发送	面试通知	周期式	系统根据筛选结果统一发送面试通知邮件

通过表3-9，可以很容易根据参与者将事件分为5大类：应聘者、招聘人员、人力资源部、管理人员、系统。应聘者的操作大多数集中在职位信息的查找和申请上，而招聘人员则集中在职位信息的维护和筛选应聘者上。同时，管理人员对权限进行管理，还需要获得一些统计信息。系统作为当前正在研究的对象，不适合充当用例模型中的参与者。分析其产生

事件的特点，将会发现这些事件都是由特定时间触发的内部事件。因此，在这里应将“系统”替换为“时间”作为参与者。

接下来，将这些描述性的短语放在一个椭圆中，并加上相关的参与者，这就形成了初步的用例图，如图 3-6 所示。

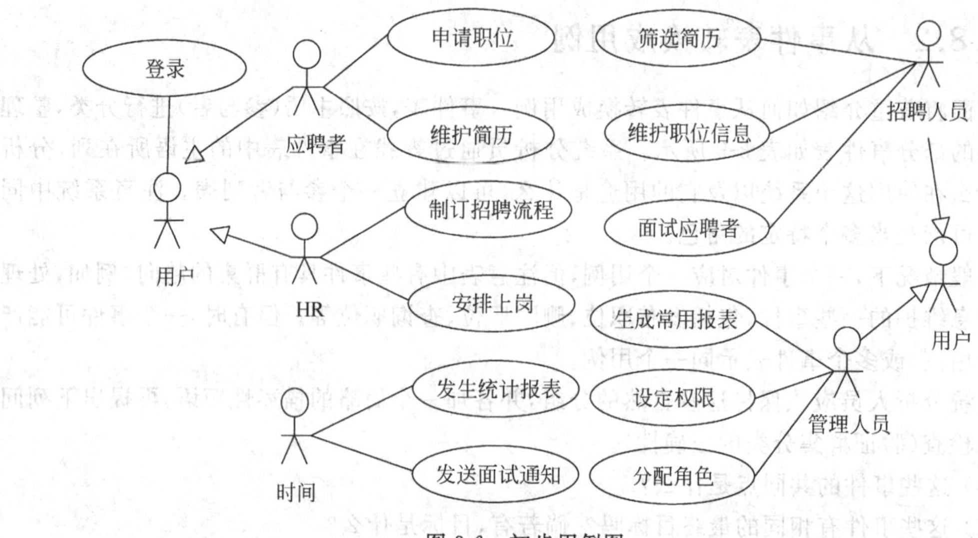

图 3-6 初步用例图

在将事件表中的事件转换成用例的时候，一定要注意用例的特征，即是否达成了用户的一个使用目标。如果只是达成目标中的一个步骤，则不能将其视为一个用例。

概要用例图的绘制，只是为了方便对用例的识别和整理。下一步就需要根据事件表中响应所在列的内容，采用文本形式对识别出来的用例进行摘要式的描述，从而获得对用例的进一步认识。示例项目中的摘要式描述如下所示。

登录：设定使用权限。用户提供用户名和密码，系统根据注册信息进行验证，通过后根据用户权限显示主界面。

维护职位信息：对职位信息进行管理和维护。包括对发布职位、更新职位和删除职位。

申请职位：应聘者根据自己的需求查询职位信息。

筛选简历：招聘人员根据职位的要求，检索符合条件的应聘者信息。为了能够更多地了解应聘者，也可以查看其详细的个人信息。对于符合条件的应聘者，可以将其放入候选人员名单中，并在指定的时间向其发送面试通知邮件。

制定招聘流程：人力资源部对于不同岗位的人才需要制订不同的招聘流程。例如技术人员的招聘，需要在招聘流程中添加技术面试的环节；根据岗位需求的不同，决定是否需要添加背景调查环节。

安排上岗：人力资源部录入新员工信息，并根据招聘意向将新员工分配到相应的部门，并通知相关人员。

生成常用报表：常用报表包括候选人情况一览、招聘状态一览。

生成统计报表：每个固定周期，将会由系统自动招聘统计信息，用于招聘团队的绩效考核。

发送面试通知：在指定的固定时间将会向候选列表中的应聘者发送面试通知的电子邮件。目的是减少筛选过程中单独发送面试通知占用的时间。

初始阶段不需要以详述形式编写所有用例，在获得初步的系统用例之后，需要对这些用例进行优先级的排序。以此作为确定增量的基础。用例的优先级确定的标准，主要从业务价值、风险、架构意义这三个方面进行考虑。

首先是高业务价值的用例。用户应当列出用例的业务优先级。一般分为三级，首先要实现的、短期内可以没有、长期内可以没有的。首先要实现的这部分用例的需求稳定性相对较高，因为是用户业务中的核心功能，用户对于要完成的目标比较明确。例如，职位的发布和申请就是当前系统的核心业务。

其次，具有高架构意义的用例。高架构意义是指被其他的用例多次引用的用例。对于每一个用例，开发人员都应考虑体系结构(或技术上)的风险。具有架构意义的用例往往处在系统的核心环节当中。对这部分用进行细致分析将有助于为系统获得解决方案提供帮助。例如，为了能够在海量信息中做到精确定位、快速检索，筛选简历用例就是解决这个问题的关键。筛选简历的过程和形式确定下来之后，整个系统就以此为基础，架构的形式就基本明晰了。

最后是高风险的用例。风险性越高，说明风险可能发生的概率就越高，马上着手对这部分内容进行分析可以及早解决问题，减弱对系统造成的可能影响。在示例项目中，统计信息的实现策略是使用图表的形式进行实现，那么如果选用 JFreeChart 作为实现技术，则必须考虑其可能存在的风险，尽快做出一个原型则是化解风险的一种手段。

到目前为止，大家已经将注意力集中到优先级最大的需求上，使得项目由粗略向精细演进。为此，根据上述三方面的考虑，此示例研究在该阶段的用例模型如表 3-10 所示。

表 3-10 用例模型的初步规划

摘 要 形 式	非正式形式	详 述 形 式
维护简历	制订招聘流程	申请职位
安排上岗	生成统计报表	发布职位
分配角色	发送面试通知	筛选简历
设定权限	生成常用报表	录入简历
管理用户	更新简历	面试应聘者
……	……	……

1. 非正式形式的样例项目用例

在进行需求讨论会时，对具有高优先级的用例进行讨论，需要尽快拿出非正式形式的用例描述，用以记录用户需求的核心内容。非正式形式的用例描述侧重于描述为了达到某个业务目标，用户与系统之间是如何进行交互的，需要用户提供的信息有哪些，用户希望系统做出什么样的处理，也就是系统的响应是什么。在这期间，还需要描述可能出现的其他情形，可能出现的必须处理的异常。

如下给出示例项目的非正式形式的用例描述的例子。

用例 UC1：登录

为了保证招聘工作的有效性和准确性，系统的使用需要进行用户身份验证，通过登录来验证系统使用者的身份合法性和相应的使用权限。

基本流程：

1. 用户在登录页面输入用户名密码并提交。
2. 系统检验该用户为系统有效用户。
3. 系统记录入口事件日志。
4. 系统认定用户的身份是应聘者，系统显示应聘主页面。

分支流程：

1.a 如果用户单击登录页面上的“注册”链接，则系统转入注册用例。

2.a 如果用户名正确但密码不正确，系统再次显示登录页面。

2.b 如果用户名不存在，系统将显示注册页面。

4.a 系统认定用户身份是招聘人员，系统显示招聘主页面。

4.b 系统认定用户身份是系统管理员，系统显示系统管理员主页面。

4.c 系统认定用户身份是 HR，系统显示人力资源主页面。

用例 UC5：申请职位

当应聘者获得了职位列表或是看到了职位的详细信息之后，应聘者可以申请该职位。

基本流程：

1. 应聘者在职位详细信息页面单击“申请”链接。
2. 系统确认应聘者已经填写过个人简历信息。
3. 系统显示申请职位页面。
4. 应聘者确认职位申请信息，提交申请请求。
5. 系统确认该应聘者没有申请过当前职位。
6. 系统保存应聘信息。
7. 系统将应聘者的状态从还未申请状态修改为还未面试状态。
8. 系统重新显示应聘者主页面。

分支流程：

2.a 如果应聘者没有填写过履历信息，则转入填写简历用例。

5.a 如果应聘者曾经应聘过该职位，但还没有被取消资格，即没有设定为取消状态，那么系统将会拒绝该应聘者的请求，并给出提示“您已经申请了该职位，请耐心等待！”

5.b 如果应聘者曾经应聘过该职位，并且没有通过面试，那么系统将会拒绝该应聘者的请求，并给出提示“您目前还不适合当前职位，请选择其他职位！”

备注：

应聘者在申请了一个职位之后必须等待该职位的处理结束后才能够应聘其他职位。这意味着应聘者在同一时间内只能申请一个职位。

2. 详述形式的样例项目用例

一般情况下，对于用例的描述采用非正式形式就可以了，但是在需要对一些细节问题进行记录和加以强调的时候就需要使用详述形式了。下面给出一个详述形式的例子，从中可注意到里面的核心内容就是前面非正式形式中给出的基本流程和分支流程。

用例 UC5：申请职位

参与者：应聘者

前置条件：应聘者已经拥有自己的注册账号，并已经通过身份认证。

后置条件：系统中增加一条职位申请信息。

用例概述：当应聘者获得了职位列表或是看到了职位的详细信息之后，应聘者可以申请该职位。

基本流程：

1. 应聘者在职位详细信息页面单击"申请"链接。
2. 系统确认应聘者已经填写过个人简历信息。
3. 系统显示申请职位页面。
4. 应聘者确认职位申请信息，提交申请请求。
5. 系统确认该应聘者没有申请过当前职位。
6. 系统保存应聘信息。
7. 系统将应聘者的状态从还未申请状态修改为还未面试状态。
8. 系统重新显示应聘者主页面。

分支流程：

2.a 如果应聘者没有填写过履历信息，则转入填写简历用例。

5.a 如果应聘者曾经应聘过该职位，但还没有被取消资格，即没有设定为取消状态，那么系统将会拒绝该应聘者的请求，并给出提示"您已经申请了该职位，请耐心等待！"

5.b 如果应聘者曾经应聘过该职位，并且没有通过面试，那么系统将会拒绝该应聘者的请求，并给出提示"您目前还不适合当前职位，请选择其他职位！"

备注：

应聘者在申请了一个职位之后必须等待该职位的处理结束后才能够应聘其他职位。这意味着应聘者在同一时间内只能申请一个职位。

特殊需求：

系统能够自动记录应聘者的申请时间。

发生频率：阵发式

3.9 补充性规格说明

用例不是需求的全部，补充性规格说明基本上是用例之外的所有内容。它主要用于非功能性需求，例如，性能、可支持性说明。该制品也用来记录没有表示(或不能表示)为用例的功能特性，它是获取理解系统的必要内部行为所需的其他信息。下面从几个方面给出补充性规格说明的实例。

1. 功能性

1）日志和错误处理

在持久性存储中记录所有在运行期间系统捕获到的错误，同时记录系统的日常业务处理轨迹。

2）可扩展性

在几个用例的不同场景执行任意一组规则，以支持对系统功能的定制。

3）安全性

系统的任何使用都需要经过用户身份认证，根据授予的权限进行操作。

4）保留原有系统数据库信息

原有招聘管理系统的应聘人员信息、职位信息等数据能够平滑地导入到当前系统中，制定相应的导入机制和备份机制。

2. 实现约束

项目组的成员大都熟悉 Java 技术，而且该技术具有良好的可移植性。

3. 接口

1）重要的硬件接口

无。

2）软件接口

① 与各种职位发布渠道的接口。

② 公司内部人力资源管理系统的接口。

3.10 案例分析

项目小组的成员在拿到用户需求说明之后，开始着手理解需求，构建用例模型。

3.10.1 背景说明

斯科特信息技术有限公司（虚拟化名）创建于 1993 年，公司一直致力于为全球客户提供世界领先的信息技术、研发和业务流程外包服务，客户广泛分布在软件业、硬件业、金融业、通信业、医药和制造业等领域，重点集中在财富 500 强企业，在全球设有 50 个办公机构，共有员工两万五千多人。公司关注人力资源的发展，拥有一批极富潜力、训练有素的员工，为客户提供涵盖整个应用服务生命周期的服务，主要业务包括企业应用服务（应用开发与维护，质量测试），企业套装解决方案（Siebel 解决方案及支持，Oracle ERP 解决方案及支持服务）、产品工程服务（产品开发和测试，产品全球化服务），以及技术和解决方案服务（技术资源服务）。该公司希望信息化的管理手段使公司对人才的把握力度不断扩大，招聘职能人员可以方便地掌握求职者信息，利用成熟的招聘流程，使招聘工作更加高效有序。

伴随着公司的快速发展、转型升级，人力资源的及时合理配备成为发展的重要因素；招聘部门在招聘过程中招聘渠道单一、分散，面对海量简历无从下手，难以从中找到合适的人才；人力资源信息安全滞后，没有建立专业的人才库，导致企业内部矛盾时常发生；人力资源管理流程不规范，成本不断上升，无法合理应用组织管理与运用人力。这些已存在或即将出现的问题促使公司急需开发出一套适用于外包企业发展的招聘管理系统。

国内当前使用比较广泛的招聘管理系统并不能适应于外包行业的发展特点，人是外包行业最大的财富，如何利用现有资源最大地节省招聘开支，用合理的招聘流程加快招聘进程，规范整合企业已有人力资源，缓解企业人才供需矛盾，成为企业发展的重要瓶颈。

3.10.2 项目说明

针对软件外包企业在招聘过程中遇到的问题，企业需要一套招聘软件去充分整合企业的资源，从而达到最大化地提升企业在激烈的人才市场中竞争力的目的，同时让求职者走近并且真实地了解企业，以此来帮助企业吸引更多的优秀人才。招聘软件除优化招聘环节外，还需要提升企业业务部门和招聘职能部门在不同地区间的互动与协作，提高招聘效率，降低招聘成本。要求系统涵盖从招聘需求产生，到招聘信息发布，招聘渠道管理，候选人交互，测评，甄选，录用的所有环节。

用户的期望如下。

1. 人才来源——多渠道、全方位

为最大限度地做好人才吸引工作，要求招聘辐射 HR 上传简历、公司官网、公司内部员工推荐、招聘门户网站(如前程无忧、智联招聘、中华英才等)等多种渠道。多渠道来源的简历纷繁多样，传统的招聘方法在收集简历、甄选简历环节耗费了大量的人力、物力。因此要求系统能够自动整合所有渠道的简历，将所有进入系统的简历进行标准化处理，将不同渠道不同形式的简历制作成统一的简历详细页面。

要求人才库中的对象是以人为单位，需要处理好候选人与简历、简历与职位之间的关系，候选人与简历形成一对多的关系。

需要开发企业外部简历投递页面，候选人将简历投递到本系统，并关联意愿职位；候选人填写必需的基本信息，如姓名、手机号码、邮箱地址等；候选人可以选择两种简历投递方式：提交附件，或者详细填写个人工作经验、项目经验等详细信息。

候选人能够通过外部招聘网站投递简历和关联意愿职位(如前程无忧、智联招聘等，可通过建立假设的简历接口来进行模拟)。

除外部来源的简历外，系统提供简历上传的功能供招聘人员使用；基本逻辑应该能够和企业外部简历投递部分复用。

由于简历来源多样化，很可能出现同一个候选人从多来源投递简历的情况，因此需要能够识别同一候选人的不同简历，避免重复招聘的发生。

2. 找简历——精确定位、快速锁定

面对海量信息，招聘人员常感觉无从下手，因此要求系统能够提供强大的检索功能。

能够对海量信息(简历数在50万左右,需要制造测试数据)进行多维度、多条件、多关键字的查询。

简历搜索能够将候选人基本信息(如姓名、性别、学历、候选人状态等)和简历信息结合进行,如搜索"本科学历,已录用,且简历中包含'Java'关键字"的简历。

显示简历搜索结果时的页面响应需要在5s内。传统的数据库查询方式对于数十万条简历信息进行关键字模糊查询的效果会非常不理想,需要有切实有效的解决方案。

3. 人才资源池——避免人才浪费、降低成本

软件外包企业应该先要有足够的人才储备。招聘团队需要构建大型的人才资源池。

人才资源池中的候选人可以来自于公司内部处于闲置状态的员工,外包行业由于项目周期原因,在项目内部会有周期性闲置,当其他项目有招聘需求时,招聘团队可以优先考虑人才资源池中的合适候选人,做到最大化地发挥公司现有资源,降低招聘成本。同时避免员工因项目闲置而产生的倦怠情绪,增强企业归属感。

人才资源池中的候选人也可以来自于外部投递进入的简历。

需要设计进入资源池的逻辑,即满足何种要求的候选人能够进入,以及满足何种要求时退出资源池;并考虑自动和手动两种情况。

对于外部投递进入的候选人进入资源池的条件,要求能够和招聘过程中的面试评价体系相结合。

4. 职位发布——自动、统一

多来源的简历需要依靠多来源的职位发布。传统的招聘系统不能做到职位的自动发布更新,需要招聘团队购买多个招聘门户网站账号。这一方面增加了招聘成本,另一方面也不能保证职位发布的统一性,不利于企业形象的构建与提升。

要求系统能够做到一个平台,多种渠道。仅利用招聘系统这一个平台对职位进行发布、更新、删除操作,即可对各种职位去向渠道产生影响。

要求系统能够及时反馈同步情况,以便招聘人员对职位进行下一步处理。

5. 招聘管理——灵活、共享

考虑到人才招聘的重要性和复杂性,需要制订详细的人才招聘计划,对于不同岗位的人才也需要制定不同的招聘流程。比如技术人员的招聘,需要在招聘流程中添加技术面试环节;针对客户需求,决定是否需要添加客户面试环节;根据岗位需求不同,决定是否需要添加背景调查环节等。

要求系统能够提供可配置的招聘流程,且招聘进度清晰可见,招聘内容可共享。

招聘人员能够及时分享候选人,通过邮件发送等方式共同探讨候选人情况。

能够形成全面的"评价体系",让每个招聘人员都能够了解候选人的情况,避免重复工作。

为加强企业与应聘者的沟通,希望在招聘过程中能够加强与候选人的联系,提升企业形象,比如进入面试环节的短信/邮件发送,面试失败时的婉拒邮件等。

6. 报表管理——清晰、便捷

要求系统能够提供常用报表和自定义报表,用于招聘团队绩效考核、候选人情况一览、

招聘状态一览等。

报表可根据权限进行有条件的下载。

可自定义报表,选择需要统计的对象、字段后自动生成报表。

可根据报表形成 Dashboard,给用户最直观的印象。

7. 个人工作管理——简单、安全

系统提供个人工作台,整合当前用户的所有工作情况。

要求在个人工作台中展示当前用户所关注的候选人、招聘各阶段工作等情况一览。

要求提供个人工作交接服务。

8. 权限管理——用户权限、角色管理安全

要求系统具备必要人员控制、权限控制、角色控制,由管理员为职能人员分配权限,让招聘工作更加安全、高效。

3.10.3 用例模型

根据前面的项目说明对系统的用例进行整理,形成系统级用例,如图 3-7 所示。

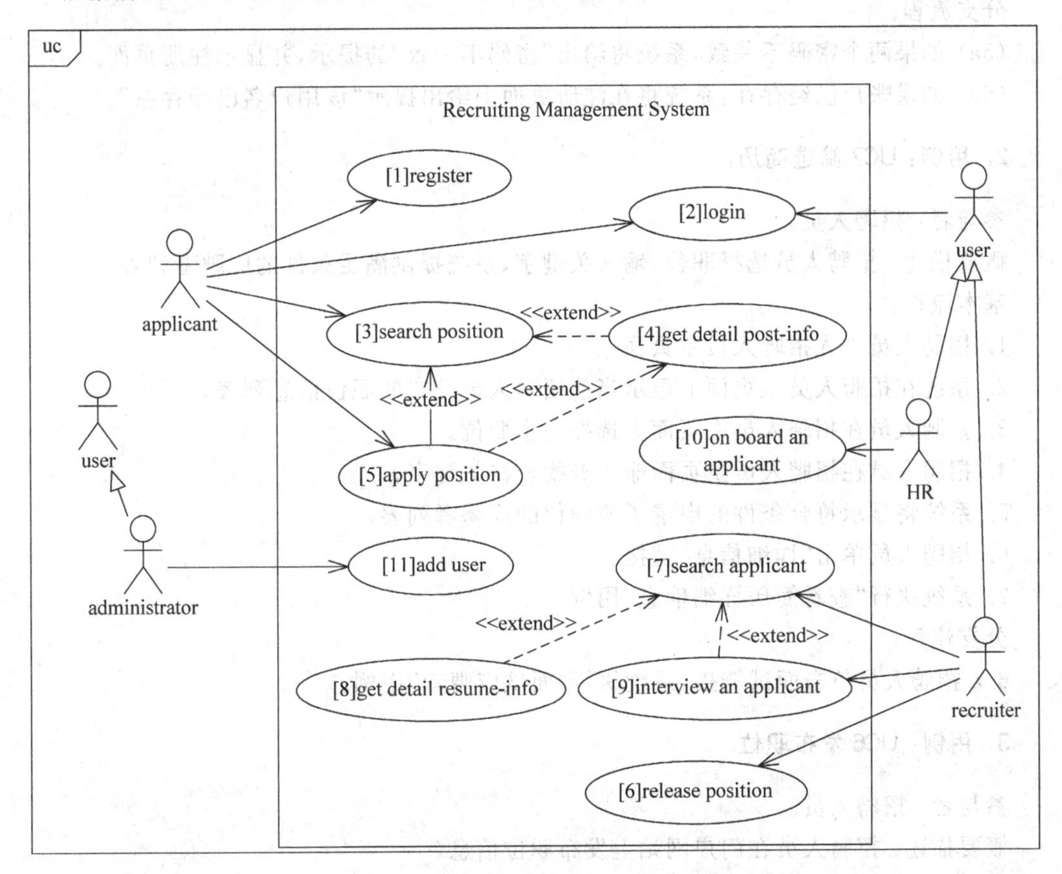

图 3-7 整理后的招聘管理系统用例图

由于篇幅所限，这里只列出部分用例的用例描述。

1. 用例：UC1 注册

参与者：应聘者。

概要描述：当一个应聘者试图访问东软的门户网站，他必须首先注册一个账户，并且填写个人简历。

基本流程：

1. 应聘者单击登录页面页面上的“注册”链接。
2. 系统显示注册页面。
3. 应聘者填写表单。
4. 应聘者提交表单。
5. 系统确认两个密码的一致性。
6. 系统确认用户名注册的唯一性。
7. 系统保存账户信息。
8. 设置应聘者的状态为“未申请状态”。
9. 系统显示登录页面。

分支流程：

(5a) 如果两个密码不一致，系统将给出“密码不一致”的提示，并显示注册页面。

(6a) 如果账户已经存在，系统将在注册页面上给出提示“该用户名已经存在”。

2. 用例：UC7 筛选简历

参与者：招聘人员。

概要描述：招聘人员选择职位，输入关键字，系统提供满足条件的应聘者列表。

基本流程：

1. 招聘人员进入招聘人员主页面。
2. 系统在招聘人员主页面上显示当前招聘人员发布的职位信息列表。
3. 招聘人员在招聘人员主页面上选择一个职位。
4. 招聘人员在招聘人员主页面输入查找资格关键字。
5. 系统将显示符合条件的申请了该职位的应聘者列表。
6. 招聘人员单击“详细信息”链接。
7. 系统执行“查看简历详细信息”用例。

分支流程：

6.a 招聘人员单击面试链接，系统执行“面试应聘者”用例。

3. 用例：UC6 发布职位

参与者：招聘人员。

概要描述：招聘人员在门户网站上发布职位信息。

基本流程：

1. 招聘人员单击招聘人员主页面上的“发布职位”链接。

2. 系统显示为招聘人员录入职位信息的发布职位页面。
3. 招聘人员输入职位信息并提交请求。
4. 系统保存职位信息。
5. 系统保存发布的日期。
6. 系统保存招聘人员与职位之间的关系。
7. 系统重新显示发布职位页面，并提示“职位发布成功!”。
8. 招聘人员在发布职位页面单击“返回”链接。
9. 系统显示招聘人员主界面。

分支流程：无。

3.11 知识拓展

3.11.1 需求分类的补充

前面介绍了需求分为功能需求和非功能需求，事实上，通过需求获取的不同渠道，也可以从下面几个方面进行分类。

1. 领域需求

领域需求的来源不是系统的用户，而是系统应用的领域，反映了该领域的特点。它们主要反映了应用领域的基本问题，如果这些需求得不到满足，系统的正常运转就不可能。领域需求可能是功能需求，也可能是非功能需求，其确定所需的领域知识。它经常采用一种应用领域中的专门语言来描述。

2. 业务需求

反映组织机构或客户对软件高层次的目标要求，这项需求是用户高层领导机构决定的，它确定了系统的目标规模和范围。

3. 用户需求

用户使用该软件要完成的任务。

4. 系统需求

容易被忽视的要求通常是为了保证整个系统能够正常运行的辅助功能，用户一般不会意识到。

事实上，不同类型系统的需求之间的差别并不像定义中的那么明显。若用户需求是关于机密性的，则表现为非功能需求，但在实际开发时，可能导致其他功能性需求，如系统中关于用户授权的需求。

以上软件需求的分类方法视不同类型的软件可能稍有差异。图 3-8 是软件需求各组成部分之间的一种常见关系。

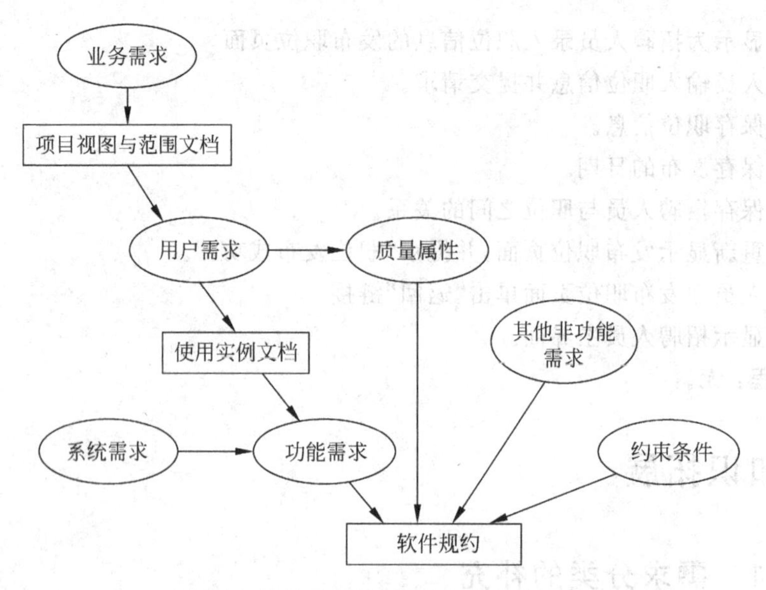

图 3-8 软件需求各组成部分之间的关系

3.11.2 需求开发过程

需求工程包括需求开发和需求管理两个方面。需求管理是一种系统化方法，可用于获取、组织和记录系统需求并使客户和项目团队在系统变更需求上达成并保持一致。需求开发是一个包括创建和维持系统需求文档所必需的一切活动的过程。它包含 4 个通用的高层需求工程活动：系统可行性研究、需求导出和分析、需求描述和文档编写、需求验证。图 3-9 说明了这些活动之间的关系，也说明了在需求开发过程的每个阶段将产生哪些文档。

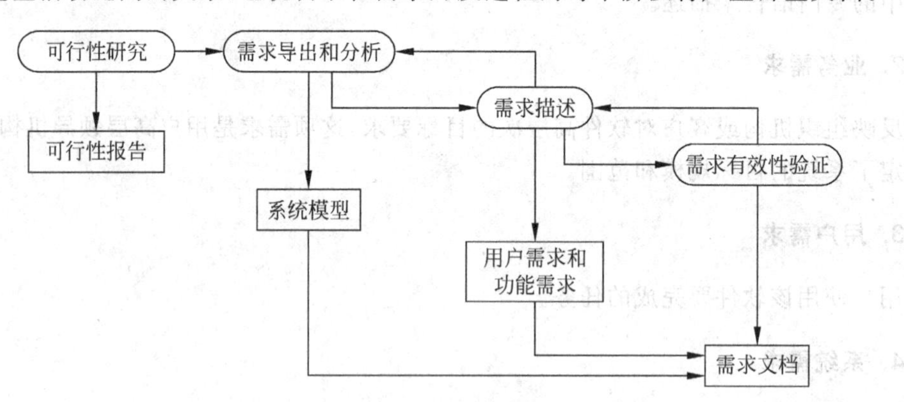

图 3-9 需求开发过程模型

(1) 可行性研究。它指明现有的软件、硬件技术能否实现用户对新系统的要求，从业务角度来决定系统开发是否划算以及在预算范围内能否开发出来。可行性研究是比较便宜和省时的。结果就是要得出结论：该系统是否值得进行更细致的分析。

(2) 需求导出和分析。这是一个通过对现有系统分析、与潜在用户和购买者讨论、进行任务分析等导出系统需求的过程，也可能需要开发一个或多个不同的系统模型和原型。这些都会帮助分析了解所要描述的系统。

(3) 需求描述。需求描述就是把在分析活动中收集的信息以文档的形式确定下来。在这个文档中有两类需求：用户需求是从客户和最终用户角度对系统需求的抽象描述；功能需求是对系统要提供的功能的详尽描述。

(4) 需求有效性验证。这个活动检查需求实现、一致和完备。在这个过程中，不难发现需求文档中的错误，然后必须加以改正。

当然，需求过程中的各项活动并不是严格按顺序进行的。在定义和描述期间，需求分析继续进行，这不排除在整个需求工程过程中不断有新的需求出现。因此，分析、定义和描述是交替进行的。

在初始的可行性研究之后，下一个需求工程过程就是需求导出和分析。在这个活动中，软件开发技术人员要和客户及系统最终用户一起调查应用领域，即系统应该提供什么服务、系统应该具有什么样的性能以及硬件约束等。

需求获取是在问题及其最终解决方案之间架设桥梁的第一步。获取需求的一个必不可少的结果是对项目中描述的客户需求的普遍理解。一旦理解了需求，分析者、开发者和客户就能探讨、确定描述这些需求的多种解决方案。参与需求获取的人员只有在他们理解了问题之后才能开始设计系统，否则，对需求定义的任何改进，设计上都必须大量返工。把需求获取集中在用户任务上，而不是集中在用户接口上，有助于防止开发组由于草率处理设计问题而造成的失误。

所有对系统需求有直接或间接影响力的人统称为项目相关人员。项目相关人员包括使用系统的最终用户和机构中其他与系统有关的人员、正在开发或维护其他相关系统的工程人员、业务经理、领域专家等。以下原因增加了系统需求导出和分析的难度。

项目相关人员通常并不真正知道他们希望计算机系统做什么。让他们清晰地表达出需要系统做什么是件困难的事情，他们或许会提出不切实际的需求。项目相关人员用他们自己的语言表达需求，这些语言会包含很多他们所从事的工作中的专业术语和专业知识。需求工程师没有客户的领域中的知识和经验，而他们又必须了解这些需求。不同的项目相关人员有不同的需求，他们可能以不同的方式表达这些需求。需求工程师必须发现所有潜在的需求资源，而且能发现这些需求的相容之处和冲突之处。政治上的因素可能影响系统的需求。管理者可能提出特别需求，因为这些允许他们在机构中增加他们的影响力。经济和业务环境决定了分析是动态的，它在分析过程期间会发生变更。因此，个别需求的重要程度可能改变。新的需求可能从新的项目相关人员那里得到。

由于软件开发项目和组织文化的不同，对于需求开发没有一个简单的、公式化的途径。需求开发活动通常包括如下 14 个步骤。

(1) 定义项目的视图和范围。

(2) 确定用户类。

(3) 在每个用户类中确定适当的代表。

(4) 确定需求决策者和他们的决策过程。

(5) 选择需求获取技术。

(6) 运用需求获取技术对作为系统一部分的使用实例进行开发并设置优先级。

(7) 从用户那里收集质量属性的信息和其他非功能需求。

(8) 详细拟订使用实例使其融合到必要的功能需求中。

(9) 评审使用实例的描述和功能需求。

(10) 开发分析模型用以澄清需求获取的参与者对需求的理解。

(11) 开发并评估用户界面原型以助想象还未理解的需求。

(12) 从使用实例中开发出概念测试用例。

(13) 用测试用例来论证使用实例、功能需求、分析模型和原型。

(14) 在继续进行设计和构造系统每一部分之前,重复(6)～(13)步。

需求导出和分析过程的通用过程模型如图 3-10 所示。

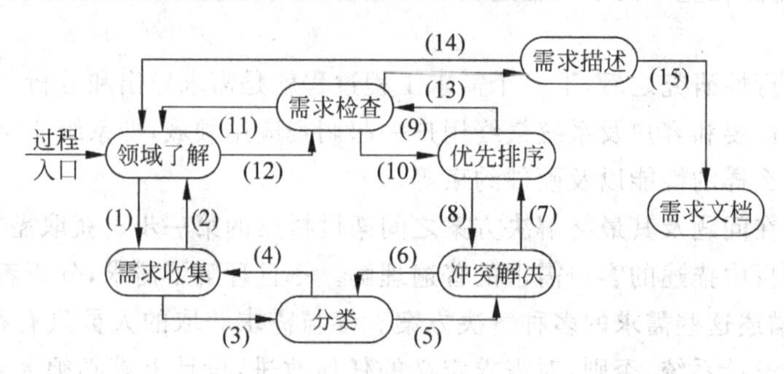

图 3-10　需求导出和分析过程

过程活动包括以下内容。

(1) 领域了解。分析人员一定要了解应用领域。举例来说,为一家超级市场做系统开发,则分析人员一定要了解超市场的运作方式。

(2) 需求收集。这是一个与项目相关人员沟通以发现他们需求的过程。很显然,在这个活动期间能对领域有进一步的了解。

(3) 分类。收集的需求是无序的,需要对其重新组织和整理,将其分成相关的几个组。

(4) 冲突解决。在有多个项目相关人员参与的地方,需求将不可避免地会发生冲突。这个活动就是发现而且解决这些冲突。

(5) 优先排序。在任何一组需求中,一些需求总是会比其他的更重要。这个阶段包括和项目相关人员交互以发现最重要的需求。

(6) 需求检查。检查需求是否完全、是否一致以及是否与项目相关人员对系统的期待相符合。

从图 3-10 可以看出,需求导出和分析是一个重复过程,从一个活动到另一个活动会有持续不断的反馈。过程循环从领域了解开始,以需求检查结束。分析人员在每个回合中都能进一步加深对需求的理解。

小结

俗话说,万事开头难。作为软件生命周期最重要的阶段之一,需求分析最根本的任务是确定用户到底需要一个什么样的软件系统。具体地说,是应该确定系统必须具有的功能和性质、系统要求的运行环境,通过分析得出系统详细的需求模型。

需求分析的结果是软件开发的基础,必须仔细验证它的正确性,开发人员必须同用户取得完全的一致,需求分析的文档也应被用户认可。但是这并不意味着随着项目的进展,需求不会再发生变化。因此,为了更准确、更具体地确定用户的需求,往往通过原型法来加强同用户的沟通。此外,作为需求分析的结果,应该制订明确的软件需求规约,并有必要邀请多方人员对所描述功能的正确性、完整性和清晰性共同进行评审。

在构建需求模型的过程中,用例的观点和思维过程带给需求开发的变化比起是否画出正式的用例图显得更为重要。用例的获取、整理和细化是整个 RUP 过程中的一项重要的任务。RUP 过程是用例驱动的,用例的选取、细化将会对整个系统的后续工作产生重要的影响。在本章中给出了产生用例的步骤和方法。它以系统特性为基础,抽取对系统产生重要影响的事件,并将其描述在事件清单当中,细化事件清单中的事件形成事件表,在分析事件表的基础上抽取出用例,并对用例进行相应描述。

本章的重点在于描述用例的构建过程,而对于如何描述质量更好、更有效的用例不做深入探讨,如果想了解更多的内容,请参阅相关的参考资料。

强化练习

一、选择题(单选题)

1. 软件需求阶段的工作可以划分为以下 4 个方面:对问题的识别、分析与综合、制定需求规格说明和(　　)。

A. 总结　　B. 阶段性报告
C. 需求分析评审　　D. 以上答案都不正确

2. 各种需求分析方法都有它们共同适用的(　　)。

A. 说明方法　　B. 描述方法　　C. 准则　　D. 基本原则

3. 软件需求规格说明书的内容不应该包括对(　　)的描述。

A. 主要功能　　B. 算法的详细过程
C. 用户界面和运行环境　　D. 软件的性能

4. 需求分析产生的文档是(　　)。

A. 项目开发计划　　B. 可行性分析报告
C. 需求规格说明书　　D. 软件设计说明书

5. 需求分析中,分析人员要从用户那里解决的最重要的问题是(　　)。

A. 要让软件做什么　　B. 要给该软件提供什么信息
C. 要求软件工作效率如何　　D. 要让该软件具有何种结构

6. 需求规格说明书的作用不应包括(　　)。

A. 软件设计的依据
B. 用户与开发人员对软件要做什么的共同理解
C. 软件验收的依据
D. 软件可行性研究的依据

7. 需求分析的最终结果是产生(　　)。

A. 项目开发计划　　B. 可行性分析报告
C. 需求规格说明书　　D. 设计说明书

8. 下面不属于用例图作用的是(　　)。

A. 展现软件的功能　　B. 展现软件使用者和软件功能的关系

C. 展现软件的特性　　D. 展现软件功能相互之间的关系

9. 下面对参与者说法不正确的是(　　)。

A. 是系统的一个实体　　B. 也叫活动者

C. 在系统外部　　D. 与系统发生交互

10. 下面(　　)不属于参与者类型。

A. 人　　B. 设备　　C. 外部系统　　D. 交互对象

二、简答题

1. 需求阶段主要解决的问题是什么？该过程中需要经过哪些主要活动？每项活动的主要任务和目标是什么？

2. 请简单描述一下你对用例的理解。

3. 请根据本章中部分用例的摘要式描述，给出“安排上岗”用例的非正式形式。

4. 请根据课程设计中设定的项目，给出用例的摘要式描述。

5. 请根据第4题中整理出来的摘要式用例描述，选择其中的核心用例给出其非正式形式的用例描述。

6. 下面提供的是存在问题的用例描述，请将存在问题的地方修改过来。

用例：买东西

范围：采购应用系统

主执行者：顾客

(1) 顾客使用ID和密码进入系统。

(2) 系统验证顾客身份。

(3) 顾客提供姓名。

(4) 顾客提供地址。

(5) 顾客提供电话号码。

(6) 顾客选取商品。

(7) 顾客确定购买商品数量。

(8) 系统验证顾客是否为老顾客。

(9) 系统打开到库存系统的连接。

(10) 系统通过库存系统请求当前库存量。

(11) 库存系统返回当前库存量。

(12) 系统验证购买商品的数量是否足够。

……

7. 宾馆客房业务管理提供客房预订、预订变更、客房入住、退房结账、旅客信息查询几个方面的功能。订房人可以通过电话、短信、网络或面对面等方式预订客房。允许预订人根据自己情况的变化更改预订信息。旅客入住客房前需要出示证件并登记，并要预交一定的押金。旅客提交押金后，柜台工作人员将在计算机上登记旅客信息，分配房间，并打印旅客入住单，旅客持入住单到指定客房入住。旅客离开宾馆前需要退房结账。旅客或宾馆管理人员可以随时查询旅客或客房的入住信息。请建立该问题的用例模型。

系统分析

4.1 项目导引

经过了几周的需求确定,项目组进入了设计环节。项目组组长老李组织大家开了一个阶段性会议,总结了上个阶段的工作。"我们对招聘系统通过构建用例模型,深入了解了用户的系统目标和主要解决的问题。"老李说:"为了保证系统有一定次序进行开发,根据优先级制定的三个原则(高业务价值、具有架构意义、高风险)确定了系统开发的增量,为我们后面顺利地进行系统的设计奠定了一个基础。但是,用例模型中的描述是从用户使用系统的角度来描述的,也就是从系统外部来看待系统的一系列响应,而我们最终需要的是系统内部代码的组织形式。大家想想看,我们还缺少什么东西呢?"

小李接着话题说:"我们现在需要完成的系统打算采用 Java 这种面向对象的语言。我们在构建系统的时候,应该依据面向对象的思想来组织我们的代码。"

"类应该是代码构建的核心,类的交互完成了系统的目标和服务。可是,类从哪里来呢?不应该是拍脑袋想出来的吧?而且类的交互又是依据什么完成的呢?"小张有些疑惑地问。

小张的问题引发了项目小组其他成员的热烈讨论。组长在白板上画出了目前项目组所具有的资源和期望达到的目标,如图 4-1 所示。

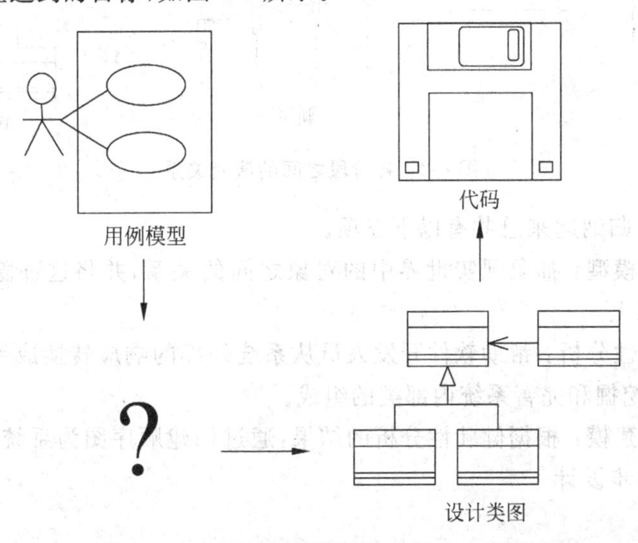

图 4-1　如何通过用例模型与代码建立起联系

4.2 项目分析

类并不是凭空想象出来的。在面向对象思想中，系统中应该使用现实世界的隐喻来帮助我们构建系统，以达到系统代码易于理解的目的。那么，如何将现实世界中人们对事物的认知转换成抽象的，系统内部类的表现形式呢？构建领域模型是我们首次以对象的视角来看待现实世界中对象之间关系的第一步。

通过领域模型了解了对象之间的关系，而系统需要通过对象之间的交互、消息的传递才能够相互协调起来完成相应的系统功能，此时需要使用动态模型对对象之间的交互进行描述。在 UML 中可以通过顺序图来描述对象之间的交互，但是为了能够更顺利地了解顺序图中需要明确的系统内部类，都有哪些职责需要进行分配，需要使用健壮性分析来达到这个目的。

总结起来，分析阶段的目标是能够以面向对象的视角描述要构建的系统环境，同时能够初步了解系统内部的组成形式及运作方式。在此阶段，将会得到静态类的初步表示，系统内部动态模型的初步构建，为后续的详细设计做好准备，如图 4-2 所示。

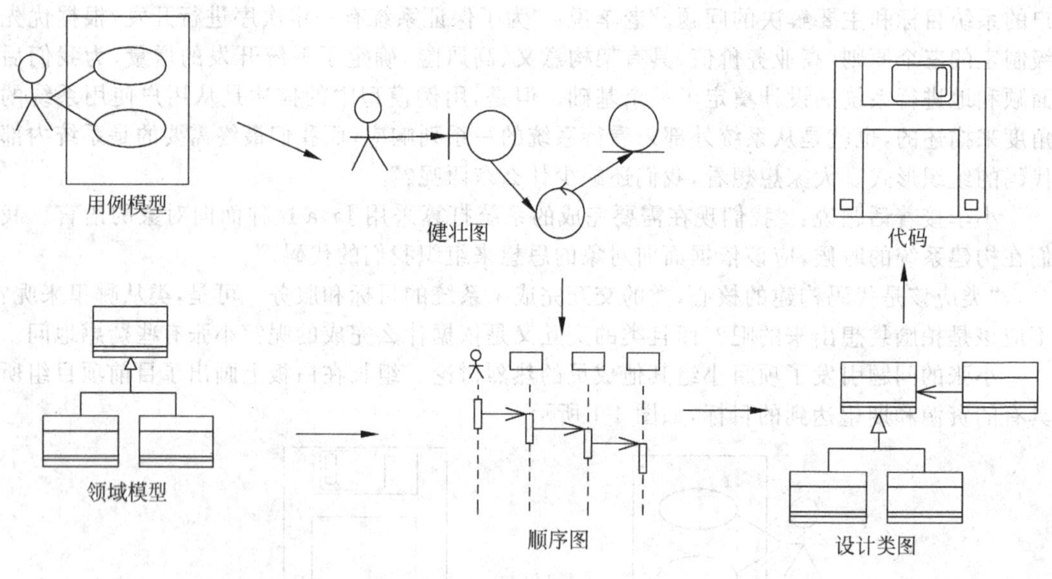

图 4-2 各阶段之间的演变关系

本阶段的任务归纳起来总共有以下三项。

(1) 构建领域模型：抽象现实世界中的对象之间的关系，并将这种隐喻映射到系统内部的类之间的关系上。

(2) 完成健壮性分析：帮助软件开发人员从系统外部的响应转换成系统内部各对象之间的交互与协作，挖掘和完善系统内部类的组成。

(3) 进行交互建模：根据健壮性分析的结果，通过构建顺序图为系统对象分配职责，构建系统内部类的初步设计。

4.3 领域模型

从面向对象基本概念的描述中可知，对象及对象之间的关系提取是基于对真实世界的认知。它模拟了人们在真实世界中对领域或业务的理解和认识，阐述了其中的重要概念，它以对象的形式进行描述，从而构建出静态模型的基础。它描述了领域中的重要概念，并且为设计系统内部对象提供灵感。领域模型是面向对象分析中最重要的和经典的模型。它将用例模型中的描述和业务规则作为构建领域模型的输入。而该模型的创建又会对词汇表、系统需要提供的服务、软件的设计模型中的对象产生影响。

4.3.1 什么是领域模型

领域模型是一个商业建模范畴的概念，它和软件开发没有任何关系。领域模型是对行业背景下的领域内概念或现实世界中对象的可视化表示，它强调了概念和这些概念之间的关系。

即便一个企业不开发软件，它也会具备自己的业务模型，所有的同行业企业的业务模型必定有着非常大的共性和内在的规律性。由这个行业内的各个企业的业务模型再抽象出来整个行业的业务模型，这个模型即“领域模型”。领域模型可以用 UML 中的类图进行表示。图 4-3 展示了银行领域的部分领域模型。

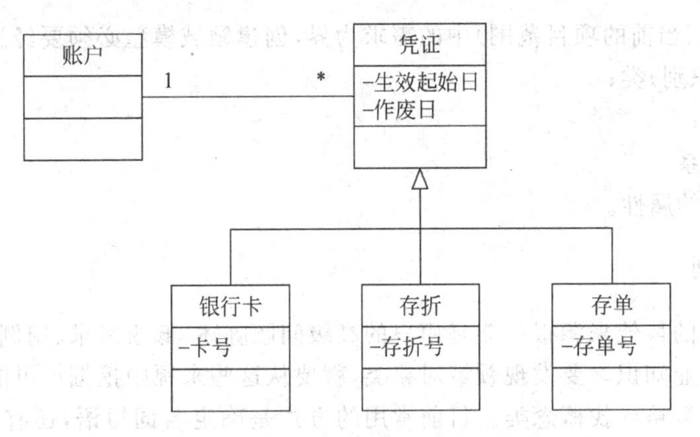

图 4-3 银行领域模型的凭证相关部分

通过这幅 UML 类图中的抽象能够了解到银行领域中和凭证相关的部分领域知识。任何一个银行中，储户的“账户”可能都会存在一种或多种相关“凭证”。例如，人们手中可能会同时持有建行的存折和银行卡，或是可以通过存单的形式向账户中存钱；无论是哪种凭证都必须有生效起始日和作废日；然而，不同种类的凭证其凭证号却是不尽相同的，例如，银行卡的编号规则就有别于存折的编号规则。

这个模型虽小，却涵盖了银行一些实际的业务情况。从这个例子可以看出，领域模型是对现实世界中实际问题领域的抽象表示，它专注于分析问题领域本身，发掘重要的业务领域概念，并建立业务领域概念之间的关系。

领域模型是面向对象分析中最重要的和经典的模型，它阐述了领域中的重要概念。领域模型可以作为设计某些软件对象的灵感来源，可以作为我们对系统深入理解的一种渠道。构建领域模型的范围限定于当前所要完成项目范围内的用例场景，它能够被不断地改进，用以展示相关的重要概念。相关的用例概念和专家的观点将作为创建领域模型的输入。反过来，该模型又会影响系统提供服务的特性、词汇表和设计模型，尤其是设计模型中领域层的软件对象。

那么，领域模型中所描述的概念最后是否需要将其转化成数据库中需要持久化保存的对象呢？也就是后面将要提到的数据模型。领域模型和数据模型是一回事吗？

首先要明确的一点是，领域模型不是数据模型。在领域模型中，并不会排除需求中没有明确要求记录其相关信息的类（这是对关系数据库进行数据建模的常见标准，但与领域模型无关），也不会排除没有属性的概念类。也就是说，没有属性的概念类是合法的，或者在领域内充当单纯行为角色而不是信息角色的概念类也是有效的。数据模型的实体对象虽然也取材于真实世界，但是它通过对数据模型的定义，来表示存储于某处的持久性数据。

4.3.2 如何构建领域模型

领域模型是面向对象可视化模型中（UML 模型）静态部分的基础。建立领域模型时，首先要确定真实世界中的抽象，即系统中将涉及的主要概念性对象。设计面向对象的软件时，应根据这些实际的问题空间对象设计软件的结构。这里的意思是同软件需求相比，真实世界发生变化的频率更低。这些问题域抽象的模型是整个对象建模工作（尤其是静态模型部分）的基础。

以当前迭代（当前的项目范围）中的需求为界，创建领域模型必须要经过下面几个步骤。

（1）寻找（识别）类；

（2）筛选类；

（3）确定关系；

（4）识别类的属性。

1. 类的识别

领域对象类的最佳来源很可能是用户的高级问题陈述、低级需求、用例描述和客户业务所处背景下的专业知识。要发现领域对象类，就要从这些来源中挖掘尽可能多的相关陈述，然后根据一定的策略寻找概念类。目前常用的方式是确定名词短语，还有一些其他的方式参见知识扩展部分的内容。

确定名词短语的方法是一种简单易行的方式，它主要是在对领域的文本性描述中识别名词和名词短语，将其作为候选的概念类或属性。这是一种简单而有效的语言分析技术。非正式形式的用例是挖掘名词短语的一个重要来源。

根据如下所示的项目用例描述，读者可以先找出其间的名词或名词短语。

用例 UC5：申请职位

参与者：应聘者

前置条件：应聘者已经拥有自己的注册账号，并已经通过身份认证。

后置条件：系统中增加一条职位申请信息。

用例概述：当应聘者获得了职位列表或是看到了职位的详细信息之后，应聘者可以申请该职位。

基本流程：

1. 应聘者在职位详细信息页面单击“申请”链接。
2. 系统确认应聘者已经填写过个人简历信息。
3. 系统显示申请职位页面。
4. 应聘者确认职位申请信息，提交申请请求。
5. 系统确认该应聘者没有申请过当前职位。
6. 系统保存应聘信息。
7. 系统将应聘者的状态从还未申请状态修改为还未面试状态。
8. 系统重新显示应聘者主页面。

分支流程：

2.a 如果应聘者没有填写过履历信息，则转入填写简历用例。

5.a 如果应聘者曾经应聘过该职位，但还没有被取消资格，即没有设定为取消状态，那么系统将会拒绝该应聘者的请求，并给出提示“您已经申请了该职位，请耐心等待！”

5.b 如果应聘者曾经应聘过该职位，并且没有通过面试，那么系统将会拒绝该应聘者的请求，并给出提示“您目前还不适合当前职位，请选择其他职位！”

备注：

应聘者在申请了一个职位之后必须等待该职位的处理结束后才能够应聘其他职位。这意味着应聘者在同一时间内只能申请一个职位。

通过提取出这段用例描述中的名词或名词短语，形成初步类的候选对象，如图 4-4 所示。

类的候选对象	
应聘者	应聘者状态
职位	还未申请状态
系统	还未面试状态
应聘信息	简历
申请请求	职位详细信息

图 4-4　得到的初步概念类的候选对象

这种方法的弱点是自然语言的不确定性。不同名词短语可能表示同一概念类或属性，此外可能存在歧义。因此，建议与知识扩展部分介绍的“概念类分类列表”一起配合使用。

2. 应用筛选原则

在图 4-4 中得到的一些名词短语是候选的概念类，有一些可能只是概念类的属性。在完成名词的初步列表之后，应用一些简单的筛选规则进行精简，对类的范围进行调整。

下面是常用的几种筛选原则。

1）冗余

表示相同事物的两个名词就是冗余。

例如，“简历”和“应聘信息”实际上都指的是针对特定职位需要应聘者填写的信息，因此选择简洁的“简历”作为概念类；“职位”和“职位详细信息”也都是指的职位相关的信息，选择“职位”作为概念类。

2）不相关

名词与当前研究的问题域没有关系。它也可能是有效类，但不在当前项目的范围之内。

例如，“员工考绩标准”是个名词，但订单处理系统不会测量或跟踪员工的工作实绩。“系统”是常见的名词，但是系统指的是实际的计算机软件，并不是当前研究的业务范畴，因此，在领域模型中不应出现“系统”这个名词。

3）属性

实际上描述了另一个类结构特征的名词是属性。属性往往是一些简单的文字性描述或是数字，这些内容必须依附于某个对象才能够体现出其自身的价值。例如，“书名”、“作者”、“译者”描述的是“图书”类的一个组成部分。书名作为属性描述了特定图书的一个特征，如果没有这种依附关系，书名自身是没有任何意义的。

然而类和属性的识别，还与具体的应用领域相关。例如，“邮政编码”一般是“地址”类的一个属性，但对于邮政服务，邮政编码就是一个类，因为它同时包含属性（地理位置、统计、费率结构和运送信息）和行为（投送路线和日程）。

4）操作

描述某个类职责的名词自身不是一个类，而是一个操作。例如，“申请请求”。但需要注意的是，如果在操作过程中需要使用到一些信息的记录，那么这种操作可能需要通过这种信息记录，以关联类的形式保留下来。例如，在借阅图书的时候，图书管理员需要通过借阅记录来保存读者的借阅时间等信息。那么，借阅这个动作就通过借阅记录的形式保留下来。

5）角色或状态

描述一个特定实体的状态或其分类的名词多半不是一个类。例如，“高级会员”是一个会员在一定条件下的特定状态，说明拥有目前状态的会员可能拥有一些优惠的政策，“高级会员”只能成为会员这个类的一个属性值。

6）时间

描述特定时间频率的名词，通常表示了领域必须支持的一个动态元素。例如，“每星期打印一次发票”中的“星期”就不是候选类。

7）实现结构

描述硬件元素或算法的名词最好是删除或指派为某个类的操作。例如，“打印机”和“傅里叶算法”。注意，作为一个类选择最终名字的时候，一定要使用明确而简洁的名词。单数优于复数。

初始的样例项目候选列表应用筛选原则的过程如表 4-1 所示。

表 4-1　应用筛选原则筛选候选类的过程

概念类	属性	冗余	不相关	操作	角色或状态
应聘者	应聘状态	应聘信息	系统	申请请求	还未申请状态
职位		职位详细信息			还未面试状态
履历					

3. 关系

获得了概念类列表之后，需要建立类之间的关系，这些关系能够帮助我们理解领域中的业务常识。我们说领域模型是静态模型，但也能表示出工作的活动片段，这就是关系所起到的作用。关联就是类(或类的实例)之间的关系，表示有意义和值得关注的连接。

关联表示的这种值得关注的关系是需要持续一段时间的，它不是数据流、数据库外键联系、实例变量或软件方案中的对象连接的操作语句。关联声明的是针对现实领域从纯概念角度看实际存在的有意义的关系。如果存在需要保持一段时间的关系，将这种语义表示为关联。

建立关联可以从用例中找到显式的关联，需要注意的是应该避免加入大量的关联。构建关联的目的是能够从模型中简单明了地了解概念之间的关系，而如果在领域模型中加入太多的关联，这样会使图形显得很混乱，影响对图的理解，背离构建模型的初衷。所以应该慎重地添加关联线，只记录那些需要记住的关联。

在添加关联时，需要尽量避免出现下述情形。

(1) 立即给关联制定多重度，确保每个关联都有明确的多重度；

(2) 不对用例和时序图进行研究，就将操作分配给类；

(3) 在确保已满足用户需求之前，就开始对类结构进行优化以提高重用性；

(4) 对于每个"……部分(part-of)"关联，就使用聚集还是组合而争论不休；

(5) 未对问题空间进行建模之前，就假定一种具体的建模策略；

(6) 在领域类和关系型数据库表之间建立一对一的映射；

(7) 过早地执行"模式化"，根据与用户问题毫无关系的模式创建解决方案。

针对招聘管理系统中的描述，我们关注的是应聘者申请职位的过程。在这个过程中，应聘者需要提交履历以完成申请职位的过程。因此，通过图 4-5 展示出当前用例所关注的对象之间的关系。

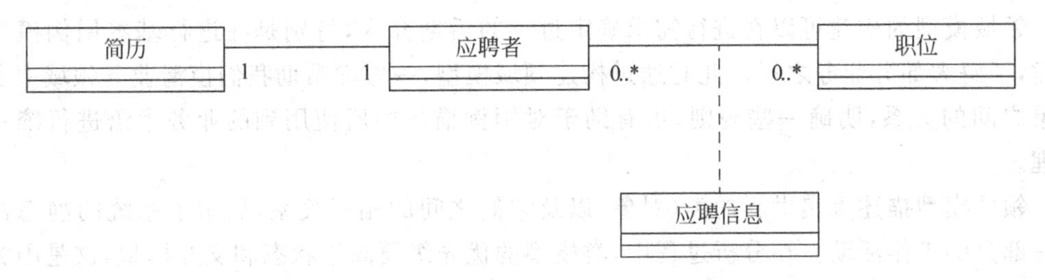

图 4-5　申请职位用例的初步领域模型

4. 识别属性

前面已经通过几种途径获得了初步的领域模型，确定了基本的对象范围和它们之间的关系。但是领域模型的内容还不够充实，对于对象所具有的属性特征还没有加以关注，下面就来看一看属性的识别过程。

(1) 当需求中建议或暗示需要记住信息时，引入属性。

(2) 获取属性的渠道：

① 查看用例文档，寻找事件流中的名词。

② 查看需求文档，发现系统要搜集的信息。

③ 在需求确认的过程中所构建的界面原型中出现的界面信息。

④ 若已经定义了数据库结构，则数据库表中的字段就是属性。

(3) 选择属性时应考虑的因素。

① 只有系统感兴趣的特征才包含在类的属性中。

② 分析系统建模的目的，也会影响属性的选取。

(4) 每条属性都能够回溯到用户的需求，不要盲目添加不必要的属性，造成系统混乱。

(5) 类的属性要适当。若某个类的属性太多时，则可考虑分解成更小的类；若某个类的属性太少，可考虑将类进行合并。

根据表 4-1 应用筛选原则筛选候选类的过程，将分析出来的类的属性分别添加到对应的类中，形成如图 4-6 所示的添加了属性的部分示例项目的领域模型。

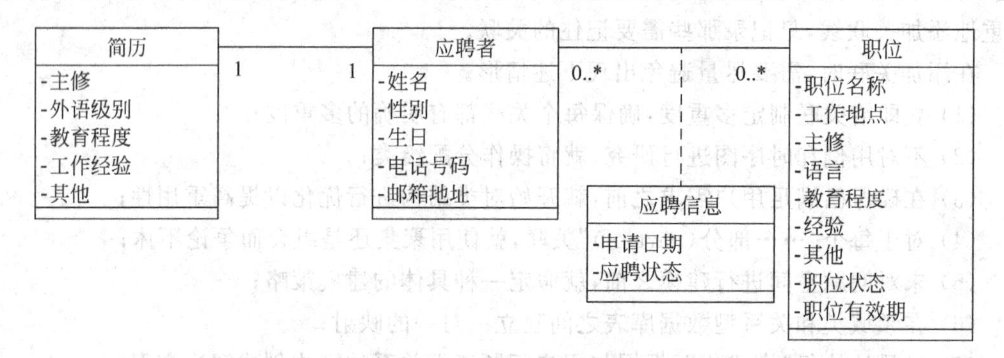

图 4-6 添加了属性的添加图书用例的领域模型

4.3.3 何时构建领域模型

领域模型的构建可以在进行需求确定过程的后期介入，特别是在进行基本用例模型的构建，了解大部分业务之后。此时通过构建领域模型，一方面帮助我们摸清业务领域中业务对象之间的关系，明确一些规则，也有助于对用例描述中所使用到的业务术语进行统一和整理。

领域模型描述真实世界的类(对象)以及它们之间的相互关系，展示了系统的静态模型和一部分的工作活动。在分析过程中，类模型的优先级要高于状态和交互模型，这是因为静态结构容易更好地定义，而且会较少地依赖应用程序的细节，当系统的解决方案发生变化时，会更加稳定。领域模型的信息来源于问题陈述、其他的相关系统制品(用例模型)、专家对应用领域的了解以及对真实世界的总体认识。应确定是否已经考虑了所有的可用信息，而没有只依赖于单个的信息来源。

领域模型描述的形式也可以采用纯文本方式(业务术语表)表示。但是采用可视化语言来描述更容易理解这些术语，特别是它们之间的关系。因为人们的思维更擅长理解形象的元素和线条的连接，因此，领域模型采用 UML 中的类图进行表示。

4.4　健壮性分析

健壮性分析可以看成是从用例模型中分析出基本的(对象)类,并描述系统内部各部分是如何响应用户的请求的,从而开始对系统内部实现结构的初步设计。健壮图可以看成是描述对象之间的协作图,关注各种构造定型的类之间是如何协同工作的。在健壮图的基础之上,就可以很顺利地完成顺序图的绘制,从而进入系统设计的更深入的阶段,如图4-7所示。

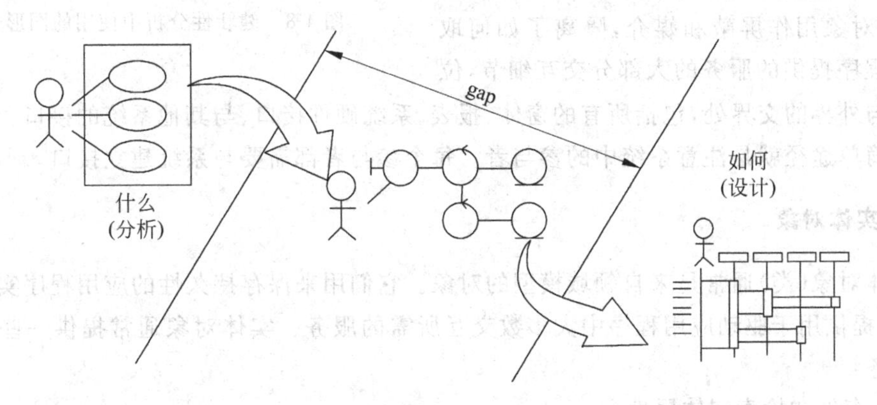

图4-7　健壮性分析是跨越"分析"到"设计"的桥梁

通过健壮性分析,可以改进用例文本和静态模型。

1. 确保用例文本的正确性

通过对用例文本的分析,并将其转化为健壮图的过程中,可能会发现用例文本描述过程中的一些不合理的地方。

例如,只描述了用户的动作,却忽略了系统的响应,那么在绘图过程中就会看到只有用户对边界对象进行操作,而没有控制对象和实体对象的参与,从而发现用例文本的缺陷,使用例文本的特性从纯粹的用户手册变为对象模型在上下文中的使用描述。

2. 方便绘制时序图

由于在健壮图绘制过程中已经将处理过程中所使用的对象基本分析出来了,因此,在绘制时序图时将是对健壮图的一种更细致的描述。同时,通过健壮图的检查机制,确保了时序图绘制的顺利进行。

3. 帮助发现对象

在领域建模期间肯定会遗漏一些对象,在进行健壮性分析的过程中会帮助我们捋清思路,甚至发现对象命名矛盾或冲突的情况。

4. 进入初步设计阶段

由于在健壮性分析的过程中涉及系统内部的类(构造定型),因此开始了对系统内部结构的初步设计。它可以帮助我们改进用例文本和静态模型(领域模型)。

4.4.1 健壮图的表示法

在健壮性分析过程中,系统中的类将被划分成三种构造定型之一:实体类(对象)、边界类(对象)或控制类(对象),如图 4-8 所示。

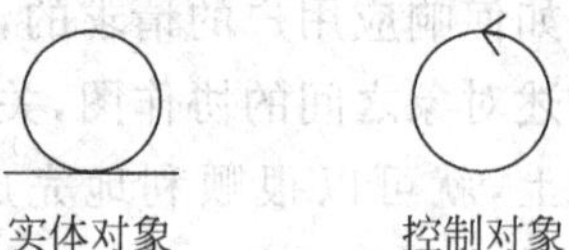

图 4-8 健壮性分析中使用的图形

1. 边界对象

参与者使用边界对象来同系统交互。通常,边界对象用作屏蔽和媒介,隔离了如何取得应用程序提供的服务的大部分交互细节,位于系统与外界的交界处,包括所有的窗体、报表、系统硬件接口、与其他系统的接口。识别边界类的简单途径就是注意系统中的参与者。每个参与者都需要与系统建立接口。

2. 实体对象

实体对象(类)通常是来自领域模型的对象。它们用来保存持久性的应用程序实体的有关信息,提供用于驱动应用程序中大多数交互所需的服务。实体对象通常提供一些非常具体的服务:

(1) 存储和检索实体属性;

(2) 创建和删除实体;

(3) 提供随着实体的改变而有可能改变的行为。

3. 控制对象

控制对象(类)对应用领域中的活动进行协调,即将边界对象和实体对象关联起来。每一个用例中通常有一个控制类,它控制用例中的事件顺序。

通常,控制类可以扮演以下几种角色。

(1) 与事物相关的行为;

(2) 特定于一个或少量用例(或用例中的路径)的一个控制序列;

(3) 将实体对象与边界对象分离的服务。

4.4.2 健壮图的使用规则

绘制健壮图时,应仔细检查用例文本,每次检查一个句子,并绘制参与者、边界对象、实体对象和控制器以及图中不同元素之间的关系。我们应该能在一个图中指出基本流程和所有的分支流程。如图 4-9 所示,在使用过程中需要遵循下述几条规则。

(1) 参与者只同边界对象交互;

(2) 边界对象只能同控制器和参与者交互;

(3) 实体对象只能同控制器交互;

(4) 控制器可同边界对象、实体对象以及其他控制器交互,但不能同参与者进行交互。

需要注意的是,边界对象和实体对象都是名词,而控制器是动词。名词和名词之间不能

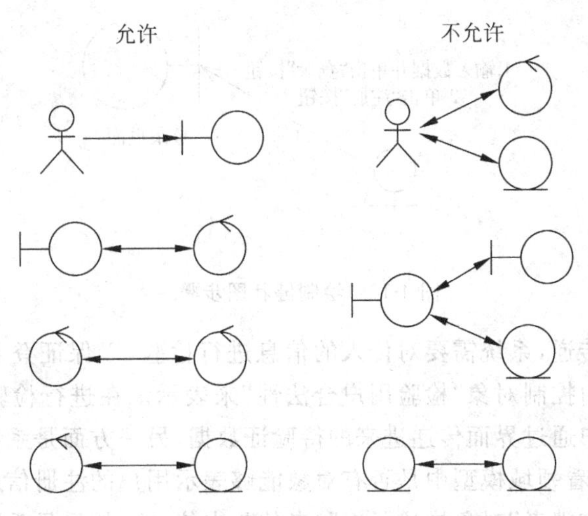

图 4-9 健壮图的使用规则

互动，但动词可同名词或动词进行交互。确保每一个用例对应一个健壮图。

下面以登录用例为例，介绍一下如何进行健壮性分析。

用例：登录

为了保证招聘工作的有效性和准确性，系统的使用需要进行用户身份验证，通过登录来验证系统使用者的身份合法性和相应的使用权限。

基本流程：

1. 用户在登录页面输入用户名密码并提交。
2. 系统检验该用户为系统有效用户。
3. 系统记录入口事件日志。
4. 系统认定用户的身份是应聘者，系统显示应聘主页面。

分支流程：

1.a 如果用户单击登录页面上的"注册"链接，则系统转入注册用例。
2.a 如果用户名正确但密码不正确，系统再次显示登录页面。
2.b 如果用户名不存在，系统将显示注册页面。
4.a 系统认定用户身份是招聘人员，系统显示招聘主页面。
4.b 系统认定用户身份是系统管理员，系统显示系统管理员主页面。
4.c 系统认定用户身份是 HR，系统显示人力资源主页面。

第一步，需要针对用例描述中的每一句话进行分析，确保其中描述的内容出现在健壮图中。

针对于"登录"用例基本路径 1 的内容来说，用户发起动作，用户作为一个参与者需要进行描述。用户必须通过边界对象与系统进行交互，这就是"登录页面"，通过动作"单击"确认信息的提交。注意，这里的"单击"虽然是动词，但它只是用户的一个动作，而不是一个系统处理，因此不能将"单击"看作一个控制对象。如图 4-10 所示为绘制健壮图步骤一。

第二步，基本路径 2 开始描述系统对用户发起请求的响应。信息通过边界对象"登录页

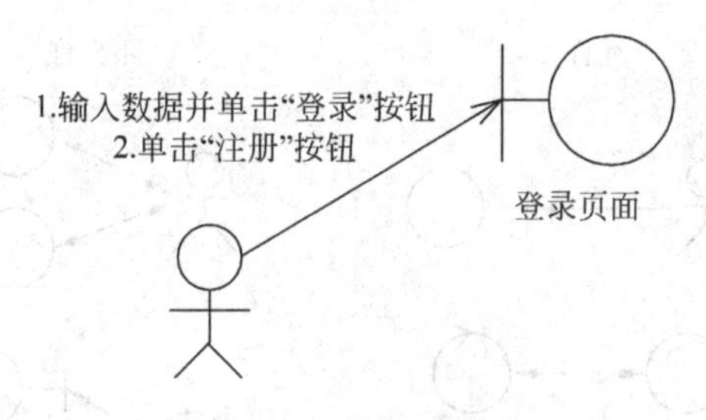

图 4-10 绘制健壮图步骤一

面”向系统内部进行传递，系统需要对传入的信息进行检验，以保证登录用户的合法性。检验是一个动作，因此由控制对象“检验用户合法性”来表示。在进行检验时需要由两方面提供数据，一方面是用户通过界面传递进来的待验证数据，另一方面是系统内部已经存在的合法数据。这时需要查看领域模型中是否有对象能够表示用户的注册信息。针对于前面获得的局部领域模型中“应聘者”对象描述了应聘者的基本信息。如果是系统的合法用户就必须注册有用户名和密码，因此在原有的领域模型中需要存在一个类对象保存用户名和密码的属性描述，因此形成修改后的静态模型，如图 4-11 所示。在健壮性分析中使用“注册用户”信息作为实体对象记录和保存用户信息。根据这些信息绘制图 4-12。

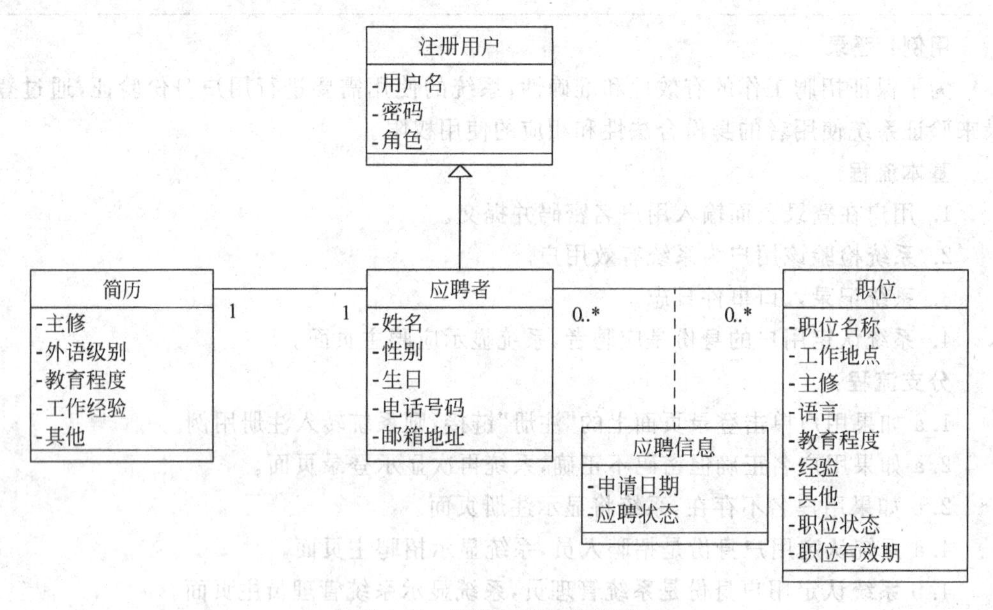

图 4-11 调整过的静态类图

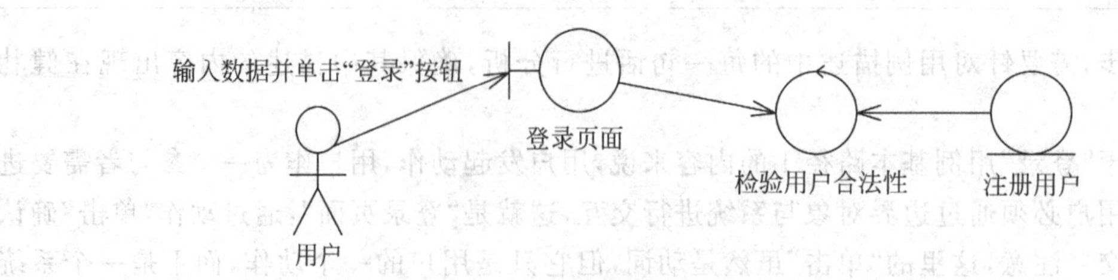

图 4-12 绘制健壮图步骤二

基本路径 3 中系统在验证完用户合法性之后需要将系统入口的事件记录在事件日志中。首先需要有个控制对象来记录动作“记录入口事件”，同时，还需要一个实体对象来对事件日志进行保存，绘制后的结果如图 4-13 所示。

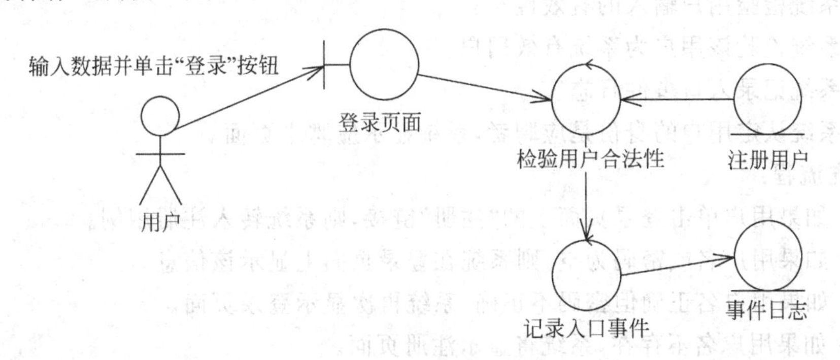

图 4-13 绘制健壮图步骤三

紧接着用例中基本路径 4 描述了系统根据验证结果，将信息反馈给用户。系统要求控制对象“显示”逻辑根据登录用户的不同身份显示相应的边界对象“欢迎界面”。到此，根据基本路径进行的健壮性分析将一个参与者，两个边界对象，三个控制对象和两个实体对象分析出来，如图 4-14 所示。

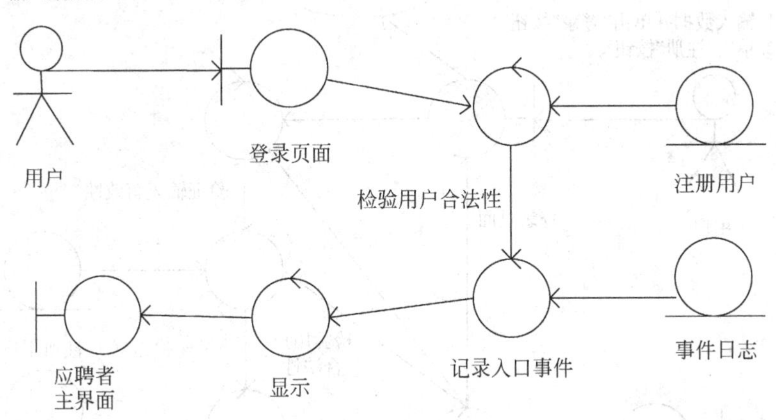

图 4-14 绘制健壮图步骤四

为了保证系统分析的全面性，分支流程中的内容也需要根据上述方法进行健壮性分析并添加到健壮图中。同时，如果发现用例的描述不符合分析的结果，应该及时修改用例中的描述。例如，在添加分支流程时，发现有可能用户在录入界面信息时就存在输入错误，像用户名或密码输入为空的情况，系统也应该进行相应的处理，那么就需要修改完用例描述后，在健壮图中体现出来。修改后的用例描述如下。

用例：登录

为了保证招聘工作的有效性和准确性，系统的使用需要进行用户身份验证，通过登录来验证系统使用者的身份合法性和相应的使用权限。

基本流程：

1. 用户在登录页面输入用户名密码并提交。
2. 系统检验用户输入的有效性。
3. 系统检验该用户为系统有效用户。
4. 系统记录入口事件日志。
5. 系统认定用户的身份是应聘者，系统显示应聘主页面。

分支流程：

1.a 如果用户单击登录页面上的"注册"链接，则系统转入注册用例。
2.a 如果用户名或密码为空，则系统在登录页面上显示该信息。
3.a 如果用户名正确但密码不正确，系统再次显示登录页面。
3.b 如果用户名不存在，系统将显示注册页面。
5.a 系统认定用户身份是招聘人员，系统显示招聘主页面。
5.b 系统认定用户身份是系统管理员，系统显示系统管理员主页面。
5.c 系统认定用户身份是 HR，系统显示人力资源主页面。

最后，得到如图 4-15 所示的一幅完整的健壮图。

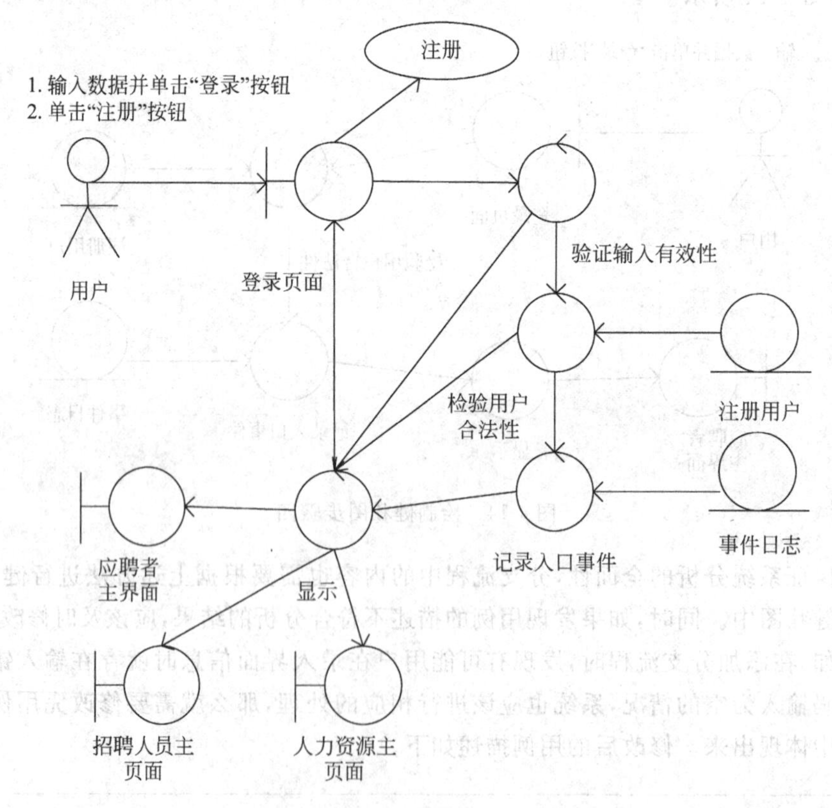

图 4-15 "登录"用例的完整健壮图

在进行健壮性分析的过程中可能发现用例文本存在模糊的地方，需要重新编写用例文本，并明确地引用边界对象和实体对象。大多数人的第一稿用例文本都会存在遗漏的地方。

除了使用健壮性分析的结果来改进用例文本外，还应不断地改进静态模型。应将新发现的对象和属性加入到静态类图中。

4.5 顺序图的转换

4.5.1 将健壮性分析与顺序图对应

健壮性分析旨在发现对象，而顺序图则主要关注行为的分配——将确定的软件函数分配给发现的一组对象。顺序图的构建是与用例一一对应的。它是为了识别设计类或子系统，其实例需要去执行用例的事件流。通过顺序图把用例的行为分布到有交互作用的设计对象或所参与的子系统。同时，顺序图定义对设计对象或子系统及其接口的操作需求，为用例捕获实现性需求。注意，除非在两个类之间定义了关联，否则这两个类的对象之间是无法发送消息的。如果一个用例路径需要在两个对象之间通信，而对应的两个类之间不存在相应的关联，那么类图就是不正确的。

延续上面健壮性分析的例子，将健壮图转换为初步的顺序图，如图 4-16 所示。

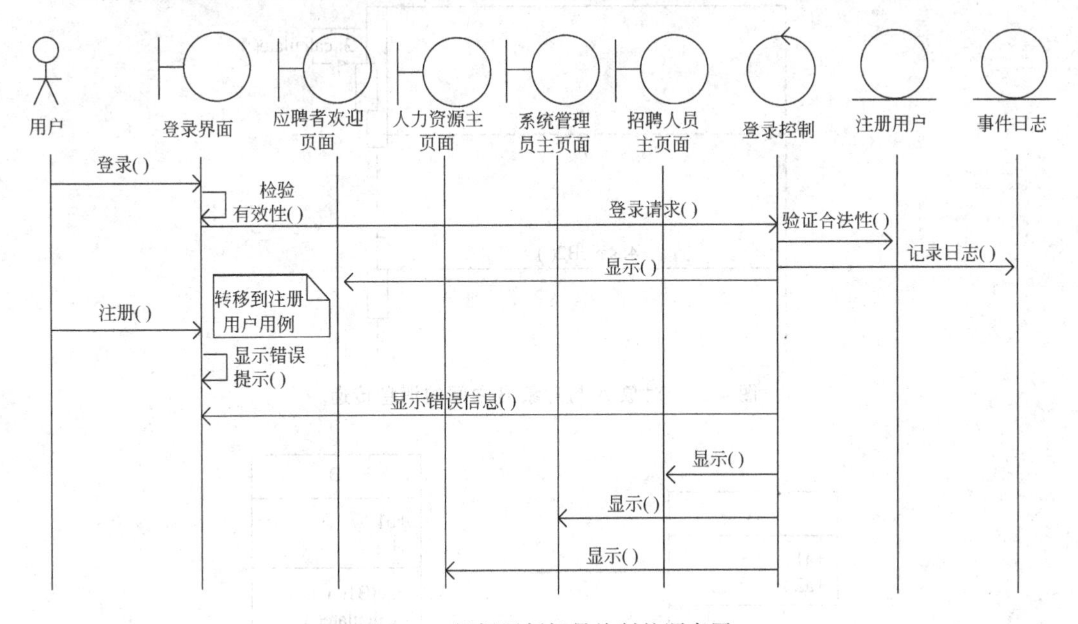

图 4-16 根据用例场景绘制的顺序图

在绘制顺序图时，一般将与页面输入数据的检查和显示相关的操作放在应用控制逻辑对象中。观察健壮图中的其他动作，如果发现几个连续的系统动作是某个业务规则执行中的几个步骤，则需要抽取出一个业务逻辑控制对象对这些动作，即对象之间的协作进行描述。

有些时候，我们会注意到顺序图的左边出现了对应的用例文本。这样做的目的是可以总能看到要求的系统行为，并不断提示我们需要做什么。可以将分析出来的方法增加到对应的静态类图中。

4.5.2 为静态类图增加方法

获得了顺序图，对系统的动作进行了分配，那么对应的类就应该担负起自己的职责，这就是类所具有的方法了。

在面向对象系统中，目标任务的完成是依赖于对象之间的消息发送。消息传递给某个对象就意味着接收消息的对象应该提供相应的响应。以图 4-17 中的例子来说，对象 A 向对象 B 发送消息 getB1()，对象 B 接收到消息后完成相应的任务，也就是 B 本身的职责，同时在完成任务的过程中向自己发送消息 calculate()，由于消息的接收者是对象 B 本身，因此，这个职责也是由对象 B 完成。在执行完 getB1()任务后向对象 A 返回处理结果。此时对象 A 又向对象 B 发送了 saveB2()的请求，对象 B 接受请求并完成相应的任务。按照前面的分析，对象 A、B 对应的静态类图展示了它们的类的职责及关系，如图 4-18 所示。

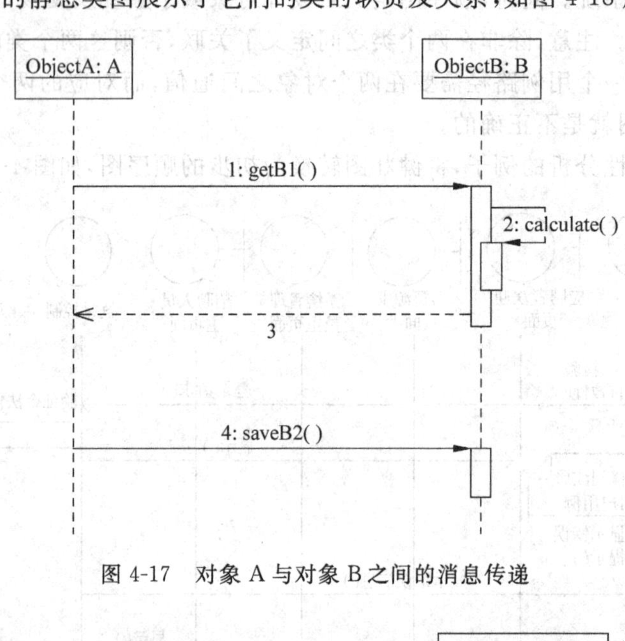

图 4-17 对象 A 与对象 B 之间的消息传递

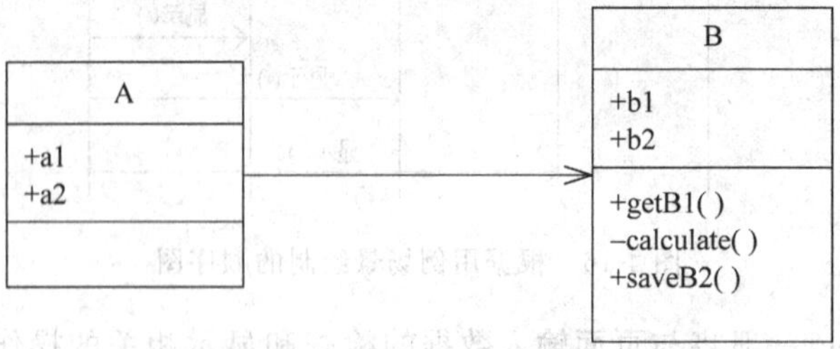

A
+a1
+a2

B
+b1
+b2
+getB1( )
-calculate( )
+saveB2( )

图 4-18 对象 A、B 对应的静态类图

在静态类图中会发现，getB1()和 saveB2()两个方法是公开方法，而 calculate()方法是私有的。这是因为对象 B 在调用 calculate()时，只需要自己知道 calculate 的存在，不需要向外界公布，因此设置成私有类型以保证信息的隐藏性。

那么，针对于招聘管理系统就可以整理出初步的静态类图(分析类图)了，如图 4-19 所示。

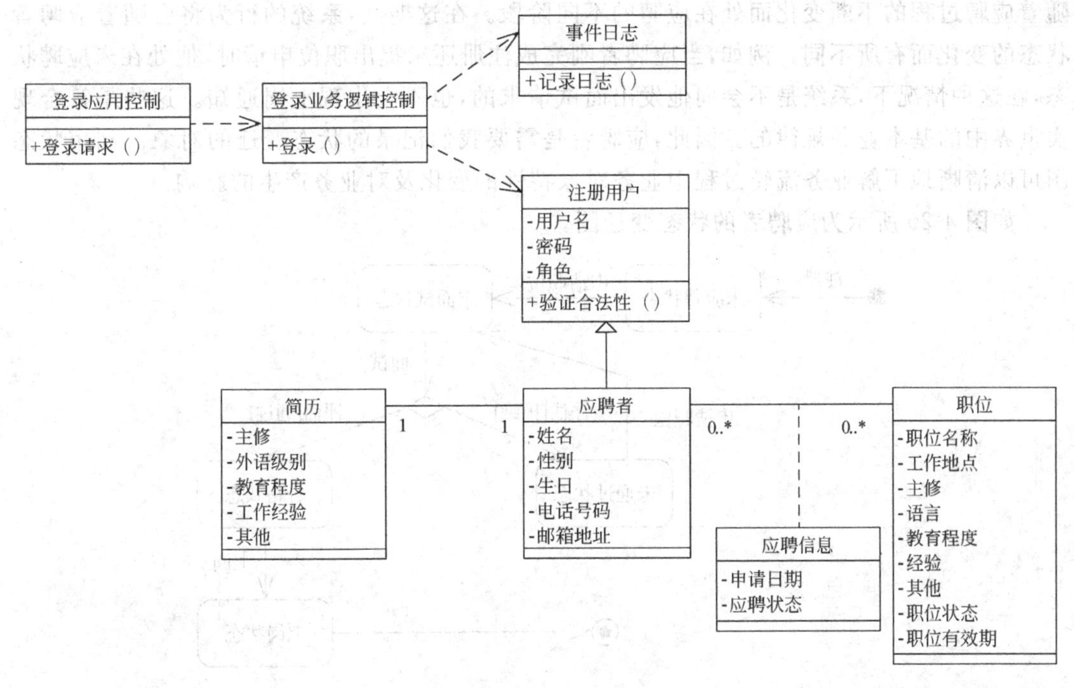

图 4-19 初步静态类图

4.6 状态的标识

状态是对象属性值的抽象。对象的属性值按照影响对象显著行为的性质将其归并到一个状态中去。状态指明了对象对输入事件的响应。状态图是对一个类的生命周期进行建模，它追踪了一个对象从诞生到消亡的全过程。当正在建模的类呈现出值得关注的和复杂的动态行为时，状态图才是有价值的。

状态图反映了状态与事件的关系。当接收一个事件时，下一状态就取决于当前状态和所接收的事件，由该事件引起的状态变化称为转换。状态图中用结点表示状态，结点用圆角矩形表示；圆角矩形内有状态名，用箭头连线表示状态的转换，上面标记事件名，箭头方向表示转换的方向。

一般情况下状态建模采用下述步骤。

(1) 识别状态；

(2) 选择使用该类的任意用例的主路径；

(3) 该路径的上下文环境加入到状态图中；

(4) 选择同一个用例中的另一条路径或一个不同的用例，直至无法继续获取信息为止。

许多事件包括动作和活动，最终都会导致对类操作进行建模，许多操作都是私有的。向其他对象发送的消息都会导致在目标类中定义一个操作，任何识别出来的状态变量都会成为所建模类的成员变量。

状态图的绘制并不是必需的步骤，在发现系统中有一个对象的状态频繁发生变化，并且系统的行为会随之发生变化时，就需要记录这个对象的状态了。在招聘系统中，应聘者将会随着应聘过程的不断变化而处在应聘的不同阶段。在这期间，系统的行为将会随着应聘者状态的变化而有所不同。例如，当应聘者刚完成注册还未提出职位申请时，他处在未应聘状态，在这种情况下，系统是不会向他发出面试请求的，也不会出现上岗通知。这些是符合现实世界中的基本业务规律的。因此，应聘者是需要我们记录的状态变迁的对象。利用状态图可以清晰地了解业务流转过程中业务对象特性的变化及对业务产生的影响。

如图 4-20 所示为应聘者的状态变迁图。

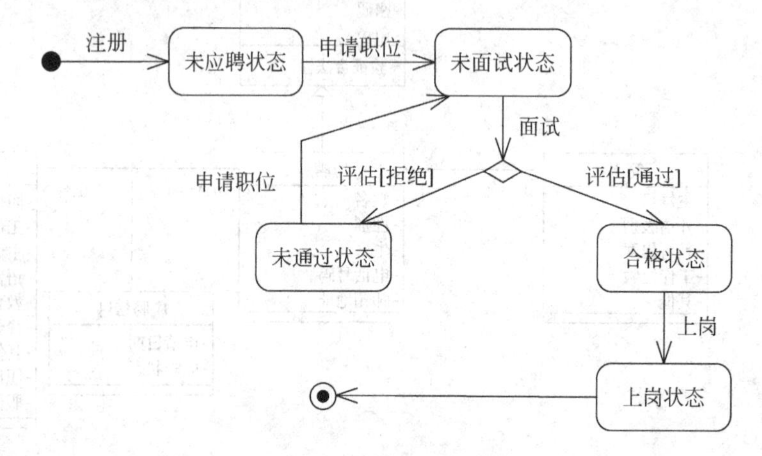

图 4-20 应聘者状态变迁图

4.7 案例分析

项目小组在听取了技术顾问老丁的讲解之后，明确了这个阶段的任务目标的策略，也清楚了各自在小组中的角色和位置，项目组长为这个阶段布置了小组成员各自的任务。

小王在需求确定阶段一直负责用例模型的构建，因此在分析阶段仍然对用例负责，继续完善和细化用例模型。

由于小王对需求较为熟悉，在分析阶段需要协助小李构建领域模型。在构建领域模型过程中，如果发现用例描述中术语存在不一致的地方，则需要对用例描述进行修改，保证术语的使用与领域模型中描述的一致性。在此期间，如果发现有某个对象的状态经常发生变化，则以状态图的形式记录下来。

小董负责进行健壮性分析，他在小李构建领域模型任务启动之后开始进行健壮性分析。在分析过程中需要使用到小李和小王已经构建好的领域模型和用例模型，如果在此过程中发现有不一致或不完整的内容，则需要相关负责的人员进行及时修正。

健壮性分析为顺利构建动态模型中的顺序图打下了良好的基础，因此，在接下来构建动态模型的过程中，老李将用例进行分工，让小组成员分别来绘制相应的顺序图。

项目组长老李强调了在系统分析阶段主要的目标是能够将从用户角度了解的系统转换为系统内部的表示，在此阶段可以不考虑具体的实现技术手段。因此，这个阶段的重点应集中在从需求到分析的转换复核上。这里需要对构建的每个场景的健壮图和用例文本进行复核，确保它们的一致性、完整性、正确性。同时确保领域模型与健壮图的一致，即领域模型中包含健壮图中的所有实体对象。

4.7.1 构建领域模型和状态模型

在项目进行的过程中并不能够保证领域模型一次性构建完成，往往是根据用例分析的不断增加而不断补充完善的过程。下面给出了招聘管理系统案例的补充需求，先看一下根据新补充进来的内容是否会存在新的领域概念，如果存在，如何补充到已有的领域模型中去。

用例名称	【006】发布职位
参与者	招聘人员
概述	招聘人员在门户网站上发布一个职位
基本流程	1. 招聘人员单击招聘人员主页面上的“发布职位”链接。 2. 系统显示招聘人员录入职位信息的发布职位页面。 3. 招聘人员输入职位信息并发布提交请求。 4. 系统检查录入信息的有效性。 5. 系统保存职位信息。 6. 系统保存发布的日期。 7. 系统保存招聘人员与发布职位之间的关系。 8. 招聘人员在发布职位页面单击返回链接。 9. 系统提示“职位发布成功!”，并重新显示发布职位页面。 10. 系统显示招聘人员主界面
分支流程	无
备注	职位信息中包含的内容参见领域模型中对应的描述

根据前面所讲述的领域模型的构建过程，首先需要挑选类的候选对象，如表 4-2 所示。

表 4-2 类的候选对象

类的候选对象	
招聘人员	发布日期
职位	页面
系统	关系
职位信息	
发布请求	

在挑选类的候选对象时会发现，多次的经验会帮助我们更为接近地挑选到领域概念。在这些候选对象中，可以根据前面的经验首先将不相关的“系统”、“页面”两个候选对象拿出来；“发布日期”是对职位发布的一种描述，因此是发布的一种修饰，属于属性；虽然“发布请求”是动作，但是存在了对这种动作的特征描述——“发布日期”，因此，将发布请求归为领域类对象；“职位”与“职位信息”实际上描述的是同一件事情，因此选取简单的“职位”作为领域类对象；“关系”描述的是在应用过程中的一种约束，强调的是哪个招聘人员发布的哪个特定的职位，因此最终会转化为对类属性的约束。

表 4-3 描述了应用筛选原则进行筛选的结果。

表 4-3 应用筛选原则筛选候选类的过程

概念类	属性	冗余	不相关
招聘人员 职位 发布请求	发布日期 关系	职位信息	系统 页面

根据筛选后的结果将属性增加进去之后绘制的局部领域模型如图 4-21 所示。

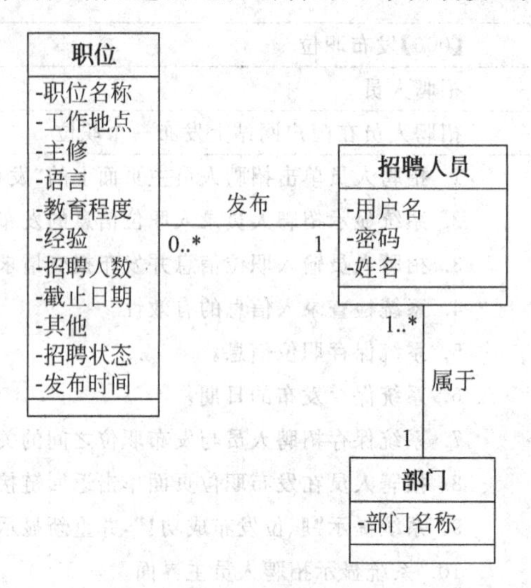

图 4-21 部分领域模型

用户的界面原型有助于补充类的属性。图 4-22 和图 4-23 显示了发布职位所需的界面原型。

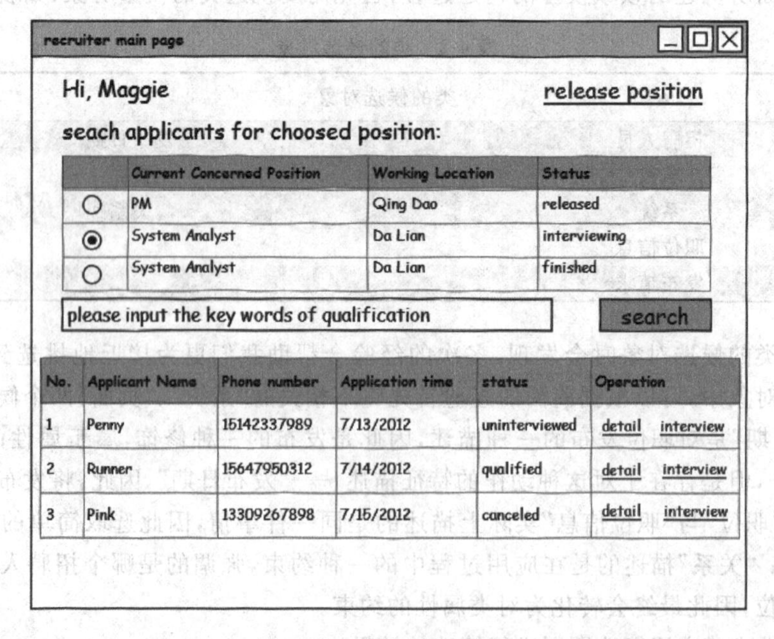

图 4-22 招聘主页面原型

release position: R & D department

release position return

position name: software engineering
working location: Dalian
number of hiring: 2
major: software engineering
language skill: English
education degree: Undergraduate
work experience: 1 years or above working experience
closing date: 2015/12/31
others: Proficiency in Java is preferred

release reset

releaseing status:

图 4-23 发布职位页面原型

将申请职位用例与发布职位用例所获得的领域模型进行合并之后获得的综合领域模型如图 4-24 所示。

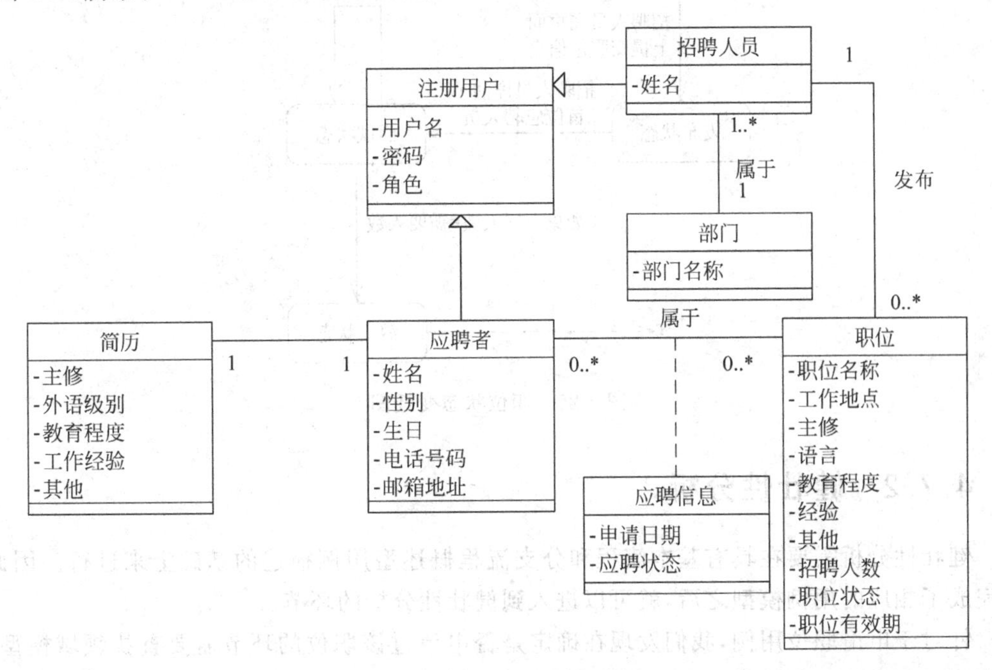

图 4-24 补充后的领域模型

领域模型帮助我们捋清领域内概念对象及它们之间的关系，为后续对系统的设计提供了统一的可视化术语表。

在构建领域模型的过程中，会发现职位从发布之后到最终确定人选，也有一个变化的过程。通过阅读用例查找职位,可以发现这个内容。

用例名称	【003】查找职位
场景	在门户网站上查找职位
触发事件	应聘者想找到特定的职位。
概要描述	应聘者输入查询条件后,可以获得职位列表极其详细的信息。
参与者	应聘者
基本流程	1. 应聘者在应聘主页面上输入职位的关键字,并提交请求。 2. 系统在应聘主页面上显示状态为“发布状态”和“面试状态”的职位列表。 3. 应聘者单击详细信息链接。 4. 系统执行“获取职位详细信息”用例。
分支流程	2.a 应聘者单击申请职位链接,系统将执行“申请职位”用例。
备注	状态为“结束状态”的职位将不被显示在职位列表中。

通过阅读与职位发布相关的用例可以获得职位变化的总体信息。

当招聘人员在门户网站上提交了职位信息后,职位就处在发布状态。

当招聘人员评估了第一位应聘人员后,该职位就转换成面试状态。

如果面试合格的人员人数还不到该职位所需要的人数时,则需要继续面试;直到面试人数符合职位要求人数为止,该职位状态转换成结束状态;此时,该职位将不再显示在应聘者的应聘页面上了。图 4-25 给出了职位状态变化的状态变迁图。

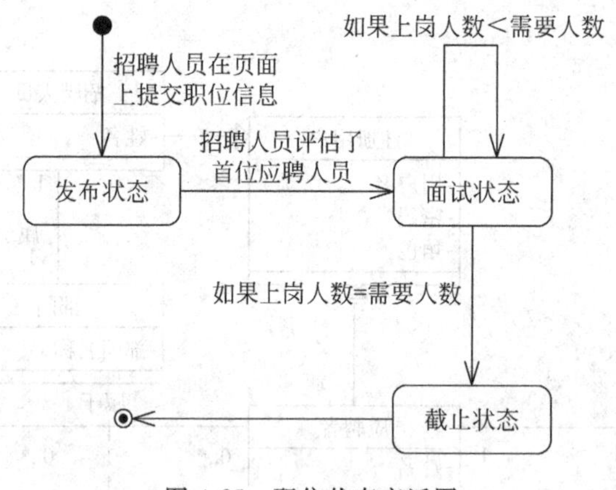

图 4-25 职位状态变迁图

4.7.2 健壮性分析

健壮性分析需要在具有基本流程和分支流程概述型用例描述的基础上来进行。因此,在完成了相应的用例模型之后,就可以进入到健壮性分析的环节。

针对于申请职位用例,我们发现在确定是否申请过该职位的环节需要查找领域模型中对该信息的描述。领域模型中一个应聘者在应聘某个职位时会填写相应的履历,因此要确定该应聘者是否已经应聘过该职位,查找一下他是否已经提交过该职位的履历表就可以了。而对于该应聘者如果提交了职位应聘申请之后就不能够再申请其他职位了,因此需要修改该应聘者的应聘状态来确认这一点,因此需要修改应聘者个人的状态信息。最终,得到了如

图 4-26 所示的健壮图。

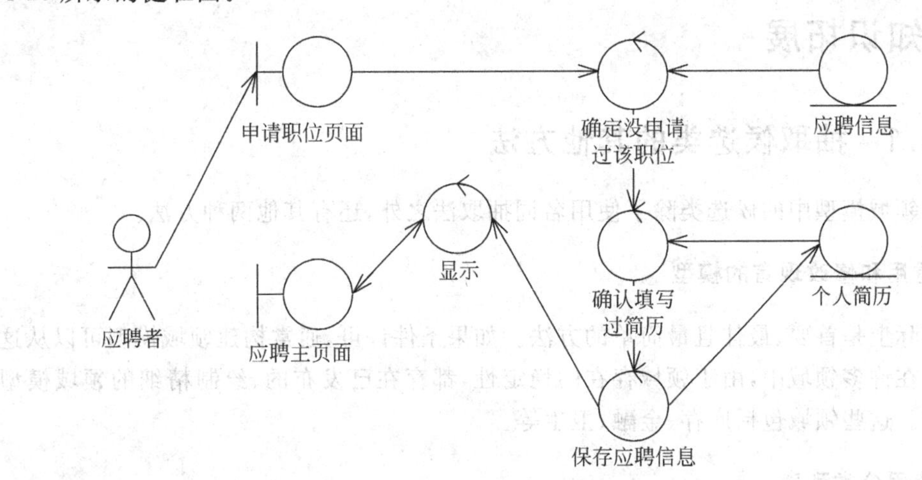

图 4-26 申请职位用例健壮图

在进行健壮性分析的过程中，一方面需要仔细阅读用例文档，一方面还需要比对着领域模型中对对象之间关系的描述，这样才能确保健壮性分析的检查和验证的作用得到发挥。

4.7.3 构建动态模型

构建动态模型中的顺序图是根据健壮性分析中得到的页面和实体对象直接对应到顺序图中的边界对象和实体对象中。对于健壮图中抽取出来的控制对象只是对动作的一个提取，并不能直接对应到顺序图中对应的控制对象中。这个分配的过程是构建顺序图的主要任务。

图 4-27 是申请职位的顺序图。

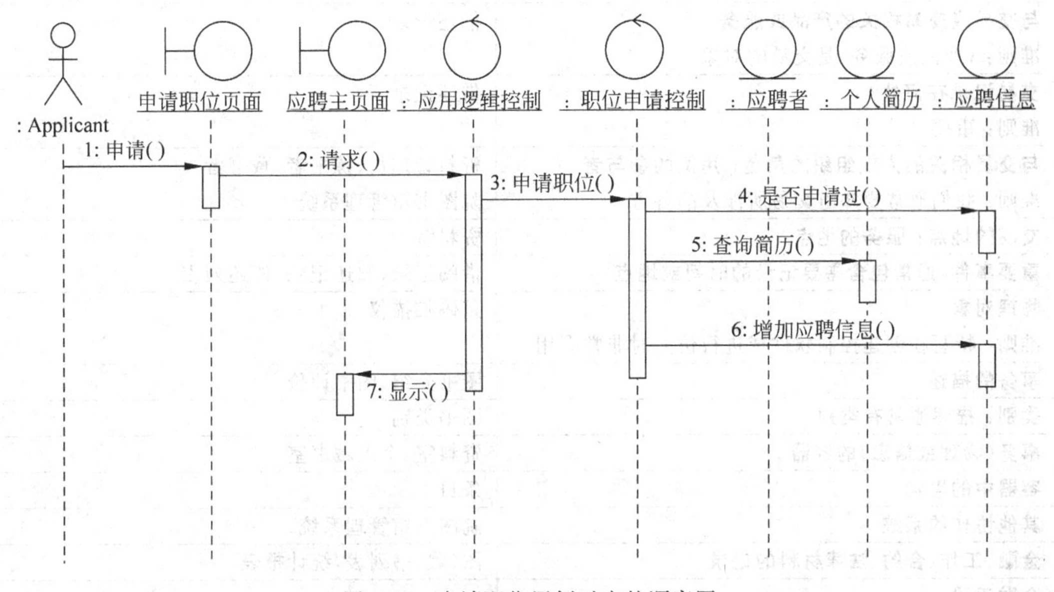

图 4-27 申请职位用例对应的顺序图

4.8 知识拓展

4.8.1 抽取候选类的其他方法

抽象领域模型中的候选类除了使用名词抽取法之外，还有其他两种方法。

1. 重用和修改现有的模型

这实际上是首要、最佳且最简单的方法。如果条件许可，通常构建领域模型可以从这一步开始。在许多领域中，由于领域存在的稳定性，都存在已发布的、绘制精细的领域模型和数据模型。这些领域包括库存、金融、卫生等。

2. 使用分类列表

分类列表是通过对某个领域中的一些相关内容进行分类整理，以启发对领域中相关对象的认知。读者可以通过《UML 面向对象建模与设计》一书中介绍的概念类候选列表来开始创建领域模型。表中包含大量值得参考的常见类别，其中强调的是业务信息系统的需求。该准则还建议在分析时建立一些优先级。表 4-4 取自图书管理系统项目。

表 4-4 概念类分类列表

概念类的类别	示 例
业务交易 准则：十分关键(涉及金钱)，所以作为起点	借阅，归还 预订
交易项目 准则：交易中通常会涉及项目	图书 借书证
与交易或交易相关的产品或服务 准则：(产品或服务)是交易的对象	借还记录
交易记录在何处? 准则：重要	借还记录
与交易相关的人或组织的角色；用例的参与者 准则：我们通常要知道交易所涉及的各方	资料管理员、拣书者、藏书者 院图书馆管理系统
交易的地点；服务的地点	资料室
重要事件，通常包含需要记录的时间或地点	借阅记录、归还记录、催还列表
物理对象 准则：特写在创建控制软件或进行仿真时非常有用	条码扫描仪
事务的描述	图书介绍、图书评价
类别：描述通常有类别	图书类别
事务(物理或信息)的容器	资料室、个人藏书室
容器中的事物	条目
其他协作的系统	院图书馆管理系统
金融、工作、合约、法律材料的记录	图(藏)书列表，统计报表
金融手段	
执行工作所需的进度表、手册、文档等	晒书计划表、图书推荐表

没有什么正确的列表，可以根据自己的经验对上述列表进行调整和修改，这里面的分类主要是起到启发的作用。列表中的抽象事务和领域词汇在一定程度上是随意搜集的，但都是建模者认为重要的。

4.8.2 领域驱动设计

Eric Evans 在《领域驱动设计——软件核心复杂性应对之道》一书中提出了"领域驱动设计(Domain-Driven Design，DDD)"的概念。领域驱动设计是基于面向对象分析与设计技术，对技术架构进行了分层规划，同时对每个类进行了策略和类型的划分。

领域模型是领域驱动的核心。根据 DDD 的设计思想，业务逻辑由大量相对小的领域对象(类)组成，这些类是现实领域的业务对象映射，每个类是相对完整的独立体，具备自己在领域中的状态和行为。业务逻辑不再集中在几个大型的类上，而是由这样许多的细粒度的类组成。

领域驱动设计很好地遵循了关注点分离的原则，提出了成熟、清晰的分层架构。同时对领域对象进行了明确的策略和职责划分，让领域对象和现实世界中的业务形成良好的映射关系，为领域专家与开发人员搭建了沟通的桥梁。在领域驱动设计中，领域对象是核心，每个领域对象都是一个相对完整的内聚的业务对象描述，所以可以形成直接的复用。同时设计过程是基于领域对象而不是基于数据库的 Schema，所以整个设计也是可以复用的。领域模型适合具备复杂业务逻辑的软件系统，对软件的可维护性和扩展性要求比较高。不适用简单的增删改查业务。

基于领域驱动的设计，保证了系统的可维护性、扩展性和复用性，在处理复杂业务逻辑方面有着先天的优势。

小结

构建领域模型是系统分析师初步以面向对象的思想审视要构建系统的阶段。它抽取了业务领域中的关键概念，帮助项目小组成员更快地理解和深入到系统当中。领域模型中概念的抽取可以从已经建立的成果中抽取，也可以从大量的用户业务文档中进行抽取，总之这里涉及的信息量将会很大。但是根据 RUP 过程中使用到的原则，没有必要在构建领域模型时花费更多的时间，建议在创建初步领域模型时规定特定的时间。无论如何，都无法使其十全十美，因此，应快速建立领域模型，并期望在以后的工作中将其逐步完善。

采用面向对象的观点从系统分析转换到设计阶段，健壮性分析起到了一种桥梁的作用。通过绘制健壮图，从用例描述中抽取边界对象、控制对象，并核实和补充实体对象，在此基础之上绘制序列图将会更加完善，使得分析到设计的转换更加顺畅。动态模型包括顺序图、协作图、活动图和状态图，其中最重要的一种动态模型就是序列图，通过构建序列图完成为对象分配职责的工作，同时补充和完善系统类图。交互模型的构建使得整个系统设计进一步细化。

强化练习

一、选择题(单选题)

1. 面向对象的分析方法主要是建立三类模型,即(　　)。

A. 系统模型、ER 模型、应用模型　　B. 对象模型、动态模型、应用模型
C. ER 模型、对象模型、功能模型　　D. 对象模型、动态模型、功能模型

2. 在确定概念类时,候选的类是所有的(　　)。

A. 名词　　B. 形容词　　C. 动词　　D. 代词

3. UML 提供了 4 种结构图用于对系统的静态方面进行可视化、详述、构造和文档化。其中(　　)是面向对象系统建模中最常用的图,用于说明系统的静态设计视图。

A. 组件图　　B. 类图　　C. 对象图　　D. 部署图

4. 顺序图中的类有三种,下面哪个不是?(　　)

A. 实体类　　B. 边界类　　C. 控制类　　D. 主类

5. 下列关于状态图的说法中,正确的是(　　)。

A. 状态图是 UML 中对系统的静态方面进行建模的 5 种图之一
B. 状态图是活动图的一个特例,状态图中的多数状态是活动状态
C. 状态图是对一个对象的生命周期进行建模,描述对象随时间变化的行为
D. 状态图强调对有几个对象参与的活动过程建模,而活动图强调对单个对象建模

6. 汽车有一个发动机。汽车和发动机之间的关系是(　　)关系。

A. 一般具体　　B. 整体部分　　C. 分类关系　　D. 主从关系

7. 状态是对象(　　)的抽象。

A. 属性值　　B. 方法　　C. 功能　　D. 行为

8. 在面向对象分析过程中,用概念模型来详细描述系统的问题域,用(　(1)　)来表示概念模型;用(　(2)　)来描述对象行为。

(1) A. 序列图　　B. 类图
C. 协作图　　D. 用例图

(2) A. 序列图和协作图　　B. 用例图和活动图
C. 状态图和活动图　　D. 用例图和构件图

二、简答题

1. 什么是领域模型?它与数据模型之间的区别是什么?
2. 简述构建领域模型的基本步骤。
3. 根据下面对图书管理系统的文字描述构建初步的领域模型。

(1) 借书:图书管理员输入读者的借书证号。系统首先检查借书证是否有效,若有效,对于第一次借书的读者,在读者账户文件上建立档案。否则,查阅读者账户,检查该读者所借图书是否超过 10 本,若已达到 10 本,拒借,未达 10 本,办理借书(检查库存目录,修改库存详情、库存目录、读者账户文件并将读者借书情况登入图书借阅文件中)。

(2) 还书：图书管理员获得欲还图书，并从读者账户文件和图书借阅文件中读出与读者有关的记录，查阅所借日期，如果超期(三个月)做罚款处理，并记录到图书借阅文件中。否则，修改库存详情、读者账户、库存目录和图书借阅文件。

(3) 查询：系统可根据图书管理员的查询请求，通过读者账户文件、库存目录等文件查询读者情况、图书借阅情况及库存情况，打印各种统计表。

4. 根据下面对大学注册系统的文字描述构建初步的领域模型。

(1) 大学的每个学位都设置了多门必修课和多门选修课。

(2) 每门课程都处于给定的级别并有学分值。

(3) 同一门课程可以是多个学位的组成部分。

(4) 每个学位都规定了完成学位所需要的最低总学分值。例如，包括必修课在内，计算机技术学位需要68学分。

(5) 学生可以对提供的课程进行组合，形成适合自己的学习计划，并完成这些课程就能获得他们所注册的学位。

第5章 系统设计

5.1 项目导引

招聘管理系统的系统分析工作进行得很顺利,项目小组的成员感觉到自己已经触摸到系统内部的组成了,离期盼而熟悉的代码也更近一步了,大家开始兴奋起来。

具有丰富项目经验的组长老李给大家敲了一个警钟:“我们通过构建领域模型以对象的视角了解了业务环境中业务对象之间的关系,并使用健壮性分析初步了解到系统内部的对象的交互形式。但是,为了后续能够有效地、顺利地完成代码的编写,这些内容就足够了吗?我们还缺少哪些方面的准备呢?”他接着提出了一连串的问题,希望引起大家的思考。

(1) 系统内部是否就是这些对象的零散存在,有没有一定的组织形式?如何解决软件的复杂度,确保系统的可支持性(可理解、可维护、可扩展),从而有效地组织开发?

(2) 系统与外界的交互采用什么形式?是图形用户界面,还是底层的协议传输?

(3) 数据需要持久化时打算采用什么形式?是数据库,还是文件?如何表示呢?

(4) 如何实现用户的性能上的要求?效率如何提高?如何节省空间?

“刚才的这些问题如果没有得到很好的解决,那么在编写代码时就会发现还有很多事情在没有确定之前是无法进行分工合作的,大家的工作会杂糅在一起,就像无头苍蝇一样东一头西一头,带来的后果可想而知,必定不能够得到一个高质量的软件产品。”老李这样解释道。

那么,应该如何解决这些问题呢?大家将期盼的目光投向了老丁。

5.2 项目分析

系统内部的组成部分需要有一定的组织形式,通过合理地安排组件之间的关系可以降低软件的复杂度,确保系统的可支持性(可理解、可维护、可扩展),并且使得各部分尽可能松耦合,保证有效地组织开发。这部分内容称为体系结构的设计。

面向对象系统中信息是以对象为单位进行传递的,但是有些信息是需要保存起来,被反复使用的。这种情况下,就需要进行信息的持久化工作。通常情况下,借助于数据库来保存信息,但是也存在使用文件形式来保存的情况。这需要视具体情况而定,这些都属于持久化设计的内容。

系统内部、系统和需要协作的系统之间以及系统和人之间的交互都需要通过接口的形式来完成。系统内部的接口就是对象之间发送消息的消息体。而系统与外部需要协作的系统之间的交互需要通过指定的协议。人与系统之间的交互是研究的重点，这就是用户图形界面的设计。

分析阶段得到了初步的静态类图，确定了基本的对象之间的关系。然而随着对系统理解的深入，需要根据系统的非功能性需求，也就是在补充性需求规约中对系统提出的性能等方面的约束和规定对类的结构做进一步的调整，从而达到增强系统灵活性和可扩展性的需求。这部分内容将在第 6 章中做详细的介绍。

5.3 软件设计的过程

需求的确定是要理解项目的一些重要目标、试图解决的问题以及相关的规则和约束。系统分析则是对系统内部的组成部分的初步了解。与之相比，后续的设计工作将强调如何来完成这些目标和约束，如何深入地组织和构建系统内部的组成形式，从而有效地指导编码。也就是说，通过设计解决方案来满足项目的需求。设计过程也是一个建模的活动，它使用分析阶段得出的信息转换为叫做解决方案的设计模型，如图 5-1 所示。

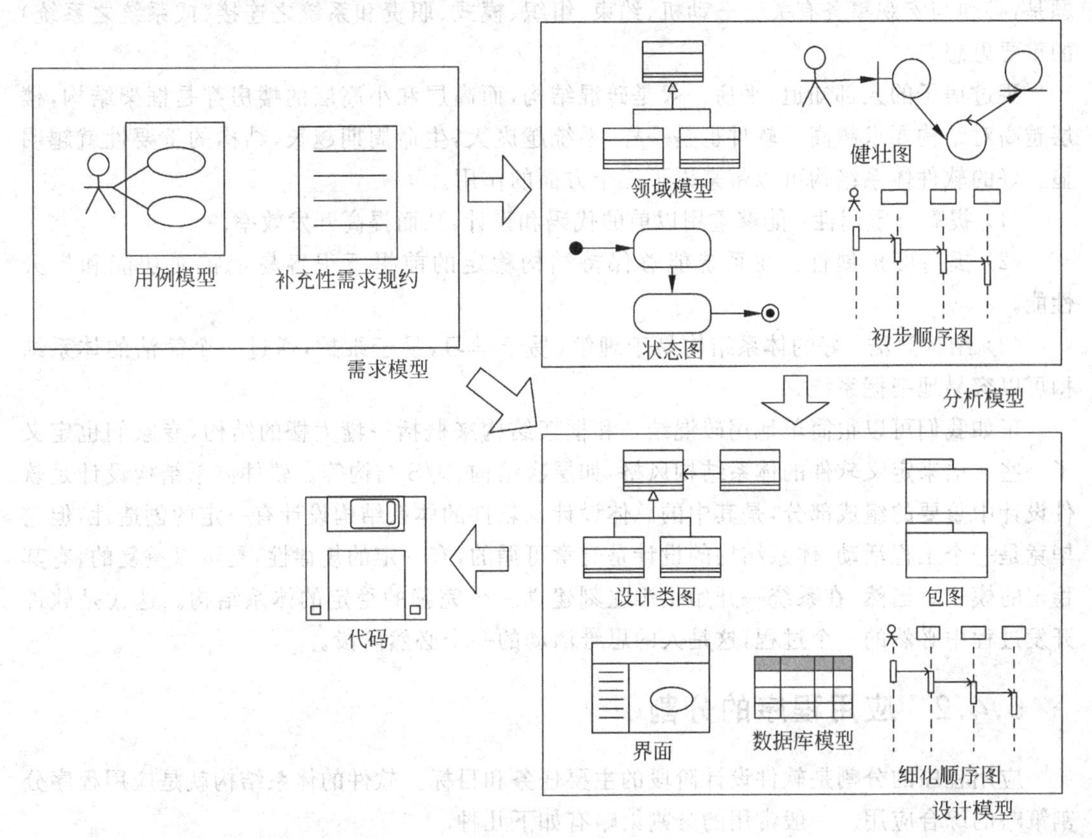

图 5-1 模型之间的转换

在进行系统分析的时候通过健壮性分析已经得到了初步的系统构成对象的组成。在构建设计模型的时候，首先确定系统的基本体系结构，此时通过UML中的包图表示出来分层关系。然后，使用顺序图在确定的体系结构的基础上对类对象之间的调用关系进行细化，同时，针对系统中的特定需求细化对象之间的关系，形成软件设计类图。数据库的建模和界面的设计工作也同时展开，这些内容的确定，不仅会直接指导后续的编码工作，同时更是软件整体质量的基石。

5.4 软件体系结构

5.4.1 什么是软件体系结构

体系结构一词是Architecture的中文翻译，其本意是源于建筑行业的建筑艺术、建筑(风格)和结构，引入到软件领域以后，并没有一个统一的定义。其中一种被广泛接纳的体系结构定义的核心思想是它在一些重要方面所做出的决策的集合。其定义为："体系结构是一种重要决策，其中涉及软件系统的组织，对结构元素及其组成系统所籍接口的选择，这些元素特定与其相互协作的行为，这些结构和行为元素到更大的子系统的组成，以及指导该组织结构(这些元素及其接口、协作和组成)的架构风格。"无论体系结构如何描述，它的共同主题是，必须与宏观事务有关——动机、约束、组织、模式、职责和系统之连接(或系统之系统)的重要思想。

买过房子的人都知道，平房一般是砖混结构，而高层和小高层的楼房都是框架结构，楼层越高对结构要求越高。软件也是一样，系统越庞大，生命周期越长，结构的重要性就越明显。好的软件体系结构可以带来以下三个方面的作用。

(1) 提高可重用性：能够重用以前的代码和设计，从而提高开发效率。

(2) 提高可扩展性：在系统能够保持结构稳定的前提下很容易地扩充功能和提升性能。

(3) 结构简洁：好的体系结构易于理解，易于学习，易于维护，通过一个简洁的体系结构可以容易地把握系统。

正如我们可以很简单地用砖混结构和框架结构来概括一幢大楼的结构，专家们也定义了一些术语来定义软件的体系结构风格，如层次结构、B/S结构等。软件体系结构设计是软件设计中重要的组成部分，是其中的总体设计。软件的体系结构设计有一定的创造性，但它毕竟是一个工程活动，体系结构的设计是有章可循的，有一定的规律性，是可以重复的，有其稳定的模式。当然，在系统一开始很难立刻建立一个完善的稳定的体系结构。迭代是软件开发过程中必然的一个过程，这是人的思维活动的一个必然阶段。

5.4.2 应用程序的分割

应用程序的分割是软件设计阶段的主要任务和目标。软件的体系结构就是应用程序分割策略的综合应用。一般常用的分割策略有如下几种。

1. 功能划分

在面对一个系统开发任务时，如果想直接面对问题进行解决总会感到无从下手。因为一个系统要解决的问题很多，需要考虑的方面也很多。那么，有什么好的方法和思路可以帮助我们找到解决问题的入口吗？思考一下，如果日常生活中有一件稍微复杂点儿的任务交给你，你的解决问题的思路又会如何？很自然，我们往往会分析一下这个任务大致上可以分解为几个小任务，然后着手完成一个一个的小任务。相对来讲，小任务更容易完成，而且小任务的逐个完成最终将促使大任务的完成。当面对一个大的系统开发任务时，也可以采用类似的策略，将大系统分解为几个小系统，然后对小系统进行逐个实现。应用程序的功能划分策略就是这种思想的体现。

将系统按功能进行划分是目前我们所熟悉的软件体系结构描述形式。但是这种单纯的功能结构划分使得内部业务逻辑和数据访问通常是混合在一起使用，不利于系统的扩展，使得系统难以维护。这种单纯的体系结构设计方法难于应对复杂或大型应用系统。

2. 层次划分

层次划分也称为按服务进行划分或按逻辑分层。层是对模型中不同抽象层次上的逻辑结构进行分组的一种特定方式。这种划分方式是在功能划分的基础之上，通过分层，从逻辑上将子系统组织成为许多独立的、职责相关的集合。而层间关系的形成要遵循一定的规则，“较低”的层是较低级别和一般性服务，“较高”的层则是与应用相关的。协作和耦合是从“较高”层到“较低”层进行的，要避免从“较低”层到“较高”层的耦合。通过分层，可以限制子系统间的依赖关系，这样，使系统以更松散的方式耦合，更易于维护。常见的逻辑分层包括与用户打交道较为密切的表示层、负责业务处理的业务层和负责与数据处理和数据存储的数据层。有关逻辑分层中各层次的详细描述，详见5.4.3节。

那么，如何理解功能分解与层次划分之间的关系呢？可以把整个系统看做一个长方体，层次划分是对系统的横向分解，功能划分是对系统的纵向分解。例如，图书管理系统主要提供的功能是对图书馆中的藏书进行日常维护，同时还需要为读者提供图书的借阅服务，为了保证系统的正常运转，系统管理员还需要进行基础数据的配置等系统维护工作。因此，大体上可以将系统从功能上分为图书管理子系统、读者服务子系统和系统管理子系统这三大模块，纵向地将系统分割成三个大的组成部分。而从实现的角度，每个子系统都有其相似的服务调用的形式。因此，按照实现上提供的不同服务将系统横向进行切割，使得每个功能模块都能够以相同的模式完成相应的任务。这两种分割形式之间的关系，如图5-2所示。

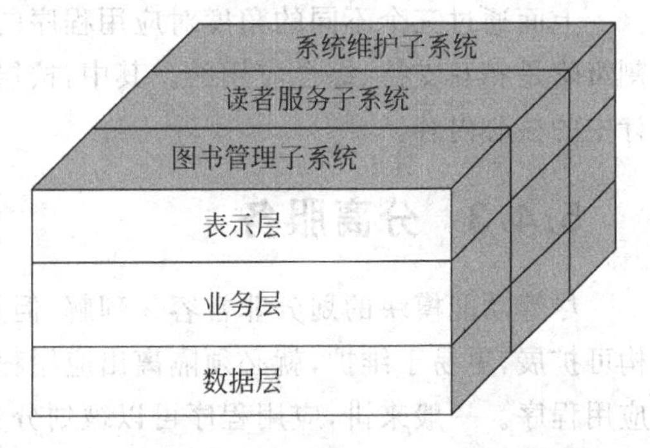

图5-2 功能划分与层次划分之间的关系

目前较为流行的应用框架技术就是针对于层次划分提出来的。例如，支持Java语言的Struts、Spring、Hibernate等应用框架。

3. 物理布局划分

随着网络不断普及，分布式系统的使用越来越广泛。系统的逻辑分层分别实现在不同的物理层(物理机器)上，通常将这种物理层次上的划分称为客户/服务器程序(C/S)，一般统称为分布式体系结构，常见的浏览/服务器结构(B/S)也属于C/S结构的一种。

人们经常提到的C/S(Client/Server)实际上专门指将应用程序的主要服务集中在客户端的一种结构，所以也称为胖客户端应用程序，如图5-3所示。客户端部分除了负责将程序的图形界面显示给用户进行交互外，还负责进行大部分的业务逻辑处理。服务器部分一般集中处理数据的访问操作。这种类型的应用程序需要客户端部分具有执行任务的能力，对客户端机器的要求比较高，但是可以减轻服务器很大一部分的压力，降低对服务器性能的要求。但是这种结构的客户端软件安装、维护比较困难，数据库系统无法满足大量终端同时联机的需求，客户/服务器间的大量数据通信不适合远程连接，只能适合于局域网应用。C/S系统的各部分模块中有一部分改变，就要关联到其他模块的变动，系统升级维护成本较大。

B/S(Browser/Server)结构是C/S结构的一种变种。B/S结构将C/S结构中的客户端程序中的业务处理部分移到了服务器端，客户端只通过浏览器解析标准的HTML来显示用户交互界面，除了负责一些数据的验证和组织之外，不涉及任何业务逻辑的处理，所以也被称为瘦客户端。

介于两者之间的称为富因特网应用程序(Rich Internet Applications，RIA)，利用具有很强交互性的富客户端技术来为用户提供一个更高和更全方位的网络体验。RIA集成了桌面应用的交互性和传统Web应用的部署灵活性与成本分析，以创建单一而完整的用户体验。客户端应用程序使用异步的C/S结构连接到现有的应用服务器，这是一种安全的、可升级的、具有良好适应性的面向服务模型，这种模型由当前所采用的Web服务驱动。

AJAX即异步的JavaScript与XML，利用JavaScript、HTML、DOM技术进行Web富客户端设计，后台异步执行与服务器的交互，不会因为交互而中断用户对屏幕的操作，可提供更好的服务响应。Ajax使得基于Web的传统客户端设计，达到与单机GUI方式同样的效果，对基于Web的分布式系统设计产生了重要影响。随着Ajax技术的出现，B/S结构的Web应用程序也逐渐向富客户端发展，再加上后起之秀Flex的出现，更加快了Web应用程序向富客户端的发展。

上面通过三个不同的角度对应用程序的分割策略进行了介绍，在实际应用当中这些分割策略是相互支持、综合应用的。其中，按层次划分系统结构的方式正逐步成为体系结构设计中的核心内容。

5.4.3 分离服务

尽管功能模块的划分非常容易理解，但是正如前面分析的那样，要使应用程序的体系结构可扩展，更易于维护，就必须隔离出应用程序的逻辑层，进行逻辑层次的划分，从横向组织应用程序。一般来讲，应用程序可以被划分为三个逻辑层：表示服务，业务服务，数据服务。

表5-1列出了各层的范围和目标。

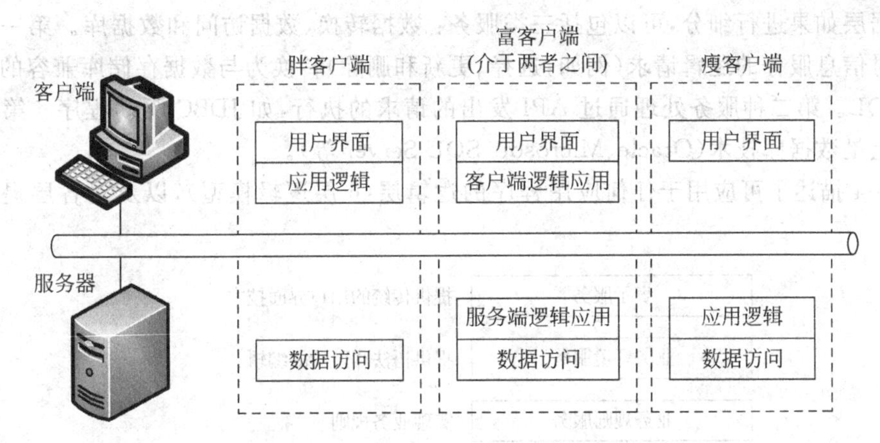

图 5-3 逻辑分层与物理分层

表 5-1 各个逻辑层的范围和目标

层	范　围	目　标
表示层	数据表示 数据接收 图形用户界面	易用性 快速响应时间 自然直观的用户交互
业务层	应用程序/对话框控制逻辑 核心业务规则 数据完整性的实施	隐藏业务实现方式 业务规则的严格实施 减少维护成本
数据层	持久性数据的存储与检索 通过 API 访问 DBMS 并发控制	信息共享 一致、可靠、安全的数据库访问 快速的响应时间

从表示层的本质来看,它在传统上是图形化用户界面,但它也可能是报表或插到某个特定接口上的外部装置。表示层会随时间进行演变。如果一个给定应用程序的表示服务层在设计时就与业务服务层是分离的,那么,换用新的前端时带来的麻烦会最少。

在所有层中,业务层和表示层可能是动态性最强的。应用程序的功能和规则是最常发生变化的部分。如果将业务层和其他两层分开,将会减小由于业务层的变化而给应用程序带来的影响。

数据层通常是应用程序中静态性最强的一层。这一点曾经在前面讲述系统分析时提到过。领域中的数据具有一定的稳定性,虽然处理这些数据的规则将随着行业发展而不断进行着变化,但是行业数据意味着核心业务处理目标和业务本质而极少发生变动。

要使系统具有一定程度的灵活性,系统最少要进行这三层结构的划分,也就是说,对不同程度的可变性进行隔离,但是细想起来,还有很多可变性存在于这三层结构中。

业务层可以细分为两种类型的服务:业务环境和业务服务。第一种类型处理在用户界面向系统传入信息时进行的筛选。例如,在一个字段中输入的值作为另一个处理入口的输入数据时受到某些规则的限制。另一个业务服务处理则是较为传统的业务规则的使用。例如,在图书管理系统中,如果某个读者已经借出两本图书,那么,他在下一次借阅时就需要根据他的最大可借量计算出他还能够再借几本书。

数据层如果进行细分，可以包括三类服务：数据转换、数据访问和数据库。第一种服务负责把对信息服务的逻辑请求（例如，选择、更新和删除）转换为与数据存储库兼容的一种语言，如 SQL。第二种服务处理通过 API 发出的请求的执行，如 JDBC 驱动程序。第三种服务实际上是数据库技术（Oracle、Microsoft SQL Server 等）。

图 5-4 描述了可应用于任何应用程序的逻辑层（6 层逻辑模型），以及对各层提供服务的描述。

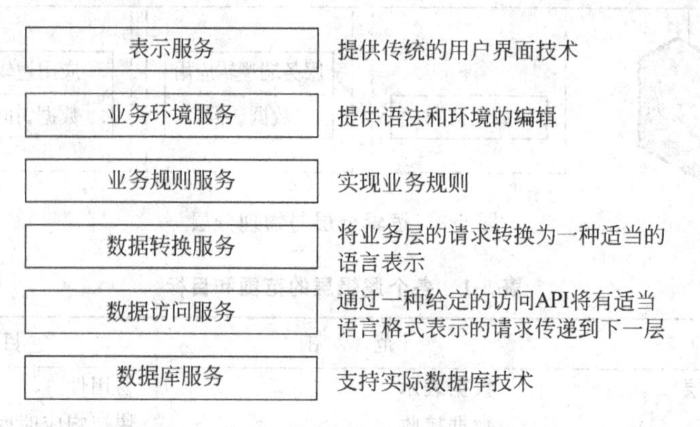

图 5-4　6 层逻辑分层

如果对各层的设计都非常合理，为其他层起到支撑作用，那么，在以后就可以很容易地使用不同的表示服务（例如，Internet）和不同的数据库技术（例如，用 Oracle 来替换 Microsoft SQL Server）来替换当前的表示层和数据层。同时使用层还有助于解决如下问题。

（1）源代码的变更波及整个系统；

（2）应用逻辑与用户界面交织在一起，无法复用于其他不同界面或分布到其他处理结点之上；

（3）潜在的一般性技术服务或业务逻辑与更特定于应用的逻辑交织在一起，无法被复用、分布到其他结点或方便地使用不同实现进行替换；

（4）不同关注领域之间高度耦合，难以为不同开发者清晰地界定和分配任务。

5.5 体系结构设计过程

体系结构的构建过程也要遵循由粗到细，逐步细化的过程。不可能在一开始就对细节具有精确的把握。按照前面层次划分的理解将整个系统看成一个长方体，纵向切割（按功能进行切割）后取得的纵切面，就是子系统的划分；横向切割（按照实现的层次进行划分）得到的横切面，即为软件的逻辑层次。分层能够将功能进行有序的分组。应用程序专用功能位于上层，跨越应用程序领域的功能位于中层，而配置环境专用功能位于底层。可见，应用程序分割的策略是可以混合使用的。

在搭建系统体系结构的时候一般先选定物理结构，称其为初步体系结构的设定。物理结构是决定如何在不同的操作系统进程或网络中物理的计算机上对系统元素如何进行部署。然后确定系统的逻辑结构。逻辑结构是软件类的宏观组织结构，它将软件类组织为包

(或命名空间)、子系统和层等。最后是对逻辑体系结构的细化,决定系统的实际应用策略。

5.5.1 制定初步体系结构

根据用户的需求要选取一种合适的系统体系结构,一种适用的系统体系决定了系统的框架。对于用户来讲,他们并不关心功能具体如何实现,只关心使用的方便性及其实用性。但对于系统设计人员及程序人员来说,却要知道系统到底应该是什么样的系统,所以系统初步架构的选取是系统设计的第一步。

体系结构的选取可参考如下几个关键问题。

(1) 是单机还是客户/服务器系统?

(2) 是常规应用开发还是底层开发(是否有单片机系统)?

(3) 客户机最大点数是多少?

(4) 是否提供给第三方 API?

(5) 网络(或数据通信)是什么连接方式?

(6) 客户机是胖客户机还是瘦客户机?

(7) 数据文件的保存方式(文本、本地数据库、大型数据库)?

对应于图书管理系统所面向的用户群体主要是高校中的老师和学生,人数大概有一万人左右,尤其校园网已经较为普及,因此选择客户/服务器模式,达到能够在校园网覆盖的任何地点登录系统的效果。因此,客户机的硬件配置是目前中等配置,而服务器的配置考虑到服务请求的额负载量,选择了它的基础配置。在了解系统的基本功能性需求和整体质量、并行开发、适应性要求、技术方面的需求等方面要求的前提下给出相关元素在体系结构中的描述,如表 5-2 所示。

表 5-2 MSMS 样例项目的初步体系结构

分类	组成部分	实现
硬件	客户	基于 Pentium2.6GHz 的客户机,1GB 内存,120GB 硬盘
	服务器	基于 Pentium2.6GHz 的客户机,4GB 内存,300GB 硬盘
软件	操作系统(服务器)	Windows 2008 Server
	操作系统(客户机)	Windows 7
	应用程序	IE 浏览器
	数据库管理系统	Microsoft Access、Microsoft SQL Server 2008 或 Oracle 9i
	事务处理服务	带有 JDBC 事务处理的 JavaBean
	Web 服务器	IIS,Apache Tomcat 或商用服务器,如 BEA Weblogic
	Web 接口	Servlet 和 JSP
协议	网络	TCP/IP
	数据库	JDBC-ODBC 桥

为了更好地描述这一体系结构,采用可视化方法描述了软件组件与硬件之间的关系,如图 5-5 所示。

在项目开始的初始阶段,项目组就已经对体系结构进行了初步的设想,只不过当时只是一种大概的想法,随着项目的不断进展,将会对这种体系结构加以印证和调整。

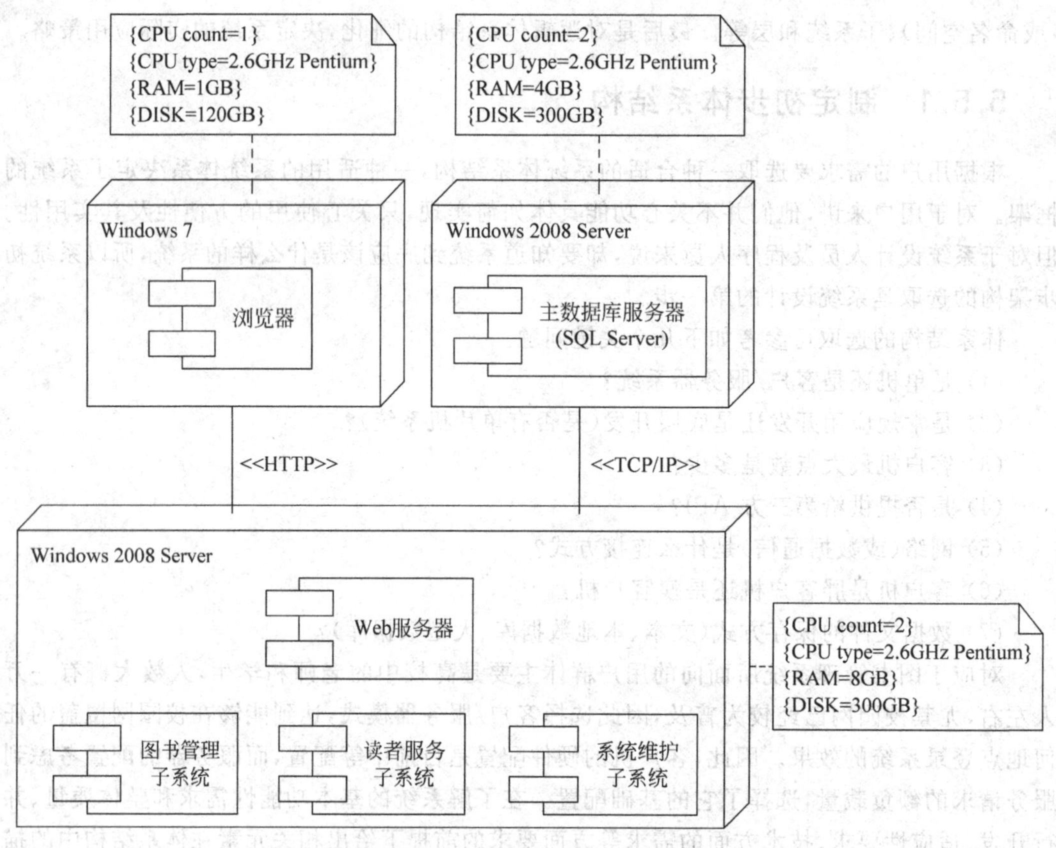

图 5-5 基于 UML 组件图和部署图的初步体系结构

5.5.2 逻辑结构的划分

体系结构中的层表示在系统中垂直方向的划分，而分区则表示对层在水平方向上的划分。形成相对平行的子系统。例如，在图书管理系统中技术服务层可以划分为安全和日志等分区，如图 5-6 所示。

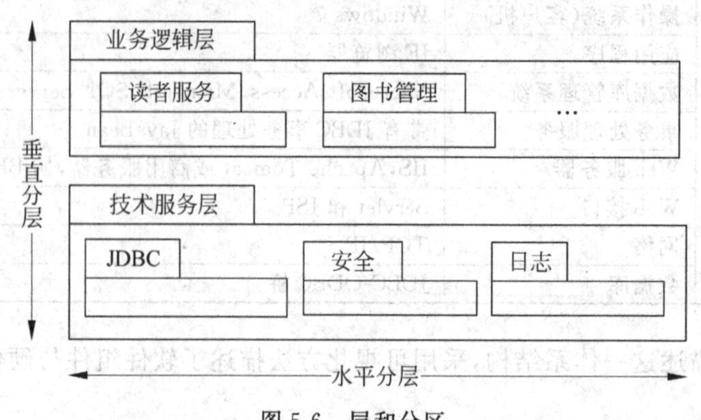

图 5-6 层和分区

在实际应用中，面向对象系统绝大多数情况下应用 MVC 架构思想(有关 MVC 的介绍，请参见知识扩展中的介绍)，依照前面介绍的 6 层结构划分策略，还会根据实际情况进行进一步的细分和具体化。在《UML 和模式应用》一书中提到对一般性信息系统逻辑结构中常见层的描述，如图 5-7 所示。

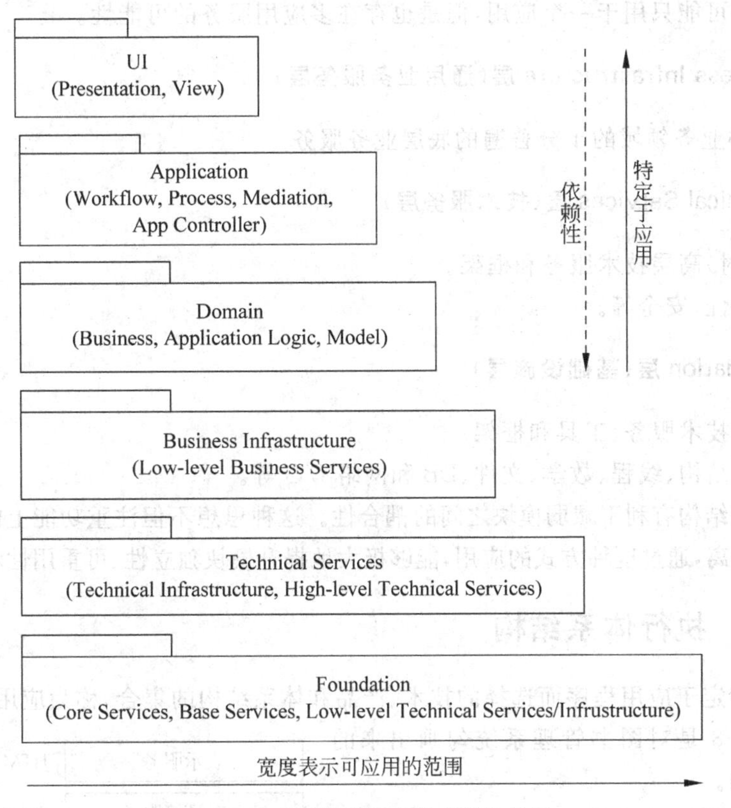

图 5-7 信息系统逻辑结构中常见的层

上面的逻辑分层方案侧重于服务的重用性和隔离可变性，具有较强的借鉴价值。其中每一层的职责解释如下。

1. UI 层（用户界面层）

(1) GUI 窗口；
(2) 报表；
(3) 语音接口；
(4) HTML、XML、XSLT、JSP、JavaScript、……

2. Application 层（应用逻辑层）

(1) 处理表示层请求；
(2) 工作流；
(3) 会话状态；
(4) 窗口/页面转换；
(5) 合并/转换不同的表示数据。

3. Domain 层（领域模型层）

(1) 处理应用层请求；

(2) 实现领域规则；
(3) 领域服务(POS、库存)；
(4) 服务可能只用于一个应用，但是也存在多应用服务的可能性。

4. Business Infrastructure 层(通用业务服务层)

用于多种业务领域的十分普遍的底层业务服务。

5. Technical Services 层(技术服务层)

(1) (相对)高层技术服务和框架。
(2) 持久性，安全等。

6. Foundation 层(基础设施层)

(1) 低层技术服务、工具和框架；
(2) 数据结构、线程、数学、文件、DB 和网络 I/O 等。

这种分层结构有利于减弱模块之间的耦合性。这种思想不但注重功能上的划分，同时也注重服务的分离，通过这种方式的应用，能够极大地提升模块独立性、可重用性和可扩展性。

5.5.3 执行体系结构

我们把特定于应用程序而选择的技术、产品和体系结构的集合，称为应用程序的执行体系结构。图 5-8 是对图书管理系统勾画出来的执行体系结构。

表示服务	HTML和脚本表单
业务环境服务	Servlet和Web服务器
业务规则服务	JavaBean
数据转换服务	JavaBean和本地JDBC
数据访问服务	由JDBC实现
数据库服务	Microsoft SQL Server

图 5-8 对 MSMS 项目的执行体系结构的总结

针对于具体的项目规模，我们选用了 6 层实现框架，也就是使用 JavaBean 来实现业务逻辑的处理。虽然一些成型的框架(例如 Struts)具有很强的可扩展性，但是对于小型项目来讲，它的应用使得系统实现略显复杂，增加了系统的规模，因此选择简单的实现形式。

图 5-9 展示了依据于上述考虑所构建的部分逻辑层视图。其中，上层服务层次中的包是按照功能进行划分的，例如在表示层(MSMSWebApp)中的系统维护、藏书维护和借还管理等。在领域模型层(Domain)中则包含的是与领域模型相对应的领域类，它基本保持了领域模型中类之间的关系。在通用业务层(BusiInfras)则给出业务中较为通用的验证服务和邮件服务。在基础技术层(TecService)给出的是与业务无关的、更为通用的底层技术实现的技术包，包括 JDBC、安全认证和日志服务。

体系结构的设计不是只能过程化的一步一步地顺序执行，它本身应该是迭代的。随着项目的不断进展，需要对已有的内容进行补充和完善。也就是说，在进行逻辑结构的过程中有可能启发对物理架构的设计的深入，而物理架构的描述有可能会影响逻辑架构的设计，并最终落实到执行体系结构中。

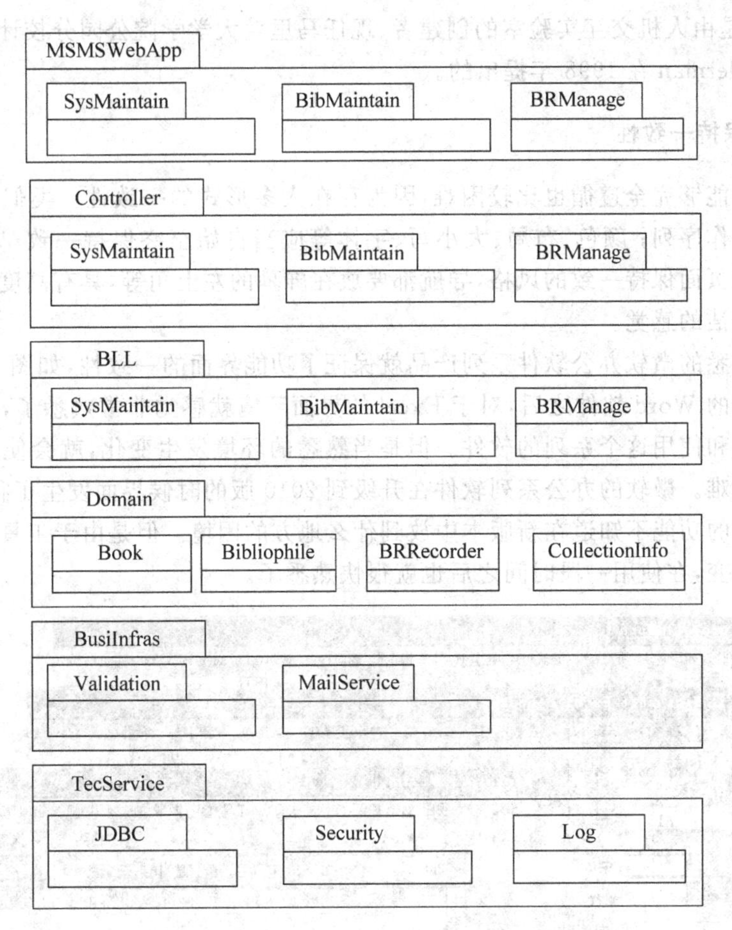

图 5-9 图书管理系统项目的部分逻辑层视图

5.6 用户界面设计

用户界面(User Interface,UI)。设计是指对软件的人机交互、操作逻辑、界面美观的整体设计。好的 UI 设计不仅是让软件变得有个性有品位,还要让软件的操作变得舒适、简单、自由,充分体现软件的定位和特点。

还记得在需求确定阶段已经开始针对用户的需求构建系统界面原型了吗？在那个阶段构建的界面原型目的是为了能够与用户建立起一个可视化沟通的桥梁,帮助我们通过这个沟通的渠道明确用户对系统界面元素理解的正确性。但是,此时的界面还处于较为粗糙的形式,没有将用户的使用体验考虑进去,给人的感觉还比较直白,用户的使用习惯对界面布局的影响并没有体现在界面原型中。

当项目进入系统设计阶段之后,就需要确定系统的最终界面了。在这个阶段,构建界面的目标不仅是确定界面元素的最终组成,还需要根据用户的使用习惯并运用界面设计的基本原则来提升用户的使用体验。

下面就来看看在进行用户界面设计时需要遵循的基本设计原则,也称为界面设计 8 项黄金原则，这是由人机交互实验室的创建者、现任马里兰大学学院公园分校计算机科学系教授 Ben Shneiderman 在 1998 年提出的。

1. 尽量保持一致性

这条准则能够完全遵循也比较困难，因为存在太多形式的一致性。类似的操作环境应提供一致的操作序列；颜色、布局、大小写、字体等应当自始至终保持一致；网站首页需要和每一个下级页面保持一致的风格，导航都要放在屏幕的左上角等，具有高度一致性的界面能给人清晰整洁的感觉。

我们所熟悉的微软办公软件系列产品就保证了功能界面的一致性，如图 5-10 所示。当我们使用其中的 Word 软件之后，对于 Excel 的界面环境就感觉非常熟悉了，这帮助我们能够更快地掌握和使用这个系列的软件。但是当熟悉的环境发生变化，就会使得用户在使用上感觉有些困难。微软的办公系列软件在升级到 2010 版的时候界面发生了很大的变化，出现了原先常用的功能不知道在新版本中放到什么地方的困境。但是由于工具基本归类没有发生太大的改变，在使用一段时间之后也就很快熟悉了。

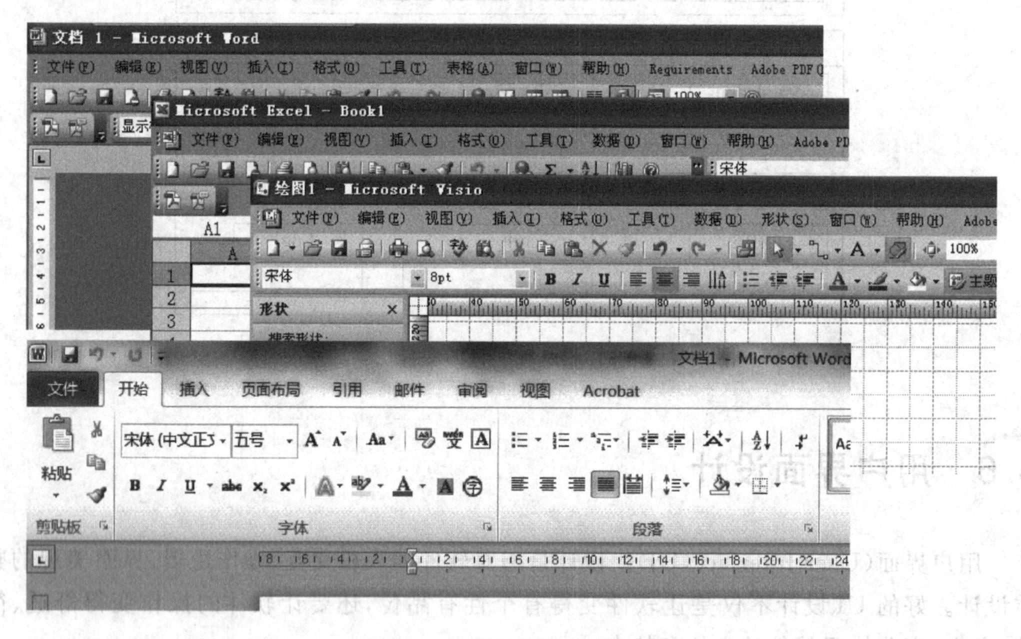

图 5-10 办公系列软件的界面

2. 为熟练用户提供快捷键

经常使用某个应用系统的用户往往会成长为该系统的熟练用户。当这类用户明确知道自己要做什么的时候，他们需要快捷方式或更快的操作步骤提升产品使用的灵活性和有效性，从而提高工作的速度和效率。例如，每次进行复制和粘贴时，不是选中目标后还在菜单中找寻这两个命令，而是直接使用 Ctrl+C 键和 Ctrl+V 键迅速地完成任务。

3. 提供有效反馈

对用户的每个操作都应有相应的系统反馈信息。对于常用的或较次要的操作，反馈信息可以很简短；而对于不常用但很重要的操作，反馈信息就应该丰富一些，借此可以使用户知道相应动作是否已被确认。尤其是出现错误时要明确说出错误的含义，需要考虑用户能否理解，最好给出相应的错误修订建议。如果在使用 Web 系统时出现问题都显示 HTTP404 错误，那么基本没有人能够看懂是什么原因造成的问题，也不知道下一步应该如何去做，这样会给用户带来困惑。

4. 设计完整的对话过程

系统的每一次任务都应该有明确的次序：开始、中间处理过程和结束。一组操作结束之后应该有必要的反馈信息，这可以使用户知道自己是否已经达成目标。可以允许用户放弃临时的计划和想法，并告诉用户，系统已经准备好接受下一组操作。

例如，用户在电子商务网站上选择一款产品放到购物车中准备购买，到最终结账，网站将以一个清晰的确认网页来提示完成了这次交易。

5. 提供简单的错误处理机制

用户出错是要付出代价的，不仅要花费时间改错，还会由于错误给业务的执行产生影响。因此系统设计者必须要尽可能防止用户出错。当用户出现错误时不要只告诉用户操作无法完成、操作失败或是仅给出出错代码，还应当给出能够让用户理解的错误含义。错误信息要有建设性，要让用户看出怎样才是正确的，应该向用户提供解决问题的建议。例如，如图 5-11 所示，QQ 即时通信软件在登录时，如果密码输入错误，系统给出了错误可能发生的原因，同时还给出解决问题的一些建议，这样可以帮助迷惑的用户一步步分析自己错误的原因，从而通过提供的渠道最终解决自己的问题。

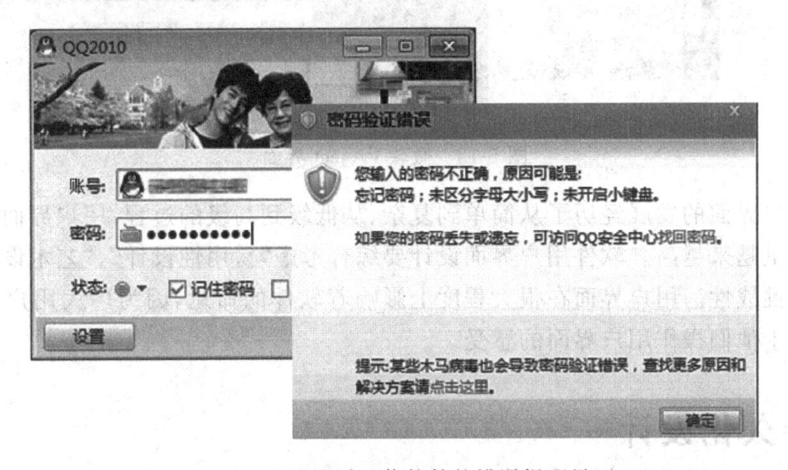

图 5-11 QQ 即时通信软件的错误提醒界面

6. 允许撤销动作

用户实际上非常希望能控制界面，并希望界面对他们的操作进行反馈。例如，用户可以查看选项并且可以毫不费力地取消或撤销相应的动作。用户在任意步骤上可以回退、删除某些文件、记录等，系统会在要求用户确认该项操作之后执行这些动作。如果用户很难或无法得到所需信息，或者无法进行所需操作，他们就会感到焦虑和不满。

7. 提供控制的内部轨迹

有经验的用户希望有控制系统的感觉，系统响应用户命令。用户不应该被迫做某事或者感觉到正在被系统所控制。系统应该让用户觉得是由用户在做决定。可以通过提示字符和提示消息的方式使用户产生这种感觉。例如，典型情况下，安装界面会提供典型安装、最小化安装、自定义安装三种安装方式。典型安装是在不熟悉安装环境的情况下的一种傻瓜式安装方式，一旦对于安装的过程和内容有所设想时，就应该选择自定义安装形式。根据自己的想法自己设置要安装的内容。

8. 减少短期记忆负担

人凭借短时记忆进行信息处理时存在局限性，心理学规律发现，人在同一时间只能记忆7条信息。所以界面应尽可能避免要求用户记住各种信息，例如，各个菜单项之间的逻辑关联。更好的分类就会帮助用户找出哪个功能按钮在什么地方。再如，当用户在使用字处理软件时，新建、打开或保存文件是最常用的菜单功能。系统将最常用的功能用图标按钮的形式摆放在工具条上，这样用户直接单击图标按钮就可以执行新建、打开或保存操作而不需要通过记忆功能项是在菜单中的哪个下拉列表中，如图5-12所示。

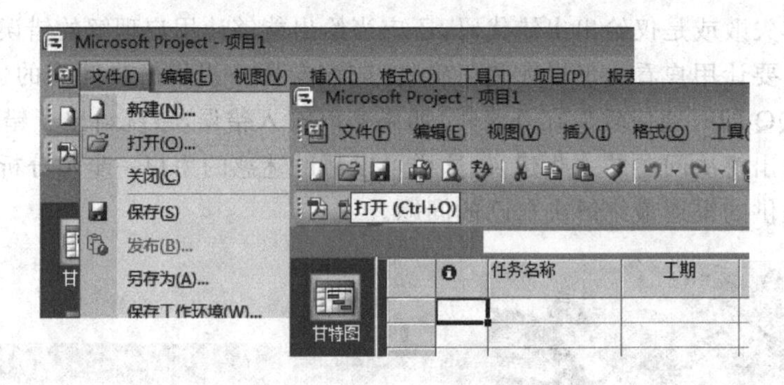

图 5-12 微软 Project 界面

软件用户界面的发展经历了从简单到复杂、从低级到高级的过程，用户界面在软件系统中的价值比重越来越高。软件用户界面设计要综合考虑"易用性设计"、"艺术设计"和"技术实现"，很有挑战性。用户界面在很大程度上影响着软件的命运，因为广大用户对软件的评价主要来源于他们操作用户界面的感受。

5.7 持久化设计

系统在运行期间一定会使用到数据信息，没有对数据的处理就没有软件存在的价值了。因此，如何来表示这些数据和如何对这些数据进行保存是在软件设计过程中需要考虑的一项重要内容。这些数据要么是临时性的，被保存在系统运行时的内存中，要么属于需要反复使用，需要被保存下来的永久性数据。在这一节中，重点讨论一下如何有效地组织和保存永久性数据，也称为数据的持久化设计。

5.7.1 设计目标

数据持久化就是指系统中所要使用到的永久性数据或是系统产生的数据处理结果，将以什么样的形式进行保存。目前较为常见的形式有两种：一种是以文件的形式进行保存，一种是以数据库的形式进行保存。不同的形式都有各自应用的场合和特点。文件的形式较为灵巧，操作简单，使用方便。例如，系统的一些配置信息经常以配置文件的形式存在。XMl 文件就是目前较为常见的一种文件存储的形式。但是面对大量数据的存取，文件在数据共享、存取速度和安全性等方面就有所欠缺。而数据库在这些方面就体现出较为明显的优势。数据库是长期存储在计算机内有组织的可共享的数据集合。数据库的设计目标从根本上来说就是要实现数据的共享和安全存取。数据库的设计需要实现用户对于数据共享的具体要求，需要在满足用户在数据存取要求基础之上，实现对于数据的关联性及优化的要求，还需要实现数据的安全性及可移植性，以保证用户数据能够简单地进行移植等。

数据库的应用需要选择相应的数据库管理系统来完成。数据库管理系统（Database Management System，DBMS）是一种操纵和管理数据库的大型软件，用于建立、使用和维护数据库。它对数据库进行统一的管理和控制，以保证数据库的安全性和完整性。

5.7.2 数据库设计步骤

随着信息化的不断发展，信息系统中的数据量也越来越大，数据库设计的合理性显得越来越重要。数据库的设计并不是一件孤立的事情，它是蕴含在软件开发过程中的一个重要环节。数据库设计的时候，按照人们对事物认知的基本规律，从现实世界中抽取数据对象，并通过分析数据之间的关系，将其表示在数据库中，最后选择具体的数据库将其实现出来。

数据库的设计过程分为 6 个主要步骤来完成，它始于需求阶段。

1. 需求阶段的数据搜集

在需求确定和分析阶段，主要任务是明确用户对系统的要求，明确系统应该向用户提供哪些功能，同时也是软件开发人员熟悉用户业务背景、了解用户业务规则的重要阶段。此时，通过熟悉和搜集用户的业务数据了解用户的数据需求、处理需求、安全性及完整性要求，构建数据字典统一对数据的认知，明确哪些数据需要进行存储，要完成什么样的数据处理功能。

2. 概念结构的设计

为了能够更好地记录和分析搜集到的数据及它们之间的关系，往往采用实体-关系图的形式来进行表示。实体-关系法（Entity-Relationship Approach）是 P. P. S. Chen 于 1976 年提出的。该方法用实体-关系图（E-R 图）来描述现实世界的概念模型，它认为世界是由一组称做实体的基本对象及这些对象间的关系组成。

构成 E-R 图的基本要素是实体、属性和联系，其中，实体用矩形表示，矩形框内写明实体名；属性用椭圆形表示，并用无向边将其与相应的实体连接起来；联系用菱形表示，菱形框内写明联系名，并用无向边分别与有关实体连接起来，同时在无向边旁标上联系的类型，也称为多重性。

联系的类型主要有 $1:1$、$1:n$、$m:n$ 三种。

(1) 1∶1表示联系两端的实体相互间都是一对一的联系,例如,一个学校有一个校长,而一个校长在一个学校里任职,则校长和学校之间就是一对一的联系。

(2) 1∶n表示联系两端的实体之间是一对多的联系,例如,一个班级有很多学生而一个学生只能属于一个班级,则班级和学生实体之间就是一对多的联系。

(3) m∶n表示联系两端的实体之间是多对多的联系,例如,一个学生可以学习很多课程,一门课可以被很多学生学习,则学生和课程之间就是多对多的联系。

例如,从某个学生成绩管理系统的用户需求中获得这样的信息:一名学生可以学习多门课程,而一门课程可以被多名学生学习;学生学习完这门课程后将会通过考试得到这门课程的成绩;老师可以讲授多门课程而这门课程只被一名老师讲授,老师的教学效果将会被记录下来。通过E-R图,可以获得如图5-13所示的描述。其中,成绩和效果作为联系"学习"和"教学"的联系属性,表明是在这种联系存在的情况下才产生了这种数据。

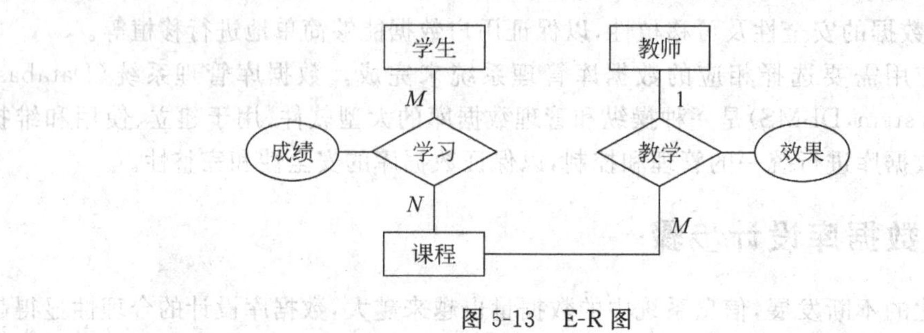

图5-13 E-R图

这一阶段的概念模型是对用户需求的客观反映,并不涉及具体的计算机软、硬件环境。因此,在这一阶段中必须将注意力集中在怎样表达出客观世界中,特别是业务环境中出现了哪些数据实体,这些数据实体之间的关系如何,而不需要考虑具体的实现问题。

3. 逻辑结构的设计

逻辑模型的设计是指将概念结构设计阶段完成的概念模型转换成能够被数据库管理系统支持的数据模型,目前常见的数据库管理系统大都支持关系模型。

下面简单介绍一下将E-R图转换为关系模型的一般规则,如表5-3所示。

表5-3 E-R图中多重性的转换规则

重　数	数据库操作
一对一	为每个对象分别创建一个表
	每个表中的主码也是相关表中的外码
一对多	为每个对象分别创建一个表
	关联中"一"这一侧表的主码是"多"那一侧表的外码
多对多	为每个对象分别创建一个表
	创建一个附加的交叉表
	每个对象对应的表的主码在交叉表中都定义为外码
	交叉表的主码可以是单独的特定一列(自动生成的代主码),或者也可能是来自其他表的两个外键的组合
	再加上一个有含义的标识符(如角色、类型)

(1) 每一实体集对应于一个关系模式，实体名作为关系名，实体的属性作为对应关系的属性。

(2) 实体间的联系一般对应一个关系，联系名作为对应的关系名，不带有属性的联系可以去掉。

(3) 实体和联系中关键字对应的属性在关系模式中仍作为关键字。

根据表5-3总结出来的规则，将图5-13表示的E-R图转换成对应的关系数据模型如下。

(1) 学生(学号，姓名，性别，出生日期，籍贯)

(2) 课程(课程编号，课程名，学时，学分，教材名称)

(3) 教师(教师编号，教师姓名，性别，出生日期，职称，学历，工作时间)

(4) 学习(学号，课程编号，成绩)

(5) 教学(教师编号，课程编号，效果)

4. 物理结构设计

物理设计阶段，明确选取了具体的数据库管理系统，为逻辑数据模型选取一个最适合应用环境的物理结构。将数据模型应用的环境进行搭建，配置数据库服务器等，然后设计数据的存储结构和存取方法，如索引的设计以获得数据库的最佳存取效率。

物理结构设计的主要内容如下。

(1) 库文件的组织形式。如选用顺序文件组织形式、索引文件组织形式等。

(2) 存储介质的分配。例如，将易变的、存取频繁的数据存放在高速存储器上，稳定的、存取频度小的数据存放在低速存储器上。

(3) 存取路径的选择等。

5. 系统实施

数据库实施阶段，运用DBMS提供的数据语言、工具及宿主语言，根据逻辑设计和物理设计的结果，建立数据库，编制与调试应用程序，组织数据入库、编制应用程序并进行试运行。

6. 运行维护

数据库运行和维护阶段，数据库应用系统经过试运行后即可投入正式运行。数据库系统的正式运行，标志着数据库设计与应用开发工作的结束和维护阶段的开始，该阶段的主要任务包括维护数据库的安全性与完整性、监测并改善数据库运行性能、根据用户要求对数据库现有功能进行扩充、及时改正运行中发现的系统错误。

在以上数据库设计的过程中，把数据库的设计和对数据库中数据处理的设计紧密结合起来，将这两个方面的需求分析、抽象、设计、实现在各个阶段同时进行，相互参照，相互补充，以完善两方面的设计。

5.8 案例分析

项目小组的成员在听取了老丁的讲解之后,大家对系统内部的组织形式有了清晰的思路,大家准备好接受组长的指令开始完成自己的任务了。老李根据系统设计阶段的目标确定了需要完成的几项任务。

系统架构的设计是整个产品的灵魂,为了保证系统框架设计的合理性,老李决定让老丁辅助小董来完成这个重要的任务;前面由小李负责构建了领域模型,因此对这个系统所涉及的数据关系有比较清晰的理解,因此,由小李来负责数据库设计再合适不过了;小王熟悉用户需求,同时也有界面设计的经验,因此,界面设计的任务被派给了小王。

根据先前负责的任务和各自的技能,项目小组成员被分配了相应的任务。大家能否根据组长老李的要求完成这个阶段的工作呢?

5.8.1 体系结构的建立

根据体系结构搭建的过程,首先要考虑几个关键问题,确定系统的初步架构。

1. 浏览/服务器模式

招聘管理系统服务的人群主要是分散在各地的应聘人员,通过分布式的体系结构可以最大程度地为这些人群提供方便的服务。目前考虑到技术的成熟性,采用普通的瘦客户端的形式,也就是B/S架构来完成该系统。

2. 客户机最大点数在千人左右

根据客户公司在全球设有50个办公机构,共有员工两万五千多人的规模,同时考虑公司在其业务领域中的知名程度,初步估计应聘者集中上线的规模在千人左右。

3. 为了提高系统的适应性给出 API 统一接口

客户公司为最大限度地做好人才吸引工作,提出招聘辐射 HR 上传简历、公司官网、公司内部员工推荐、招聘门户网站(如前程无忧、智联招聘、中华英才等)等多种渠道。因此要求系统能够自动整合所有渠道的简历,将所有进入系统的简历进行标准化处理,不同渠道不同形式的简历制作成统一的简历详细页面。因此,系统需要适应多种简历来源,需要针对不同信息的组成形式进行针对性的处理,同时向系统内部提供统一的简历信息,便于系统的处理。

目前主要以招聘管理系统为招聘的主要平台,以后可能会考虑与其他平台进行合作以扩大招聘的影响范围,届时需要提供第三方 API,向合作方定期、自动地发布和更新招聘信息。

4. 数据文件的保存方式采用大型数据库

多渠道来源的简历纷繁多样,同时伴随着客户公司的快速发展、转型升级,投向人力资源的简历信息越积越多,需要对海量信息(简历数在50万左右)进行多维度、多条件、多关键字的查询,此时需要数据库来保证数据存储的安全性、存取的高效性和良好的共享性。

针对于客户企业数据存储量和操作的特点,暂时选定数据库服务器为SQL Server、MySQL或者Oracle。

5. 采用 Java Web 开发技术实现系统

因为项目小组的成员大都有过Java Web的开发经验,同时软件开发公司内部也具有大量的Java Web项目经验的积累,因此,系统的实现技术定为Java Web技术。

在构建系统的逻辑结构划分时,老丁建议采用经典的5层分层技术来构建系统的逻辑结构,具体的分层方式见图5-14。

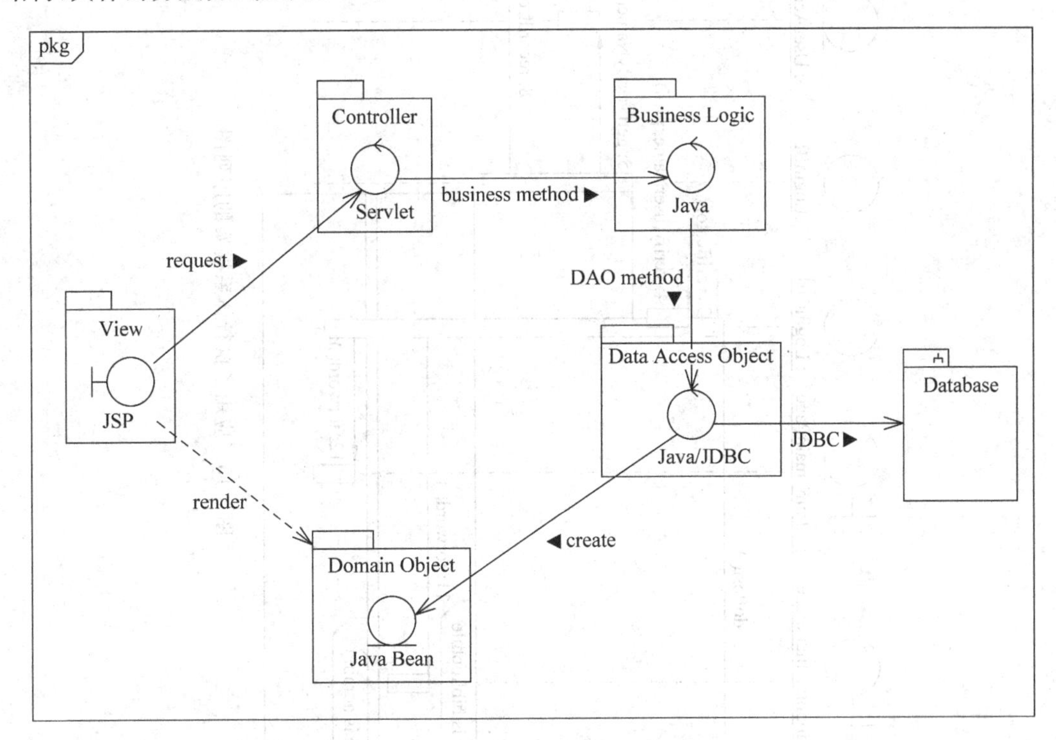

图5-14 招聘系统的体系结构图

在招聘系统中,View Layer(视图层)展现的是JSP页面,页面上的数据是通过HttpServletRequest或HttpSession传递过来的。Controller Layer(控制层)是通过Servlet来实现的。它是前端和Model之间的通信桥梁。Business Logic Layer(业务逻辑层)是一组简单的Java对象。它们根据业务的需要处理数据,但是并不存取数据。Data Access Object Layer(数据访问对象层)层会返回一个完整的具有属性的对象,而不是从数据库中表中的记录数据。它在业务逻辑层之下隐藏了它的复杂性。

在分析阶段的顺序图只是对初步分析出来的系统对象进行行为的分配,理顺对象的基本职责,还没有体现体系结构设计结果和设计类的内容,指导编程人员进行代码编写的详细顺序图将在对象设计之后完成。图5-15是运用了执行体系结构后的顺序图。在此图的基

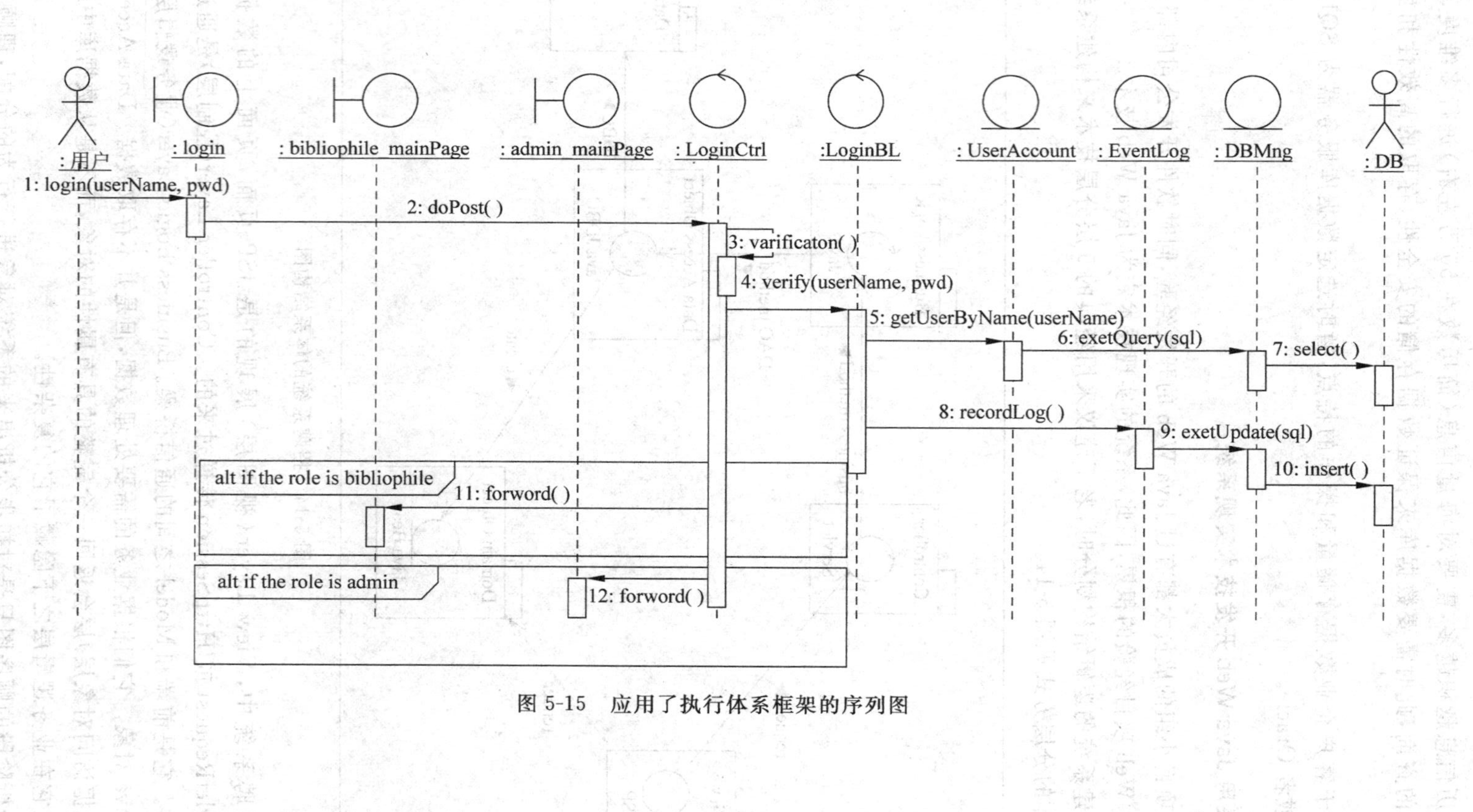

图 5-15 应用了执行体系框架的序列图

础之上，程序的执行框架就较为清晰了。从这里也可以看出来，面向对象分析设计方法在应用了 UML 之后，设计的内容是逐步细化的一个过程。并不是所有的用例都需要在详细设计环节绘制对应的顺序图，为了能够体现出体系结构设计的结果，需要选取具有代表性的用例进行详细的实现描述。

从系统的功能角度对系统进行划分，形成了如图 5-16 所示的总体结构。

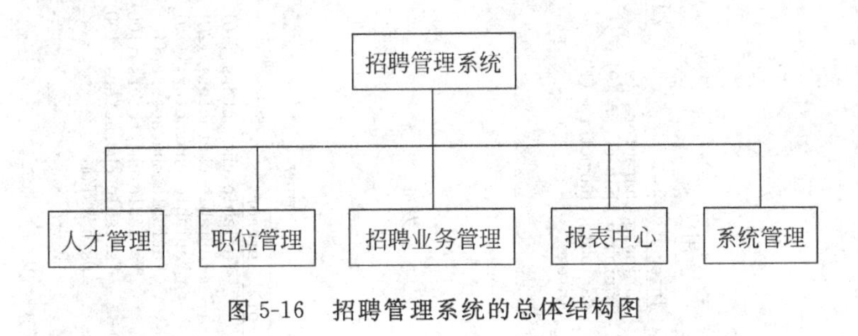

图 5-16　招聘管理系统的总体结构图

5.8.2 数据库的设计

虽然领域模型与数据模型存在区别，但是仍然能够从领域模型中获得很多的借鉴。关键是需要确定哪些内容是需要进行持久化保存的。在招聘管理系统中，重点关注的是应聘人员的个人简历和职位信息，同时对系统使用者的信息进行保存需要明确系统的使用权限，因此，借助于领域模型中分析的对象之间的关系，得到了对应的 E-R 图，如图 5-17 所示。

注意，在构建数据的概念模型时，可以标记数据信息的关键字，但是，这里不会存在外键的概念。因为在此阶段，数据之间的关系是通过实体之间的联系体现出来的，外键是在构建数据库内部关系模式时，用来表示数据表之间关系时所使用到的技术。

将其转化为数据库中能够表示的关系模型如图 5-18 所示。

5.8.3 界面设计

在第 4 章中使用了界面原型中的界面要素帮助我们进行系统的分析，那么在设计阶段就需要对界面展开实质上的构建。这些内容包括对项目的用户界面标准进行早期的开发，开始构建界面工作模板，以便为后续的编码打下基础。

在构建用户界面原型的时候主要是与用户确定界面要素，并给出主要功能的界面迁移关系，如图 5-19 所示。在当前阶段随着对系统的不断深入了解，需要根据用户界面设计的基本原则考虑用户在使用过程中的使用习惯和使用体验。

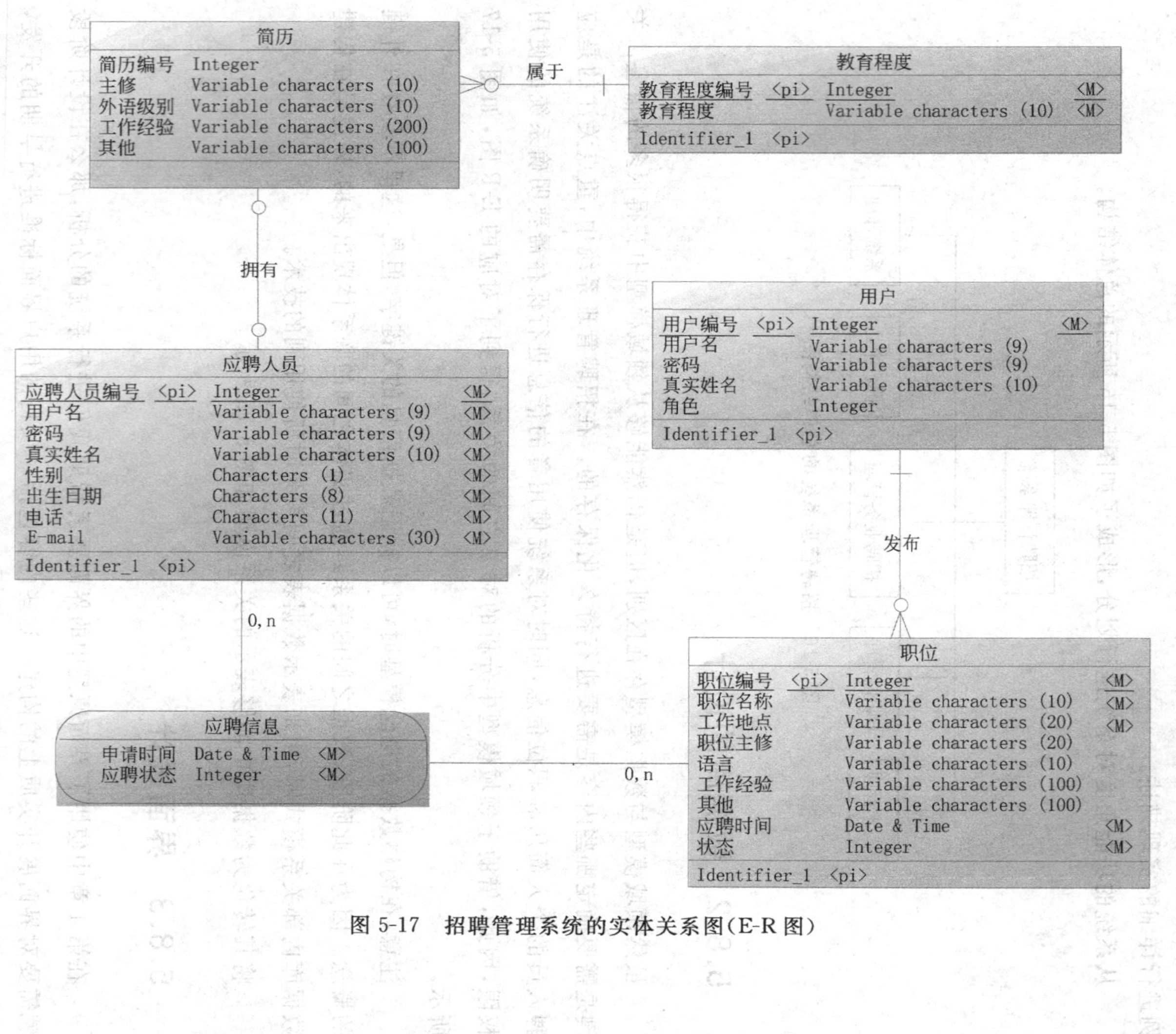

图 5-17 招聘管理系统的实体关系图(E-R 图)

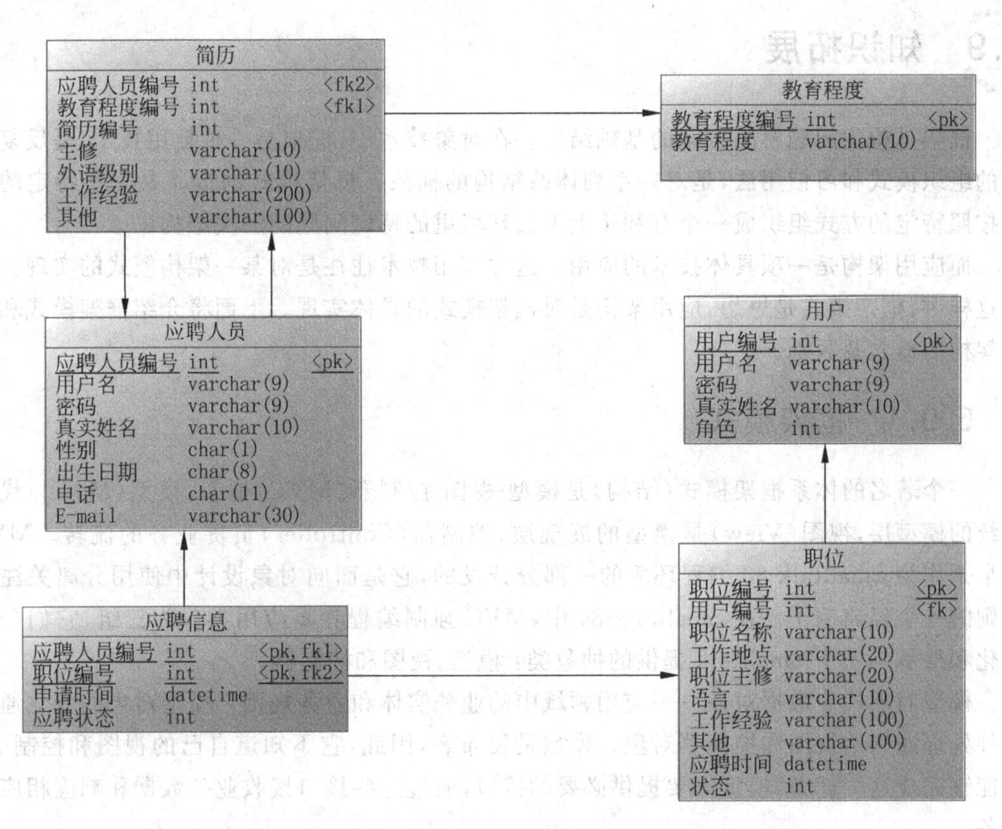

图 5-18 招聘管理系统的关系模型图

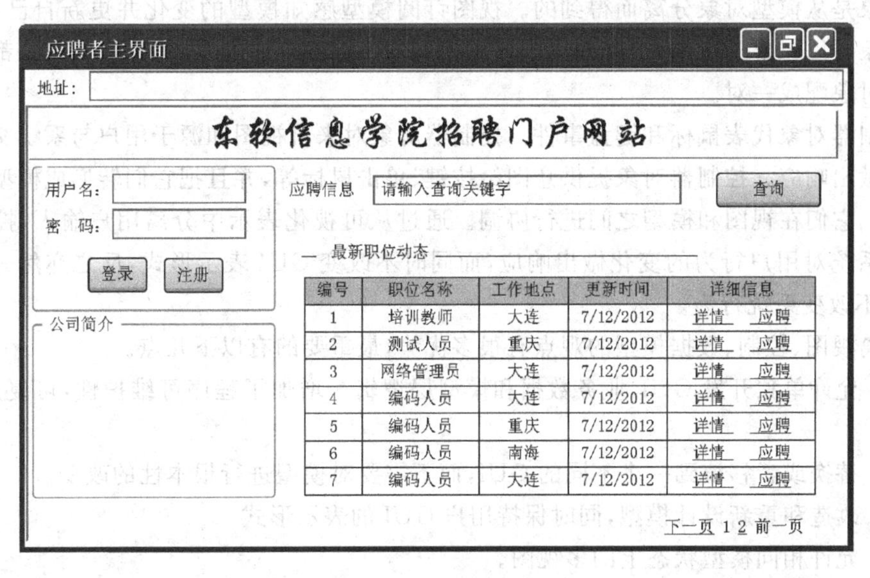

图 5-19 招聘管理系统界面设计

5.9 知识拓展

框架是构建问题解决方案的基础结构。在对象技术中，框架是一种复用技术，是反复出现的组织模式和习惯用法，是对一系列体系结构的抽象。框架模式的本质是一些特定的元素按照特定的方式组织成一个有利于上下文环境里的特定问题的解决结构。

而应用架构是一项具体技术的应用。这种应用技术往往是对某一架构模式的实现。可以这样讲，框架模式是思想，应用架构是对框架模式的具体实现。下面将介绍框架模式和应用架构的概念及区别。

5.9.1 框架模式

一个著名的体系框架模式（结构）是模型-视图-控制器（MVC）框架，模型（Model）代表系统的模型层，视图（View）是模型的展现层，控制器（Controller）负责业务的流转。MVC最早是作为Smalltalk-80编程环境的一部分开发的，它是面向对象设计中使用分离关注点原则的一个经典例子。在Smalltalk-80中，MVC强制编程者将应用类分为三组，它们分别特化和继承自三个Smalltalk提供的抽象类：模型、视图和控制器。

模型对象代表数据对象——应用领域中的业务实体和业务规则。模型对象的变化通过事件处理通知给视图和控制器对象。模型是发布者，因此，它不知道自己的视图和控制器。为能够完成这一任务，模型需要提供必要的接口，通过这些接口接收业务数据和响应相应的服务。

视图对象代表GUI对象，并且以用户需要的格式来表示模型状态，通常是图形化显示。视图对象是从模型对象分离而得到的。视图订阅模型感知模型的变化并更新自己的显示。视图对象可以包含子视图，子视图用于显示模型的不同部分。通常，每个视图对象都与一个控制器对象配成一对。

控制器对象代表鼠标和键盘事件。控制器对象对来自视图和源于用户与系统交互结果的请求做出响应。控制器对象提供意图给按键、单击鼠标等，并且把它们转换成模型对象上的行动。它们在视图和模型之间进行协调。通过从可视化表示中分离用户输入，控制器对象允许系统对用户行为的变化做出响应，而同时不改变GUI表示形式，反之亦然——改变GUI而不改变系统行为。

分离视图、控制、数据模型的观点有很多优势，最重要的有以下几点。

(1) 允许单独开发GUI、业务数据和模型层逻辑。增加了程序可维护性，可复用性、可扩展性。

(2) 替换或者移植到一个不同的GUI，而不需要对模型进行根本性的改变。

(3) 改造和重新设计模型，同时保持用户GUI的表示形式。

(4) 允许相同模型状态上的多视图。

(5) 改变GUI对用户事件的响应方式，而不改变GUI的表示方式（一个视图控制器甚至在运行时改变）。

(6) 使模型没有GUI也能执行（例如，用于测试或用于批量处理）。

MVC 架构模式对面向对象设计产生广泛的影响，MVC 原则支持大部分的现代体系结构框架和模式。

图 5-20 表示一个从执行者(用户)角度看 MVC 对象之间的通信。其中，连线表示对象之间的通信，视图对象拦截用户 GUI 事件，并且为了解释将来的行为而传递给控制器。将视图和控制器行为混合在一个单独对象中是一种在 MVC 中很糟糕的实现。

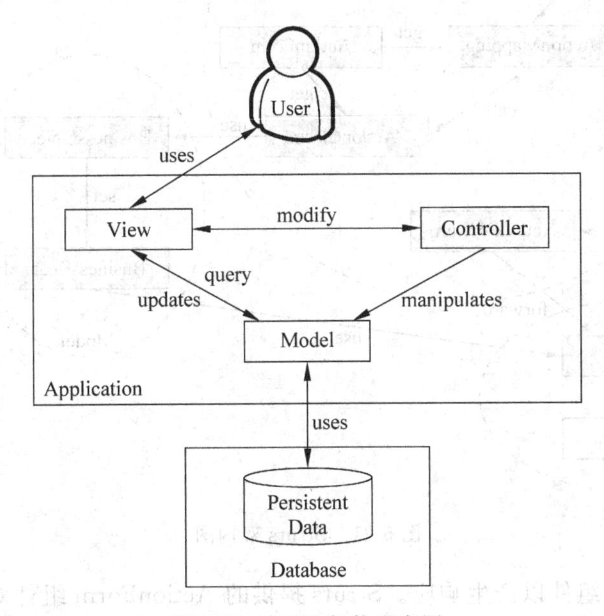

图 5-20 MVC 架构示意图

例如，一个用户激活了一个菜单项，用于在屏幕上显示客户详情。一个视图对象接收到事件，并且将它传递给自己的控制对象。控制对象要求模型提供顾客数据。模型对象返回数据给控制器对象，控制器对象将它提供给视图。任何将来的模型状态变化都可以通知给那些订阅这些信息的视图对象。通过这种方法，视图可以更新显示来反映当前的业务数据值。

5.9.2 应用框架

Struts 是一个具体的“Web 应用框架”，它能比较完善地实现 MVC 模式的 Web 应用，如图 5-21 所示。

控制(Controller)：在 Struts 中，实现 MVC 中 Controller 角色的是 ActionServlet。ActionServlet 是一个通用的控制组件，它截取和分发来自用户的 HTTP 请求到相应的动作类(Action 或 ActionForm)。动作类可以访问 JavaBean 或调用 EJB，实现核心业务逻辑处理。最后，将处理后的信息传给 JSP，由 JSP 生成视图展现给用户。Struts 所有的控制逻辑都保存在 struts-config. xml 文件中，struts-config. xml 就像人的大脑，控制一切任务的处理。

模型(Model)：一般是以 JavaBean 的形式存在。大致分为三类：ActionBean(也称为 Action)、FormBean(也称为 ActionForm)、JavaBean 或 EJB。Struts 为 Model 部分提供了 Action 和 ActionForm 对象：所有的 Action 处理器对象都是开发者从 Struts 的 Action 类派生的子类。Action 处理器对象封装了具体的处理逻辑，调用业务逻辑模块，并且把响应

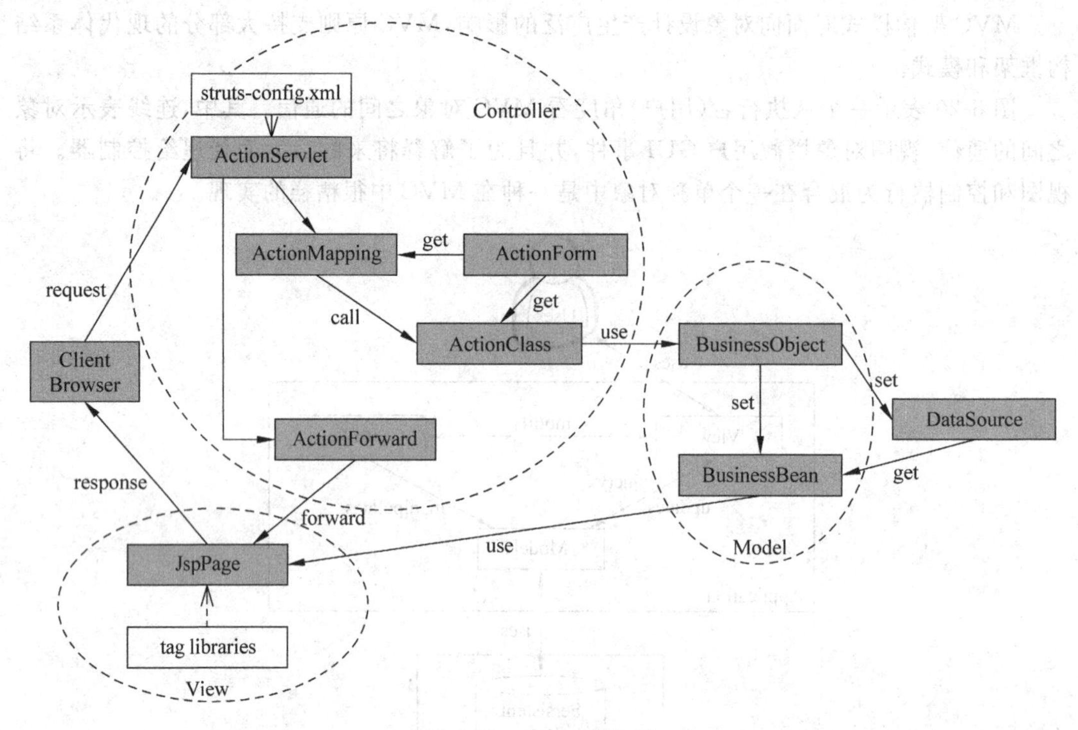

图 5-21 Struts 架构图

提交到合适的 View 组件以产生响应。Struts 提供的 ActionForm 组件对象，它可以通过定义属性描述客户端表单数据。开发者可以从它派生子类对象，利用它和 Struts 提供的自定义标记库结合可以实现对客户端的表单数据的良好封装和支持。Struts 通常建议使用一组 JavaBean 表示系统的内部状态，根据系统的复杂度也可以使用像 Entity EJB 和 Session EJB 等组件来实现系统状态。Struts 建议在实现时把“做什么”(Action)和“如何做”(业务逻辑)分离。这样可以实现业务逻辑的重用。

视图(View)：Struts 提供自定义的 JSP 标记，如 Html、Bean、Logic、Template 等，构建 JSP，完成视图。通过这些自定义标记可以非常好地和系统的 Model 部分交互，通过使用这些自定义标记创建的 JSP 表单，可以实现和 Model 部分中的 ActionForm 的映射，完成对用户数据的封装，同时这些自定义标记还提供了像模板定制等多种显示功能。

目前关注于服务分层的应用架构层出不穷。例如，侧重界面与应用分离的 WebWork 框架、侧重业务层服务分离的 Spring、侧重于对象与关系模型转换的 Hibernate 等，都是一些具体的应用框架，只要编程人员按照框架所提供的处理机制和文件布局规则就能够成功地应用 MVC 思想于自己的系统中。

小结

本章重点讲解了系统设计阶段的目的，即解决软件如何做的问题。软件体系结构的设计使我们进入到了真正的系统实现的内部，确定了采用软件技术如何实现用户目标的整体框架，是从分析向设计转换的一个重要的阶段。界面设计讲述了如何在美观的基础上，能够提升用户的使用体验，提升系统操作的友好性。数据库设计蕴含在整个软件设计过程当中，描述了需要系统持久化保存的数据应以何种方式保存在数据库中。

强化练习

一、选择题（单选题）

1. 在一个课程注册系统中，定义了类 CourseSchedule 和类 Course，并在类 CourseSchedule 中定义了方法 add（c：Course）和方法 remove（c：Course），则类 CourseSchedule 和类 Course 之间的关系是（　　）。

A. 泛化关系　　B. 组成关系　　C. 依赖关系　　D. 包含关系

2. 以下关于包的描述，哪个不正确？（　　）

A. 和其他建模元素一样，每个包必须有一个区别于其他包的名字

B. 包中可以包含其他元素，比如类、接口、组件、用例等

C. 包的可见性分为：public、protected、private

D. 导出（export）使得一个包中的元素可以单向访问另一个包中的元素

3. 关于类和对象的描述中，（　　）是错误的。

A. 对象是具有明确语义边界并封装了状态和行为的实体

B. 类与对象之间的关系，如同一个铸件和它的模具之际的关系

C. 对象是类的实例

D. 类是对具有相同属性和操作的一组对象的抽象描述

4. 若对象 a 可以给对象 b 发送消息，那么（　　）。

A. 对象 b 可以看见对象 a　　B. 对象 a 可看见对象 b

C. 对象 a、b 相互不可见　　D. 对象 a、b 相互可见

5. 下面对包图描述错误的是（　　）。

A. 包图是描绘如何对模型元素分组以及分组之间依赖的图

B. 一个模型元素只能被一个包所拥有

C. 包可以用于各种不同的图

D. 包是一种模型元素，但一个包不能包含其他包

6. 不是人机交互设计准则的是（　　）。

A. 易学、易用、操作方便　　B. 尽量保持个性化

C. 及时提供有意义的反馈　　D. 尽量减少用户的记忆

7. 在 UML 提供的图中，（ (1) ）用于描述系统与外部系统及用户之间的交互；（ (2) ）用于按时间顺序描述对象间的交互。

(1) A. 用例图　　B. 类图　　C. 对象图　　D. 部署图

(2) A. 网络图　　B. 状态图　　C. 协作图　　D. 序列图

二、简答题

1. 什么是体系结构？体系结构设计的步骤是什么？

2. 请简单分析一下信息系统逻辑结架构中常见层的设定思路。

3. 界面设计过程中遵循的8项基本原则是什么？

4. 假定一个部门包括以下信息。

(1) 职工信息：职工号、姓名、地址和所在部门。

(2) 部门信息：部门所有职工、部门名、经理和销售的产品。

(3) 产品信息：产品名、制造商、价格、型号及产品的内部编号。

(4) 制造商信息：制造商名称、地址、生产的产品名和价格。

试画出这个数据库的E-R图。

5. 某医院病房计算机管理中心需要如下信息。

科室：科名、科地址、科电话、医生姓名。

病房：病房号、所属科室名、床位数。

医生：姓名、职称、所属科室名、年龄、工作证号。

病人：病历号、姓名、性别、诊断、主管医生、病房号、床位号。

其中，一个科室有多个病房、多个医生，一个病房只能属于一个科室，一个医生只属于一个科室，但可负责多个病人的诊治，一个病人的主管医生只有一个。

完成如下设计：

(1) 设计该计算机管理系统的E-R图。

(2) 将该E-R图转换为关系模式结构。

第6章 对象设计

6.1 项目导引

当系统设计阶段完成之后,项目进入对象设计的环节。项目组组长组织大家开了个阶段性会议,总结了上个阶段的内容。"我们的招聘系统已经完成了 UI 设计,将系统结构设计为控制层、业务逻辑层和数据持久层,通过采用各层相分离的系统设计,可以给系统带来较好的灵活性和清晰的责任划分……"组长说,"我们现在的任务,是要在此基础上进一步设计系统中的对象,分配对象不同的职责,进一步考察对象之间的联系,让已有的系统设计骨架,用更丰富的对象设计填充饱满。"

说到这时,小张露出了不解的神情,"我们不是已经有了类图、顺序图,甚至还有了状态图,为什么不直接开始编程呢?"

"如果现在直接编写代码,系统还会面临许多问题,"技术顾问老丁解释到,"比如,系统的可扩展性、灵活性、可复用性等方面都不够完美。"

看小张仍然是疑惑的眼神,老丁接下来举了一个例子。

如果把"人"当成一个类,然后把"雇员"、"经理"、"学生"当成是"人"的子类是错误的。这个错误在于把"角色"的等级结构和"人"的等级结构混淆了。"经理"、"雇员"、"学生"是一个人的角色,一个人可以同时拥有上述角色。如果按继承来设计,那么如果一个人是雇员,就不可能是经理,也不可能是学生,这显然不合理。正确的设计是有个抽象类"角色","人"可以拥有多个"角色"(聚合),"雇员"、"经理"、"学生"是"角色"的子类。显然,如果这个类需要增加一个"程序员"的职能,只要在"角色"中进行扩展即可。这种设计就是符合里氏代换设计原则的。

"设计原则?"

"对,那就让我们一起看看遵循设计原则和设计模式能为我们带来的好处吧。"接下来,老丁带着项目组所有成员进入了对象设计之旅。

6.2 项目分析

软件设计因为引入面向对象思想而逐渐变得丰富起来。"一切皆为对象"的精义,使得程序世界所要处理的逻辑简化,开发者可以用一组对象以及这些对象之间的关系将软件系统形象地表示出来。而从对象的定义，进而到模块，到组件的定义，利用面向对象思想的封装、继承、多态的思想，使得软件系统开发可以像搭建房屋那样，循序渐进，从砖石到楼层，进而到整幢大厦的建成。应用面向对象思想，在设计规模更大、逻辑更复杂的系统时，开发周期反而能变得更短。自然其中需要应用到软件工程的开发定义、流程的过程控制，乃至于质量的缺陷管理。

但从技术的细节来看，面向对象系统的OO特性增强了系统的重用性，但是如果在类的设计中不了解设计的基本原则，一样会出现系统僵硬的问题。需求的变化使对象设计中面对的问题更为突出，需求变动的推动者，可能是市场，可能是用户，也可能仅仅是老板的一句话，无法确定这个改动是对是错，总之，方方面面的原因，都可能造成需求改动，这些问题具体表现在如下几个方面。

(1) 很难加入新的功能。加入新功能，不仅意味着构造一个独立的模块，而且因为这个新功能会波及很多其他模块，最后变成跨越几个模块的改动。由于这种设计上的缺陷，项目经理不敢轻易向系统加入新功能。这就造成了一个系统一旦做好，就不能增加新功能的僵硬化情况，最终导致系统的“可扩展性”差。

(2) 与过于僵硬同时存在，对一个地方的改动，往往会导致看上去没有关系的另外一个地方发生故障。在修改完成之前，连系统的原始设计师们都无法确切预测到可能会波及哪些地方。这种一碰就碎的情况，造成了软件系统过于脆弱。这一点针对“修改已有功能”，也就是系统的“灵活性”差。

(3) 有的时候，改动可以用保持原始设计意图和原始设计框架的方式进行，也可以用破坏原始意图和框架的方式进行。第一种方式无疑会对系统的未来有利，第二种方式只是权宜之计，可以解决短期的问题，但却会牺牲中长期的利益。一个系统设计，如果总是使得第二种方式比第一种方式容易，就叫做黏度过高。一个黏度过高的系统会诱使维护它的程序员采取错误的维护方案，并惩罚采取正确维护方案的程序员。这一点针对“替换现有功能”，也就是系统的“可插入性”差。

(4) 复用率低。所谓复用，就是指一个软件的组成部分，可以在同一个项目的不同地方甚至另一个项目中重复使用。每当程序员发现一段代码、函数、模块所做的事情是可以在新的模块或者新的系统中使用的时候，总是发现这些已有的代码依赖于一大堆其他的东西，以至于很难将它们分开。最后发现最好的办法就是不去“碰”这些已有的东西，而是重新写自己的代码。过程中也可能通过源代码复制与粘贴的方式，以最原始的复用方式，节省一些时间。

正是这些问题的出现，促使人们开始不断提高对软件设计、软件架构和软件流程等内容的关注，设计原则也正是这种思考和探索中逐渐归纳总结而成的，通过灵活地应用设计原则，辅助一定的设计模式，封装变化、降低耦合，来实现软件的复用和扩展，这正是设计原则的最终意义。

6.3 面向对象的设计原则

随着面向对象编程思想的成熟，形成了以封装、继承和多态三大要素为主的完整体系，蕴含以抽象来封装变化，降低耦合，实现复用；而多态改写对象行为，在继承的基础上实现更高级别的抽象。在此基础上逐渐形成的一些基本的 OO 原则，例如封装变化、对接口编程、少继承多聚合，已经具有了面向对象设计原则的思想，而本节所述的原则可以看成是对这些思想的系统化引申和归纳。

常用的面向对象设计原则有 7 个，如表 6-1 所示，这些原则并不是孤立存在的，它们相互依赖，相互补充。设计模式就是实现了这些原则，从而达到了代码复用、增加可维护性的目的。

表 6-1 面向对象设计原则

设计原则名称	设计原则简介	重要性
开闭原则 (Open-Closed Principle，OCP)	软件实体对扩展是开放的，但对修改是关闭的，即在不修改一个软件实体的基础上去扩展其功能	*****
依赖倒转原则 (Dependency Inversion Principle，DIP)	要针对抽象层编程，而不要针对具体类编程	*****
里氏代换原则 (Liskov Substitution Principle，LSP)	在软件系统中，一个可以接受基类对象的地方必然可以接受一个子类对象	****
单一职责原则 (Single Responsibility Principle，SRP)	类的职责要单一，不能将太多的职责放在一个类中	****
接口隔离原则 (Interface Segregation Principle，ISP)	使用多个专门的接口来取代一个统一的接口	**
合成复用原则 (Composite Reuse Principle，CRP)	在系统中应该尽量多使用组合和聚合关联关系，尽量少使用甚至不使用继承关系	****
迪米特法则 (Law of Demete，LoD)	一个软件实体对其他实体的引用越少越好，或者说如果两个类不必彼此直接通信，那么这两个类就不应当发生直接的相互作用，而是通过引入一个第三者发生间接交互	***

6.3.1 开闭原则

开闭原则(Open Closed Principle，OCP)由 Bertrand Meyer 于 1988 年提出，它是面向对象设计中最重要的原则之一。开闭原则是指：一个软件实体应当对扩展开放，对修改关闭。也就是说，在设计一个模块的时候，应当使这个模块可以在不被修改的前提下被扩展，即实现在不修改源代码的情况下改变这个模块的行为。

在开闭原则的定义中，软件实体可以指一个软件模块、一个由多个类组成的局部结构或一个独立的类。开闭原则还可以通过一个更加具体的"对可变性封装原则"来描述，对可变性封装原则(Principle of Encapsulation of Variation，EVP)要求找到系统的可变因素并将其封装起来。开闭原则具有理想主义的色彩，它是面向对象设计的终极目标。其他几条，则可以看做是开闭原则的实现方法。

为了满足开闭原则，需要对系统进行抽象化设计，抽象化是开闭原则的关键。在 Java、C#等编程语言中，可以为系统定义一个相对稳定的抽象层，而将不同的实现行为移至具体的实现层中完成。在很多面向对象编程语言中都提供了接口、抽象类等机制，可以通过它们定义系统的抽象层，再通过具体类来进行扩展。如果需要修改系统的行为，无须对抽象层进行任何改动，只需要增加新的具体类来实现新的业务功能即可，实现在不修改已有代码的基础上扩展系统的功能，达到开闭原则的要求。

下面给出一个开闭原则实例。

遵循开闭原则设计实例，某软件公司开发的办公系统可以显示各种类型的图表，如饼状图和柱状图等，为了支持多种图表显示方式，原始设计方案如图 6-1 所示。

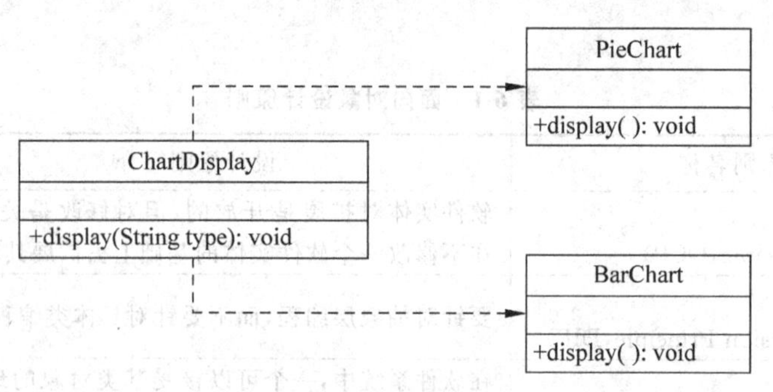

图 6-1 初始设计结构图

在 ChartDisplay 类的 display()方法中存在如下代码片段。

```
...
if (type.equals("pie")) {
    PieChart chart = new PieChart();
    chart.display();
}
else if (type.equals("bar")) {
    BarChart chart = new BarChart();
    chart.display();
}
...
```

在该代码中，如果需要增加一个新的图表类，如折线图 LineChart，则需要修改 ChartDisplay 类的 display()方法的源代码，增加新的判断逻辑，违反了开闭原则。现对该系统进行重构，使之符合开闭原则。

由于在 ChartDisplay 类的 display()方法中针对每一个图表类编程，因此增加新的图表类不得不修改源代码。可以通过抽象化的方式对系统进行重构，使之增加新的图表类时无须修改源代码，满足开闭原则。重构后结构如图 6-2 所示，具体做法如下。

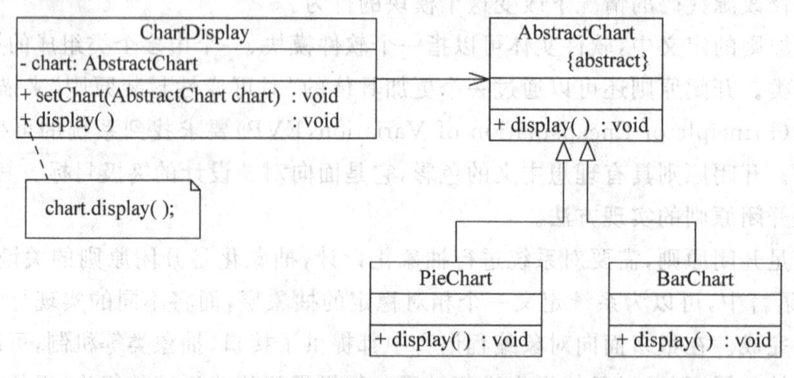

图 6-2 重构后的设计结构图

(1) 增加一个抽象图表类 AbstractChart，将各种具体图表类作为其子类；

(2) ChartDisplay 类针对抽象图表类进行编程，由客户端来决定使用哪种具体图表。

在图 6-2 中，引入了抽象图表类 AbstractChart，且 ChartDisplay 针对抽象图表类进行编程，并通过 setChart()方法由客户端来设置实例化的具体图表对象，在 ChartDisplay 的 display()方法中调用 chart 对象的 display()方法显示图表。如果需要增加一种新的图表，如折线图 LineChart，只需要将 LineChart 也作为 AbstractChart 的子类，在客户端向 ChartDisplay 中注入一个 LineChart 对象即可，无须修改现有类库的源代码。

6.3.2　里氏代换原则

里氏代换原则(Liskov Substitution Principle，LSP)：所有引用基类(父类)的地方必须能透明地使用其子类的对象。它的另一个严格定义为：如果对每一个类型为 S 的对象 o1，都有类型为 T 的对象 o2，使得以 T 定义的所有程序 P 在所有的对象 o1 都代换成 o2 时，程序 P 的行为没有变化，那么类型 S 是类型 T 的子类型。

里氏代换原则告诉我们，在软件中将一个基类对象替换成它的子类对象，程序将不会产生任何错误和异常，反过来则不成立，如果一个软件实体使用的是一个子类对象，那么它不一定能够使用基类对象。例如，我喜欢动物，那我一定喜欢狗，因为狗是动物的子类；但是我喜欢狗，不能据此断定我喜欢动物，因为我并不喜欢老鼠，虽然它也是动物。

从代码的角度看，如果有两个类，一个类为 BaseClass，另一个是 SubClass 类，并且 SubClass 类是 BaseClass 类的子类，那么一个方法如果可以接受一个 BaseClass 类型的基类对象 base 的话，如 method1(base)，那么它必然可以接受一个 BaseClass 类型的子类对象 sub，method1(sub)能够正常运行。反过来的代换不成立，如一个方法 method2 接受 BaseClass 类型的子类对象 sub 为参数 method2(sub)，那么一般而言不可以有 method2(base)，除非是重载方法。

里氏代换原则是实现开闭原则的重要方式之一，由于使用基类对象的地方都可以使用子类对象，因此在程序中应尽量使用基类类型来对对象进行定义，而在运行时再确定其子类类型，用子类对象来替换父类对象。

在使用里氏代换原则时需要注意如下几个问题。

(1) 子类的所有方法必须在父类中声明，或子类必须实现父类中声明的所有方法。根据里氏代换原则，为了保证系统的扩展性，在程序中通常使用父类来进行定义，如果一个方法只存在子类中，在父类中不提供相应的声明，则无法在以父类定义的对象中使用该方法。

(2) 在运用里氏代换原则时，尽量把父类设计为抽象类或者接口，让子类继承父类或实现父接口，并实现在父类中声明的方法，运行时，子类实例替换父类实例，可以很方便地扩展系统的功能，同时无须修改原有子类的代码，增加新的功能可以通过增加一个新的子类来实现。里氏代换原则是开闭原则的具体实现手段之一。

(3) Java 语言中，在编译阶段，Java 编译器会检查一个程序是否符合里氏代换原则，这是一个与实现无关的、纯语法意义上的检查，但 Java 编译器的检查是有局限的。

遵循里氏代换原则的设计实例，客户(Customer)可以分为 VIP 客户(VIPCustomer)和普通客户(CommonCustomer)两类，系统需要提供一个发送 E-mail 的功能，原始设计方案如图 6-3 所示。

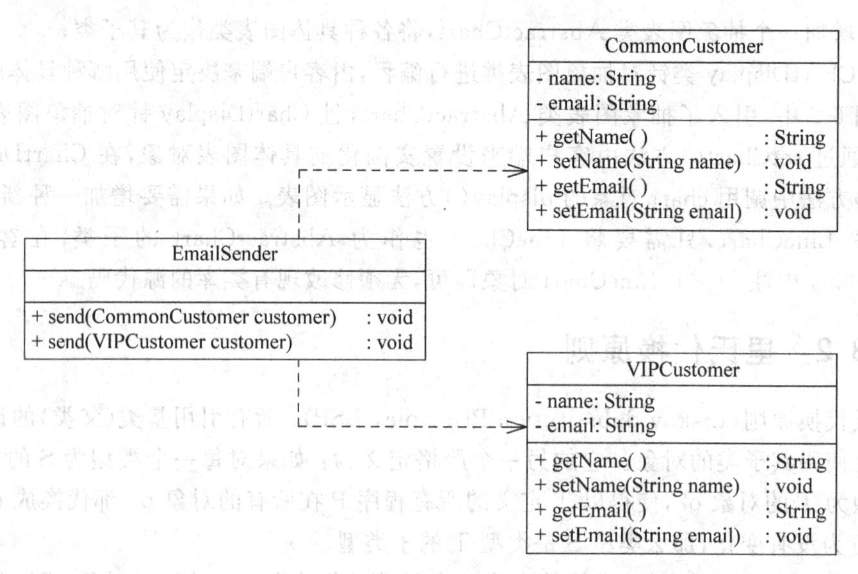

图 6-3 初始设计结构图

在对系统进行进一步分析后发现，无论是普通客户还是 VIP 客户，发送邮件的过程都是相同的，也就是说两个 send()方法中的代码重复，而且在本系统中还将增加新类型的客户。为了让系统具有更好的扩展性，同时减少代码重复，使用里氏代换原则对其进行重构。

可以考虑增加一个新的抽象客户类 Customer，而将 CommonCustomer 和 VIPCustomer 类作为其子类，邮件发送类 EmailSender 类针对抽象客户类 Customer 编程，根据里氏代换原则，能够接受基类对象的地方必然能够接受子类对象，因此将 EmailSender 中 send()方法的参数类型改为 Customer，如果需要增加新类型的客户，只需将其作为 Customer 类的子类即可。重构后的结构如图 6-4 所示。

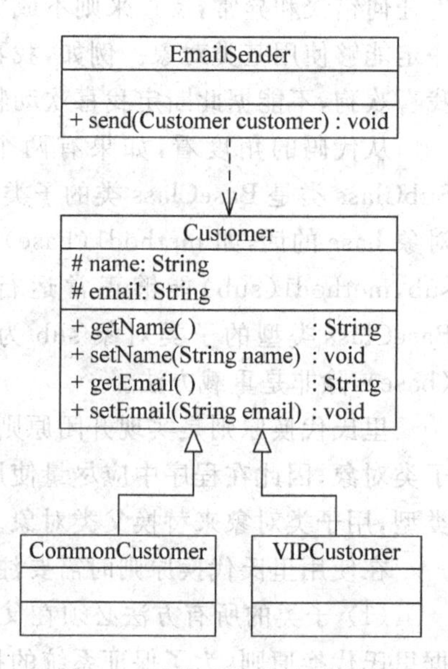

图 6-4 重构后的设计结构图

6.3.3 依赖倒转原则

依赖倒转原则(Dependency Inversion Principle，DIP)：抽象不应该依赖于细节，细节应当依赖于抽象。换言之，要针对接口编程，而不是针对实现编程。

依赖倒转原则要求在程序代码中传递参数时或在关联关系中，尽量引用层次高的抽象层类，即使用接口和抽象类进行变量类型声明、参数类型声明、方法返回类型声明，以及数据类型的转换等，而不要用具体类来做这些事情。为了确保该原则的应用，一个具体类应当只实现接口或抽象类中声明过的方法，而不要给出多余的方法，否则将无法调用到在子类中增加的新方法。

在引入抽象层后，系统将具有很好的灵活性，在程序中尽量使用抽象层进行编程，而将具体类写在配置文件中，这样一来，如果系统行为发生变化，只需要对抽象层进行扩展，并修改配置文件，而无须修改原有系统的源代码，在不修改的情况下来扩展系统的功能，满足开闭原则的要求。

举一个日常生活中的例子，我们是否有这样的感受，复杂的计算机能修，而简单的收音机却不会修，这是为什么？收音机就是典型的耦合过度，只要收音机出故障，无论是声音没有、不能调频、有杂音，都很难修理，不懂的人根本没法修，因为任何问题都可能涉及其他部件，各个部件相互依赖，难以维护。计算机却不一样，内存坏了换内存，硬盘坏了换硬盘，主板烧了换主板，只要有点儿常识，基本都可以鼓捣几下。原因在于无论主板、CPU、内存、硬盘都是针对接口设计的，如果针对实现来设计，内存就要对应到具体的某个品牌主板，那就会出现换内存需要把主板也换了的尴尬局面。这就是高层模块不应该依赖低层模块，两个都应该依赖抽象，也就是依赖倒转原则的根本要义。

遵循依赖倒转原则的设计实例，某系统提供一个数据转换模块，可以将来自不同数据源的数据转换成多种格式，如可以转换来自数据库的数据(DatabaseSource)，也可以转换来自文本文件的数据(TextSource)，转换后的格式可以是 XML 文件(XMLTransformer)，也可以是 XLS 文件。原始设计方案如图 6-5 所示。

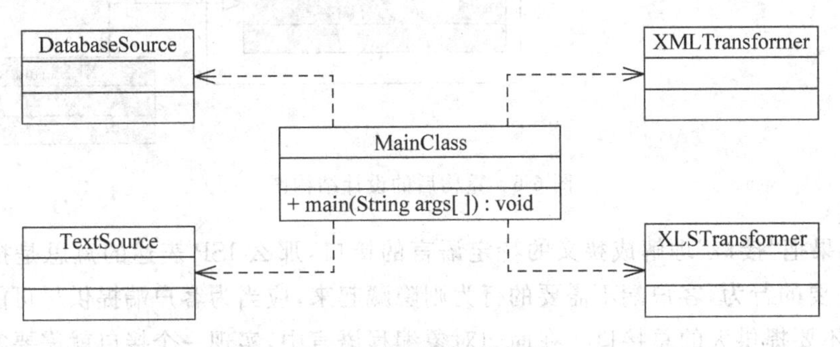

图 6-5　初始设计结构图

因为该系统可能需要增加新的数据源或者新的文件格式，每增加一个新类型的数据源或者新类型的文件格式，客户类 MainClass 都需要修改源代码，以便使用新的类，但这却违背了开闭原则。现在使用依赖倒转原则对其进行重构，重构后的结构如图 6-6 所示。

6.3.4　接口隔离原则

接口隔离原则(Interface Segregation Principle, ISP)：使用多个专门的接口，而不使用单一的总接口，即客户端不应该依赖那些它不需要的接口。

根据接口隔离原则，当一个接口太大时，需要将它分割成一些更细小的接口，使用该接口的客户端仅需知道与之相关的方法即可。每一个接口应该承担一种相对独立的角色，不干不该干的事，该干的事都要干。这里的"接口"往往有两种不同的含义：一种是指一个类型所具有的方法特征的集合，仅仅是一种逻辑上的抽象；另外一种是指某种语言具体的"接口"定义，有严格的定义和结构，比如 Java 语言中的 interface。对于这两种不同的含义，ISP 的表达方式以及含义都有所不同。

(1) 当把"接口"理解成一个类型所提供的所有方法特征的集合的时候，这就是一种逻辑上的概念，接口的划分将直接带来类型的划分。可以把接口理解成角色，一个接口只能代表一个角色，每个角色都有它特定的一个接口，此时，这个原则可以叫做"角色隔离原则"。

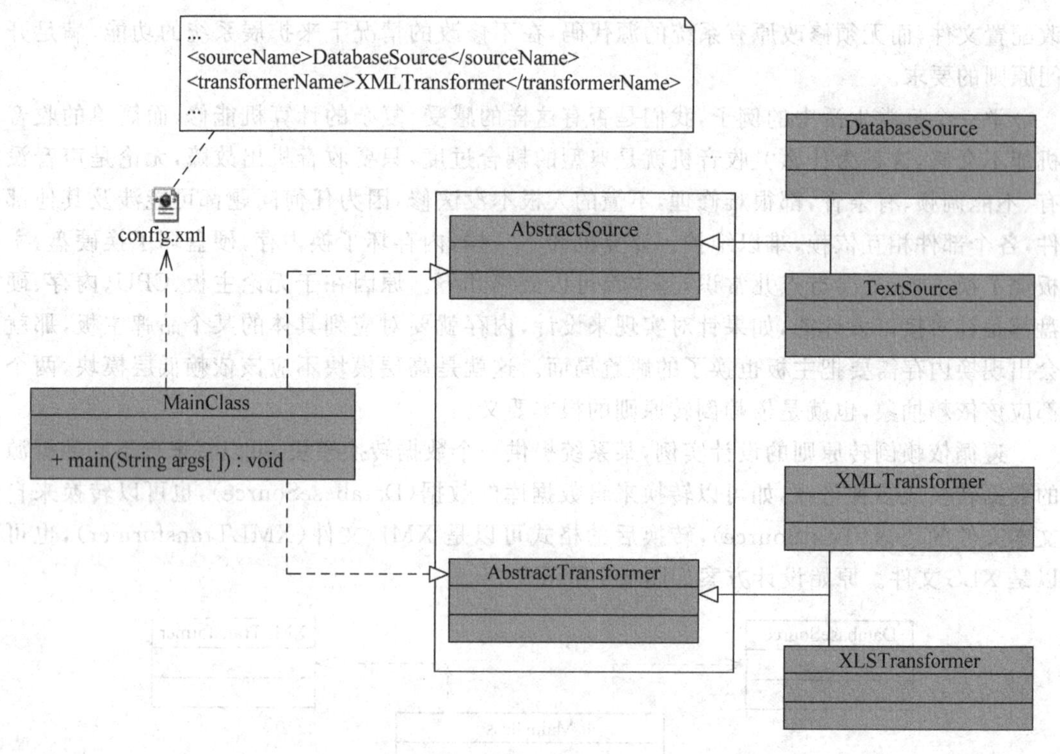

图 6-6 重构后的设计结构图

(2) 如果把“接口”理解成狭义的特定语言的接口，那么 ISP 表达的意思是指接口仅提供客户端需要的行为，客户端不需要的行为则隐藏起来，应当为客户端提供尽可能小的单独的接口，而不要提供大的总接口。在面向对象编程语言中，实现一个接口就需要实现该接口中定义的所有方法，因此大的总接口使用起来不一定很方便，为了使接口的职责单一，需要将大接口中的方法根据其职责不同分别放在不同的小接口中，以确保每个接口使用起来都较为方便，并都承担某一单一角色。接口应该尽量细化，同时接口中的方法应该尽量少，每个接口中只包含一个客户端(如子模块或业务逻辑类)所需的方法即可，这种机制也称为“定制服务”，即为不同的客户端提供宽窄不同的接口。

遵循接口隔离原则的设计实例，某系统拥有多个客户类，在系统中定义了一个巨大的接口(胖接口)AbstractService 来服务所有的客户类，如图 6-7 所示。

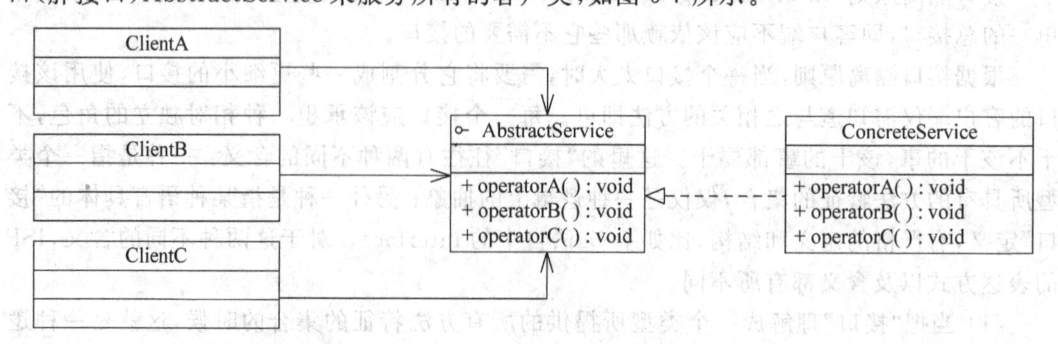

图 6-7 初始设计结构图

显然，每一个客户类需要自己专门的服务，如果将每个客户类所需要的服务都放入一个AbstractService接口中，每个客户类都要去实现AbstractService接口，必然存在接口中对类ClientB提供的服务对类ClientA是完全不必要的情况，因此违反了接口隔离原则。

因此对设计进行修改，重构后的结构如图6-8所示。修改后，系统结构既满足了接口隔离原则，又满足了单一原则，故此，类应该完全依赖相应的专门的接口。

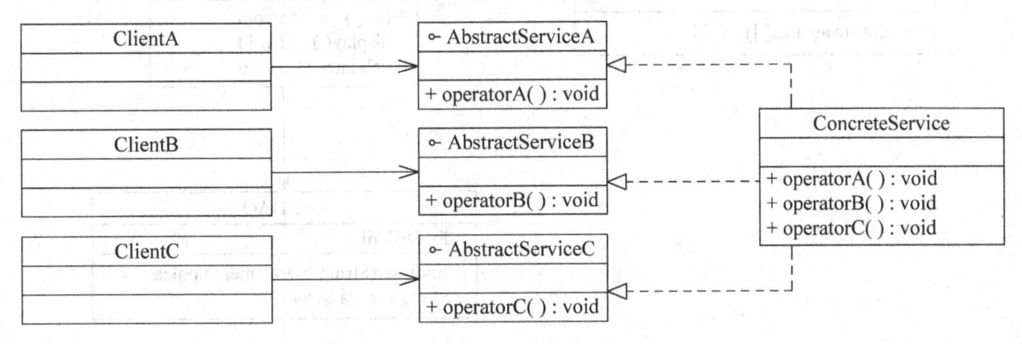

图6-8　重构后的设计结构图

6.3.5　单一职责原则

单一职责原则(Single Responsibility Principle，SRP)：一个对象应该只包含单一的职责，并且该职责被完整地封装在一个类中。

单一职责，强调的是职责的分离，现实生活中也存在诸如此类的问题："一个人可能身兼数职，甚至于这些职责彼此关系不大，那么他可能无法做好所有职责内的事情，所以，还是专人专管比较好"。在某种程度上对职责的理解，构成了不同类之间耦合关系的设计关键，因此单一职责原则或多或少地成为设计过程中一个必须考虑的基础性原则。

单一职责原则可以看做是低耦合、高内聚在面向对象原则上的引申，将职责定义为引起变化的原因，以提高内聚性来减少引起变化的原因。职责过多，可能引起它变化的原因就越多，这将导致职责依赖，相互之间就产生影响，从而极大地损伤其内聚性和耦合度。单一职责，通常意味着单一的功能，因此不要为类实现过多的功能点，以保证实体只有一个引起它变化的原因。

关于单一职责原则，其核心思想是：一个类，最好只做一件事，只有一个引起它变化的原因。因此，SRP原则的核心就是要求对类的改变只能是一个，对于违反这一原则的类应该进行重构。

下面给出一个遵循接口隔离原则的设计实例，某C/S系统的"登录功能"通过登录类(Login)实现，如图6-9所示。这个类事实上完成了三个职责：登录界面的显示和处理、登录逻辑的实现、数据的连接。显然，这违反了SRP。这样做会有潜在的问题：当仅需要改变数据连接方式时，必须修改Login类，而修改Login类的结果就是使得任何依赖Login类的元素都需要重新编译，无论它是不

Login	
+ init( )	: void
+ display( )	: void
+ validate( )	: void
+ getConnection( )	: Connection
+ findUser(String userName, String userPassword)	: boolean
+ main(String args[ ])	: void

图6-9　初始设计结构图

是用到了数据连接功能。

对以上设计进行重构,重构后的结构如图 6-10 所示。将分解 Login 类为 4 个类,每个类中处理不同的职能。

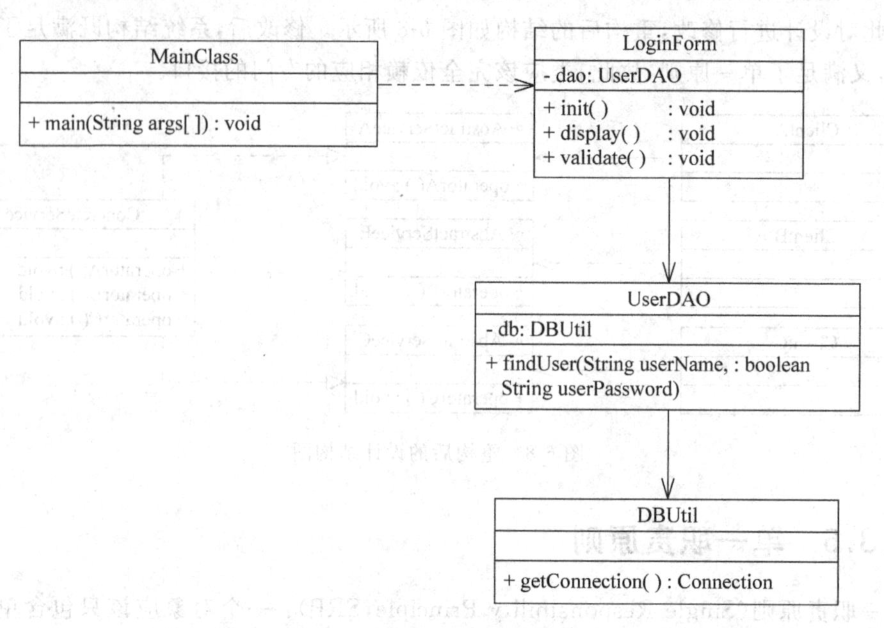

图 6-10 重构后的设计结构图

类的单一职责确实受非常多因素的制约,纯理论地来讲,这个原则是非常优秀的,但是现实有现实的难处,开发人员必须去考虑项目工期、成本、人员技术水平、硬件情况、网络情况甚至有时候还要考虑政府政策、垄断协议等因素。那么单一职责原则的尺度如何掌握呢?怎么才能知道该拆分还是不应该拆分呢?原则很简单:需求决定。如果所需要的计算器,永远都没有外观和处理器变动的可能性,那么就应该把它抽象为一个整体的计算器;如果外壳和处理器都有可能发生变动,那么就必须把它拆离为外壳和处理器。只能有一个原因可能引起计算器的变化。

6.3.6 合成复用原则

合成复用原则(Composite Reuse Principle,CRP):尽量使用对象组合,而不是继承来达到复用的目的,又称为组合/聚合复用原则(Composition/Aggregate Reuse Principle,CARP)。

合成复用原则就是指在一个新的对象里通过关联关系(包括组合关系和聚合关系)来使用一些已有的对象,使之成为新对象的一部分;新对象通过委派调用已有对象的方法达到复用其已有功能的目的。它的设计原则是:要尽量使用组合/聚合关系,少用继承。

在面向对象设计中,可以通过两种基本方法在不同的环境中复用已有的设计和实现,即通过组合/聚合关系或通过继承。继承复用实现简单,易于扩展,但是破坏了系统的封装性,因为继承会将基类的实现细节暴露给子类,由于基类的内部细节通常对子类来说是可见的,这种复用又称为白盒复用;从基类继承而来的实现是静态的,不可能在运行时发生改变,没有足够的灵活性；只能在有限的环境中使用。

组合/聚合可以使系统更加灵活，将已有的对象（也可称为成员对象）纳入到新对象中，使之成为新对象的一部分，因此新对象可以选择性地调用已有对象的功能，这样做可以使得成员对象的内部实现细节对于新对象不可见，类与类之间的耦合度降低，满足黑盒复用的要求。一个类的变化对其他类造成的影响相对较少。合成复用可以在运行时动态进行，新对象可以动态地引用与成员对象类型相同的其他对象。

下面通过一个例子来理解合成复用原则，某系统连接数据库的方法 getConnection()封装在 DBUtil 类中，当需要连接数据库 MySQL 时，与数据库操作有关的类，如 CustomerDAO 类等需要重用 DBUtil 类的 getConnection()方法，设计人员将 CustomerDAO 作为 DBUtil 类的子类，初始设计结构如图 6-11 所示。

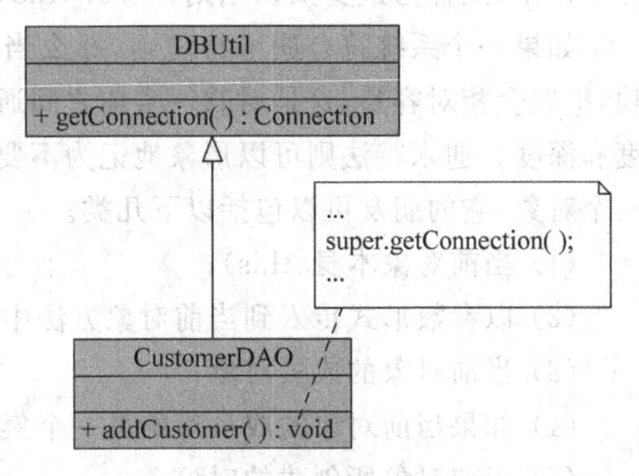

图 6-11 初始设计结构图

随着客户数量的增加，系统决定升级为 Oracle 数据库，因此需要增加一个新的类来连接 Oracle 数据库，由于在初始设计方案中 CustomerDAO 和 DBUtil 之间是继承关系，因此在更换数据库连接方式时需要修改 CustomerDAO 类的源代码，或者修改 DBUtil 类的源代码，两种方法都会违反开闭原则。

根据合成复用原则，在实现复用时应该多用组合，少用继承。因此可以使用组合复用来取代继承复用，重构后的设计结构如图 6-12 所示。

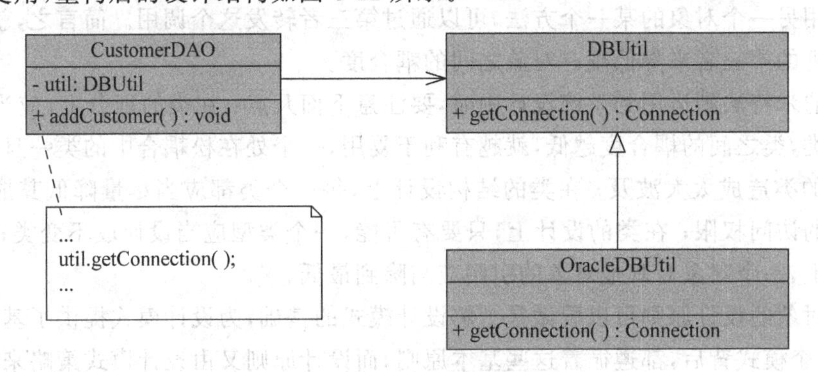

图 6-12 重构后的设计结构图

在图 6-12 中，CustomerDAO 和 DBUtil 之间的关系由继承关系变为组合关系，采用依赖注入的方式将 DBUtil 对象注入到 CustomerDAO 中。如果需要对 DBUtil 的功能进行扩展，可以通过其子类来实现，如通过子类 OracleDBUtil 来连接 Oracle 数据库。由于 CustomerDAO 针对 DBUtil 编程，根据里氏代换原则，DBUtil 子类的对象可以覆盖 DBUtil 对象，只需在 CustomerDAO 中注入子类对象即可使用子类所扩展的方法。例如，在 CustomerDAO 中注入 OracleDBUtil 对象，即可实现 Oracle 数据库连接，原有代码无须进行修改，而且还可以很灵活地增加新的数据库连接方式。

因此一般首选使用组合/聚合来实现复用，其次才考虑继承。在使用继承时，需要严格遵循里氏代换原则,有效使用继承会有助于对问题的理解,降低复杂度,而滥用继承反而会增加系统构建和维护的难度以及系统的复杂度,因此需要慎重使用继承复用。

6.3.7 最小知识原则

迪米特法则(Law of Demeter, LoD):一个软件实体应当尽可能少地与其他实体发生相互作用,又称为最少知识原则(Least Knowledge Principle, LKP)。

如果一个系统符合迪米特法则,那么当一个模块修改时,就会尽量少地影响其他的模块,扩展会相对容易,这是对软件实体之间通信的限制,它要求限制软件实体之间通信的宽度和深度。迪米特法则可以形象地记为不要和"陌生人"说话、只与你的直接朋友通信,对于一个对象,它的朋友可以包括以下几类。

(1) 当前对象本身(this);

(2) 以参数形式传入到当前对象方法中的对象;

(3) 当前对象的成员对象;

(4) 如果当前对象的成员对象是一个集合,那么集合中的元素也都是朋友;

(5) 当前对象所创建的对象。

任何一个对象,如果满足上面的条件之一,就是当前对象的"朋友",否则就是"陌生人"。在应用迪米特法则时,一个对象只能与直接朋友发生交互,不要与"陌生人"发生直接交互,这样做可以降低系统的耦合度,一个对象的改变不会给太多其他对象带来影响。

迪米特法则要求我们在设计系统时,应该尽量减少对象之间的交互,如果两个对象之间不必彼此直接通信,那么这两个对象就不应当发生任何直接的相互作用,如果其中的一个对象需要调用另一个对象的某一个方法,可以通过第三者转发这个调用。简言之,就是通过引入一个合理的第三者来降低现有对象之间的耦合度。

在将迪米特法则运用到系统设计中时,要注意下面几点:在类的划分上,应当尽量创建松耦合的类,类之间的耦合度越低,就越有利于复用,一个处在松耦合中的类一旦被修改,不会对关联的类造成太大波及;在类的结构设计上,每一个类都应当尽量降低其成员变量和成员函数的访问权限;在类的设计上,只要有可能,一个类型应当设计成不变类;在对其他类的引用上,一个对象对其他对象的引用应当降到最低。

面向对象的设计原则可以看做是了解设计模式的基础,为设计模式提供了基本的指导。经典的23个模式背后,都遵循着这些基本原则,而设计原则又由设计模式策略来实现,这就是二者之间的关系,所以了解原则对于认识模式具有绝对的指导意义。

最后,我们给出设计原则的故事,Robert C. Marth的巨著《敏捷软件开发——原则、模式与实践》对敏捷设计原则进行了深刻而生动的论述,不同的模式应对不同的需求,而设计原则则代表永恒的灵魂,需要在实践中时时刻刻地遵守,创造尽可能优雅、灵活的设计。"你不必严格遵守这些原则,违背它也不会被处以宗教刑罚。但你应当把这些原则看做警铃,若违背了其中的一条,那么警铃就会响起。"(J. Riel,《OOD启思录》)。请记住这些技术大师的名字和作品,并研习其中的经验和招式,正是他们让这个领域变得如此光彩夺目,沿着这些智慧的道路走下去,在品读经典的过程中,将逐渐找到技术神灯之下的奥秘。

6.4 设计模式的提出

设计模式(Design Pattern)是一套被反复使用、多数人知晓的、经过分类编目的代码设计经验的总结。使用设计模式是为了可重用代码,让代码更容易被他人理解,保证代码可靠性。

每一个模式描述了一个在人们周围不断重复发生的问题,以及该问题的解决方案的核心。这样,就能一次又一次地使用该方案而不必做重复性的劳动。

GoF("四人帮",又称 Gang of Four,即 Erich Gamma, Richard Helm, Ralph Johnson 和 John Vlissides 4 个人)的《设计模式》一书第一次将设计模式提升到理论高度,并将之规范化。该书提出了 23 种基本设计模式,本书给出其中几种具有代表性的模式进行介绍。时至今日,在可复用面向对象软件的发展过程中,新的设计模式仍然不断出现。

GoF 将面向对象软件的设计经验作为设计模式记录下来,它使人们可以更加简单方便地复用成功的设计和体系结构,帮助开发人员做出有利于系统复用的选择。设计模式解决特定的设计问题,使面向对象设计更灵活、优雅,最终复用性更好。设计模式给出了设计的典范与准则,通过最大程度地利用面向对象的特性,诸如利用继承、多态,对责任进行分离、对依赖进行倒置,面向抽象,面向接口,最终设计出灵活、可扩展、可重用的类库、组件,乃至于整个系统的架构。在设计的过程中,通过各种模式体现了对象的行为、暴露的接口、对象间的关系,以及对象分别在不同层次中表现出来的形态。

6.4.1 设计模式的 4 个基本要素

将已证实的技术表述成设计模式也会使新系统开发者更加容易理解其设计思路。

1. 模式名称

即一个助记名。设计模式允许开发人员在较高的抽象层次上进行设计。基于一个模式词汇表,便于开发人员与其他人交流设计思想及设计结果,开发人员自己以及同事之间可以讨论模式并在编写文档时使用它们。

2. 问题

描述了应该在何时使用模式。它解释了设计问题和问题存在的前因后果,它可能描述了特定的设计问题,如怎样用对象表示算法等。也可能描述了导致不灵活设计的类或对象结构。有时候,问题部分会包括使用模式必须满足的一系列先决条件。

3. 解决方案

描述了设计的组成成分,它们之间的相互关系及各自的职责和协作方式。因为模式就像一个模板,可应用于多种不同场合,所以解决方案并不描述一个特定而具体的设计或实现,而是提供设计问题的抽象描述和怎样用一个具有一般意义的元素组合(类或对象组合)来解决这个问题。

4. 效果

描述了模式应用的效果及使用模式应权衡的问题。尽管在描述设计决策时，并不总提到模式效果，但它们对于评价设计选择和理解使用模式的代价及好处具有重要意义。软件效果大多关注对时间和空间的衡量，它们也表述了语言和实现问题。因为复用是面向对象设计的要素之一，所以模式效果包括它对系统的灵活性、扩充性或可移植性的影响，显式地列出这些效果对理解和评价这些模式很有帮助。

6.4.2 设计模式的分类

根据其目的，模式可以分为创建型、结构型、行为型三种。创建型模式与对象的创建有关；结构型模式处理类或对象的组合；行为型模式对类或对象怎样交互和怎样分配职责进行描述。面向对象设计的一个关键问题是为了适应变化，而变化无处不在。

(1) 对象的创建要能适应变化，它不会自已凭空跳出来，必须有其他对象来负责该对象的创建。例如，可以通过工厂(Factory)来负责对象的创建，在工厂的基类中定义创建对象的虚方法，由工厂的子类来具体化这个创建。

(2) 对象间的组织结构要能适应变化，如一般大公司具有总经理-部门经理-项目经理-员工等职位，完成一件事情需要各部门各员工间的配合，混乱的组织结构会导致难以应对扩张，对象间职位不清等问题。

(3) 对象的行为要能适应变化，为了完成责任，变化可能来自于各个方面，可能会受对象状态的影响，可能需要其他对象的协助等。

设计模式是一种经验的积累，面向对象设计模式的根本是为了应对变化，每种设计模式都对应了一类变化点。这就需要在实际运用中识别变化点，因地制宜地分析可否引入对应的设计模式来最佳化设计。

6.5 经典设计模式

6.5.1 策略模式

策略模式(Strategy)是对象的行为型模式之一。策略模式通常把一个系列的策略或方案包装到一系列的策略类里面，作为一个抽象策略类的子类。用一句话来说就是：“准备一组算法，并将每一个算法封装起来，使得它们可以互换。”策略模式使得算法可以在不影响到客户端的情况下发生变化(注：策略相比于算法，能够提供更大范围的可选方案，但基于习惯和描述时的可理解性，往往使用算法一词来指代策略。)

1. 问题

假设现在要设计一个贩卖各类书籍的电子商务网站的购物车(Shopping Cat)系统。一个最简单的情况就是把所有货品的单价乘上数量，但是实际情况肯定比这要复杂。比如，本网站可能对所有的教材类图书实行每本一元的折扣；对连环画类图书提供每本7%的促销折扣,而对非教材类的计算机图书有3%的折扣;对其余的图书没有折扣。由于有这样复杂的折扣算法,使得价格计算问题需要系统地解决。

可以考虑使用分支语句来实现不同的价格计算方法,但是当价格计算方法有多种,且计算方法增加、减少、改变又该怎么办呢?只能不断地去修改分支语句,很显然分支语句不适合于价格计算问题的扩展和维护。还可以使用继承的方法实现不同的价格计算,在子类里面实现不同的行为,但只要出现一种价格算法就需要产生一个子类,必然使环境和行为紧密耦合,不利于系统的维护。

使用策略模式可以把行为和环境分割开来。环境类负责维持和查询行为类,各种算法则在具体策略类(Concrete Strategy)中提供。由于算法和环境独立开来,算法的增减、修改都不会影响环境和客户端。当出现新的促销折扣或现有的折扣政策出现变化时,只需要实现新的策略类,并在客户端登记即可。策略模式相当于"可插入式(Pluggable)的算法"。

2. 解决方案

程序架构:一个客户类,一个抽象策略类(接口),若干个具体策略类。由客户类决定选择哪一个具体类,如图6-13所示。

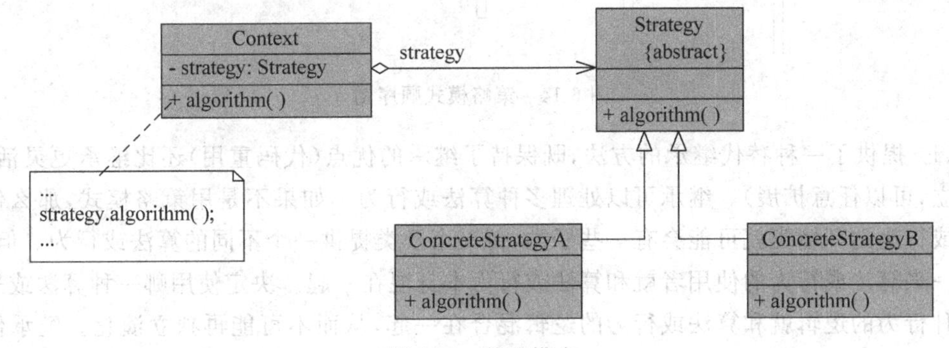

图6-13 策略模式

图6-13中各参与者的作用如下。

1) 抽象策略类(Strategy)

定义了一个公共接口,各种不同的算法以不同的方式实现这个接口,Context使用这个接口调用不同的算法,一般使用接口或抽象类实现。

2) 具体策略类(ConcreteStrategy)

实现了Strategy定义的接口,提供具体的算法实现。

3) 环境(Context)

(1) 内部维护一个Strategy对象的引用,负责动态设置运行时Strategy具体的实现算法。

(2) 负责与Strategy之间的交互和数据传递。

为了更好地理解策略模式,在图6-14中给出了策略模式的顺序图。

3. 效果

对于Strategy模式来说,主要有如下优点。

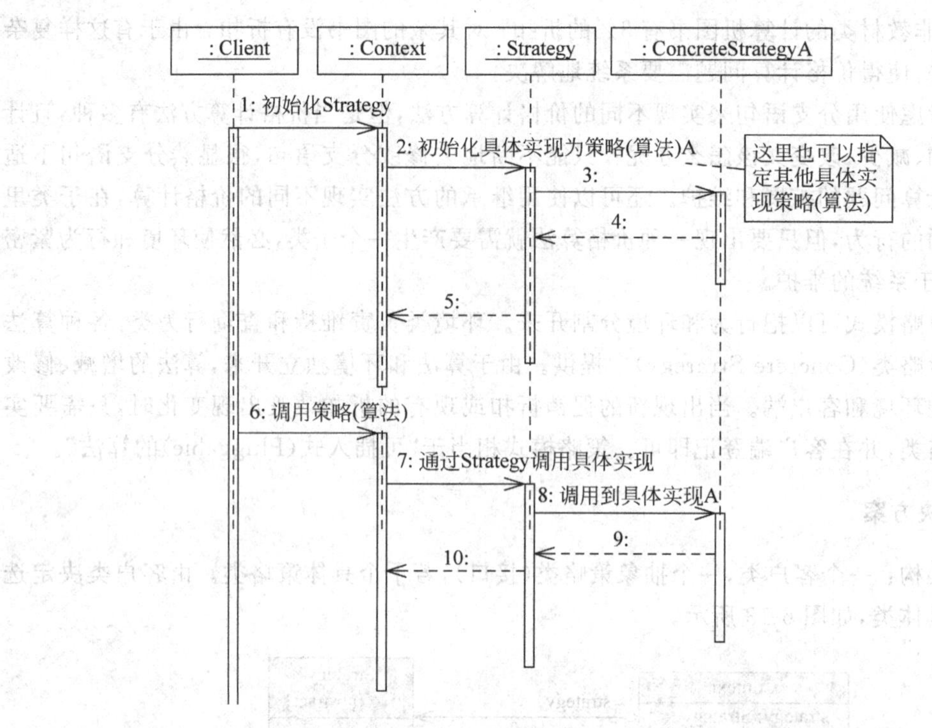

图 6-14 策略模式顺序图

(1) 提供了一种替代继承的方法，既保持了继承的优点(代码重用)还比继承更灵活(算法独立，可以任意扩展)。继承可以处理多种算法或行为。如果不是用策略模式，那么使用算法或行为的环境类就可能会有一些子类，每一个子类提供一个不同的算法或行为。但是，这样一来算法或行为的使用者就和算法或行为本身混在一起。决定使用哪一种算法或采取哪一种行为的逻辑就和算法或行为的逻辑混合在一起，从而不可能再独立演化。继承使得动态改变算法或行为变得不可能。

(2) 避免程序中使用多重条件转移语句，使系统更灵活，并易于扩展。多重转移语句不易维护，它把采取哪一种算法或采取哪一种行为的逻辑与算法或行为的逻辑混合在一起，统统列在一个多重转移语句里面，比使用继承的办法还要原始和落后。

(3) 策略模式提供了管理相关的算法族的办法。策略类的等级结构定义了一个算法或行为族。恰当使用继承可以把公共的代码移到父类里面，从而避免重复的代码。

但是客户端必须知道所有的策略类，并自行决定使用哪一个策略类。这就意味着客户端必须理解这些算法的区别，以便适时选择恰当的算法类。换言之，策略模式只适用于客户端知道所有的算法或行为的情况。

策略模式造成很多的策略类。有时候可以通过把依赖于环境的状态保存到客户端里面，而将策略类设计成可共享的，这样策略类实例可以被不同客户端使用(参考享元模式)。

6.5.2 单例模式

单例模式(Singleton)是对象的创建型模式之一，确保某一个类只有一个实例，而且自行实例化并提供一个访问它的全局访问点。这个类称为单例类。

对一些类来说，只有一个实例是很重要的，虽然系统中可以有许多打印机，但却只应该有一个打印机假脱机，只应该有一个文件系统和一个窗口管理器，一个数字滤波器只能有一个 A/D 转换器，一个会计系统只能专用于一个公司。

单例模式可以是很简单的，它的全部只需要一个类就可以完成。但是如果在“对象创建的次数以及何时被创建”这两点上较真起来，单例模式可以相当复杂，譬如涉及 DCL (Double Checked Locking，双锁检测)的讨论、涉及多个类加载器(ClassLoader)协同、涉及跨 JVM(集群、远程 EJB 等)时、涉及单例对象被销毁后重建等。

1. 问题

一个产生随机数的程序，整个应用程序中只需要一个类的实例来产生随机数，客户端程序从类中获取这个实例，调用这个实例的方法 nextInt()。

2. 解决方案

怎样才能保证一个类只有一个实例并且这个实例易于被访问？一个全局变量使得一个对象可以被访问，但它不能防止开发人员实例化多个对象，一个更好的方法是让类自身负责保存它的唯一实例。这个类可以保证没有其他实例可以被创建，并且它可以提供一个访问该实例的方法，这就是 Singleton 模式，如图 6-15 所示。

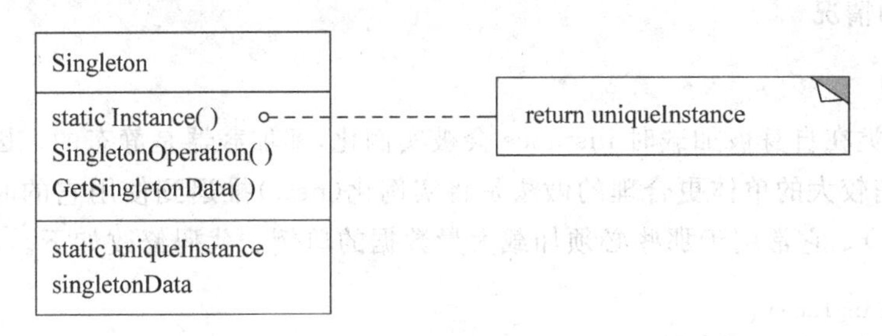

图 6-15 单例模式

图 6-15 中各参与者的作用如下。

(1) Singleton：定义一个 Instance 操作，允许客户访问它的唯一实例。Instance 是一个类操作，可能负责创建自己的唯一实例。

(2) 协作关系：客户只能通过 Singleton 的 Instance 操作访问一个 Singleton 的实例。

实现单例模式的步骤如下。

1) 私有化构造方法

要想在运行期间控制某一个类的实例只有一个，那么首先的任务就是要控制创建实例的地方，也就是不能随随便便就可以创建类实例，否则就无法控制创建的实例个数了。所以需要私有化构造方法。

2) 提供获取实例的静态方法

构造方法被私有化了，外部创建不了类实例就没有办法调用这个对象的方法，就实现不了功能处理。类必须提供一个方法来返回类的实例，并在方法上加上 static，这样就可以直接通过类来调用这个方法，而不需要先得到类实例了。

3）定义存储实例的属性

如果每次客户端访问都直接 new 一个实例，那肯定会有多个实例，所以需要用一个属性来记录自己创建好的类实例，当第一次创建过后，就把这个实例保存下来，以后就可以复用这个实例，而不是重复创建对象实例了。

```
classSingleton {
    //私有,静态的类自身实例
    privatestatic Singleton instance = new Singleton();
    //私有的构造子(构造器,构造函数,构造方法)
    private Singleton(){}
    //公开,静态的工厂方法
    publicstatic Singleton getInstance() {
        return instance;
    }
}
```

3. 效果

使用 Singleton 模式可以做到对唯一实例的受控访问；缩小命名空间，允许对操作和表示的精化，允许可变数目的实例。比类操作更灵活。

4. 复杂的情况

1）懒加载

这个单例类在自身被加载时 instance 会被实例化，即加载器是静态的。因此，对于资源密集、配置开销较大的单体更合理的做法是将实例化（new）推迟到使用它的时候，即懒加载（Lazy Loading）。它常用于那些必须加载大量数据的单例。代码修改如下。

```
class LazySingleton {
    //初始为 null,暂不实例化
    private static LazySingleton instance = null;

    //私有的构造子(构造器,构造函数,构造方法)
    private LazySingleton(){}

    //公开,静态的工厂方法,需要使用时才去创建该单体
    public static LazySingleton getInstance() {
        if( instance == null ) {
            instance = new LazySingleton();
        }
        return instance;
    }
}
```

2）同步

当面对多线程的情况时，会出现新的问题。例如，线程 A 希望使用 SingletonClass，调用 getInstance()方法。因为是第一次调用，A 就发现 instance 是 null 的，于是它开始创建实例，就在这个时候，CPU 发生时间片切换，线程 B 开始执行，它要使用 SingletonClass，调用 getInstance()方法，同样检测到 instance 是 null——注意，这是在 A 检测完之后切换的，

也就是说 A 并没有来得及创建对象——因此 B 开始创建。B 创建完成后，切换到 A 继续执行，因为它已经检测完了，所以 A 不会再检测一遍，它会直接创建对象。这样，线程 A 和 B 各自拥有一个 SingletonClass 的对象——单例失败。所以，需要对 getInstance()加上同步锁，一个线程必须等待另外一个线程创建完成后才能使用这个方法，这就保证了单例的唯一性。

```
public class SingletonClass {
    private static SingletonClass instance = null;
    public synchronized static SingletonClass getInstance() {
        if(instance == null) {
            instance = new SingletonClass();
    }
    return instance;
    }
    private SingletonClass() {
    }
}
```

关于单例模式涉及的问题和具体的现实方法还有多种，感兴趣的读者可以查找相关资料。希望通过以上的两个例子说明，设计要根据具体功能的变化做相应的调整，而不能生搬硬套。

6.5.3 适配器模式

适配器(Adapter)是结构型模式之一，将一个类的接口转换成客户希望的另外一个接口。Adapter 模式使得原本由于接口不兼容而不能一起工作的那些类可以在一起工作。

1. 问题

我的手机是诺基亚手机，接口不是标准的 3.5 的接口，是 2.5 的接口，去音像店买，结果老板说只有 3.5 的没有 2.5 的，这下犯难了，怎么办啊？我想立刻就能买，就能用啊，这时候热心的老板说了，没关系，你买这个 3.5 的耳机，我送你一个适配器，这样就可以通过这个适配器将 3.5 接口的耳机应用到诺基亚手机上了。

2. 解决方案

Adaptee 类并没有 sampleOperation()方法，而客户端则期待这个方法。为使客户端能够使用 Adaptee 类，提供一个中间环节，即类 Adapter，把 Adaptee 的 API 与 Target 类的 API 衔接起来，如图 6-16 所示。Adapter 与 Adaptee 是继承关系，这决定了这个适配器模式是类适配器。

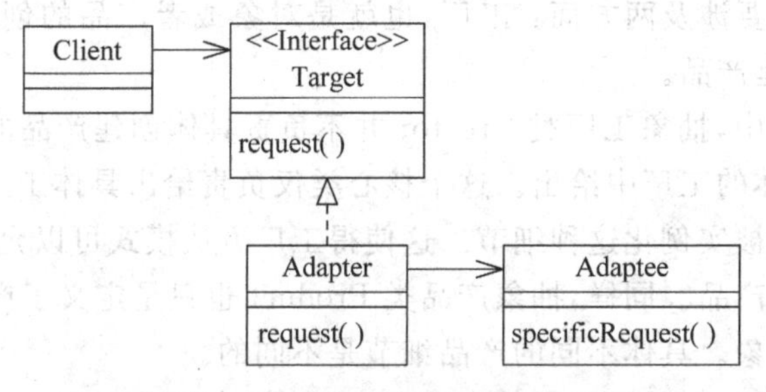

图 6-16 适配器模式

图 6-16 中各参与者的作用如下。

(1) 目标接口(Target)：客户所期待的接口。目标可以是具体的或抽象的类，也可以是接口。

(2) 需要适配的类(Adaptee)：需要适配的类或适配者类。

(3) 适配器(Adapter)：通过包装一个需要适配的对象，把原接口转换成目标接口。

3. 效果

对于 Adapter 模式来说，主要有如下优点。

(1) 通过适配器，客户端可以调用同一接口，因而对客户端来说是透明的。这样做更简单、更直接、更紧凑。

(2) 复用了现存的类，解决了现存类和复用环境要求不一致的问题。

(3) 将目标类和适配者类解耦，通过引入一个适配器类重用现有的适配者类，而无须修改原有代码。

(4) 一个对象适配器可以把多个不同的适配者类适配到同一个目标，也就是说，同一个适配器可以把适配者类和它的子类都适配到目标接口。

Adapter 模式适用于系统需要使用现有的类，而这些类的接口不符合系统的接口；想要建立一个可以重用的类，用于与一些彼此之间没有太大关联的类，包括一些可能在将来引进的类一起工作；两个类所做的事情相同或相似，但是具有不同接口的时候；使用第三方组件，组件接口定义和自己定义的不同，不希望修改自己的接口，但是要使用第三方组件接口的功能。

6.5.4 工厂方法模式

工厂方法模式(Factory Method)属于创建型模式，定义一个用户创建对象的接口，让子类决定实例化哪一个类。Factory Method 使一个类的实例化延迟到其子类。

1. 问题

比如有一个农场系统，生产各种水果，有苹果、草莓、葡萄；农场的园丁要根据客户的需求，提供相应的水果。每一种作物都有专门的园丁管理，形成了规模化和专业化生产。系统该如何实现？

2. 解决方案

工厂方法模式主要涉及两方面：工厂，也就是对象或者产品的创建者；另一部分是被创建的对象，或者说是产品。

在工厂方法模式中，抽象工厂类 Creator 并不负责具体创建产品的细节，具体的细节在其实现类，也就是具体的工厂中给出。这个核心类仅负责给出具体工厂必须实现的接口，而不接触哪一个产品类被实例化这种细节。这使得工厂方法模式可以允许系统在不修改工厂角色的情况下引进新产品。同样，抽象产品类 Product 也只是定义了产品之间的共性，也就是对这一类事物的抽象。具体不同的产品细节是不同的。

这里首先要明白一件事情，就是谁在使用工厂方法创建的对象。

事实上，在工厂方法模式里面，应该是Creator中的其他方法在使用工厂方法创建的对象，虽然也可以把工厂方法创建的对象直接提供给Creator外部使用，但工厂方法模式的本意，是由Creator对象内部的方法来使用工厂方法创建的对象，也就是说，工厂方法一般不提供给Creator外部使用。客户端使用Creator对象，或者是使用由Creator创建出来的对象，如图6-17所示。

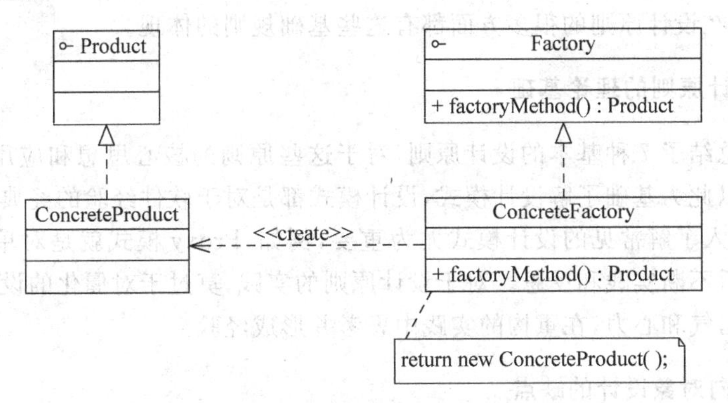

图6-17 工厂方法模式

(1) Product：定义工厂方法所创建的对象的接口，也就是实际需要使用的对象的接口。

(2) ConcreteProduct：具体的Product接口的实现对象。

(3) Creator：创建器，声明工厂方法，工厂方法通常会返回一个Product类型的实例对象，而且多是抽象方法。也可以在Creator里面提供工厂方法的默认实现，让工厂方法返回一个默认的Product类型的实例对象。

(4) ConcreteCreator：具体的创建器对象，覆盖实现Creator定义的工厂方法，返回具体的Product实例。

3. 效果

工厂方法模式可以让开发人员在实现功能的时候，如果需要某个产品对象，只需要使用产品的接口即可，而无须关心具体的实现。选择具体实现的任务延迟到子类去完成。

工厂方法给子类提供了一个挂钩，使得扩展新的对象版本变得非常容易。比如上面示例的参数化工厂方法实现中，扩展一个新的导出XML文件格式的实现，已有的代码都不会改变，只要新加入一个子类来提供新的工厂方法实现，然后在客户端使用这个新的子类即可。

在工厂方法模式里面，工厂方法是需要创建产品对象的，也就是需要选择具体的产品对象，并创建它们的实例，因此具体产品对象和工厂方法是耦合的。

6.6 设计模式应用的注意事项

了解面向对象的设计原则与设计模式，是一个不断实践和研究的过程，对于僵化的代码和设计，应该在可能的情况下有重构的勇气。当然，学习和了解理论基础也是相当重要的方面。

1. 深入了解设计基础

面向对象的基本要素，面向对象的语言基础是一切设计的基础，没有对继承、多态、聚合的深入了解，就无法更好地认识设计原则中的实现理念。还有一些通用的软件规则对于深入理解设计原则大有裨益，例如，高内聚、低耦合、控制器、受保护变化等，对于这些通用规则必须打好基础，在设计原则的很多方面都有这些基础规则的体现。

2. 打好设计原则的理论基础

本章简单总结了7种基本的设计原则，对于这些原则的核心思想和应用技巧应该建立基本的认识。以此为基础了解设计模式，设计模式都是对于软件经验的经典总结，模式和原则相辅相成，深入了解常见的设计模式尤为重要，例如，Proxy模式就是对单一职责原则的一种体现。然后不断实践和反思。对于设计原则的实践，莫过于对僵化的设计操刀重构，要有不断完善的勇气和心力，在重构的实践中思考并形成经验。

3. 关于面向对象设计的缺点

如果正确分析了需求，找准了可能的变化点，设计出的类模型往往具有较高的价值。如果错误地假设了程序的逻辑，过细/忽略了可能的变化点，则设计出的程序可能会导致结构混乱、抽象过多/无法扩展等问题。面向对象程序设计多呼吁尽早地引入领域专家帮助分析建模，来防止错误地捏造对象导致事倍功半。

4. 关于面向对象设计的实践

变化是不断存在的，很难存在所谓的完美设计，即使有领域专家的帮助，也很难做到类完全对修改封闭，对扩展开放。随着开发的深入，重构是不可避免的，这里重构的作用既要适应变化，又要保证已有功能的正确性。关于这方面的实践，敏捷是比较热的词汇，敏捷的主张在于用简单的初始设计，然后小步地持续改进，通过TDD来确保每一步改进的正确性。要应对变化，就要预知变化，设计抽象来隔离变化，代码的灵活可以在一定程度上适应需求变化。但是，这并不是解决需求变化的万能灵药。过度的抽象也会增加软件的复杂度。一个简单的指导原则是，在不能预知变化或者变化不是十分剧烈前，不要过多设计，不能破坏代码的可读性和易维护性，清晰胜于一切。

6.7 案例分析

项目小组在听取了老丁的技术讲解之后，详细考查了项目中对象的设计情况，并对对象设计进行了调整。由于涉及调整的设计点较多，下面看看在连接数据库时使用策略模式的情况。在连接数据库时，如果并非一种数据库，比如，有时是MySQL，有时是Oracle，有时又换到SQL Server，都要涉及数据库的切换。也就是说，在处理同一个问题——使用数据库的操作时，会存在多种方式。那么，就可以采用策略模式来解决这个问题。

首先，将数据库连接的不同算法封装起来，使它们可以相互替换。然后定义一个策略接口，用来表示数据库操作的抽象，如图6-18所示。

```
package strategy;
public interface DBConnectStrategy {
    public void getConnDB();
}
```

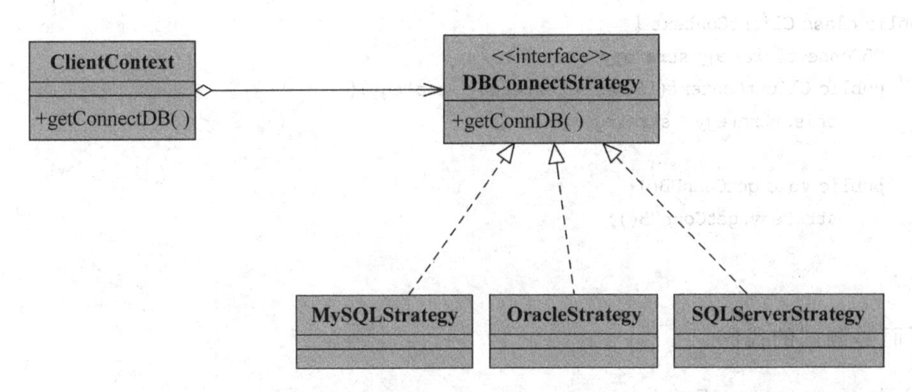

图 6-18　数据库操作的策略模式的应用

然后实现了具体的策略类：三大数据库的连接。在这里只是强调模式的实现，简单起见，不实现连接的具体操作，下面的也是一样。

```
public class MysqlStrategy implements DBConnectStrategy {
    public void getConnDB() {
        /* try {
            Class.forName("com.mysql.jdbc.Driver").newInstance();
                String url = "jdbc:mysql://localhost/myDB? user = root&password =
123456&useUnicode = true&characterEncoding = utf - 8";
            Connection connection = DriverManager.getConnection(url);
        } catch (SQLException e) {
            e.printStackTrace();
        } catch (InstantiationException e) {
            e.printStackTrace();
        } catch (IllegalAccessException e) {
            e.printStackTrace();
        } catch (ClassNotFoundException e) {
            e.printStackTrace();
        } */
        System.out.println("connect MySQL");
    }
}
//Oracle:
public class OracleStrategy implements DBConnectStrategy {
    public void getConnDB(){
        System.out.println("connect oracle");
    }
}
//SQL Server:
public class SQLStrategy implements DBConnectStrategy{
    public void getConnDB(){
        System.out.println("connect SQL SERVER");
```

```
        }
    }
```

策略应用场景,方便在运行时动态选择具体要执行的行为。

```
public class ClientContext {
    DBConnectStrategy strategy;
    public ClientContext(DBConnectStrategy strategy){
        this.strategy = strategy;
    }
    public void getConnDB(){
        strategy.getConnDB();
    }
}
```

下面是测试的代码。

```
public class StrategyTest {
    public static void main(String[] args) {
        /**
         * 策略模式实现对 Oracle 的连接操作
         */
        ClientContext occ = new ClientContext(new OracleStrategy());
        occ.getConnDB();
        /**
         * 策略模式实现对 MySQL 的连接操作
         */
        ClientContext mcc = new ClientContext(new MysqlStrategy());
        mcc.getConnDB();
        /**
         * 策略模式实现对 SQL Server 的连接操作
         */
        ClientContext scc = new ClientContext(new SQLStrategy());
        scc.getConnDB();
    }
}
```

这样就基本完成了通过策略模式动态切换数据库连接的算法。如果想实现对 DB2、Sybase、PostgreSQL 数据库的操作,只需实现策略接口即可。这样就可以任意扩展,同时对客户(StrategyTest 类)隐藏具体策略(算法)的实现细节,彼此完全独立,做到高内聚、低耦合。

6.8 知识拓展

下面给出一个观察者模式的介绍。观察者模式有利于我们理解目前流行的 MVC 模式的基本原理。

观察者模式属于行为模式,定义了一个一对多的依赖关系,让一个或多个观察者对象监察一个主题对象。这样一个主题对象在状态上的变化能够通知所有的依赖于此对象的那些观察者对象，使这些观察者对象能够自动更新。

1. 问题

现在要为一家气象站开发一套气象监控系统，按照客户的要求，这个监控系统必须可以实时跟踪当前的天气状况（温度、湿度、大气压力），并且可以在三种不同设备上显示出来（当前天气状况、天气统计、天气预测）。客户还希望这个系统可以对外提供一个API接口，以便任何开发者都可以开发自己的显示设备，然后无缝挂接到系统中，系统可以统一更新所有显示设备的数据。

直观的想法可以采用如下的代码实现。

```
public class WeatherData
{
    //实例化显示设备(省略)
    public void MeasurementsChanged()
    {
     float temp = getTemperature();                                                    //取得温度
     float humidity = getHumidity();                                                   //取得湿度
     float pressure = getPressure();                                                   //取得气压
     currentConditionsDisplay.update(temp, humidity, pressure); //同步显示当前天气状况
     statisticsDisplay.update(temp, humidity, pressure);             //同步显示天气统计信息
     forecastDisplay.update(temp, humidity, pressure);              //同步显示天气预报信息
     }
}
```

存在的问题是，首先，×××Display这几个对象都是具体的类实例，也就是说这里违背了“面向接口编程，而不要面向实现编程”的原则，这样实现会带来的问题是系统无法满足在不修改代码的情况下动态添加或移除不同的显示设备。换句话说，显示设备相关的部分是系统中最不稳定的部分，应该将其单独隔离开，也就是前面学过的另一个原则：“找到系统中变化的部分，将变化的部分同其他稳定的部分隔开”。

2. 解决方案

可以使用观察者模式解决上述问题，如图6-19所示。

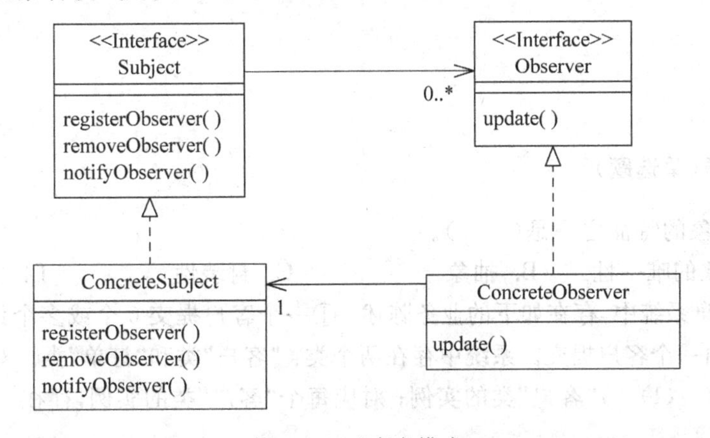

图6-19 观察者模式

图 6-19 中各参与者的作用如下。

1) Subject(被观察的对象接口)

(1) 规定 ConcreteSubject 的统一接口；

(2) 每个 Subject 可以有多个 Observer。

2) ConcreteSubject(具体被观察的对象)

(1) 维护对所有具体观察者的引用的列表；

(2) 状态发生变化时会发送通知给所有注册的观察者。

3) Observer(观察者接口)

(1) 规定 ConcreteObserver 的统一接口；

(2) 定义了一个 update()方法，在被观察对象状态改变时会被调用。

4) ConcreteObserver(具体观察者)

(1) 维护一个对 ConcreteSubject 的引用；

(2) 特定状态与 ConcreteSubject 同步；

(3) 实现 Observer 接口，通过 update()方法接收 ConcreteSubject 的通知。

3. 效果

观察者模式解除了主题和具体观察者的耦合，让耦合的双方都依赖于抽象，而不是依赖具体。从而使得各自的变化都不会影响另一边的变化。但依赖关系并未完全解除，抽象通知者依旧依赖抽象的观察者。

适用于当一个对象的改变需要改变其他对象时，而且它不知道具体有多少个对象有待改变时。或者一个抽象某型有两个方面，当其中一个方面依赖于另一个方面，这时用观察者模式可以将这两者封装在独立的对象中使它们各自独立地改变和复用。

小结

本章从设计时需要面对的主要问题出发，详细分析了面向对象设计的 7 条基本原则，继而给出了遵循基本原则下的设计模式介绍，它们是在项目中反复应用的成熟的设计经验的总结，最后在案例分析及知识扩展中，给出对象设计更深入的讲解。

强化练习

一、选择题(单选题)

1. 面向对象的特征之一是(　　)。

A. 对象的唯一性　B. 抽象　C. 封装性　D. 共享性

2. 在某信息系统中，存在如下的业务陈述：①一个客户提交 0 个或多个订单；②一个订单由一个且仅由一个客户提交。系统中存在两个类："客户"类和"订单"类。对应每个"订单"类的实例，存在(　(1)　)"客户"类的实例；对应每个"客户"类的实例，存在(　(2)　)个"订单"类的实例。

(1) A. 0个　　B. 1个　　C. 1个或多个　　D. 0个或多个

(2) A. 0个　　B. 1个　　C. 1个或多个　　D. 0个或多个

3. 面向对象程序设计的基本思想是通过建立和客观实际相对应的对象，并通过这些对象的组合来创建具体的应用。对象是（ (1) ）。（ (2) ）均属于面向对象的程序设计语言。

(1) A. 数据结构的封装体　　B. 程序功能模块的封装体

C. 数据以及在其上的操作的封装体　　D. 一组有关事件的封装体

(2) A. C++、Pascal　　B. C++、Smalltalk

C. Prolog、Ada　　D. FoxPro、Ada

4. 汽车有一个发动机。汽车和发动机之间的关系是（　）关系。

A. 一般具体　　B. 整体部分　　C. 分类关系　　D. 主从关系

5. 面向对象程序设计的基本思想是通过建立和客观实际相对应的对象，并通过这些对象的组合来创建具体的应用。对象是（ (1) ）对象的三要素是指对象的（ (2) ）。（ (3) ）均属于面向对象的程序设计语言。面向对象的程序设计语言必须具备（ (4) ）特征。Windows下的面向对象程序设计和通常DOS下的结构化程序设计最大的区别是（ (5) ）。

(1) A. 数据结构的封装体　　B. 数据以及在其上的操作的封装体

C. 程序功能模块的封装体　　D. 一组有关事件的封装体

(2) A. 名字、字段和类型　　B. 名字、过程和函数

C. 名字、文字和图形　　D. 名字、属性和方法

(3) A. C++、Lisp　　B. C++、Smalltalk

C. Prolog、Ada　　D. FoxPro、Ada

(4) A. 可视性、继承性、封装性　　B. 继承性、可重用性、封装性

C. 继承性、多态性、封装性　　D. 可视性、可移植性、封装性

(5) A. 前者可以使用大量下拉式选单，后者使用命令方式调用

B. 前者是一种消息驱动式体系结构，后者是一种单向调用

C. 前者具有强大的图形用户接口，后者无图形用户接口

D. 前者可以突破内存管理640KB的限制，后者不能

6. "一个研究生在软件学院做助教(Teaching Assistant)，同时还在校园餐厅打工做收银员(Cashier)。也就是说，这个研究生有三种角色：学生、助教、收银员，但在同一时刻只能有一种角色。"根据上面的陈述，下面哪个设计最合理？（　　）。

A.

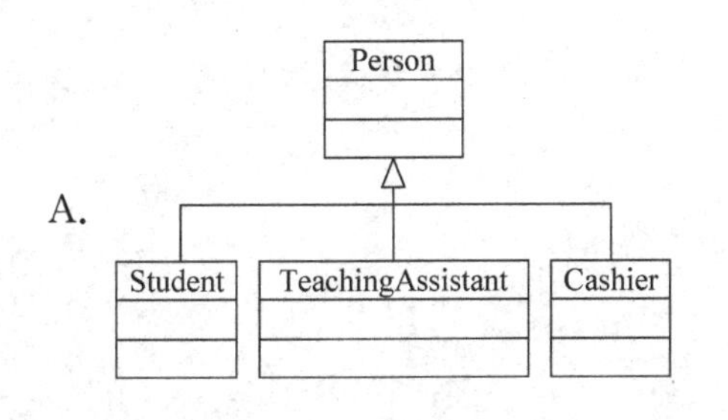

B.

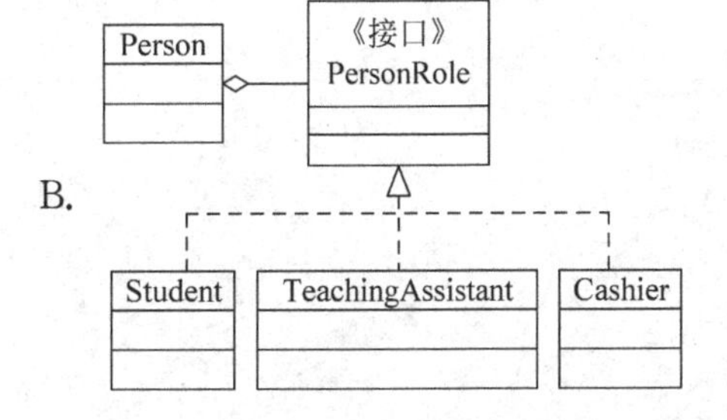

C. 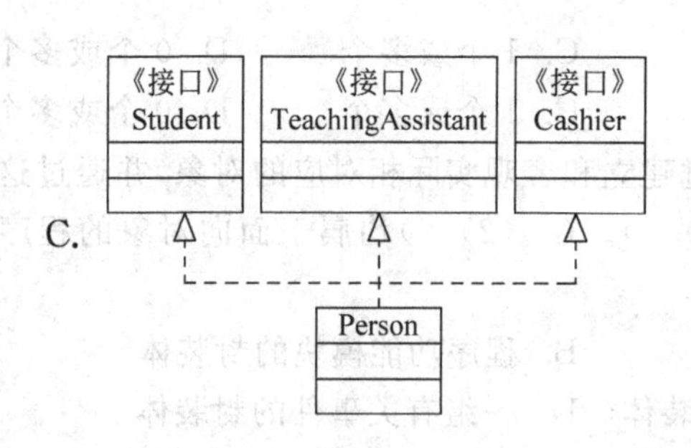

D. 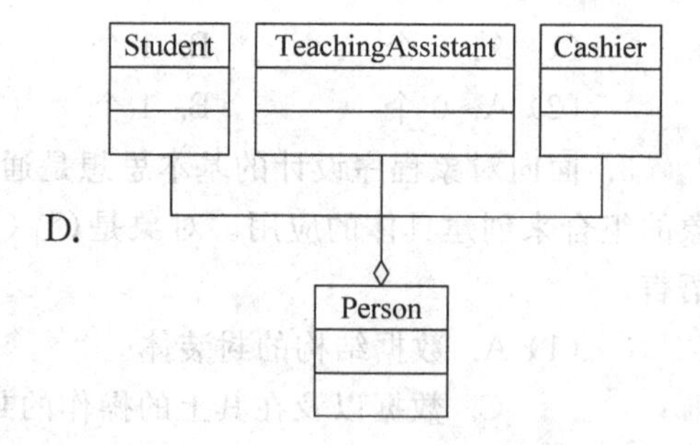

7. Machine软件公司为Benz公司的一款跑车设计了一个程序控制的紧急按钮，该按钮的功能根据汽车的行驶状态不同，而具有不同的功能。比如汽车静止时，该按钮可以快速启动汽车；当汽车的时速超过200km/h时，该按钮可以在2s内将车平稳地停下来；当汽车向后行驶时，该按钮可以立即刹车，基于以上功能考虑，架构师Bob在设计该按钮时，应该采用哪种设计模式？（　　）

A. 命令模式(Command)　　B. 观察者模式(Observer)

C. 状态模式(State)　　D. 外观模式(Facade)

二、简答题

1. 给出使用策略模式解决价格计算问题的设计方案及代码。
2. 若每一麻将牌局都需要两个骰子，试通过修改单例模式实现。
3. 查阅Java的观察者模式的相关资料，实现本章气象站系统。

第7章 软件实现

7.1 项目导引

“终于到了编码阶段，前面一直是你们在做分析和设计，现在是我施展才能的时候了，你们歇歇，我开始编码了!”小张兴高采烈地说。“你先别急，动手编码之前，还有几件事情要做。”项目经理老李说。

小张疑惑地问：“经过前面的系统分析与设计阶段，软件系统的体系结构已经形成，系统用例实现的细节也有了良好的定义和描述。那么软件实现阶段的任务就是把软件设计阶段的设计结果用某种程序设计语言编码实现嘛。”技术顾问老丁笑着说：“小张，你说的没错，软件实现的实质是对软件设计进行映射，也就是将软件系统的详细设计映射到计算机可以理解和执行的程序代码中。计算机最终将通过源代码的执行过程完成用户所要求的信息处理工作。但你要知道，虽然软件的质量主要取决于软件设计而非程序编码，但是仍应建立并使用统一的编码规范，使应用程序的结构和编码风格标准化，以便于阅读和理解。好的编码规范可使源代码逻辑严谨，语义清楚，程序可读性强，并最终影响到软件系统的整体质量。”

小张听后点了点头，说道：“也就是说软件工程师要学会养成良好的编程习惯，并形成良好的程序设计风格，这样才能保证软件实现的质量。”项目经理老李说：“是这样的，在编码之前还要做4件事：选择程序设计语言，建立编码规范，约定编码风格，搭建软件开发环境。”

7.2 程序设计语言的选择

程序设计语言的选择是程序编码的第一步，开发人员需要根据软件类型、质量要求、技术水平等多方面进行综合考虑，选择适当的程序设计语言。合适的程序设计语言能使编码困难最少，减少程序测试量，得到更容易阅读和维护的程序。目前的软件开发系统基本都采用高级程序设计语言编写，在决定选择何种高级程序设计语言时，一般从以下几个方面考虑。

1. 软件的应用领域

虽然各种通用程序设计语言可以实现不同领域软件系统的开发,但是在实现效率和能力上却相去甚远,所以在选择程序设计语言时,要针对软件的应用领域进行调查,选择该领域软件最常使用的设计语言。例如,开发 Web 应用,考虑选择 Java 或 C#语言;开发底层系统级应用,考虑选择 C 语言;对于 Window 图形界面应用,考虑采用 C++或 BASIC 语言,在大量使用逻辑推理和人工智能专家系统领域,首选 Lisp 或 Prolog 语言;在科学与工程计算领域,可以选择 FORTRAN 语言;如果在实时系统或代码优化程度较高的领域,建议选择 Ada 或 C 语言;在数据库和信息系统开发过程中选择程序设计语言和 SQL 的结合。

2. 系统用户的要求

如果开发的软件系统交付后由用户负责维护,用户通常会指定他们熟悉的程序设计语言。

3. 现有的开发环境

考虑目前已有的开发工具和编译环境是否可以满足系统开发的需要,如果可以则能节省配置新的工具和环境的开销。

4. 开发环境成本

对于必须重新配置开发环境的系统,在选择程序设计语言时,要考虑相关开发软件的成本,在质量能够保证的情况下,可以选择一些免费的开源软件作为开发工具,并选择相应的程序设计语言进行开发。

5. 程序员的水平

尽可能选择现有程序员比较熟悉的程序设计语言,这对于节省开发时间、提高开发质量非常重要。

6. 软件可移植性的要求

如果开发的系统需要运行在不同类型的计算机或不同的操作系统之上,那么就需要选择一种标准化程度高、程序可移植性好的程序设计语言。

7.3 编码规范

一个软件质量的好坏不仅跟程序设计的语言有关,还跟程序设计的规范与风格有着紧密的关系。程序员应当掌握适当的编程技巧,形成统一的编程风格,建立良好的编程习惯。编程的规范与风格是指程序员在编程时应遵循的一套形式与规则,主要是让程序员和其他人方便容易地读懂程序,理解程序的功能及作用。

在相当长一段时间,许多人认为,程序是用来给机器执行的,只要程序逻辑正确,能被机器理解和执行就足够了。但随着软件规模日趋庞大和程序复杂性的增加,人们逐渐发现,在软件生命周期过程中,许多程序都需要被重新阅读,特别是被编写该程序以外的其他开发人员阅读。这在软件测试阶段和维护阶段表现得尤为明显。当阅读程序成为软件并发和维护过程中的一项重要工作的时候,可读性差的程序将花费开发人员更多的时间和精力,而成为耗费软件系统开发成本的重要因素之一。

具有良好风格的程序,不仅能让人们容易读懂,方便人们修改程序错误,而且对程序运行的效率影响不大。而程序设计的风格不能是随意的,为了让不同的程序员理解、交流程序,减少因不协调而引起的问题,应将程序设计的风格统一化。直截了当的逻辑表达式、通用的语言使用方式、相应的注释说明等是必不可少的。虽然不同的程序员有不同的风格,但让程序风格尽量保持统一和规范,是编程的重要目标之一。因此在建立和使用编码规则时应遵循以下几条原则。

(1) 遵循开发流程,在设计的指导下进行代码编写。

(2) 代码的编写以实现设计的功能和性能为目标,要求正确完成设计要求的功能,满足设计的性能。

(3) 程序要有良好的程序结构,要提高程序的封装性,降低程序的耦合度。

(4) 程序可读性强,易于理解。

(5) 方便调试和测试,可测试性好。

(6) 易于使用和维护,具有良好的修改性。

(7) 可重用性强,移植性好。

(8) 占用资源少,以低代价完成任务。

(9) 在不降低程序的可读性的情况下,尽量提高代码的执行效率。

程序设计的风格一般包含4个方面:源程序文档化,数据说明,语句结构,输入/输出。

7.3.1　源程序文档化

软件是程序和文档的集合。如果认为程序也是一种文档,那么软件项目中的文档是项目开展的唯一凭据和线索。源程序的文档化是这样一种工作:它为源程序的编写定义一组相关的规范,从而确保和提高源程序的可理解性与可维护性。源程序文档化的内容包括标识符的命名、注释的安排及程序的视觉组织等。

1. 标识符

程序中对常量、变量、数组、方法等的命名都是标识符。如定义变量 object 为一个对象,表示次数用 times,总量用 total,定义一维数组用 a[10]表示。标识符应用与它本身含义相近或一致的英文、符号表示,使其能够见其文知其意。标识符的定义不要太长也不能太短,以便于记忆和理解为宜。而且两个标识符是不应用同一名字命名的,以免引起错误和混淆。

各种编程语言和编程环境对于标识符的命名和使用都有一定的具体要求,可以参照相应的规范实例进行学习。

例如,在 Java 里,一般遵循以下一些命名准则。

(1) 使用能描述常量、变量或函数的意义或用途的词命名。

(2) 所有的常量名都用大写字母的字符串表示,不同的词之间用下划线"_"分开。

(3) 方法名中每个词的第一个字母应小写,函数名一般不使用下划线来分隔词。

(4) 变量名以表示变量类型的小写前缀开头,其余词的第一个字母应大写。

(5) 类名和接口名应该使用名词,其中每个单词的首字母都要大写。

2. 注释

程序中的注释是程序员与程序读者之间交流的必不可少的手段。由程序员开发的程序,在交给维护人员维护的过程中,如果没有程序的注释说明,维护人员是很难理解程序的。所以要求在开发程序时给程序做相应的文档说明,这些说明是用人的自然语言来描述的。有了程序的注释,就能给日后程序的修改提供很大的帮助。在一些正规的程序,注释行占到整个源程序的1/3~1/2。注释不影响程序的执行。

注释一般分为序言性注释和功能性注释。

序言性注释通常放在每个程序模块的开始,简单描述这部分模块的程序标题、功能和目的说明、数据描述、主要算法特征,还有接口说明、模块位置、开发简史等。对理解程序起着引导作用。其中,数据描述主要是描述程序中重要的变量及其用途、约束或限制条件;接口说明主要是说明该模块的调用形式、参数描述和子程序清单等接口信息;模块位置表明该模块在哪一个文件中或隶属于哪一个软件包,开发简历包括模块设计者、复审者、复审日期、修改日期等。

一个简单的Java类的注释可以写成如下形式。其中,Description是类的描述,Copyright是版本声明,Version是版本信息。

```
/**
* T1tle: Engineer 类<br>
* Description: 一个描述工程师信息的类<br>
* Copyright: (C)2012/12/5 NEUSoft All rights reserved.<br>
* @Author: Runner
* @Version: 1.00
*/
```

功能性注释嵌入到源程序当中,用以说明其后的语句或程序段的功能,即做的是什么工作。如果程序不是太难理解,一般无须解释怎么做,因为程序本身就是最好的说明。

例如:

```
//distance 等于 speed 乘以 time
distance = speed * time;
```

显然,这样的注释对于程序的理解毫无意义,它本身只是语句的重复。书写功能性注释需注意以下几点。

(1) 应描述一段程序,而不是每一行语句。

(2) 注释与程序分开,适当使用缩进和空行等方法,使程序和注释容易区别。

(3) 注释说明要准确,修改程序也应该修改注释。

另外,应该避免在行代码或表达式中间插入注释,否则将会使程序的可读性变差。清晰、准确的标识符命名,合理的代码组织结构,也会提高程序的自注释性,从而减少不必要的注释。从前面的例子可知,应该防止不必要的重复注释信息,在代码的功能、意图层次上解释代码的目的、功能和采用的方法,提供代码以外的东西,以帮助读者理解代码。

有良好的标识符定义和恰当的注释说明就能得到比较好的源程序内部的文档。有关设计的说明也可作为注释，嵌入源程序体内，以提高程序的可读性。

值得一提的是，在Java语言里，由注释符号"/ ** "和" * /"括起来的部分称为文档注释，文档注释可以用Java提供的javadoc编译命令方便地转化为HTML文档。许多软件开发工具和环境都为程序的文档化提供了必要的支持。

3. 标准的书写格式

程序的编写除了要使用规范的标识符和注释说明外，还应该注意程序的书写格式。编写源程序时遵循统一的、标准的格式，有助于改善程序的可读性。

一个程序如果写得密密麻麻，层次不分，显然让人难以读懂。恰当使用缩进和空行，可以使源程序代码结构更加清晰、美观。不同的程序段使用空行隔开，可以使冗长的程序代码更加清晰易读。而程序的缩进则避免了所有的代码行都从某一列开始，层次不分。按照程序本身的逻辑关系，对源程序代码进行必要的组织和编排，使它整体上错落有序，层次分明，从感观上来说也更加易于阅读和理解。

例如，if…else语句可写成以下形式。

```
    if(condition)
    {
            statements;
    }
    else if (condition)
    {
            statements;
    }
    else
    {
            if(condition)
            {
                statements;
    }
            else
            {
    statements;
    }
}
```

如果没有适当的缩进，显然其效果是截然不同的。

```
if(condition){
    statements;
    } else if (condition) {
        statements;
    } else {
    if(condition){
    statements;
}else {
statements
```

```
    }
}
```

7.3.2 数据说明

数据说明是程序编码中必不对少的一部分。虽然数据结构的组织及其复杂性在设计阶段已经确定了,但对数据的说明却是在编程阶段进行的。为了使数据说明更容易理解和维护,在编写程序时,应该注意数据说明的风格。

数据说明主要应注意以下一些方面。

(1) 数据说明的次序。数据说明的次序应规范化。从原则上说,数据说明的次序可以是任意的,并不影响程序的编译执行。但规范化的数据说明无疑能使程序的阅读和理解更加容易。应该固定数据说明的先后次序,使数据的属性更易于查找,从而有利于程序的测试、调试和维护。例如,可以按常量说明、简单变量类型说明、数组说明、公共数据块说明、文件说明的顺序进行数据说明。在类型说明中,还可进一步要求按整型、实型、字符型、逻辑型的顺序进行说明。当一个语句说明多个变量名时,应将这些变量按字母的顺序进行排列。例如,下面的语句:

```
int size, length, width, cost, price, amount;
```

可以改写成:

```
int amount, cost, length, price, size, width;
```

直观来说,上述方法显然可以帮助开发人员迅速而准确地定位数据说明在程序中的位置,有助于提高程序代码阅读的效率。

(2) 复杂数据结构说明。对于一个复杂的数据结构,在程序实现这个数据结构时应该有相应的注释说明其特点,使开发人员能清晰地了解其结构特征。对于用户自定义的数据类型,更应该在注释中做必要的补充说明。

7.3.3 语句结构

软件的逻辑结构在软件设计阶段已经确定了,但单个程序语句的构造则是编码阶段的任务。程序表达式和语句的构造应力求简单、直接,不能因为片面追求效率而使语句复杂化。程序员应该以清晰明了的形式编写程序表达式和语句。

一般情况下,一行内只写一条语句或一条表达式,应适当采用移行格式,使程序的逻辑和功能更加明确,增强程序可读性。使用基本的控制结构编写程序,包括顺序结构、条件选择结构和循环结构。尽量采用简单的语句,避免太多的循环嵌套和条件嵌套,可以用逻辑表达式来代替分支嵌套;尽量减少"否定"条件语句的使用;避免采用过于复杂的测试条件。程序代码中同一层次的逻辑结构应互相对齐,内部层次继续往里缩进,这样程序的逻辑结构会更加清晰易读。

编写程序时首先考虑其清晰性,不能盲目追求技巧性。在 20 世纪 50～70 年代,为了能在小容量低速计算机上完成大的计算量,必须考虑尽量节省存储空间,提高运算速度。因此,程序编码时必须注意提高程序执行的效率。但近年来由于硬件技术的高速发展,为软件开发人员提供了十分优越的开发环境。在计算机大容量和高速度的条件下,程序设计人员完全不必花费太多心思在程序中精心设置技巧。而软件工程技术要求软件生产工程化、规范化,提高软件开发的生产率。因此,为了提高程序的可读件,减少出错的可能性,提高测试和维护的效率,应把程序的清晰性放在首位。

如果不是对程序的执行效率有特殊的要求,编写程序一般要做到清晰第一,效率第二。不能为了盲目追求效率而丧失程序的清晰性。事实上,程序效率的提高主要应通过选择高效的算法来实现。好的算法比坏的算法复杂度要低,往往可以减少程序的计算量及访问量,从而使程序执行的时间大大缩短。当然,也可以通过对程序代码的某些语句进行优化,来提高程序执行的效率。但与选择好的算法提高效率相比,语句优化的作用显得非常有限。

7.3.4 输入/输出

程序的输入/输出信息与用户的使用直接相关,输入/输出的方式和格式应当尽可能方便用户的使用。系统能否被用户接受,有时很大程度上取决输入/输出的风格。一定要避免因设计不当而给用户带来不必要的麻烦。在软件需求分析和软件设计阶段,就应该基本上确定输入/输出的风格。

程序输入/输出的风格随着人工干预程度的不同而有所不同。输入/输出一般可以分成两种情况:一种是用户的输入/输出,另一种是设备的输入/输出。对于交互式的输入/输出,应该为用户提供简单而带提示的输入方式,完备的出错检查和出错恢复功能,而且应该能够通过人机对话设置输入/输出,并保证输入/输出格式的一致性。而对于批处理的输入/输出,则应该能按逻辑要求组织大量的输入/输出数据,具备较为有效的出错检查和出错恢复功能,并能提供合理的输出报告格式。

无论哪种输入/输出方式,都要求提高输入/输出的效率。设计良好的输入/输出用户操作十分方使,输入/输出的效率也会提高,容易让用户感到满意。对于程序的输入输出,在软件设计和程序编码时,应该考虑以下一些原则。

(1) 对输入数据进行检验,识别错误的输入,以确保数据输入的正确性。检查输入项各种组合的合理性,保证输入数据的有效性,必要时报告输入状态信息。若输入和输出过程出错,应给出错误提示,并能给予适当的恢复操作。

(2) 保持简单的输入格式,允许使用自由格式输入,输入的步骤和操作也应尽可能简单、容易。

(3) 对于某些操作,应允许默认值。

(4) 输入数据时,应该有关于输入内容和边界数值的提示,有输入结束标志,不要由用户指定输入数据的数目。

(5) 当对于输入/输出格式有严格要求时,要保持输入语句与输入格式要求的一致性。

(6) 对终端或打印机的输入/输出,尽可能提高输入/输出的速度和质量。

(7) 当输入/输出量比较大的时候,可以为输入/输出安排缓冲区,以提高速度。

(8) 给所有的输出加注解,并设计输出报表格式。

另外,输入/输出风格还受到许多其他因素的影响,如输入/输出设备的类型、用户的熟练程度、通信的环境等。程序员应充分考虑用户及各方面的实际情况,力求设计出良好的输入/输出风格。

总之，要在程序编码的实践中不断积累经验，培养良好的程序设计风格，使编写出来的程序清晰易懂，易于测试和维护，在程序编码阶段改善和提高软件的质量。

7.4 编码风格

良好的程序设计风格对软件实现来说尤其重要，它不仅能明显减少维护或扩展的开销，而且也有助于在新项目中重用已有的程序代码。

7.4.1 提高可重用性

面向对象方法的一个主要目标就是提高软件的可重用件。软件重用有多个层次，在编码阶段主要考虑代码重用的问题。一般来说，代码重用有两种：一种是本项目内的代码重用，另一种是新项目重用旧项目的代码。内部重用主要是找出设计中相同或相似的部分，然后利用继承机制共享它们。为做到外部重用(即一个项目重用另一个项目的代码)，必须有长远眼光，需要反复考虑、精心设计。虽然为实现外部重用所需要考虑的面比为实现内部重用所需要考虑的面要广，但是，实现这两类重用的程序设计准则却是相同的。下面是主要的准则。

(1) 提高方法的内聚。一个方法(即服务)应该只完成单个功能。如果某个方法涉及两个或多个不相关的功能，则应该把它分解成几个更小的方法。

(2) 减小方法的规模。如果某个方法规模过大(代码长度超过一页纸，可能就太大了)应该把它分解成几个更小的方法。

(3) 保持方法的一致性。保持方法的一致性有助于实现代码重用。一般来说，功能相似的方法应该有一致的名字、参数特征(包括参数个数、类型和次序)、返问值类型、使用条件及出错条件等。

(4) 把策略与实现分开。从所完成的功能看，有两种不同类型的方法。一类方法负责做出决策，提供变元，并且管理全局资源，可称为策略方法；另一类方法负责完成具体的操作，但却并不做出是否执行这个操作的决定，也不知道为什么执行这个操作，可称为实现方法。

策略方法应该检查系统运行状态，并处理出错情况，它们并不直接完成计算或实现复杂的算法。策略方法通常紧密依赖于具体应用，这类方法比较容易编写，也比较容易理解。

实现方法仅针对具体数据完成特定处理，通常用于实现复杂的算法。实现方法并不制定决策，也不管理全局资源，如果在执行过程中发现错误，它们应该只返回执行状态而不对错误采取行动。由于实现方法是自含式算法，相对独立于具体应用，因此，在其他应用系统中也可能重用它们。

为提高可重用性，在编程时不要把策略和实现放在同一个方法中，应该把算法的核心部分放在一个单独的具体实现方法中。为此需要从策略方法中吸取出具体参数，作为调用实现方法的变元。

(5) 全面覆盖。如果输入条件的各种组合都可能出现，则应该针对所有组合写出方法，而不能仅针对当前用到的组合情况写方法。例如，如果在当前应用中需要写一个方法，以获取表中的第一个元素,则至少还应该为获取表中的最后一个元素再写一个方法。

此外,一个方法不应该只能处理正常值,对空值、极限位及界外值等异常情况也应该能够做出有意义的响应。

(6) 尽量不使用全局信息。应该尽量降低方法与外界的耦合程度,不使用全局信息是降低耦合度的一项主要措施。

(7) 利用继承机制。在面向对象程序中,使用继承机制是实现共享和提高可重用度的主要途径。

7.4.2 提高可扩充性

7.4.1节所述的提高可重用性的准则也可利用来提高程序的可扩充性。此外,下列的面向对象程序设计准则也有助于提高可扩充性。

(1) 封装实现策略。应该把类的实现策略(包括描述属性的数据结构、修改属性的算法等)封装起来,对外只提供公有的接口,否则将降低今后修改数据结构或算法的自由度。

(2) 不要用一个方法遍历多条关联链。一个方法应该只包含对象模型中的有限内容。违反这条准则将导致方法过分复杂,既不易理解,也不易修改扩充。

(3) 避免使用多分支语句。一般来说,可以利用 swith…case 语句测试对象的内部状态,不要根据对象类型选择应有的行为,否则在增添新类时将不得不修改原有的代码。应该合理地利用多态性机制,根据对象的当前类型,自动决定应有的行为。

(4) 精心确定公有方法。公有方法是向外部公布的接口,对这类方法的修改往往会涉及许多其他类。因此,修改公有方法的代价通常都比较高。为提高可修改性,降低维护成本,必须精心选择和定义公有方法。私有方法是仅在类内使出的方法,通常利用私有方法来实现公有方法。删除、增加或修改私有方法所涉及的面要窄得多,因此代价也比较低。

同样,属性和关联也可以分为公有和私有两大类。公有的属性或关联又可进一步设置为具有只读权限或只写权限两类。

7.4.3 提高健壮性

程序员在编写实现方法的代码时,既应该考虑效率,也应该考虑健壮性。通常需要在健壮性与效率之间做出适当的折中。必须认识到,对于任何一个实用软件来说,健壮性都是不可忽略的质量指标。为提高健壮性应该遵守以下几条准则。

(1) 预防用户的操作错误。软件系统必须具有处理用户操作错误的能力。若用户在输入数据时发生错误,不应该引起程序运行中断,更不应该造成"死机"。任何一个接收用户输入数据的方法应该对其接收到的数据进行检查,即使发现了非常严重的错误,也应该给出恰当的提示信息,并准备再次接收用户的输入。

(2) 检查参数的合法性。对公有方法,尤其应该着重检查其参数的合法性,因为用户在使用公有方法时可能违反参数的约束条件。

(3) 不要预先确定限制条件。在设计阶段,往往很难准确地预测出应用系统中使用的数据结构的最大容量要求,因此不应该预先设定限制条件。如果有必要和可能,应该使用动态内存分配机制,创建未预先设定限制条件的数据结构。

(4) 先测试后优化。为在效率与健壮性之间做出合理的折中，应该在为提高效率而进行优化之前，先测试程序的性能。人们常常惊奇地发现，事实上大部分程序代码所消耗的运行时间并不多。应该仔细研究应用程序的特点，以确定哪些部分需要着重测试（例如，最坏情况出现的次数及处理时间需要着重测试）。经过测试，合理地确定为提高性能应该着重优化的关键部分。如果实现某个操作的算法有许多种，则应该综合考虑内存需求、速度及实现的简易程度等因素，经合理折中后选定适当的算法。

7.5 软件开发环境

早期的程序开发过程是先利用编辑工具编写源程序，再通过编译程序将源程序转变为目标机器代码。随着程序设计语言技术的发展，出现了集成开发环境（Integrated Development Environment，IDE）。IDE通常指运行在Window操作系统中的图形界面软件系统，其将编辑源程序、调试程序、生成可执行文件等功能集成起来，极大方便了程序员的编程工作。

虽然程序编码阶段不是一定要选择某种集成开发环境，但是随着软件规模的不断扩大，支撑类库的不断增多，使用IDE进行程序编码已经成为程序员的必然选择。IDE通常至少由一个编辑器、一个编译器工具链和一个调试器组成。随着编程项目变得更复杂，IDE中不断增加了更多的管理、设计和诊断功能。目前常用的IDE通常包含以下功能。

(1) 项目和源代码的管理功能。

(2) 源代码编辑提示功能。

(3) 编辑功能，包括复制、粘贴、查找、替换等。

(4) 程序跟踪调试功能。

(5) 生成可执行文件功能。

(6) 与其他插件结合的功能。

(7) 屏幕管理功能。

针对不同的程序设计语言和技术，目前比较常用的IDE包括：微软公司的Visual Studio，开源的Java集成开发环境Eclipse等。使用IDE进行程序编码的优点如下。

(1) 快速生成项目的文件结构。

(2) 快速生成源文件的框架代码。

(3) 具有提示功能，快速找到需要使用的数据结构和函数。

(4) 能够提示详细的调试信息，有利于快速发现错误。

(5) 方便完成复杂的部署工作。

采用IDE进行程序的开发已经成为Windows操作系统环境下的常用方法，然而在UNIX、Linux操作系统中，IDE的支持还不是很多，所以在UNIX环境下进行程序编码往往还采用vi编辑器、gcc编译器的方法，并在make编译工具和makefile配置文件的支持下，完成大型复杂系统的编译。

每种程序设计语言都有多种由不同厂家、不同机构提供的集成开发环境，这些集成开发环境在外观、易用性、能力等方面都存在着一些差异，在选择集成开发环境时，主要考虑以下因素。

(1) 程序员的熟悉程度。选择程序员最为熟悉的集成开发环境。

(2) 集成开发环境的费用。尽量选用开源软件。

(3) 软件的易用性。选择容易使用,能够方便找到学习资料的软件。

(4) 集成开发环境的成熟度。尽量选用已经非常成熟的软件,避免集成环境自身的问题导致开发的失败。

(5) 与其他软件的配合。目前的程序设计技术日新月异,很难有一款软件能够支持所有主流的开发技术,所以与其他软件的配合就显得非常重要。在选择开发环境时应尽可能选择提供了合作机制的软件,例如插件技术。

(6) 软件规模。集成开发环境软件本身都是规模较大的软件,能力越强,规模越大,运行过程中占用的系统资源越多。所以在选择开发环境时,不是功能越强大越好,程序员要根据系统实际的功能需求和开发的硬件环境,选择适当的集成开发环境。

7.6 知识拓展

测试驱动开发(Test-Driven Development,TDD)是一种不同于传统软件开发流程的新型的开发方法。它要求在编写某个功能的代码之前先编写测试代码,然后只编写使测试通过的功能代码,通过测试来推动整个开发的进行。这有助于编写简洁可用和高质量的代码,并加速开发过程。

测试驱动开发的基本过程如下。

(1) 快速新增一个测试。

(2) 运行所有的测试(有时候只需要运行一个或一部分),发现新增的测试不能通过。

(3) 做一些小小的改动,尽快地让测试程序可运行,为此可以在程序中使用一些不合情理的方法。

(4) 运行所有的测试,并且全部通过。

(5) 重构代码,以消除重复设计,优化设计结构。

简单来说,就是不可运行/可运行/重构——这正是测试驱动开发的口号。

举个比较生动的例子,盖房子的时候,工人师傅砌墙,会先用桩子拉上线,以使砖能够垒得笔直,因为垒砖的时候都是以这根线为基准的。TDD就像这样,先写测试代码,就像工人师傅先用桩子拉上线,然后编码的时候以此为基准,只编写符合这个测试的功能代码。而一个新手或菜鸟级的小师傅,却可能不知道拉线,而是直接把砖往上垒,垒了一些之后再看是否笔直,这时候可能会用一根线,量一下砌好的墙是否笔直,如果不直再进行校正,敲敲打打。使用传统的软件开发过程就像这样,先编码,编码完成之后才写测试程序,以此检验已写的代码是否正确,如果有错误再一点点儿修改。

测试驱动开发不是一种测试技术,而是一种分析技术、设计技术,更是一种组织所有开发活动的技术。相对于传统的结构化开发过程方法,它具有以下优势。

(1) TDD根据客户需求编写测试用例,对功能的过程和接口都进行了设计,而且这种从使用者角度对代码进行的设计通常更符合后期开发的需求。因为关注用户反馈,可以及时响应需求变更,同时因为从使用者角度出发的简单设计,也可以更快地适应变化。

(2) 出于易测试和测试独立性的要求,将促使我们实现松耦合的设计,并更多地依赖于接口而非具体的类,提高系统的可扩展性和抗变性。而且TDD明显地缩短了设计决策的反馈循环，使我们几秒或几分钟之内就能获得反馈。

(3) 将测试工作提到编码之前，并频繁地运行所有测试，可以尽量地避免和尽早地发现错误，极大地降低了后续测试及修复的成本，提高了代码的质量。在测试的保护下，不断重构代码，以消除重复设计，优化设计结构，提高了代码的重用性，从而提高了软件产品的质量。

(4) TDD提供了持续的回归测试，使我们拥有重构的勇气，因为代码的改动导致系统其他部分产生任何异常，测试都会立刻通知我们。完整的测试会帮助我们持续地跟踪整个系统的状态，因此就不需要担心会产生什么不可预知的副作用了。

(5) TDD所产生的单元测试代码就是最完美的开发者文档，它们展示了所有的API该如何使用以及是如何运作的，而且它们与工作代码保持同步，永远是最新的。

测试驱动开发的技术已得到越来越广泛的重视，但由于发展时间不长，相关应用并不是很成熟。现今越来越多的公司都在尝试实践测试驱动开发，但由于测试驱动开发对开发人员要求比较高，更与开发人员的传统思维习惯相违背，因此实践起来有一定困难。正像每种革命性的产物刚刚产生之初所必然要经历的艰难历程，测试驱动开发也正在经历着，但它正在逐渐走向成熟，前途一片光明。相信未来几年内，国内一定会有越来越多的软件企业开始普及测试驱动开发。

小结

软件实现的根本目的就是开发出质量高的程序代码，即好的程序。对于好程序的评价标准，在不同的时期有所不同。程序设计初期，由于计算机运算速度与存储空间的限制，程序员往往更加看重程序的精练和算法的巧妙；然而随着软件规模的增大、复杂性增加和开发周期的增长，人们渐渐意识到，好的程序代码在保证正确的前提下，还必须具有良好的可阅读性、可理解性、可修改性、可维护性和可扩展性，这是目前衡量程序质量的最主要的标准。科学的程序设计方法和规范的程序设计风格是保证程序质量的两个方面。

强化练习

一、选择题(单选题)

1. 比较接近于自然语言，被广泛应用于构造专家系统的程序设计语言是(　　)。

A. FORTRAN语言　　B. Pascal语言

C. C语言　　D. Prolog语言

2. 为了提高软件的可维护性，在编码阶段应注意(　　)。

A. 保存测试用例和数据　　B. 提高模块的独立性

C. 文档的副作用　　D. 养成好的程序设计风格

3. 程序的三种基本控制结构是(　　)。

A. 过程、子程序和分程序　　B. 顺序、选择和重复

C. 递归、堆栈和队列　　D. 调用、返回和转移

4. 以下描述正确的是(　　)。
   A. 程序中的注解越少越好
   B. 编码时应尽可能使用全局变量
   C. 为了提高程序的易读性,尽可能使用高级语言编写程序
   D. 尽可能用 GOTO 语句
5. 下列哪个做法会导致不利的语句结构(　　)。
   A. 避免过多的循环嵌套和条件嵌套
   B. 对递归定义的数据结构尽量不再使用递归过程
   C. 模块功能尽可能单一化,模块间的耦合能够清晰可见
   D. 确保所有变量在使用前都进行初始化
6. 源程序的版面文档要求应有变量说明、适当注释和(　　)。
   A. 框图　　B. 统一书写格式　　C. 修改记录　　D. 编程日期
7. 第一个体现结构化编程思想的程序设计语言是(　　)。
   A. FORTRAN 语言　B. Pascal 语言　　C. C 语言　　D. PL/1 语言
8. 程序的三种基本控制结构的共同特点是(　　)。
   A. 不能嵌套使用　　B. 只能用来写简单的程序
   C. 已经用硬件实现　　D. 只有一个入口和一个出口
9. 以下描述错误的是(　　)。
   A. 使用括号以改善表达式的清晰性
   B. 尽可能把程序编得短一些
   C. 不要修补不好的程序,要重新写
   D. 程序的书写格式应有助于读者阅读与理解
10. 提高程序效率的根本途径在于(　　)。
   ① 编程时对程序语句进行调整　　② 选择良好的设计方法
   ③ 使程序最大限度的简洁　　④ 选择良好的数据结构与算法。
   A. ①②③④　　B. ②④　　C. ③④　　D. ①③

二、简答题

1. 软件实现的目标与任务是什么?
2. 选择程序设计语言应考虑哪几个方面?
3. 简述 IDE 中包含的主要功能有哪些。
4. 简述面向对象编程中类的实现方法有哪些。
5. 编码规范表现在哪些方面?

第8章 软件测试

8.1 项目导引

当编码阶段完成之后，项目组长老李组织大家开了一个阶段性会议，总结了上个阶段的内容后，老李说，“经过大家共同的努力，我们最终实现了招聘管理系统！”听到这里，项目组的全体人员不觉地露出了欣慰和如释重负的表情。“但是，后面还有很多工作需要我们来完成，比如在交付用户之前，必须测试系统，保证系统的正确性。”

小张却是不以为意，“我们只要输入一些数据，看看运行结果和期望的是否相符合，应该很快就能完成吧。”

“你这是普遍存在的一种误解，你可以考虑这样一种情况，如果只是测试实现加法代码的正确性，该怎么做？输入8+19得到了27，可以证明加法代码是正确的吗？这只是测试了整数里较小值的相加，如果是10 000+10 000呢？会不会溢出？7.10+9.3呢？”

说到这里，小张已经开始明白了问题的严重性，“这还真是个问题。”

老李继续耐心地解释，“实际上，项目中软件测试工作占有极其重要的作用，对于较大型的项目，测试所占的时间往往会达到整个项目开发时间的40%左右，那么在这么长的时间里都需要完成哪些工作，小肖你负责测试，就由你来说说吧。”

小肖：“当然需要做很多的工作了，单元测试、集成测试、黑盒测试、白盒测试、构建桩模块……”

这么多的任务，初次接触项目测试环节的小张已经有些不知所措了，下面从项目分析开始，全面学习关于测试的知识吧。

8.2 项目分析

一旦生成了源代码，软件必须被测试，使得在交付客户之前能够发现(和改正)尽可能多的错误。软件测试的目标是要设计一组具有高的发现错误可能性的测试方案，如何做呢？这就是软件测试技术被应用的地方。这些技术提供了软件测试的系统化的指南，用于测试软件构件的内部逻辑和测试程序的输入和输出域，以便发现程序功能、行为和性能方面的错误。

软件测试从两个不同的视角进行：①使用"白盒"测试方案设计技术来测试内部程序逻辑；②使用"黑盒"测试案例设计技术来测试软件需求。在这两种情况下，基本意图均是以最少的工作量和时间发现最大数量的错误。软件测试阶段产品是一组针对内部逻辑和外部需求的测试案例被设计和文档化，期望的结果被定义，实际的结果被记录。

所谓测试，首先是指一项活动，在这项活动中某个系统或组成的部分将在特定条件下运行，结果被观察和记录，并对系统或组成部分进行评估。测试活动最终会有两种结果：要么找出缺陷，要么显示软件执行正确。它是一个或多个测试用例的集合。

测试用例是指为特定的目的而设计的一组测试输入、执行条件和预期的结果，测试用例是执行测试的最小实体。

软件测试就是在软件投入运行前，对软件需求分析、设计规格说明和编码的最终复查，是软件质量保证的关键步骤。软件测试的定义有以下两种描述。

定义 1：软件测试是为了发现错误而执行程序的过程。

定义 2：软件测试是根据软件开发各阶段的规格说明和程序内部结构而精心设计的一批测试用例(即输入数据及其预期的输出结果)，并利用这些测试用例运行程序以及发现错误的过程，即执行测试步骤。

软件测试不仅是对程序的测试，也贯穿于软件定义和开发的整个过程。因此软件开发过程中产生的需求分析、概要设计、详细设计以及编码等各个阶段所得到的文档，包括需求规格说明书、概要设计规格说明、详细设计规格说明以及源程序，都是软件测试的对象。

软件测试在软件生命周期，也就是软件在开发设计、运行直到结束使用的全过程中，主要横跨以下两个阶段：实现阶段，即对每个模块编写出以后所做的必要测试；综合测试阶段，即在完成单元测试后进行的测试，如系统测试、验收测试。

8.2.1 软件测试的目的和原则

测试的目的是设计测试用例，以最小的代价、在最短时间内系统地发现各种不同类型的错误。这就要求测试人员设计的测试用例要合理，在选取测试数据的时候要考虑易于发现程序错误的数据。Grenford J. Myers 指出软件测试的目的如下。

(1) 测试是程序的执行过程，目的在于发现错误；

(2) 一个好的测试用例在于发现至今未发现的错误；

(3) 一个成功的测试是发现了至今未发现的错误的测试。

要达到上述目的，就要采用合理的科学的方法。经过实践的不断总结，人们发现在软件测试过程中一般遵循如下原则。

(1) 所有的软件测试都应该追溯到用户需求。

这是因为软件开发的目的是使用户完成预定的任务，并满足用户要求。如果软件中存在缺陷和错误导致软件不能达到用户的要求，只有尽可能地修正软件中的缺陷才能更好地满足用户要求。

(2) 应当把"尽早地和不断地进行软件测试"作为软件测试者的座右铭。

由于软件的复杂性和抽象性，在软件的生命周期各个阶段都可能产生错误，所以不应该把软件测试仅看做是软件开发的一个独立阶段的工作，而应当把它贯穿到软件开发的各个阶段中。在软件开发需求分析和设计阶段就应该开始测试工作，编写相应的测试文档。同时，坚持在软件开发的各个阶段进行技术评审与验证，这样才能在开发过程中尽早发现和预防错误，杜绝某些缺陷和隐患，提高软件质量。只要测试在生命周期中进行的足够早，就能够提高被测试软件的质量，这就是预防性测试的基本原则。

(3) 在有限的时间和资源下进行完全测试找出软件所有的错误和缺陷是不可能的，软件测试不能无限进行下去，应适时终止。

因为输入量太大，输出结果太多，路径组合太多，对每一种可能的路径都执行一次测试的穷举测试是不可能的。测试也是有成本的，越到测试后期付出的代价越大，所以软件测试要在符合软件质量标准的情况下停止。

(4) 测试无法显示软件潜在的缺陷。

软件测试只能发现软件中的缺陷，不能证明软件中的缺陷全部找到了。在后续的使用过程中，可能还会发现一些错误。

(5) 充分注意测试中的群集现象。

经验表明，测试后程序中残存的错误数目与该程序中发现的错误数目或检错率呈正比，所以应当对错误群集的程序段进行重点测试，以提高测试投资的效益。在所测试程序段中，若发现错误数目多，则残存错误数目也比较多。这种错误群集现象在很多实际项目中被证实。

(6) 程序员应该避免检查自己的程序。

基于心理因素，人们认为揭露自己程序中的问题总不是一件愉快的事，不愿否认自己的工作；由于思维定式，人们难于发现自己的错误。因此。为达到测试目的，应有客观、公正、严格的独立测试部门或者独立的第三方测试机构进行测试。

(7) 尽量避免测试的随意性。

软件测试应该是有组织，有计划，有步骤地进行，严格地按照计划，形成标准的测试文档。既便于今后测试工作的经验积累，也便于系统的维护。

(8) 80/20 原则。

80/20 原则是指 80%的软件缺陷存在于软件 20%的空间里，软件缺陷具有空间聚集性。这个原则告诉我们，如果想使软件测试更有效，记住常常光临其高危多发“地段”，在那里发现软件缺陷的可能性会大得多。该条原则是 Pareto 原理在软件测试中的应用。

以上是软件测试时必须遵守的几条基本原则，除了这些基本原则之外还有一些前人总结出的测试准则，如应该在真正的测试工作开始之前的很长时间内，就根据软件的需求和设计来制定测试计划，在测试工作开始后，要严格执行，排除随意性；测试要兼顾合理输入与不合理输入数据，要预先确定被测试软件的测试结果；应该从“小规模”单个程序模块测试开始，并逐步进行“大规模”集成模块和整个系统测试；长期保留测试数据，将它留做测试报告与以后的反复测试使用，重新验证纠错的程序是否有错等。

8.2.2 软件测试与软件开发各阶段的关系

软件测试并不只是在编码结束时才开始的过程，它在开发的各个阶段都产生一定的作用，如图 8-1 所示。

(1) 项目规划阶段：负责从单元测试到系统测试的整个测试阶段的监控。

(2) 需求分析阶段：确保测试需求分析、系统测试计划的制定，并经评审后成为配置管理项；测试需求分析对产品生命周期中测试所需要的资源、配置、每阶段评判通过标志进行

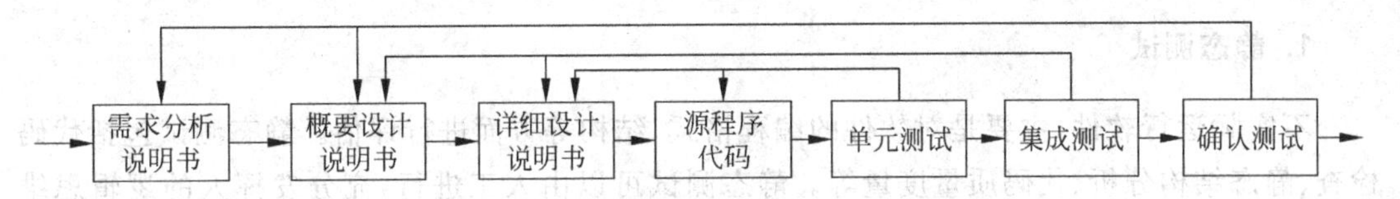

图 8-1 软件测试与软件开发各阶段的关系

规约；系统测试计划是依据软件的需求规格说明书，制定测试计划和设计相应的测试用例。

(3) 概要设计和详细设计阶段：确保集成测试计划和单元测试计划完成。

(4) 编码阶段：开发人员在编写代码的同时，必须编写自己负责部分的测试代码；如果项目比较大，必须由专人写测试代码。

(5) 测试阶段(单元测试、集成测试、系统测试)：测试人员依据测试代码进行测试，测试负责人提交相应的测试状态报告和测试结束报告。

软件开发过程中的 V 字模型很好地表述了测试在软件开发各阶段所产生的影响，如图 8-2 所示。

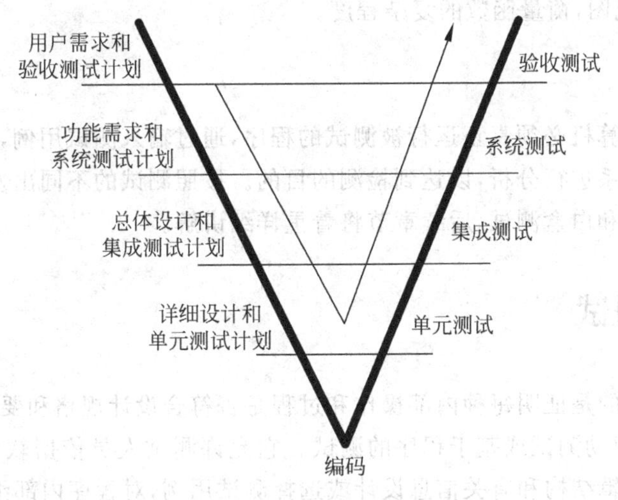

图 8-2 V 字模型

另外，软件测试的对象不只是程序，各阶段的文档也是测试的对象，因此软件测试阶段的输入信息包括以下两类。

(1) 软件配置：指测试对象。通常包括需求说明书、设计说明书和被测试的源程序等。

(2) 测试配置：通常包括测试计划、测试步骤、测试用例以及具体实施测试的测试程序、测试工具等。

对测试结果与预期的结果进行比较后，即可判断是否存在错误，决定是否进入排错阶段，进行调试任务。对修改以后的测试对象进行重新测试，因为修改可能会带来新的问题。

8.3 经典测试方法

软件测试方法就是设计测试用例的方法。测试用例的设计方法随着测试策略的不同而不同。软件测试方法通常按照软件被测试时运行与否，分为静态测试方法和动态测试方法。

1. 静态测试

不实际运行软件，主要是对软件的编程格式、结构等方面进行评估。静态测试包括代码检查、静态结构分析、代码质量度量等。静态测试可以由人工进行，充分发挥人的逻辑思维优势，也可以借助软件工具自动进行。

(1) 代码检查。主要检查代码和设计的一致性，代码对标准的遵循、可读性，代码的逻辑表达的正确性，代码结构的合理性等，可以发现违背程序编写标准的问题，程序中不安全、不明确和模糊的部分，找出程序中不可移植的部分、违背程序编程风格的问题等。

(2) 静态结构分析。主要是以图形的方式表示程序的内部结构，来检验程序的内部逻辑结构的合理性。主要用到下述形式。

① 函数关系调用图，以直观的图形方式描述了一个应用程序中各个函数的调用和被调用关系，通过它可以看出函数之间的调用关系的复杂性，以及是否存在递归关系；

② 文件调用关系图，体现文件之间的依赖性，通过依赖性来体现系统结构的复杂程度；

③ 模块控制流图，衡量函数的复杂程度。

2. 动态测试

主要特征是计算机必须真正运行被测试的程序，通过输入测试用例，对其运行情况及输入与输出的对应关系进行分析，以达到检测的目的。按照测试的不同出发点，软件测试方法可以分为黑盒测试和白盒测试，后续章节将着重详细讲解。

8.4 白盒测试

白盒测试的目的是证明每种内部操作和过程是否符合设计规格和要求。白盒测试也称为结构测试、逻辑驱动测试或基于程序的测试。它允许测试人员依据软件设计说明书利用被测程序内部的逻辑结构和有关信息设计或选择测试用例，对程序内部细节严密检验，针对特定条件设计测试用例，对程序所有逻辑路径进行测试。

白盒测试主要相对程序模块进行以下检查。

(1) 对程序模块的所有独立的执行路径至少测试一次；

(2) 对所有的逻辑判定，取 TRUE 与取 FALSE 的两种情况都能至少测试一次；

(3) 在循环的便捷和运行界限内执行循环体；

(4) 测试内部数据结构的有效性等。

白盒测试主要是以开发人员为主。通过检查软件内部的逻辑结构，对软件中的逻辑路径进行覆盖测试；在程序不同的地方设立检查点，检查程序的状态，以确定实际运行状态与预期状态是否一致。

白盒测试主要介绍两种方法：逻辑覆盖和基本路径覆盖。

8.4.1 逻辑覆盖

逻辑覆盖是一系列设计白盒测试用例的方法，包括语句覆盖、判定覆盖、条件覆盖、条件\判定覆盖和条件组合覆盖。

1. 语句覆盖

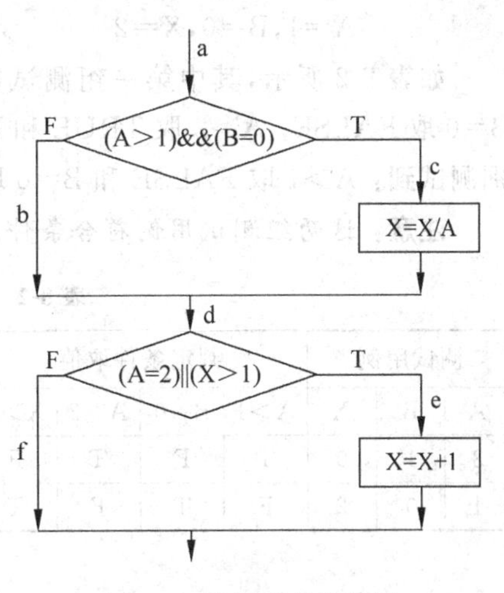

图 8-3 被测程序流程图

为了暴露程序中的错误,程序中的每条语句至少应该执行一次。语句覆盖的含义是选择足够多的测试数据,使被测程序中每条语句至少执行一次。以图 8-3 中的一段程序为例,要满足语句覆盖,也就是要求程序按照 a-c-d-e 的路径执行,这样的执行路径就满足语句覆盖,所以就要设计这样的测试用例能够使程序按照这样的路径执行。

例如:A=2,B=0,X=4

这样一组数据能够使第一个判断取 TRUE,第二个判断取 TRUE,这样就保证了这段程序中每一条语句都被执行到了。

2. 判定覆盖

判定覆盖是比语句覆盖强的覆盖标准。判定覆盖的定义,是设计足够的测试用例,使得程序中的每个判定至少都获得一次 TRUE 和 FALSE,或者说是使得程序中的每个取 TRUE 和 FALSE 分支至少执行一次,因此判定覆盖也称为分支覆盖。

要满足判定覆盖一组测试数据是不可能满足要求的,所以至少要两组测试数据,才能够使程序在两个判定结点处分别取 TRUE 和 FALSE。

例如:A=2,B=0,X=4;

A=1,B=0,X=0

如表 8-1 所示,这两组数据,能够使得程序分别按照:a-c-d-e,a-b-d-f 两条路径执行。第一组数据使得判定结点 1 取 TRUE,判定结点 2 取 TRUE;第二组数据使得判定结点 1 取 FALSE,判定结点 2 取 FALSE。

表 8-1 符合判定覆盖的测试用例

测试用例			判定条件取值				判定结点取值		程序执行路径
A	B	X	A>1	B=0	A>2	X>1	(A>1)&&(B=0)	(A>2)||(X>1)	
2	0	4	T	T	F	T	T	T	a-c-d-e
1	0	0	F	T	F	F	F	F	a-b-d-f

3. 条件覆盖

条件测试就是设计若干个测试用例,运行所测试程序,使得程序中每个判断的每个条件的可能取值 TRUE 和 FALSE 至少执行一次。

如图 8-3 所示例子中两个判定结点,每个判定结点由两个条件经过逻辑运算得到,如(A>1)&&(B=0)是由两个条件 A>1 和 B=0 经过"与"运算得到,要满足条件覆盖这两个条件中的每一个取 TRUE 和 FALSE 的分支都要执行到,另一个判定结点同样。

例如：A=3,B=1,X=0；

A=1,B=0,X=2

如表8-2所示，其中第一组测试数据，能够使得程序分别测试到：A>1取TRUE和B=0取FALSE；A>2取TRUE和X>1取FALSE；另外一组测试数据，能够使得程序分别测试到：A>1取FALSE和B=0取TRUE；A>2取FALSE和X>1取TRUE。

注意：这两组测试用例符合条件覆盖，但是不符合判定覆盖。

表8-2 符合条件覆盖的测试用例

测试用例			判定条件取值				判定结点取值		程序执行路径
A	B	X	A>1	B=0	A>2	X>1	(A>1)&&(B=0)	(A>2)||(X>1)	
3	1	0	T	F	T	F	F	T	a-b-d-e
1	0	2	F	T	F	T	F	T	a-b-d-e

4. 判断-条件覆盖

由于判断覆盖和条件覆盖所覆盖的强度不是递增的，不能互相替代，所以就有了判断-条件覆盖，它要求测试用例既满足判断覆盖又满足条件覆盖。

如图8-3所示例子中两个判定结点(A>1)&&(B=0)，(A>2)||(X>1)分别取TRUE和FALSE，同时又能够使4个判定条件分别取TRUE和FALSE，如表8-3所示。

例如：A=3, B=0, X=4；

A=1,B=1,X=1

表8-3 符合判断-条件覆盖的测试用例

测试用例			判定条件取值				判定结点取值		程序执行路径
A	B	X	A>1	B=0	A>2	X>1	(A>1)&&(B=0)	(A>2)||(X>1)	
3	0	4	T	T	T	T	T	T	a-c-d-e
1	1	1	F	F	F	F	F	F	a-b-d-f

5. 条件组合覆盖

条件组合覆盖测试是设计足够的测试用例，运行所测试的程序，使得每个判断的所有可能的条件取值组合至少执行一次。

上述例子共有8种可能的条件组合：

A>1,B=0

A>1,B≠0

A≤1,B=0

A≤1,B≠0

A=2,X>1

A=2,X≤1

A≠2,X>1

A≠2,X≤1

下面的 4 组数据可以使上面列出来的 8 种条件组合每种至少出现一次。

A=2,B=0,X=4(针对 1,5 两种组合,覆盖路径 ce)

A=2,B=1,X=1(针对 2,6 两种组合,覆盖路径 be)

A=1,B=0,X=2(针对 3,7 两种组合,覆盖路径 be)

A=1,B=1,X=1(针对 4,8 两种组合,覆盖路径 bd)

8.4.2 基本路径覆盖

上面的例子是比较简单的程序段,只有 4 条执行路径。但实际问题中,一个不太复杂的程序,其路径的组合都是一个庞大的数字。所以要穷举程序的所有路径是不现实的。为解决这一难题,需要把覆盖的路径数压缩到一定限度内,如程序中的循环体制执行一次。这里介绍的基本路径测试是这样一种测试方法,它在程序控制流图的基础上,通过分析控制流的环路复杂度,导出基本可执行路径的集合,然后据此设计测试用例。设计出的测试用例是保证在测试中程序的每一条可执行语句至少执行一次。

1. 程序的控制流图

控制流图是描述程序控制流的一种图示方式。其中,基本的控制结构对应的图形符号如图 8-4 所示,其中圆圈称为控制流图的一个结点,它表示一个或多个无分支的语句或源程序语句。

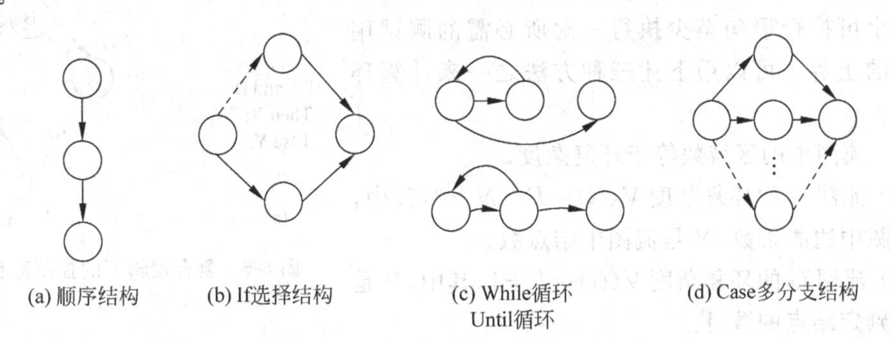

图 8-4 控制流图的表示符号

如图 8-5(a)所示是一个程序流程图,可以映射成如图 8-5(b)所示的控制流程图。

这里假定在流程图中用菱形表示的判定条件内没有复合条件,而一组顺序处理框可以映射为一个单一的结点。控制流程图中的箭头表示了控制流的方向,类似于流程图中的流线,一条边必须终止于一个结点,但在选择或者是多分支结构中分支的汇聚处,即使汇聚处没有执行语句也应该添加一个汇聚结点。边和结点圈定的部分叫做区域,当对区域计数时图形外的部分也应记为一个区域。

如果判断中的条件表达式是复合条件,即条件表达式是由一个或多个逻辑运算符连接的逻辑表达式,则需要改变符合条件的判断为一系列只有单个条件的嵌套的判断。例如,对应如图 8-6(a)所示的复合逻辑下的程序流程图,对应的控制流图如图 8-6(b)所示。

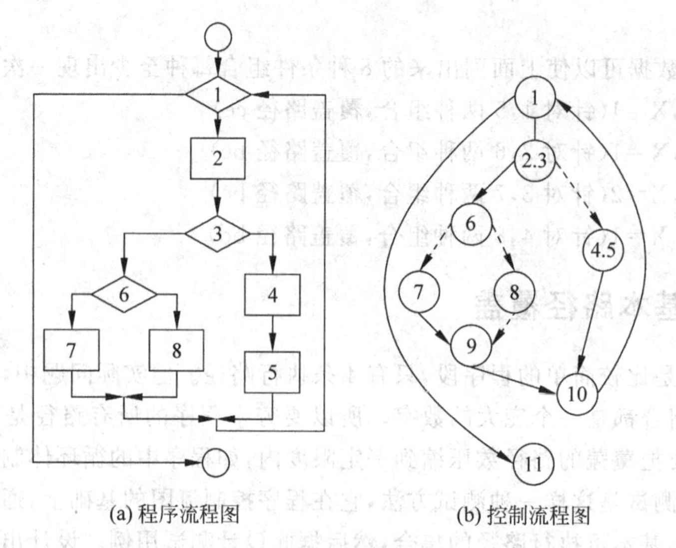

图 8-5 程序流程图和对应的控制流程图

2. 程序的环复杂度

程序的环路复杂度即 McCade 复杂性度量，在进行程序的基本路径测试时，从程序的环路复杂性可导出程序基本路径集合中的独立路径条数，这是确保程序中每个可执行语句至少执行一次所必需的测试用例数目的上界。可以用下述三种方法之一来计算环复杂度。

(1) 流图中的区域数等于环复杂度。

(2) 流图 G 的环复杂度 $V(G)=E-N+2$，其中，E 是流图中边的条数，N 是流图中结点数。

(3) 流图 G 的环复杂度 $V(G)=P+1$，其中，P 是流图中判定结点的数目。

...
If A and B
Then X;
Else Y;
...

(a)

A
B
X
Y

(b)

图 8-6 复合逻辑下的控制流程图

例如，如图 8-6 所示的控制流图，其环复杂度应该是 4。

独立路径是指包括一组以前没有处理的语句或条件的一条路径。从控制流图来看，一条独立路径是至少包含一条在其他独立路径中从未有过的边的路径。例如，如图 8-5 所示的控制流图中，一组独立路径如下。

Path1：1-11

Path2：1-2-3-4-5-10-1-11

Path3：1-2-3-6-8-9-10-1-11

Path4：1-2-3-6-7-9-10-1-11

从此例中可知，一条新的路径必须含有一条新边。路径 1-2-3-4-5-10-1-2-3-6-8-9-10-1-11 不能作为一条独立路径，因为它只是前面已经说明了的路径的组合，没有通过新的边。

路径 Path1、Path2、Path3 和 Path4，组成了如图 8-5(b)所示的控制流图的一个基本路径集。只要设计出的测试用例能够确保这些基本路径的执行，就可以使得程序中的每个可执行语句至少执行一次，每个条件的取真和取假分支也能得到测试。基本路径集不是唯一的，对于给定的控制流图，可以得到不同的基本路径集。

3. 基本路径测试法步骤

基本路径测试法适用于模块的详细设计及源程序，其主要步骤如下。

(1) 以详细设计或源代码作为基础，导出程序的控制流图；

(2) 计算得到的控制流图 G 的环复杂度 $V(G)$；

(3) 确定线性无关的路径的基本集；

(4) 生成测试用例，确保基本路径集中每条路径的执行。

下面以一个求平均值的过程 average 为例，说明测试用例的设计过程。用 PDL 描述的 average 过程如下所示。

```
PROCEDURE average;
/* 这个过程计算不超过 100 个在规定值域内的有效数字的平均值；同时计算有效数字的总和及个数。*/
INTERFACE RETURNS average,total_input, total_valid;
INTERFACE ACCEPTS value, minimum, maximum;
TYPE value[1...100] IS SCALAR ARRAY;
TYPE average, total_input, total_valid, minimum, maximum, sum IS SCALAR;
TYPE i IS INTEGER;
i = 1;
total_input = total_valid = 0;
sum = 0;
DO WHILE value[i]<> - 999AND total_input < 100
    increment total_input by1;
    IF value[i]> = minimumAND value[i]< = maximum
    THEN increment total_valid by 1;
        sum = sum + value[i];
    ELSE skip;
    ENDIF
    increment i by 1;
ENDDO
IF total_valid > 0
THEN average = sum/total_valid;
ELSE average =- 999;
ENDIF
    END average
```

(1) 详细设计以源代码作为基础，导出程序的控制流图。

根据上述方法将上述实例的 PDL 代码加上标号，如图 8-7 所示，然后将其转化为对应的控制流图，如图 8-8 所示。

(2) 计算得到的控制流图 G 的环复杂度 $V(G)$。

利用前面给出的计算控制流图环复杂度的方法，算出控制流图的环复杂度。如果一开始就知道判断结点的个数，甚至不必画出整个控制流图，就可以计算出该图的环复杂度的值。可以算出 $V(G)=6$。

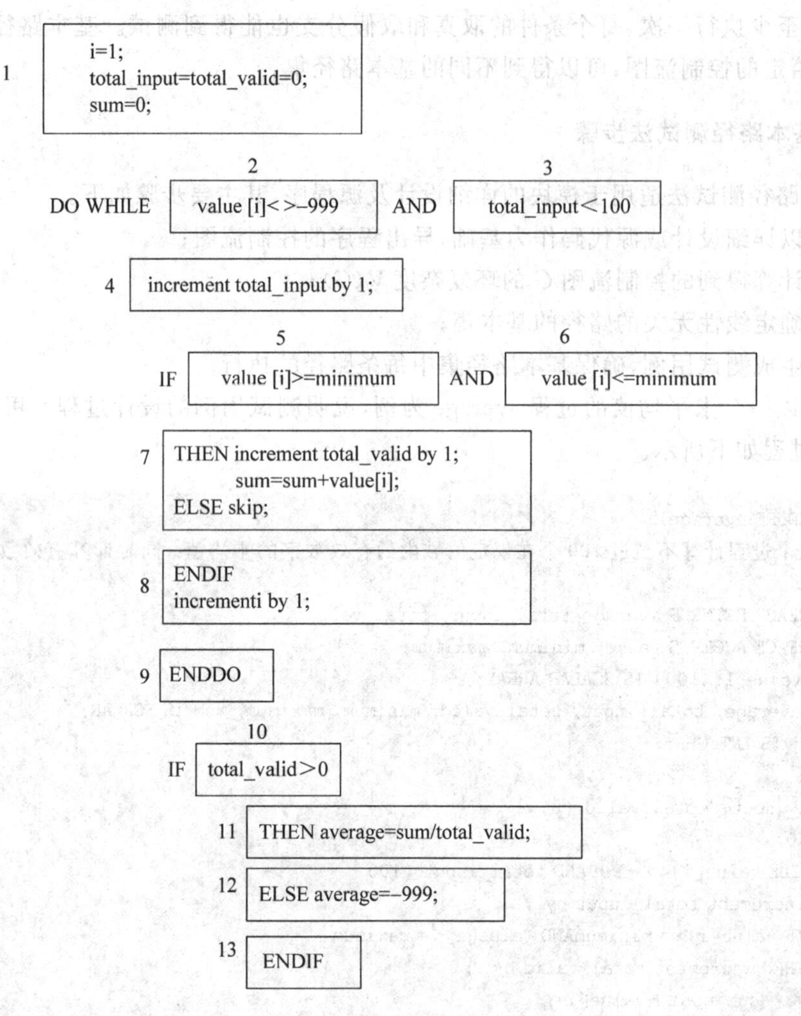

图 8-7 对 average 过程定义结点

(3) 确定线性无关的路径的基本集。

针对如图 8-8 所示的控制流图计算出的环复杂度的值，就是该图已有的线性无关基本路径集中路径数目。该图所有的 6 条路径如下所示。

[path1]1-2-10-11-13

[path2]1-2-10-12-13

[path3]1-2-3-10-11-13

[path4]1-2-3-4-5-8-9-2…

[path5]1-2-3-4-5-6-8-9-2…

[path6]1-2-3-4-5-6-7-8-9-2…

路径 4、5、6 后面省略号表示控制结构中以后剩下的路径是可选择的。在很多情况下，标识判断结点，常常能够有效地帮助导出测试用例。

(4) 生成测试用例，确保基本路径集中每条路径的执行。

根据判断结点给出的条件，选择适当的数据以保证某一条路径可以被测试到。满足上

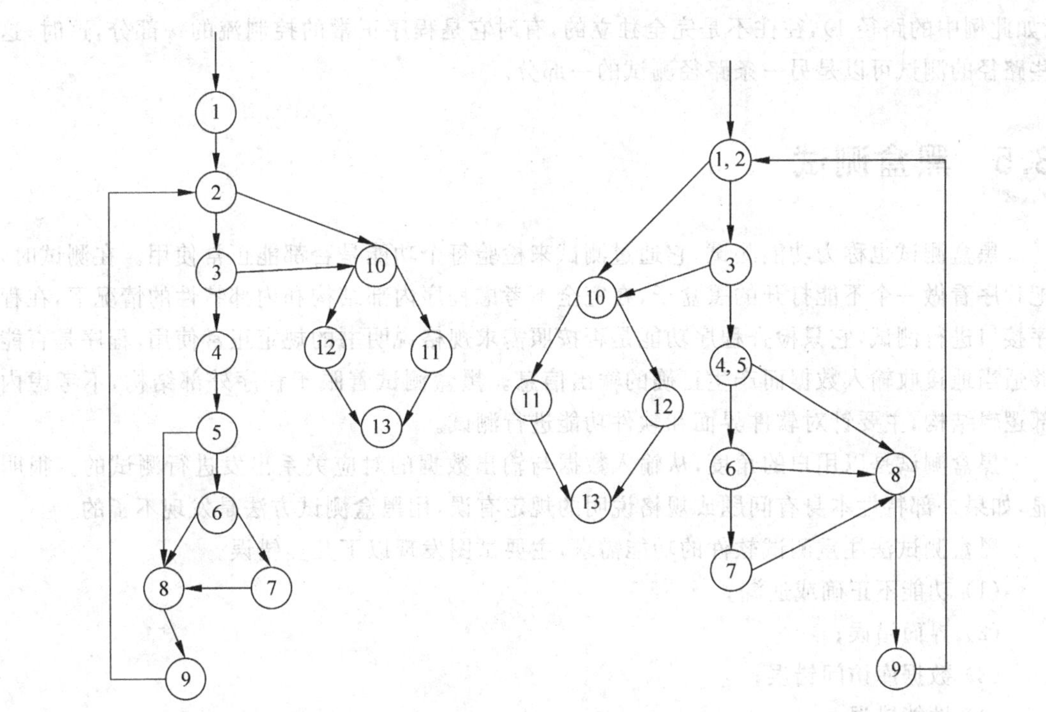

(a) 每个标号对应一个节点控制流图

(b) 将一些标号语句合并后的控制流图

图 8-8　实例的控制流图

述基本路径集的测试用例如下所示。

[path1]输入数据：value[k]＝有效输入，限于 k＜i(i 定义如下)

value[i]＝－999，当 2≤i≤100。

预期结果：n 个值的正确的平均值、正确的总计数。

注意：不能孤立地进行测试，应当作为路径 4、5、6 测试的一部分来测试。

[path2]输入数据：value[1]＝－999。

期望结果：平均值＝－999，总计数取初始值。

[path3]输入数据：试图处理 101 个或更多的值，而前 100 个应当是有效的值。

期望结果：与测试用例 1 相同。

[path4]输入数据：value[i]＝有效输入，且 i＜100；

value[k]＜最小值，当 k＜i 时。

预期结果：n 个值的正确的平均值、正确的总计数。

[path5]输入数据：value[i]＝有效输入，且 i＜100；

value[k]＞最大值，当 k＜i 时。

预期结果：n 个值的正确的平均值、正确的总计数。

[path6]输入数据：value[i]＝有效输入，且 i＜100。

预期结果：n 个值的正确的平均值、正确的总计数。

每个测试用例执行之后，与预期的结果进行比较。如果所有测试用例都执行完毕，则可以确信程序中所有的可执行语句至少被执行了一次。但是必须注意的是，一些独立的路径

(如此例中的路径 1),往往不是完全独立的,有时它是程序正常的控制流的一部分,这时,这些路径的测试可以是另一条路径测试的一部分。

8.5 黑盒测试

黑盒测试也称为功能测试,它通过测试来检验每个功能是否都能正常使用。在测试时,把程序看做一个不能打开的黑盒子,在完全不考虑程序内部结构和内部特性的情况下,在程序接口进行测试,它只检查程序功能是否按照需求规格说明书的规定正常使用,程序是否能够适当地接收输入数据而产生正确的输出信息。黑盒测试着眼于程序外部结构,不考虑内部逻辑结构,主要针对软件界面和软件功能进行测试。

黑盒测试是以用户的角度,从输入数据与输出数据的对应关系出发进行测试的。很明显,如果外部特性本身有问题或规格说明的规定有误,用黑盒测试方法是发现不了的。

黑盒测试法注重测试软件的功能需求,主要试图发现以下几类错误。

(1) 功能不正确或遗漏;

(2) 界面错误;

(3) 数据库访问错误;

(4) 性能错误;

(5) 初始化和终止错误等。

具体的黑盒测试用例设计方法包括等价类划分、边界值分析法、错误推测法、因果图法、判定表驱动法等。

8.5.1 等价类划分

等价类划分的方法是把程序的输入域划分成若干部分,然后从每个部分中选取少数代表性数据作为测试用例。每一类的代表性数据在测试中的作用等价于这一类中的其他值,也就是说,如果某一类中的一个例子发现了错误,这一等价类中的其他例子也能发现同样的错误;反之,如果某一类中的一个例子没有发现错误,则这一类中的其他例子也不会查出错误。使用这一方法设计测试用例,首先必须在分析需求规格说明的基础上划分等价类,列出等价类表。

1. 划分等价类和列出等价类表

等价类是指某个输入域的子集合。在该子集合中,各个输入数据对于揭露程序中的错误都是等价的,并合理地假定:测试某等价类的代表值就等于对这一类其他值的测试。

因此,可以把全部输入数据合理地划分为若干等价类,在每一个等价类中取一个数据作为测试的输入条件,就可以用少量代表性的测试数据取得较好的测试结果。等价类划分有两种不同的情况:有效等价类和无效等价类。

有效等价类是指对软件规格说明而言,是有意义的、合理的输入数据所组成的集合。利用有效等价类,能够检验程序是否实现了规格说明预先规定的功能和性能。根据具体问题有效等价类可以是一个或多个。

无效等价类是指对软件规格说明而言,是无意义的、不合理的输入数据所构成的集合。利用无效等价类可以检查被测对象的功能和性能是否有不符合规格说明要求的地方。根据具体问题,无效等价类可以是一个或多个。

设计测试用例时,要同时考虑这两种等价类。因为软件不仅要能接收合理的数据,也要能经受其他考验。下面给出 6 条确定等价类的原则。

(1) 在输入条件规定了取值范围或值的个数的情况下,可以确立一个有效类和两个无效等价类。例如,要求输入为 1～12 月份中的一个月,则 1～12 定义了一个有效等价类和两个无效等价类,月份小于 1 和月份大于 12。

(2) 在输入条件规定了输入值的集合或者规定了"必须如何"的条件的情况下,可确定一个有效等价类和一个无效等价类。

(3) 在输入条件是一个布尔量的情况下,可确定一个有效等价类和一个无效等价类。

(4) 在规定了输入数据的一组值(假定 n 个),并且程序要对每一个输入值分别处理的情况下,可确立 n 个有效等价类和一个无效等价类。

(5) 在规定了输入数据必须遵守的规则的情况下,可确立一个有效等价类(符合规则)和若干个无效等价类(从不同角度违反规则)。

(6) 在确知已划分的等价类中,各元素在程序处理中的方式不同的情况下,则应再将该等价类进一步地划分为更小的等价类。

在确立了等价类后,建立等价类表,列出所有划分出的等价类如表 8-4 所示。

表 8-4 等价类表

输入条件	有效等价类	无效等价类
…	…	…

2. 确定测试用例

根据已列出的等价类表,按以下步骤确定测试用例。

(1) 为每个等价类规定一个唯一的编号。

(2) 设计一个新的测试用例,使其尽可能多地覆盖尚未覆盖的有效等价类。重复这一步,最后使得所有有效等价类均被测试用例所覆盖。

(3) 设计一个新的测试用例,使其只覆盖一个无效等价类。重复这一步使所有无效等价类均被覆盖。

例如,根据下面给出的规格说明,利用等价类划分的方法,给出足够的测试用例。

"一个程序读入三个整数,把这三个数值看做一个三角形的三条边的长度值。这个程序要打印出信息,说明这个三角形是不等边的,是等腰的,还是等边的。"

可以设三角形的三条边分别为 A、B、C。如果它们能够构成三角形的三条边,必须满足:A＞0,B＞0,C＞0,且 A＋B＞C,B＋C＞A,A＋C＞B。

如果是等腰的,还要判断 A＝B,或 B＝C,或 A＝C。

如果是等边的,则需判断是否 A＝B,且 B＝C,且 A＝C。

列出等价类划分表,如表 8-5 所示。

表 8-5　三角形等价类划分表

输入条件	有效等价类		无效等价类	
是否三角形的三条边	A>0	(1)	A≤0	(7)
	B>0	(2)	B≤0	(8)
	C>0	(3)	C≤0	(9)
	A+B>C	(4)	A+B≤C	(10)
	B+C>A	(5)	B+C≤A	(11)
	A+C>B	(6)	A+C≤B	(12)
是否等腰三角形	A=B	(13)	(A≠B)and(B≠C)and(C≠A)	(16)
	B=C	(14)		
	C=A	(15)		
是否等边三角形	(A=B)and(B=C)and(C=A)	(17)	A≠B	(18)
			B≠C	(19)
			C≠A	(20)

测试用例：输入顺序 A、B、C，如表 8-6 所示。

表 8-6　测试用例表

序　号	A,B,C	覆盖等价类	输　出
1	3,4,5	(1),(2),(3),(4),(5),(6)	一般三角形
2	0,1,2	(7)	不能构成三角形
3	1,0,2	(8)	
4	1,2,0	(9)	
5	1,2,3	(10)	
6	1,3,2	(11)	
7	3,1,2	(12)	
8	3,3,4	(1),(2),(3),(4),(5),(6),(13)	等腰三角形
9	3,4,4	(1),(2),(3),(4),(5),(6),(14)	
10	3,4,3	(1),(2),(3),(4),(5),(6),(15)	
11	3,4,5	(1),(2),(3),(4),(5),(6),(16)	非等腰三角形
12	3,3,3	(1),(2),(3),(4),(5),(6),(17)	等边三角形
13	3,4,4	(1),(2),(3),(4),(5),(6),(14),(18)	非等边三角形
14	3,4,3	(1),(2),(3),(4),(5),(6),(15),(19)	
15	3,3,4	(1),(2),(3),(4),(5),(6),(13),(20)	

请记住，等价分配的目标是把可能的测试用例组合缩减到仍然足以满足软件测试需求为止。因为，选择了不完全测试，就要冒一定的风险，所以必须仔细选择分类。但是不同的软件测试人员可能会制定出不同的等价区间，只要审查等价区间的人都认为它们足以覆盖测试对象就可以了。

8.5.2　边界值分析法

边界值分析法，是一种很实用的黑盒测试用例设计方法，它具有很强的发现程序错误的能力，与前面提到的等价类划分方法不同，它的测试用例来自等价类的边界。无数的测试实践表明，在设计测试用例时，一定要对边界附近的处理十分重视，大量的故障往往发生在输入定义域或输出域的边界上，而不是在其内部。为检查边界附近的处理专门设计测试用例，通常都会取得很好的测试效果。

应用边界值分析法设计测试用例，首先要确定边界情况。输入等价类和输出等价类的边界就是要测试的边界情况。

边界值分析法的基本思想是：利用输入变量的最小值(min)、略大于最小值(min+)、输入值域内的任意值(nom)、略小于最大值(max−)和最大值(max)来设计测试用例。对于一个含有 n 个变量的程序，边界值分析测试程序会产生 $4n+1$ 个测试用例。还是前面三角形的那个例子，如果假设三角形的边的下限和上限分别是 1 和 100。表 8-7 给出边界值分析测试用例。

表 8-7 边界值分析测试用例

测试用例编号	A	B	C	预期输出
1	**1**	60	60	等腰三角形
2	**2**	60	60	等腰三角形
3	**99**	50	50	等腰三角形
4	**100**	50	50	非三角形
5	60	**1**	60	等腰三角形
6	60	**2**	60	等腰三角形
7	50	**99**	50	等腰三角形
8	50	**100**	50	非三角形
9	60	60	**1**	等腰三角形
10	60	60	**2**	等腰三角形
11	50	50	**99**	等腰三角形
12	50	50	**100**	非三角形
13	60	60	60	等边三角形

健壮性测试是边界值分析测试的一种扩展，除了取 5 个边界值外，还需要考虑采用一个略超过最大值以及略小于最小值的取值，检查超过极限值时系统的情况。健壮性测试最有意义的部分不是输入，而是预期的输出。

边界值分析是一种补充等价类划分的测试用例设计技术，它不是选择等价类的任意元素，而是选择等价类边界的测试用例。实践证明，为检验边界附近的处理专门设计测试用例，常常取得良好的测试效果。边界值分析法不仅重视输入条件边界，而且也适用于输出域测试用例。

对边界值设计测试用例，应遵循以下几条原则。

(1) 如果输入条件规定了值的范围，则应取刚达到这个范围的边界的值以及刚刚超越这个范围边界的值作为测试输入数据；

(2) 如果输入条件规定了值的个数，则用最大个数、最小个数、比最小个数少 1、比最大个数多 1 的数作为测试用例；

(3) 根据规格说明的每个输出条件，使用前面的原则(1)；

(4) 根据规格说明的每个输出条件，使用前面的原则(2)；

(5) 如果程序的规格说明给出的输入域或输出域是有序集合，则应该取集合的第一个元素和最后一个元素作为测试用例；

(6) 如果程序中使用了一个内部数据结构，则应当选择这个内部数据结构边界上的值作为测试用例；

(7) 分析规格说明，找出其他可能的边界条件。

8.5.3 错误推测法

错误推测法，就是基于经验和直觉推测程序中的所有可能存在的各种错误，有针对性地设计测试用例的方法。

错误推测法的基本思想是列举程序中所有可能有的错误和容易发生的特殊情况，根据它们选择测试用例。例如，设计一些非法、错误、不正确和垃圾数据进行输入测试是很有意义的。如果软件要求输入数字，就输入字母。如果软件只接受正数，就输入负数。如果软件对实践敏感，就看它在公元3000年是否还能正常工作。另外，输入数据和输出数据为0的情况，或者输入表格为空格或输入表格只有一行，这些都是容易发生错误的情况。可选择这些情况下的例子作为测试用例。

在应用错误推测法时，以往类似项目、类似环境下出现的错误和问题都可以帮助我们设计相关的测试用例，这也是错误推测法经常被应用的原因之一。

8.5.4 因果图法

等价类划分和边界值分析法只考虑输入条件，而不考虑输入条件的各种组合，也不考虑各个输入条件之间的相互制约的关系。如果在测试时必须考虑输入条件的各种组合，则组合数目将可能是一个天文数字，因此必须考虑使用一种适合于描述多种条件组合，产生多个相应动作的测试方法，这就需要因果图。因果图法能够帮助测试人员按照一定的步骤，高效率地开发测试用例，以检查程序输入条件的各种组合情况。它是将自然语言规格说明转化成形式语言规格说明的一种严格的方法，可以指出规格说明存在的不完整性和二义性。

因果图中使用了简单的逻辑符号，以直线连接左右结点。左结点表示输入状态(或称为原因)，右结点表示输出状态(或称为结果)。因果图中用4种符号分别表示规格说明中的4种因果关系。如图8-9所示表示了常用的4种符号所代表的因果关系。

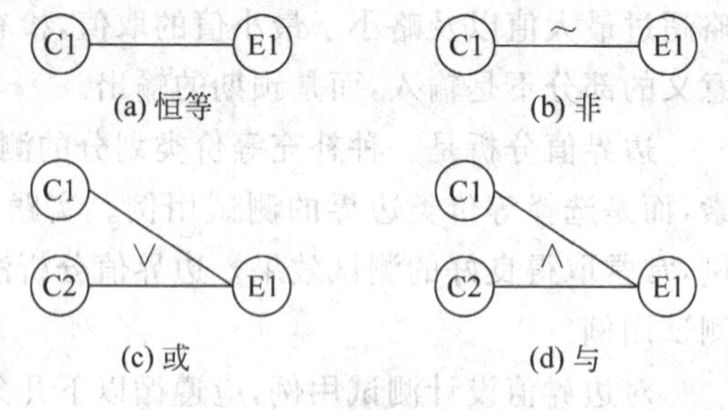

图8-9 因果图的基本符号

图8-9中 Ci 表示原因，通常位于图的左部，Ei 表示结果，位于图的右部。Ci 和 Ei 取值0或1，0表示某状态不出现，1表示某状态出现。

恒等：若 Ci 是1，则 Ei 也为1，否则 Ei 为0。

非：若 Ci 是1，则 Ei 为0，否则 Ei 为1。

或：若 C1 和 C2 有一个为1，则 E1 为1；如果 C1 和 C2 都不为1，则 E1 为0。

与：若 C1 和 C2 都为 1，则 E1 为 1，如果其中一个不为 1，则 E1 为 0。

在实际问题当中输入状态相互之间还可能存在某些依赖关系，称为"约束"。例如，某些输入条件本身不可能同时出现，输出状态之间往往存在约束。在因果图中用特定的符号表明这些约束，如图 8-10 所示。

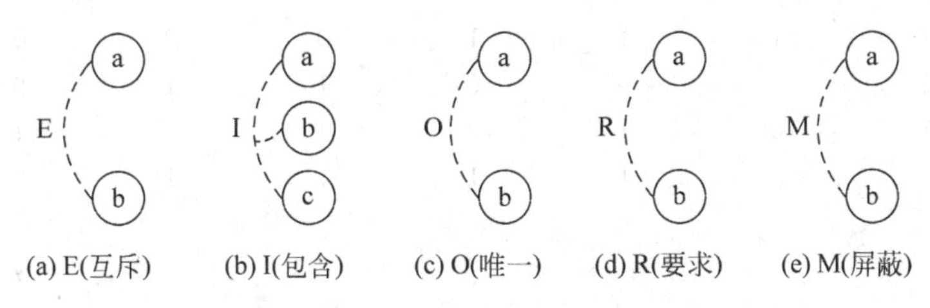

图 8-10 因果图约束符号

(1) E(互斥)：表示 a、b 两个原因不会同时成立，两个中最多有一个可能成立。

(2) I(包含)：表示 a、b、c 这三个原因至少有一个必须成立。

(3) O(唯一)：表示 a 和 b 当中必须有一个，且仅有一个成立。

(4) R(要求)：表示当 a 出现时，b 必须也出现。a 出现时，b 不可能不出现。

(5) M(屏蔽)：表示当 a 出现时，b 一定不出现。a 不出现，b 不定。

例如，用因果图法测试以下程序。

程序规格说明要求：输入的第一个字符必须是＃或是＊，第二个字符必须是一个数字，在此情况下进行文件修改；如果第一个字符不是＃或＊，则给出信息 N；如果第二个字符不是数字，则给出信息 M。

(1) 根据上述要求，明确地将原因和结果分开。

原因：C1——第一个字符是＃；

C2——第一个字符是＊；

C3——第二个字符是一个数字。

结果：E1——给出信息 N；

E2——修改文件；

E3——给出信息 M。

(2) 将原因和结果用逻辑符号连接起来，得到因果图如图 8-11 所示。

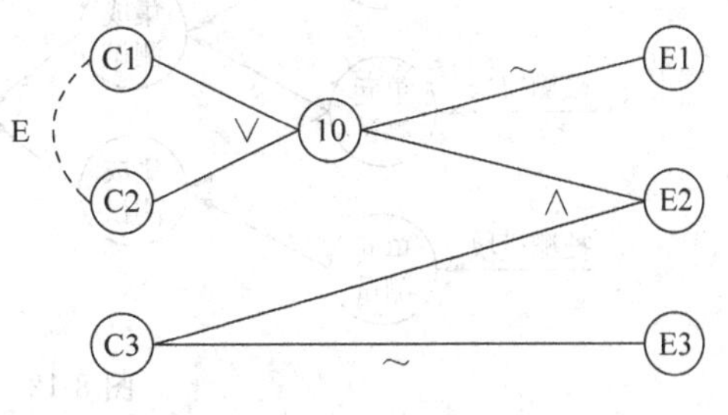

图 8-11 具有约束的因果图

(3) 将因果图转换成决策表，如表 8-8 所示。

(4) 设计测试用例，可设计出以下 6 个测试用例。

测试用例 1：输入数据＃3，预期输出"修改文件"。

测试用例 2：输入数据＃A，预期输出"给出信息 M"。

测试用例 3：输入数据＊6，预期输出"修改文件"。

测试用例 4：输入数据＊B，预期输出"给出信息 M"。

测试用例 5：输入数据 A1，预期输出"给出信息 N"。

测试用例 6：输入数据 GT，预期输出"给出信息 N 和信息 M"。

以上是因果图应用的一个简单例子。不要以为因果图是多余的，事实上，在较为复杂的问题中，因果图方法十分有效，可帮助检查输入条件组合，设计出非冗余、高效的测试用例。

表 8-8 决策表

选项 \ 规则	1	2	3	4	5	6	7	8
条件：								
C1	1	1	1	1	0	0	0	0
C2	1	1	0	0	1	1	0	0
C3	1	0	1	0	1	0	1	0
10			1	1	1	1	0	0
动作：								
E1							√	√
E2			√		√			
E3				√		√		√
不可能	√	√						
测试用例			#3	#A	*6	*B	A1	GT

8.6 测试过程

软件测试过程按测试的先后次序可分为单元测试、集成测试、确认(有效性)测试、系统测试和验收(用户)测试 5 个步骤，如图 8-12 所示。

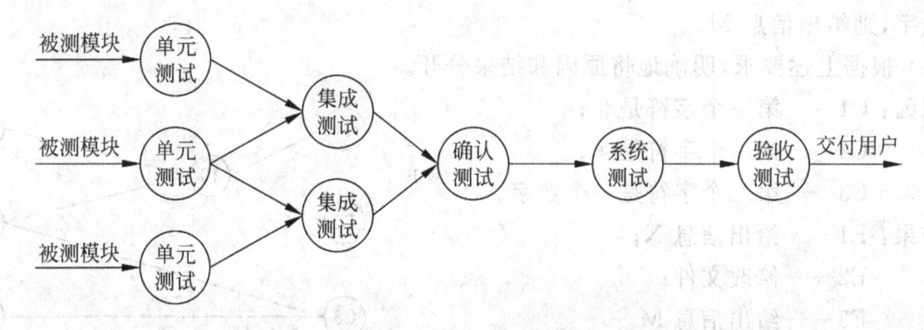

图 8-12 软件测试的步骤

(1) 单元测试：针对每个单元的测试，以确保每个模块能正常工作为目标。单元测试大量采用白盒测试法，以发现程序内部的错误。

(2) 集成测试：对已测试过的模块进行组装，进行集成测试。这项测试的目的在于检验与软件设计相关的程序结构问题。集成测试较多采用黑盒测试法来设计测试用例。

(3) 确认测试：在完成集成测试后，开始对开发工作初期制定的确认准则进行检验。确认测试的检验所开发的软件能否满足所有功能和性能需求的最后手段，通常采用黑盒测试法。

(4) 系统测试：在完成确认测试后，应属于合格软件产品，但为了检验它能否与系统的其他部分(如硬件、数据库和操作人员)协调工作，还需要进行系统测试。

(5) 验收测试：检验软件产品质量的最后一道工序是验收测试。验收测试主要突出用户的作用，同时软件开发人员也应有一定程度的参与。

8.6.1 单元测试

软件单元测试是检验程序的最小单位，即检查模块有无错误，它是编码完成后必须进行的测试工作。单元测试一般由程序开发者自行完成，因而单元测试大多是从程序内部结构出发设计测试用例，即采用白盒测试方法，当有多个程序模块时，可并行独立开展测试工作。

单元测试的主要任务，是针对每个程序的模块，主要测试 5 个方面的问题：模块接口，局部数据结构，边界条件，独立路径和错误处理。

1. 模块接口

这是对模块接口进行的测试，检查进出程序单元的数据流是否正确。对模块接口数据流的测试必须在任何其他测试之前进行。因为如果不能确保数据正确地输入输出，所有的测试都是没有意义的。

2. 局部数据结构

在模块工作过程中，必须测试其内部的数据能否保持完整性，包括内部数据的内容、形式及相互关系不发生错误。应该说，模块的局部数据结构是经常发生错误的错误源。对于局部数据结构，应该在单元测试中注意发现以下几类错误。

(1) 不正确的或不一致的类型说明；

(2) 错误的初始化或默认值；

(3) 错误的变量名，如拼音错误或缩写错误。

(4) 下溢、上溢或者地址错误。

除局部数据结构外，在单元测试中还应弄清全局数据对模块的影响。

3. 路径测试

在单元测试中，最主要的测试是针对路径的测试。测试用例必须能够发现由于计算错误、不正确的判定或不正常的控制流而产生的错误。常见的错误有以下几种。

(1) 误解的或不正确的算术优先级；

(2) 混合模式的运算；

(3) 错误的初始化；

(4) 精确度不够精确；

(5) 表达式的不正确符号表示。

针对判定覆盖和条件覆盖，测试用例还需要能够发现如下错误。

(1) 不同数据类型的比较；

(2) 不正确的逻辑操作或优先级；

(3) 应当相等的地方由于精确度的错误而不能相等；

(4) 不正确的判定或不正确的变量；

(5) 不正确的或不存在的循环终止；

(6) 当遇到分支循环时不能退出；

(7) 不适当地修改循环变量。

4. 边界条件

经验表明，软件常在边界处发生问题。例如，处理数组的第 n 个元素时容易出错，循环执行到最后一次循环执行体时也可能出错。边界测试是单元测试的最后一步，十分重要，必须采用边界值分析法来设计测试用例，认真仔细地测试为限制数据处理而设置的边界处，看模块是否能够正常工作。

5. 出错处理

测试出错处理的重点是模块在工作中发生了错误，其中的出错处理设施是否有效。

程序运行中出现异常现象并不奇怪，良好的设计应该预先估计到投入运行后可能发生的错误，并给出相应的处理措施，使得用户不至于束手无策。检验程序中的出错可能面对的情况如下。

(1) 对运行发生的错误描述得难以理解；

(2) 所报告的错误与实际遇到的错误不一致；

(3) 出错后，在错误处理之前就引起系统的干预；

(4) 例外条件的处理不正确；

(5) 提供的错误信息不足，以至于无法找到出错原因。

通常情况下，单元测试常常是和代码编写工作同时进行的，在完成了程序编写、复查和语法正确性的验证后，就应该进行单元测试用例设计。

在对每个模块进行单元测试时，不能完全忽视它们与周围模块的相互关系。为模拟这一联系，在进行单元测试时，需要设置一些辅助测试模块。辅助测试模块有两种，一种是驱动模块，用来模拟被测试模块的上一级模块。驱动模块在单元测试中接收数据，将相关的数据传递给被测试的模块，启动被测试模块，并打印相应的结果。另一种是桩模块，用来模拟被测试模块工作过程中所调用的模块。桩模块被测试模块调用，它们一般只进行很少的数据处理，如打印入口和返回，以便检验被测模块与其下级模块的接口。

驱动模块和桩模块是额外开销，虽然在单元测试时必须编写，但并不需要作为最终产品交给用户。

8.6.2 集成测试

集成测试阶段是指每个模块完成单元测试后，需要按照设计时确定的结构图，将它们连接起来，进行集成测试，集成测试也称为综合测试。实践表明，软件系统的一些模块能够单独地工作，但并不能保证连接之后也肯定能正常工作。程序在某些局部反映不出来问题，在全局上有可能暴露出来，影响软件功能的实现。

集成测试包括两种不同的方法：非增量式测试和增量式测试。

非增量式测试方法采用一步到位的方法来构造测试：对所有模块进行个别的单元测试后，按照程序结构图将各模块连接起来，将连接后的程序当做一个整体进行测试。

增量式测试方法的集成是逐步实现的，按照不同的次序有两种不同的实施方法：自顶向下结合和自底向上结合。

1. 自顶向下增量式测试

自顶向下增量式测试表示逐步集成和逐步测试是按照结构图自上而下进行的，即模块继承的顺序是首先集成主控模块(主程序)，然后按照控制层次结构向下进行集成，从属于主控模块按深度优先或者广度优先集成到结构中去。集成的过程中需要设计桩模块，然后再将桩模块用真正的模块(已经执行过单元测试的模块)取代。

2. 自底向上增量式测试

自底向上增量式测试表示逐步集成和逐步测试工作是按照结构图自下而上进行的，由于是从最底层开始集成，所以也就不再需要使用桩模块进行辅助测试。由于是自底向上集成，所以需要设计驱动模块辅助测试。

通过对以上几种集成测试的介绍，可以得出以下结论。

(1) 非增量式测试的方法是先分散测试，然后集中起来再一次完成集成测试。假如在模块的接口处存在错误，只会在最后的集成测试时一下子暴露出来。与此相反，增量式测试的逐步集成和逐步测试的方法，将可能出现的差错分散暴露出来，便于找出问题和修改。而且一些模块在逐步集成的测试中，得到了较多次的考验，因此，可能会取得较好的测试效果。总之，增量式测试要比非增量式测试具有一定的优越性。

(2) 自顶向下测试的主要优点在于它可以自然做到逐步求精，一开始就能让测试者看到系统的框架。它的主要缺点是需要提供桩模块，并且输入/输出模块接入系统以前，在桩模块中表示测试数据有一定困难。因为桩模块不能模拟数据，如果模块间的数据流不能构成有向的非环状形式，一些模块的测试数据便难以生成。同时，观察和解释测试的输出常常也比较困难。

(3) 自底向上的优点在于由于驱动模块模拟了所有调用参数，即使数据流并未构成有向的非环状图，生成测试数据也无困难。如果关键的模块是在结构图的底部，那么自底向上测试具有优越性。它的主要缺点在于，直到最后一个模块被加进去之后才能看到整个程序的框架。

在进行集成测试时，回归测试是很必要的。每当一个新的模块被当做集成测试的一部分加进来的时候，软件就发生了改变。新的数据流路径建立起来，新的I/O操作可能出现，还有可能激活了新的控制逻辑。这些改变可能会使原本工作得很正常的功能产生错误。在集成测试策略环境中，回归测试是对某些已经进行过测试的某些子集再重新测试一遍，以保证上述改变不会传播无法预料的副作用或引发新的问题。

在更广的环境里，任何种类的成功测试结果都是发现错误，而错误需要被修改。每当软件被修改的时候，软件配置的某些方面(如程序、文档或者数据)也被修改了。回归测试就是用来保证(由于测试或者其他原因的)改动不会带来不可预料的行为或者另外的错误。

回归测试可以通过重新执行所有的测试用例的一个子集人工地进行，也可以使用自动化的捕获回放工具来进行。捕获回放工具使得测试人员能够捕获到测试用例，然后就可以进行回放和比较。

在集成测试进行过程中，回归测试可能会变得非常庞大。因此，回归测试应设计为只对出现错误的模块的主要功能进行测试。每进行一个修改时就对所有程序功能都重新执行所有的测试是不实际的，而且效率很低。

8.6.3 功能测试

功能测试又叫做确认测试，在集成测试完成之后，分散开发的各个模块将连接起来，从而构成完整的程序。其中各模块之间接口存在的各种错误都已消除，此时可以进行系统工作的最后部分，即确认测试。确认测试是检验所开发的软件是否能够按用户提出的要求进行。若能够达到这一要求，则认为开发的软件是合格的。确认测试也称为合格性测试。

1. 确认测试的准则

软件确认要通过一系列的证明软件功能和要求一致的黑盒测试来完成。在需求规格说明书中可能做了原则性的规定，但在测试阶段需要更详细、更具体的测试规格说明书做进一步的说明，列出要进行的测试种类，应该以开发的软件给出结论性的评价。

(1) 经过检验的软件功能、性能及其他要求已满足需求规格说明书的规定，因而可被认为是合格的软件。

(2) 经过检验发现与需求说明是有偏离的，得到一个各项缺陷清单。对于这种情况，往往很难在交付期之前将发现的问题校正过来。这就需要开发部门与用户进行协商，找出解决的办法。

2. 配置审查的内容

确认测试过程的重要环节就是配置审查工作。其目的在于确保已开发软件的所有文件资料均已编写齐全，并得到分类编目，足以支持运行以后的软件维护工作。这些文件资料包括用户所需的以下资料。

(1) 用户手册；

(2) 操作手册；

(3) 设计资料，如设计说明书、源程序以及测试资料(测试说明书、测试报告)等。

8.6.4 系统测试

软件在计算机系统当中是重要的组成部分，因此在软件开发完成以后，最终还要和系统中的其他部分，比如硬件系统、数据信息集成起来，在投入运行以前完成系统测试，以保证各组成部分不仅能单独地得到检验，而且在系统各部分协调工作的环境下能正常工作。尽管每一个检验有特定的目标，然而，所有的检测工作都要验证系统中每个部分均已得到正确的集成，并完成制定的功能。

8.6.5 验收测试

验收测试是以用户为主的测试，软件开发人员和 QA(质量保证)人员也应参加。由用户参加设计测试用例，通过用户界面输入测试数据，并分析测试输出结果，一般使用业务中的实际数据进行测试。

8.7 面向对象测试方法

面向对象软件测试的目标与传统测试一样，即用尽可能低的测试成本和尽可能少的测试用例，发现尽可能多的软件缺陷。面向对象的测试策略也遵循从“小型测试”到“大型测试”，即从单元测试到最终的功能性测试和系统性测试。

但面向对象技术所独有的封装、继承、多态等新特点给测试带来一系列新的问题，增加了测试的难度。与传统的面向过程程序设计相比，面向对象程序设计产生错误的可能性增大，或者使得传统软件测试中的重点不再那么突出，或者使得原来测试经验和实践证明的次要方面成为主要问题。

1. 面向对象的单元测试

与传统的单元不同，面向对象软件测试中的单元是封装的类和对象。每个类和类的实例(对象)包含属性和操作这些属性的方法。

类包含一组不同的操作，并且某个或某些特殊操作可能作为一组不同的类的一部分而存在，测试时不再测试单个孤立的操作，而是测试操作类及类的一部分，单元测试的意义发生了较大的变化。

对面向对象软件的类测试等价于对面向过程软件的单元测试。传统的单元测试主要关注模块的算法和模块接口间数据的流动，即输入和输出；而面向对象软件的类测试主要是测试封装在类中的操作以及类的状态行为。

2. 面向对象的集成测试

面向对象的集成测试通常需要进行以下两级集成。

(1) 将成员函数集成到完整类中；

(2) 将类与其他类集成。

对面向对象的集成测试有以下两种不同的策略。

(1) 基于线程的测试。集成针对回应系统的一个输入或事件所需的一组类，每个线程被集成并分别进行测试。

(2) 基于使用的测试。首先测试独立的类，并开始构造系统，然后测试下一层的依赖类(使用独立类的类)，通过依赖类层次的测试序列逐步构造完整的系统。

8.8 案例分析

1. 制定用例规约

项目组在听取了老丁的技术讲解之后，明确了这个阶段的任务目标，也清楚了各自在小组中的角色和位置，项目组首先制定了测试用例规约，如表 8-9 所示。

表 8-9 测试用例规约

测试用例名	用例描述	前置条件	步骤	输入	期望结果	实际结果	状态	注释
Admin_Login_01	确认管理员能够登录，并校验密码	管理员已经注册，已有登录id和密码	(1) 访问 http://www.xyz.com。(2) 单击登录链接。(3) 输入有效管理员 id 和密码，单击 OK 按钮	(1) 管理员 id: admin1。(2) 密码: supersmart	(1) 单击"登录"按钮后，出现用户页；(2) 显示注销链接；(3) 订制的用户页面	用户页出现"return javascipt error"	Fall	

测试用例名：设定用例的命名约定。以便我们通过设定的惯例，能够知道正在测试的用户角色或场景的测试用例集。例如，使用"Seller_Register_xx"命名的所有测试用例，直观地显示出所有为用户的"销售者"角色和"注册"功能编写的测试案例。测试案例的名称应该是唯一的，这样，测试用例的文档可以作为输入的自动化脚本。

用例描述：描述了要测试的属性和测试的条件。

前置条件：每个测试需要遵循一系列操作，才能执行需要测试的功能。它可能是用户需要使用的某一页，或应在系统中的特定数据(如为登录系统的注册数据)，或特定的操作。清晰地描述测试用例中的前提条件，这有助于定义特定步骤的手动测试，以及更多地为了自动化测试，系统需要在某一特定状态下测试功能。

步骤：执行特定功能的步骤序列。

输入：指定用于某一特定测试的需要的数据，如果数据较多，指向此数据的存储位置的文件。

期望结果：清晰地注明期望的测试结果，包括测试执行后，应该出现的页面或屏幕，对其他页面产生的影响；如果存在，还应包括数据库中发生的改变。

实际结果：描述的执行功能的实际结果。特别是在测试用例失败的时候，"实际结果"的信息将对开发者分析缺陷的原因起着重要的作用。

状态：记录分别使用不同的环境中进行测试的状态，如各种操作系统/浏览器组合。测试用例状态包括以下几个。

(1)"合格"：预期和实际结果相符。

(2)"失败"：实际结果不符合预期的结果。

(3)"测试"：测试用例尚未执行，也许是一个低优先级的测试用例。

(4)"不适用"：由于需求改变，测试用例不再适用。

(5)"无法进行测试"：可能是先决条件/前提条件没有被满足。满足测试的步骤可能存在缺陷。

注释：记录额外的信息。例如，实际结果只发生在特定条件下，或有缺陷偶尔重复出现。这给了开发人员或客户关于特定行为的额外的信息，对确定问题的根源很有帮助，对于"失败"的情况尤其有用。

2. 制定测试计划

然后项目组为这个阶段制定了测试计划，布置了小组成员各自的任务，测试工作允许的时间为5个工作日，如表8-10所示。

表8-10 测试计划

进 度	测试人员	开发人员
第1天	(1) 熟悉软件 (2) 阅读项目文档 (3) 制定测试策略(老李、小肖) (4) 制作测试跟踪表格(小肖)	其他工作(小张)
第2天	(1) 确定测试策略 (2) 划分测试任务 (3) 阅读各自测试模块的文档	下午做整个系统的业务功能串讲(小李)
第3天	开始执行测试	其他工作
第4天	执行测试	其他工作
第5天	(1) 执行测试 (2) 总结测试 (3) 撰写测试分析报告	其他工作

3. 测试分析

在最后的系统测试结束后，对测试结果进行了分析，发现系统存在的主要问题如下。

(1) 相似缺陷较多。例如，如果一个程序员写的模块中发现某个页面邮件输入格式没有校验，那么他写的所有页面中包含邮件数据项的内容都不会校验。

(2) 数据校验遗漏较多。如果在一个系统输入了不合法的数据项，那么，整个系统中就会出现几十个数据项合法校验遗漏。

(3) 细节错误较多。例如，页面Title不对应的错误在系统中有600多个。

程序设计风格不统一，相同的功能点，如分页、翻页处理，五花八门，并且以测试人员的理解来判断是否为缺陷，导致某些功能点在不同页面就能发现3～5个缺陷。

通过上面的案例信息，不但要主观认识到测试对软件质量的重要性，同时还要落实到行动中。测试的重要性已经逐渐被软件开发团队认可。但是落实到实际工作中，通过测试真正提高软件质量，还有一段很长时间的路要走。因为几乎所有的软件公司都灌输着"进度高于一切"的思想，只要是为了赶进度和发布产品，所有影响进度的工作都可以忽略。

同时可以看出，这个产品的开发过程本身存在不规范，而且测试工作介入的太晚，同时在软件产品设计、过程管理、文档评审等诸多方面均存在问题。原因一方面在于，项目组成立时间较晚，项目组成员普遍缺乏项目经验；另一方面产品开发工作和项目开发工作相比，一般进度压力较小。但是产品要进行商业化最终转化为通用的商品软件，质量方面的要求要比项目成果高很多。缺陷反复出现几乎是软件产品开发的一个常见现象，要想解决这个问题，建议整个团队要从下面几个方面入手。

(1) 规范化产品开发流程。

(2) 需求分析要明确。

(3) 开发人员的调试一定要到位。

(4) 加强缺陷管理。

8.9 知识拓展

JUnit是由Erich Gamma和Kent Beck编写的一个回归测试框架。JUnit测试是程序员测试,即所谓的白盒测试,因为程序员知道被测试的软件如何完成功能和完成什么样的功能。JUnit是一套框架,继承TestCase类,就可以用JUnit进行自动测试。本节简要介绍一下在Eclipse 3.2中使用JUnit 4进行单元测试的方法。

第一,新建一个项目JUnit_Test,编写一个Calculator类,这是一个能够简单实现加减乘除、平方、开方的计算器类,然后对这些功能进行单元测试。这个类并不是很完美,我们故意保留了一些Bug用于演示,这些Bug在注释中都有说明。该类代码如下。

```
package andycpp;
public class Calculator ...{
    private static int result;                  // 静态变量,用于存储运行结果
    public void add(int n) ...{
        result = result + n;
    }
    public void substract(int n) ...{
        result = result - 1;                    //Bug: 正确的应该是 result = result - n
    }
    public void multiply(int n) ...{
    }                                           // 此方法尚未写好
    public void divide(int n) ...{
        result = result / n;
    }
    public void square(int n) ...{
        result = n * n;
    }
    public void squareRoot(int n) ...{
        for (; ;) ;                             //Bug : 死循环
    }
    public void clear() ...{                    // 将结果清零
        result = 0;
    }
    public int getResult() ...{
        return result;
    }
}
```

第二步,将JUnit4单元测试包引入这个项目:在该项目上右击,选择“属性”命令,在弹出的属性窗口中,首先在左边选择Java Build Path,然后选择Libraries选项卡,之后单击Add Library按钮,如图8-13所示。然后在新弹出的对话框中选择JUnit4并单击OK按钮,JUnit4软件包就被包含进这个项目了。

第三步,生成JUnit测试框架。在Eclipse的Package Explorer右击该类弹出菜单,选择New→JUnit Test Case命令,如图8-14所示。

在弹出的对话框中,进行相应的选择,如图8-15所示。

单击Next按钮后,系统会自动列出这个类中包含的方法,选择要进行测试的方法。此例中,仅对加、减、乘、除4个方法进行测试,如图8-16所示。

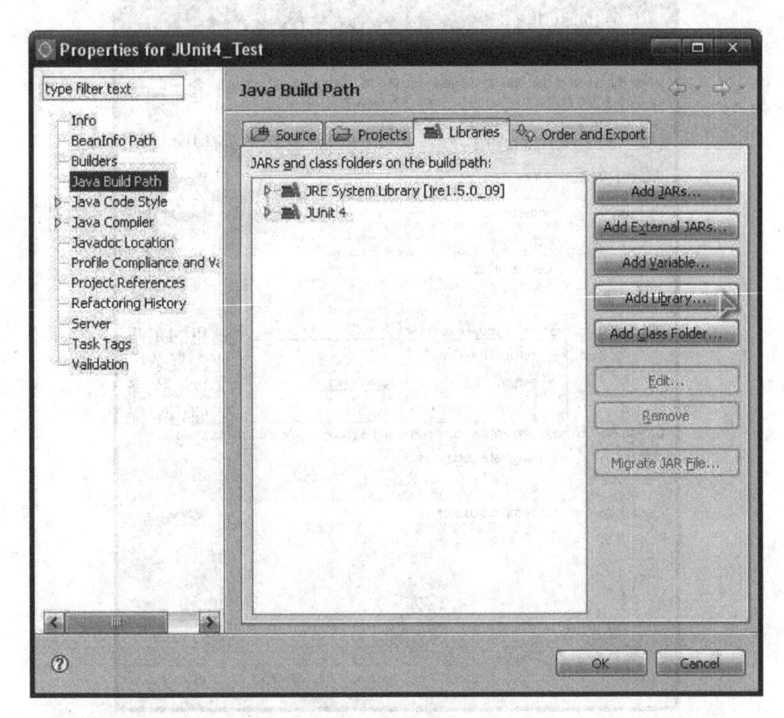

图 8-13　导入 JUnit4 软件包

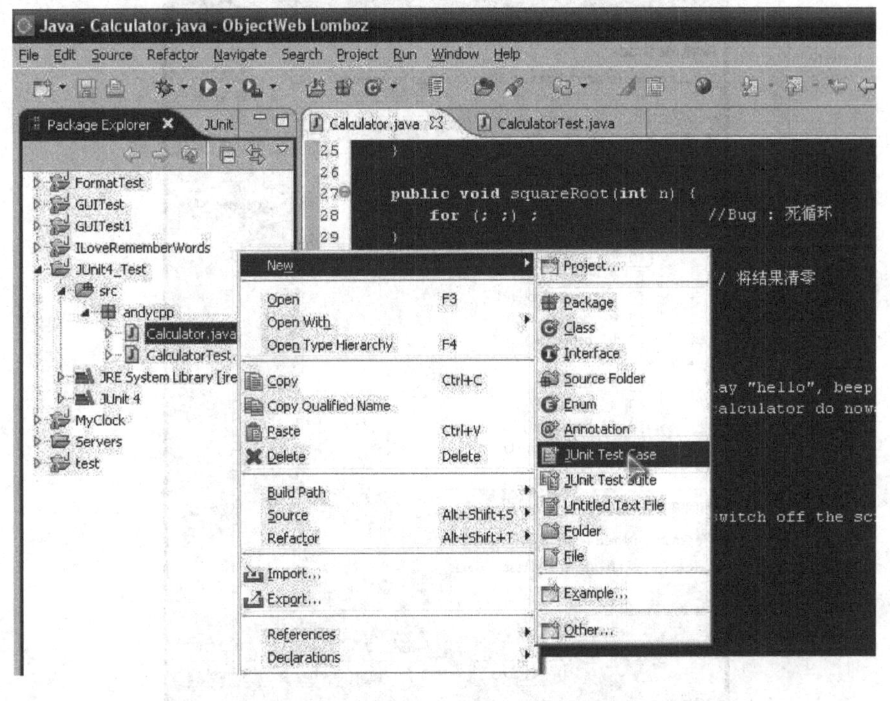

图 8-14　生成测试

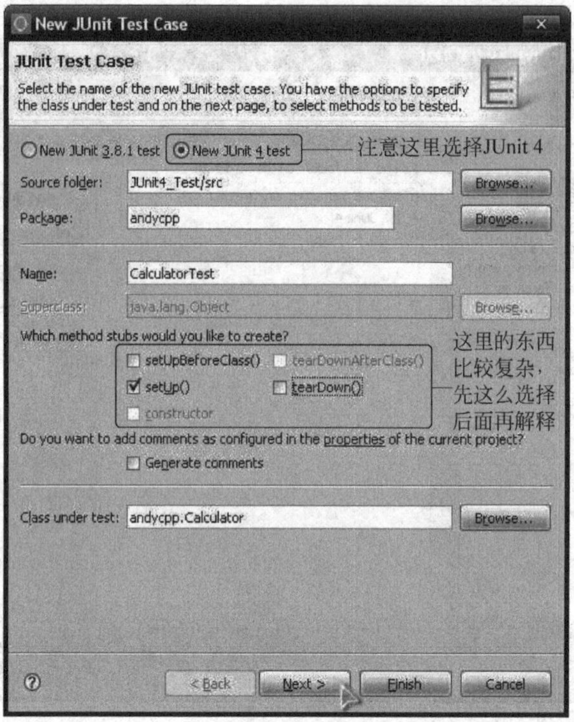

New JUnit Test Case

JUnit Test Case

Select the name of the new JUnit test case. You have the options to specify the class under test and on the next page, to select methods to be tested.

New JUnit 3.8.1 test New JUnit 4 test 注意这里选择JUnit 4

Source folder: JUnit4_Test/src Browse...

Package: andycpp Browse...

Name: CalculatorTest

Superclass: java.lang.Object Browse...

Which method stubs would you like to create?

setUpBeforeClass() tearDownAfterClass()

setUp() tearDown()

constructor

这里的东西比较复杂，先这么选择后面再解释

Do you want to add comments as configured in the properties of the current project?

Generate comments

Class under test: andycpp.Calculator Browse...

< Back Next > Finish Cancel

图 8-15 测试设置

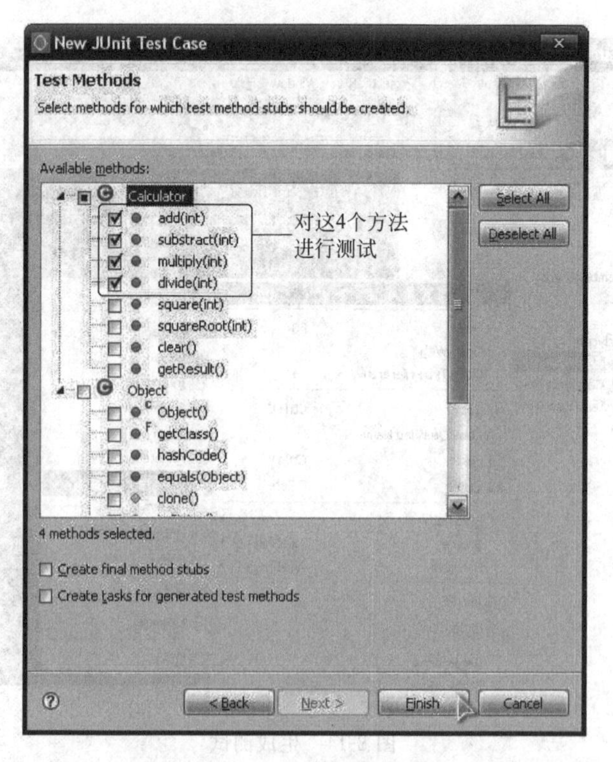

图 8-16 选择测试方法

之后系统会自动生成一个新类 CalculatorTest,里面包含一些空的测试用例。只需要将这些测试用例稍做修改即可使用。CalculatorTest 代码片段如下。

```
public class CalculatorTest …{
    private static Calculator calculator = new Calculator();
    @Before
    public void setUp() throws Exception …{
        calculator.clear();
    }
    @Test
    public void testAdd() …{
        calculator.add(2);
        calculator.add(3);
        assertEquals(5, calculator.getResult());
    }
    …
}
```

第四步,运行测试代码。按照上述代码修改完毕后,在 CalculatorTest 类上单击右键,选择 Run As JUnit Test 命令来运行测试,如图 8-17 所示。运行结果如图 8-18 所示。进度条是红颜色表示发现错误,具体的测试结果在进度条上面有表示,共进行了 4 个测试,其中一个测试被忽略,一个测试失败。

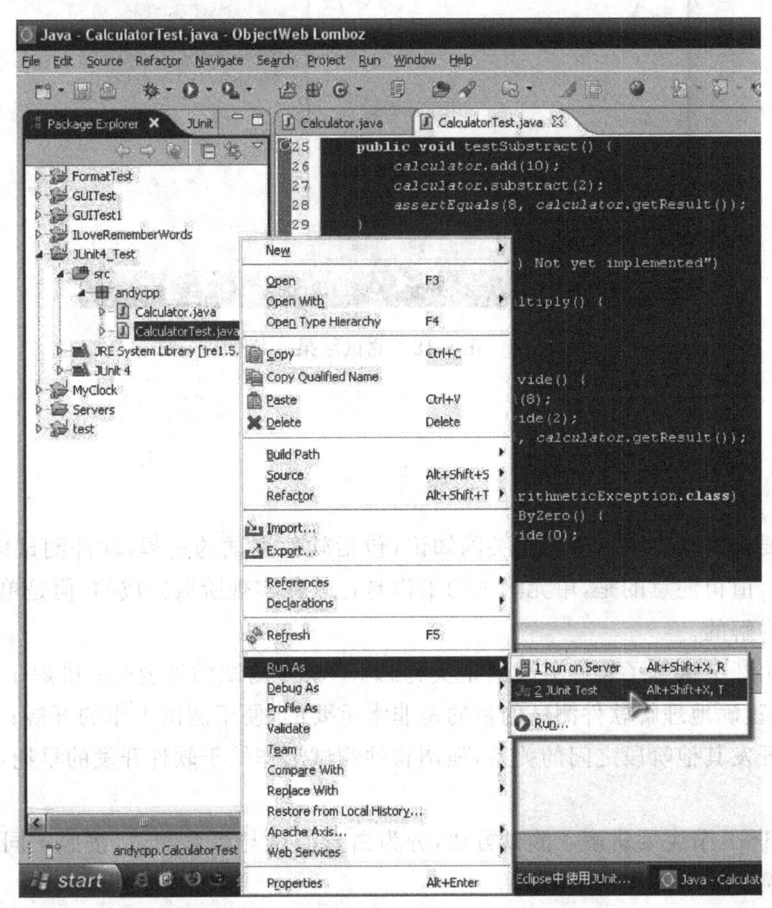

图 8-17 运行

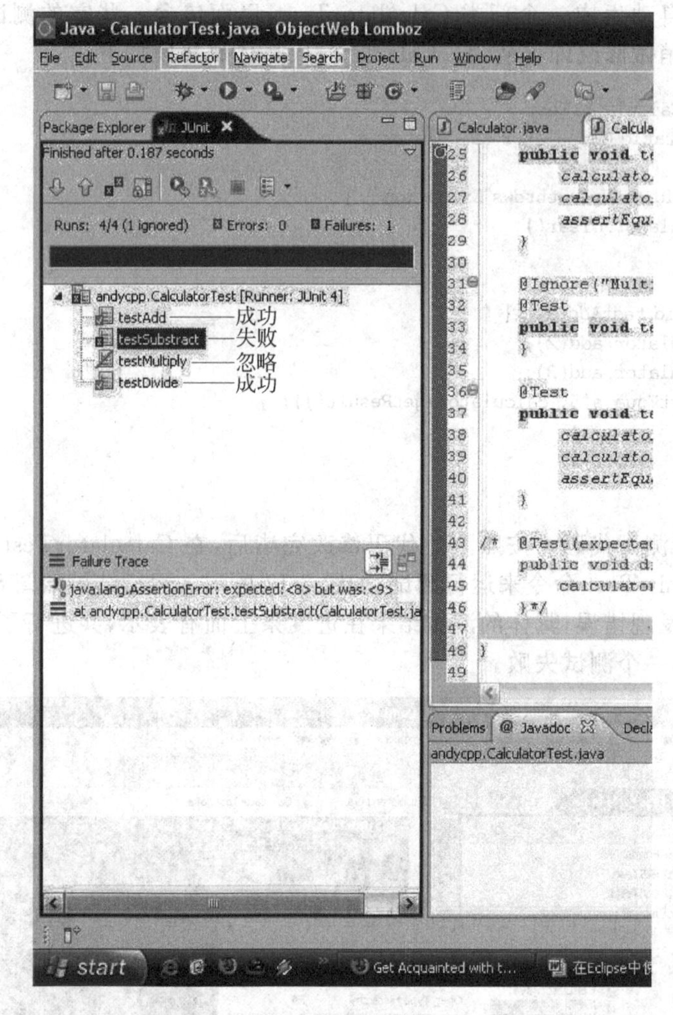

图 8-18　测试结果

小结

本章主要讲解软件测试阶段相关的知识，包括软件测试的过程，软件测试的原则，软件测试的方法。值得注意的是，单元测试的工作是在软件实现阶段完成的，但是单元测试的方法是在本章讲解的。

本章第 1、2 节讲解了软件测试的定义，强调了软件测试的重要性；讲解了软件测试的目的和原则，正确地理解软件测试的目的是非常重要的，便于测试工作的开展；讲解了软件测试与软件开发其他阶段之间的关系，强调软件测试工作始于软件开发的早期，而并非只是测试阶段。

本章第 3～5 节主要讲解了测试方法，分为白盒测试与黑盒测试，按照不同的测试方法设计测试用例。

本章第 6 节讲解软件测试的过程，该过程分为 5 个步骤，每个步骤有不同的测试重点。

本章第 7 节讲解了面向对象测试方法。

本章第 8 节给出了三个测试案例及详细分析。

本章第 9 节介绍了自动化开发工具 JUnit 4 的使用。

强化练习

1. 对以下程序进行测试：

```
PROCEDURE EX(A,B: REAL; VAR X: REAL);
   BEGIN
       IF(A = 3)OR(B > 1)THEN X: = A × B
       IF(A > 2)AND(B = 0)THEN X: = A - 3
   END
```

先画出程序流程图，再按不同逻辑覆盖法设计(写出名称)测试数据。

2. 软件测试分为几个步骤进行？每个步骤解决什么问题？

3. 在进行单元测试的时候，应该先要采用哪种测试方法？是黑盒还是白盒？为什么？

4. 根据软件测试的过程和方法找出一段以往自己开发的代码，对其进行测试，并记录测试结果。讨论其是否有缺陷。

第9章 软件维护

9.1 项目导引

通过用户的验收测试之后，系统可以上线进行试运行了。项目小组成员终于松了口气，项目按时交接了。从系统的试运行到系统正式投入到正常业务环节中伊始，系统运行得还是比较顺利的。然而事情并没有这样结束。随着时间的推移，问题接踵而来。用户在使用软件的过程中存在疑问、软件本身运行时出现了新的缺陷、用户对系统产生了新的想法等。总之，此时的系统需要有软件开发人员参与，帮助用户解决这些遇到的问题。招聘管理系统并没有从软件开发人员眼中消失，而是进入了“售后服务”的新阶段。

原先负责该项目的项目小组成员已经投入到新的软件产品的开发过程中了，很难抽出时间来解决这边用户现场的问题。在项目交接之后，项目经理决定派一名刚入公司不久的小赵来负责这个软件的售后工作。小赵将会如何面对交给他的这个新任务呢？

9.2 项目分析

与任何一件商品一样，软件产品在销售出去之后也会存在售后服务。商品的比拼不只是商品的质量、商品的包装，很大部分取决于商品的售后服务。人们所熟悉的海尔洗衣机就是依靠其优质的售后服务赢得了广大消费者的青睐，在洗衣机市场占有重要的席位。在商品质量过硬的情况下，一旦用户在商品使用过程中存在疑问，良好和正规的售后服务将会使消费者吃上定心丸，不必担心出现自己买完东西之后没有人管的境地，因此售后服务也是树立企业和品牌良好形象的必要手段。

这种情况同样适用于软件产品。无论是通用型的软件销售产品，还是为某个客户量身定制的软件项目产品，在系统完成交付给用户之后也存在同样的售后服务环节。因为一旦将软件产品移交给客户之后，任何实用的产品几乎都要进行错误的修正或者对产品功能进行扩展。

这种软件交付使用之后，在新版本产品升级之前这段时间里，软件厂商向客户提供的服务工作称为软件维护。软件维护的宗旨就是提高客户对软件产品的满意度，并且能够保持现有系统的价值，而不是被淘汰。

在大多数软件组织中，用于对现有系统维护的费用至少与开发一个新系统一样多，现有系统是组织(公司)的财富,应该积极地进行管理,保持它的价值和实用性。从这个意义上说,软件维护与其他类型的资产(如设备)维护基本上是相似的。

9.3 软件维护的种类

软件维护是必要的,因为对产品的修改有以下 4 个方面的原因。

1. 改正性维护

由于在用户使用现场的情况是千变万化的,软件产品中存在的缺陷或错误,在测试和验收时可能未被发现,到了使用过程中被逐步暴露出来。在这种情况下就需要进行改正性维护。

2. 适应性维护

软件产品本身在原有环境下并没有出现问题,而是产品的运行环境,例如软件运行的操作系统的升级、数据库版本的升级等原因,使得软件运行时与这些环境的接口发生了变化。在这个过程中,编程人员发现,磁盘处理例程需要一个额外的参数,否则系统就不能够平稳运行。增加这个额外参数的适应性改动并不是纠正错误,只是使它们适应系统的变化,需要软件开发人员对原有系统进行调整以适应新的环境。

为了使产品适应变化了的硬件、系统软件的运行环境,而进行的维护活动,称为适应性维护。

3. 完善性维护

软件产品本身在运行时没有出现问题,但是用户在使用过程中会发现原先设计的系统在功能上如果能够进行调整则可以更好地完成任务。这种情况在软件维护过程中是经常出现的。因为用户不断使用软件完成其工作过程中,很容易产生一些新的想法和新的期望。这时候就容易产生完善性维护的愿望。软件维护人员为了满足用户的这种愿望而产生的维护活动,就属于完善性维护。在软件开发公司中,经常会遇到的维护性开发项目就是属于这类维护活动。

这类为了给系统增加新的功能,使产品或项目的功能更加完善和合理,又不至于对系统进行大的改造的活动称为完善性维护。

4. 预防性维护

预防性维护是为了提高软件产品的可靠性和可维护性,为了有利于系统的进一步改造或升级换代而进行的维护活动。有时软件维护人员可以主动增加预防性的功能调整或是某一部分结构上的调整,以使应用系统适应各类变化而不被淘汰。也就是说,采用先进的软件工程方法对需要维护的软件或软件中的某一部分重新进行设计、编制和测试。曾有人将预防性维护解释为“为了明天的需要,把今天的方法应用到昨天的系统上”。例如,在用户还没有提出报表变化的请求之前,软件开发人员就将专用报表功能修改成通用报表生成功能,以适应将来可能发生的报表格式的变化。然而,在实际维护过程当中应当尽量减少这种变动,因为新的软件结构或是功能的变化有可能引入一些其他的(隐藏)问题,从而对系统的运行产生不利的影响。

软件维护的 4 种类型在整个软件维护过程中所占据的比例见图 9-1。

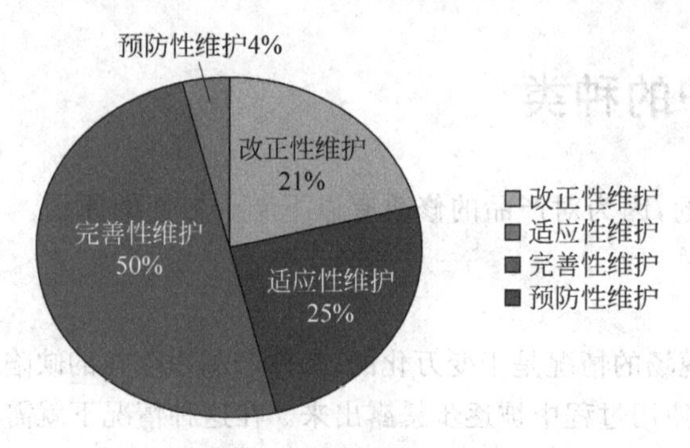

图 9-1 模型之间的转换

在进入软件维护阶段的最初一两年中，改正性维护的工作量往往比较大。随着软件运行过程中错误发现率迅速降低并趋于稳定，就进入了正常使用期。但是，由于用户经常提出改造软件的要求，适应性维护和完善性维护的工作量逐渐增加，而且在这种维护中往往又会引入新的错误，从而进一步加大了维护的工作量。

有统计显示，完善性维护几乎占了整个维护活动的一半，说明应对用户对系统产生新的想法一直是软件维护阶段的主要工作；而预防性维护占据的比例最少，只占了 4%，这需要软件维护人员具有较好的全局观和前瞻性，但这种情况在软件维护过程中并不经常出现；改正性维护和适应性维护占据剩余的半壁江山，是属于为了保证软件系统的正常运转不得不进行的维护活动。

9.4 软件维护的过程

单位中的日常工作一般都要有自己一定的规章制度，以协调各相关部门之间的关系和流程，保证工作有条不紊地向前推进。软件维护工作也是一样，也需要一定的规章和流程确保维护工作的顺利开展。如果没有这些规章和流程作为约束，任由现场的维护人员按照自己的想法任意安排，容易出现考虑不周的情况，可能给公司和客户带来不必要的损失。因此，软件维护工作的基本过程和原则是我们需要了解的。

软件维护一般分为三大阶段。首先是软件维护的准备，为即将进入的软件维护阶段做好充足的准备，包括软件机构领导为所要维护的产品指定维护人员；建立通畅的软件维护沟通渠道，例如网络、电话、电子邮件、手册等；对维护人员进行相关的培训，可以是一定的软件相关内容的介绍等；维护人员撰写《软件维护计划》描述日常的维护工作所包含的内容，并由相关领导进行审批。

其次是接收并响应维护请求。客户通过各种渠道向软件维护人员提出维护请求，维护人员记录这些请求并迅速响应。对于简单的技术咨询，维护人员应立即予以解答；对于“改正性维护”要求需要向相关领导提交维护申请，相关领导在批准维护申请之后，对出现的问题进行严重程度的评估，对于问题较为严重的，需要立刻安排维护人员进行响应，进入下一阶段的维护实施环节，而对于不严重的改正性维护请求，则将其记录到错误改正计划中，等待日后有机会再统一进行处理；对于“完善性维护”或“适应性维护”请求，维护人员也需要向相关领导请示决定是否执行该项维护工作，在批准申请之后对这两种请求进行优先级的评估，如果评估结果认为要维护的内容优先级较低，则将其记录到安排工作计划中，并向用户反馈处理的结果，如果评估认优先级比较高，有必要马上着手进行后续工作，则将任务下发给具体的维护人员展开问题分析，进入维护实施环节。接受并响应维护请求的活动流程见图 9-2。

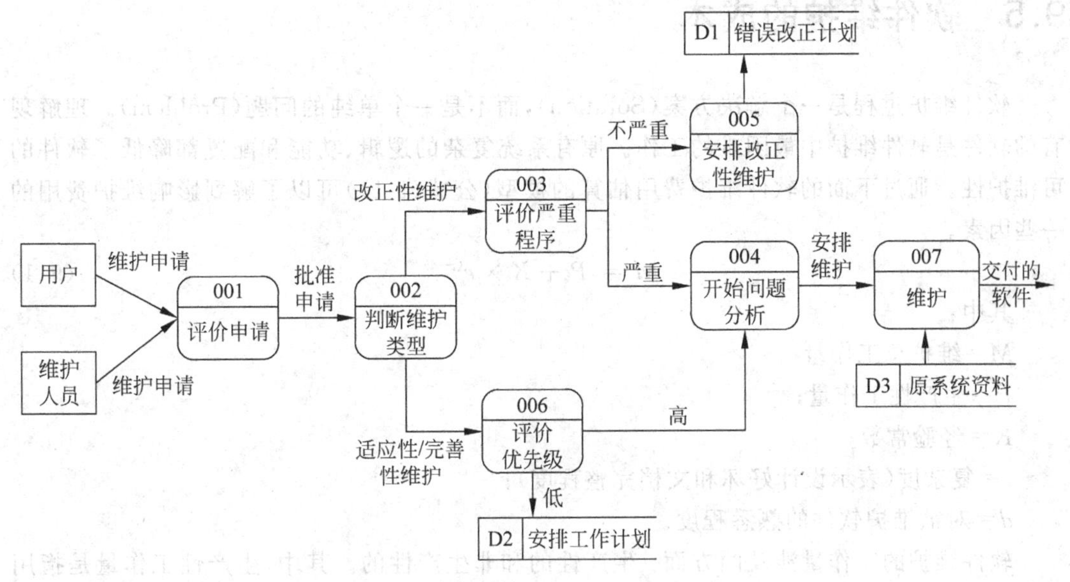

图 9-2 维护活动的流程示意图

最后，软件维护人员执行软件维护。维护人员阅读大量的原有系统的相关资料，可以是项目文档或是源代码，及时“确诊”软件产品中存在的问题，并对其进行修改，修改后的软件产品要进行回归测试，保证修改后的代码在实现了自己功能的同时没有引入其他新的缺陷，没有破坏原有的核心功能。在经过复审之后，更新受影响的软件。在这个过程中，维护人员需严格遵循配置管理规范，在完成此次维护工作后撰写《维护工作报告》对这个阶段的工作进行总结。具体的维护实施流程见图 9-3。

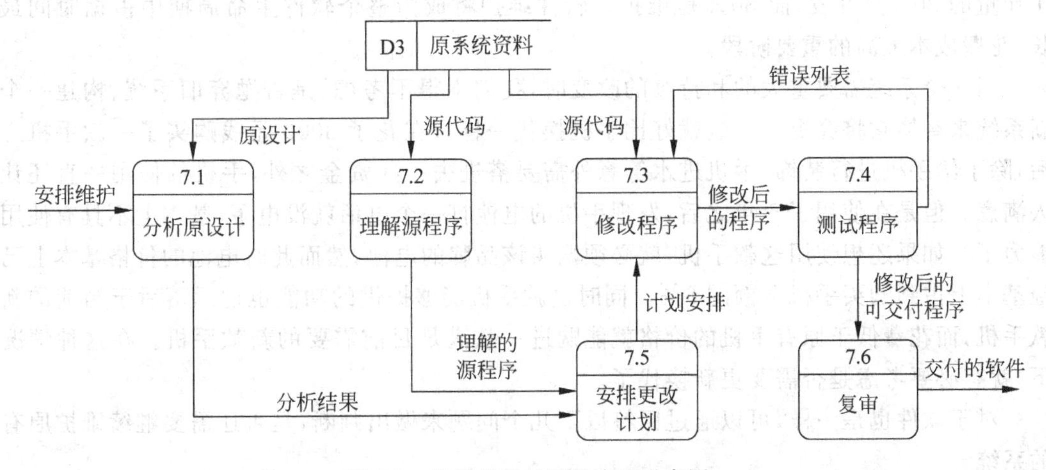

图 9-3 实施维护过程的流程示意图

在维护过程中最关键要掌握的一点就是尽可能少地对用户的工作(业务)产生影响,因为现在维护的是正在为用户产生业务价值的运行产品,一个疏忽就有可能令用户产生利益上的损失。前面提到的软件维护的过程就是从制度上保证这一点。软件在维护过程中遵循的基本原则就是尽可能少地发生改动,必要的情况下进行改动,低风险情况下进行改动。

9.5 软件维护的成本

软件维护过程是一个解决方案(Solution),而不是一个单纯的问题(Problem)。理解现有的软件是软件维护中最困难的工作。原有系统复杂的逻辑、功能和配置都降低了软件的可维护性。通过下面的软件维护费用估算的模型(公式(9-1))可以了解到影响维护费用的一些因素。

$$M = P + K \times e^{(c-d)} \tag{9-1}$$

其中:

M=维护总工作量;

P=生产性工作量;

K=经验常数;

c=复杂度(表示设计好坏和文档完整程度);

d=对欲维护软件的熟悉程度。

软件维护的工作量涉及两方面:生产性的和非生产性的。其中,生产性工作量是指用于分析和评价、修改设计和代码的工作量;非生产性工作量是指用于理解代码功能,结构特征以及性能约束所产生的工作量。模型表明,生产性的工作量越大,维护的工作量越大,也就是说系统的规模和复杂程度影响软件维护的工作量;另外,如果没有好的软件开发方法或者参与开发的软件开发人员不能参与维护,那么软件维护工作量会呈指数级上升。

20 世纪 70 年代,软件系统的大部分预算花在开发上。开发与维护的经费比例在 20 世纪 80 年代颠倒了过来。有估计认为,维护所花经费占整个系统生命周期成本的 40%~60%,现在的估计认为维护成本已经增至整个系统生命周期的 80%。就是所谓的 2-8 规则,工作量的 20%是开发,而 80%是维护。软件维护将成为整个软件生命周期中占据时间最长、花费成本最高的重要阶段。

当一个系统需要重大的和持续的改变时,我们不得不考虑,是否抛弃旧系统、构建一个新系统来替换它将会更好。这就好比手机换代一样。在花了 3000 元钱购买了一款手机之后,除了给手机进行装饰、手机进水等意外需要搭进去一些资金之外,手机的使用一直还让人满意。但是在使用了 5 年之后,发现手机的电池打一个电话就没电了,基本上不具有使用能力了。如果还想使用这款手机,就必须购买该品牌的电池,然而此时电池的价格基本上已经基本上占到购买手机金额的 6%。同时这款手机能够提供的功能也远远落后于当前的新款手机,而花费低于原有手机的价格就能购进一款满足目前需要的新款手机。在这种情况下,就有必要考虑是否需要更新换代了。

对于软件也是一样,可以通过回答以下几个问题来做出判断,是否还需要继续维护原有的系统。

(1) 维护的成本太高了吗?

(2) 系统的可靠性可以接受吗?

(3) 在一个合理的时间内,系统不能够再适应进一步的变化了吗?

(4) 系统的性能仍旧超出预先规定的约束条件吗?

(5) 系统提供功能的作用有限吗?

(6) 其他的系统能更好、更快、更廉价地做同样的工作吗?

(7) 维护硬件的成本高得足以用更便宜、更新的硬件来取代吗?

如果上述某些问题或所有问题的答案是肯定的,那么就意味着需要考虑用一个新系统来代替旧系统了。

9.6 案例分析

小赵在接手了招聘管理系统的维护任务之后觉得稍稍有些失落。原本到了公司之后,希望能够得到一份软件开发的工作,可现在却被派去做了软件维护,感觉不如开发工作风光。然而,经过一段时间的心态调整,小赵抱定"干一行,爱一行"的决心,想在新的工作岗位上干出一番新天地。渐渐地小赵发现被分配去做软件维护工作,其实也能够学到很多东西,在这个过程中同样存在大量的挑战,同样需要创造性、灵活性、耐心、训练有素和良好的沟通所有这些软件开发人员应该具备的素质。软件维护工作为小赵提供了一个展现自己解决问题能力的机会。

一天,用户向小赵反映打印报告时一页上会出现太多的打印行。经过小赵的初步判断,这个问题可能是由于打印机驱动程序的设计故障引起的。为了不影响用户正常业务的运行,小赵首先告诉用户,打印前怎样在报告菜单上通过设置参数来重置每页的行数,先设法绕开该问题。然后将用户遇到的问题进行详细描述并报告给总部维护管理部门,请求下一步的工作安排。经过相关部门和人员的综合考虑之后,通知小赵立即着手解决当前的问题。小赵立刻查找原有系统的资料,仔细分析出现问题的原因,在确认故障出现的真正原因之后,重新设计、编码,并且进行回归测试,确保没有引入新的问题,从而保证系统能够正确地工作而不用用户再自行处理。

9.7 知识拓展

9.7.1 逆向工程

逆向工程,英文为 Reverse Engineering,是一种产品设计技术再现过程,即对一项已有产品进行逆向分析及研究,从而演绎并得出该产品的处理流程、组织结构、功能特性及技术规格等设计要素,进而制作出功能相近,但又不完全一样的产品。

逆向工程源于商业及军事领域中的硬件分析。其主要目的是,在不能轻易获得必要的生产信息的条件下,直接从成品的分析,推导出产品的设计原理。软件逆向工程(Software Reverse Engineering)又称软件反向工程,是指从可运行的程序系统出发,运用反汇编、系统分析、程序理解等多种计算机技术,对软件的结构、流程、算法、代码等进行逆向拆解和分析,推导出软件产品的源代码、设计原理、结构、算法、处理过程、运行方法及相关文档等。

随着计算机技术在各个领域的广泛应用，特别是软件开发技术的迅猛发展，基于某个软件，以反汇编阅读源码的方式去推断其数据结构、体系结构和程序设计信息成为软件逆向工程技术关注的主要对象。软件逆向技术的目的是用来研究和学习先进的技术，特别是当手里没有合适的文档资料，而又很需要实现某个软件的功能的时候。也正因为这样，很多软件为了垄断技术，在软件安装之前，要求用户同意不去逆向研究。

在美国及其他许多国家，制品或制法都受商业秘密保护，只要合理地取得制品或制法就可以对其进行逆向工程。

9.7.2 重构

重构(Refactoring)就是在不改变软件现有功能的基础上，通过调整程序代码改善软件的质量、性能，使其程序的设计模式和架构更趋合理，提高软件的扩展性和维护性。实际上在项目一开始，进行软件的需求分析时，无论是用户还是软件的开发人员都希望将来完成的系统能够具有好的扩展性和好的维护性，那为什么还要在系统完成以后花时间来重构呢?我们知道，一个完美得可以预见未来任何变化的设计，或一个灵活得可以容纳任何扩展的设计是不存在的。系统设计人员对即将着手的项目往往只能从大方向予以把控，而无法知道每个细枝末节。真正不变的就是变化。提出需求的用户往往要在软件成型之后，才能慢慢体会到真正的需求。系统设计人员毕竟不是先知先觉，功能的变化导致设计的调整在所难免。所以“测试为先，持续重构”作为良好开发习惯被越来越多的人所采纳。

软件产品最初制造出来，是经过精心的设计，具有良好架构的。但是随着时间的推移、需求的变化，必须不断地修改原有的功能、追加新的功能，还免不了有一些缺陷需要修改。为了实现变更，不可避免地要违反最初的设计构架。经过一段时间以后，软件的架构就千疮百孔了。Bug 越来越多，越来越难维护，新的需求越来越难实现，软件的构架对新的需求渐渐失去支持能力，而是成为一种制约。最后新需求的开发成本会超过开发一个新的软件的成本，这就是这个软件系统的生命走到尽头的时候。重构就能够最大限度地避免这样一种现象。系统发展到一定阶段后，使用重构的方式，不改变系统的外部功能，只对内部的结构进行重新的整理。通过重构，不断地调整系统的结构，使系统对于需求的变更始终具有较强的适应能力。

任何一个成功的软件都是不断进行重构才真正成功的，从 1.0，到 2.0，重构到 3.0，甚至到 8.0，任何时候都不要以为软件已经完美，任何时候都可以进行重构。当软件千疮百孔，不堪重负，对新增需求举步维艰的时候，就是重构的时候了。但重构要注意以下两点。

首先是重构要保持系统的核心价值不变。例如，老的软件的最大卖点是体积小，启动快；这个对用户的核心价值在以后的重构中不能丢，否则就会失去用户。

其次是重构必须要注意风险。重构的前提是要对老系统非常了解，功能点、架构、实现细节、依赖关系、强项与弱项、相关文档、业务逻辑等，都要非常了解。另外一个重构的前提是有质量保证，单元测试、功能测试、回归测试，否则任何试图重构和解耦系统，试图提高代码结构、性能和维护性的努力都会带来极大的风险。

软件结构的改变可能出于各种各样的目的，如进行打印美化、性能优化等。但是，只有出于增强可理解性、可修改性和可维护性的改变才是重构。这种改变必须保持软件的可观察行为。按照 Martin Fowler 的观点,重构之前软件实现什么功能,之后应照样实现这些功能。

Kent Beck 把使用重构的软件开发分为两个不断交替的活动：增强功能和重构,并把这两个活动比喻为两顶帽子。他说,在增强功能时,不应该改变任何已经存在的代码,因为只是在增加新功能。当换一顶帽子重构时,要记住不应该增加任何新功能,因为只是在重构代码。在一个软件的开发过程中,可能需要频繁地交换这两顶帽子。当增加一个新功能时,可能意识到,只要改变原来的代码结构,就能更加方便地加入新功能。因此,脱下增加功能的帽子,换上重构的帽子。之后,代码结构变好了,又脱下重构的帽子,重新戴上增加功能的帽子。增加新功能以后,发现新增加的代码使得程序的结构难以理解,这时又需要交换帽子。必须记住,戴一顶帽子时只做一件事情。

小结

软件开发组织将项目移交给用户之后,进入一个充满挑战的软件维护阶段。这个阶段是软件生存周期的最后一个阶段,也是成本最高的阶段。软件维护阶段越长,软件的生存周期也就越长。软件工程学的一个主要目的便是提高软件的可维护性,降低软件维护的代价。

软件维护大多要涉及软件设计内容的修改,从而要重视软件维护的副作用,对软件维护要有正式的组织,制定规范化的过程,实行严格的维护评价。当用户遇到问题或提出新的想法之后,软件维护人员需要根据一定的公司流程确保将用户的意见落实到位。然而,并不是所有的维护请求都需要立刻着手进行维护的实施,而是需要本着维护的基本原则,分清类别,评估轻重缓急,根据现场的实际情况酌情处理。

强化练习

一、选择题

1. 生产性维护活动包括(　　)。
   A. 修改设计　　B. 理解设计　　C. 解释数据结构　　D. 理解功能
2. 随着软硬件环境变化而修改软件的过程是(　　)。
   A. 校正性维护　　B. 适应性维护　　C. 完善性维护　　D. 预防性维护
3. 为了提高软件的可维护性,在编码阶段应注意(　　)。
   A. 保存测试用例和数据　　B. 提高模块的独立性
   C. 文档的副作用　　D. 养成好的程序设计风格
4. 维护中因删除一个标识符而引起的错误是(　　)副作用。
   A. 文档　　B. 数据　　C. 编码　　D. 设计
5. 软件维护困难,主要原因是(　　)。
   A. 费用低　　B. 人员少　　C. 开发方法的缺陷　　D. 维护难

6. 一般来说,在软件维护过程中,大部分工作是由(　(1)　)引起的。在软件维护的实施过程中,为了正确、有效地修改程序,需要经历以下三个步骤,分析和理解程序、修改程序和((2))。((3))的修改不归结为软件的维护工作。

供选择的答案：

(1) A. 适应新的软件环境　　B. 适应新的硬件环境
　　C. 用户的需求改变　　D. 程序的可靠性

(2) A. 重新验证程序　　B. 验收程序
　　C. 书写维护文档　　D. 建立目标程序

(3) A. 文档　　B. 数据　　C. 需求分析　　D. 代码

7. 为提高系统性能而进行的修改属于(　　)。

A. 纠正性维护　　B. 适应性维护　　C. 完善性维护　　D. 测试性维护

8. 软件生命周期中,(　　)阶段所占的工作量最大。

A. 分析　　B. 设计　　C. 编码　　D. 维护

9. 系统维护中要解决的问题来源于(　　)。

A. 系统分析阶段　　B. 系统设计阶段
C. 系统实施阶段　　D. 上述三个阶段(A、B、C)都包括

10. 产生软件维护的副作用,是指(　　)。

A. 开发时的错误　　B. 隐含的错误
C. 因修改软件而造成的错误　　D. 运行时误操作

二、简答题

1. 结合自己使用的软件产品,谈谈维护的重要性。
2. 杀毒软件的病毒库升级属于哪种维护？为什么？
3. 游戏软件的升级属于哪种维护？为什么？
4. 软件维护的种类有哪些？都是什么含义？
5. 软件维护的原则有哪些？这些原则的含义是什么？

第10章 综合实训——在线宠物商店

10.1 项目背景

Peter是一个宠物商店的老板。随着业务的发展，他希望距离店铺较远的顾客可以方便及时地挑选、订购店里的宠物。Peter希望顾客可以在线浏览、搜索商品目录，挑选满意的商品放到购物车中，还可以修改购物车，下订单。在没有注册的情况下，顾客就可以完成搜索、查看等功能。如果顾客想订购商品，则必须先注册获得一个账号，登录后才能进行。

10.2 需求获取

Good Soft公司负责为Peter开发这个在线宠物商店系统Pet Store。Good Soft公司系统分析师Bob经过对Peter需求的调查，列出了系统的外部事件清单和内部事件清单，如表10-1和表10-2所示。

表10-1 Pet Store系统外部事件清单

序　号	外部事件清单
1	顾客浏览所有宠物分类
2	顾客根据宠物小类浏览具体宠物列表
3	顾客浏览具体宠物的详细信息
4	顾客根据宠物名称模糊查询
5	顾客把选中的具体宠物添加到购物车
6	顾客查看购物车
7	顾客更新购物车
8	顾客下订单
9	顾客注册账户
10	顾客登录系统
11	顾客退出系统

表 10-2　Pet Store 系统内部事件清单

序　号	外部事件清单
1	系统发送订单确认邮件给顾客

通过获得事件表，系统分析员 Peter 对于系统需要提供的功能有了一个初步的了解。

10.3　系统分析

Bob 根据系统事件清单，借助用例图清楚地界定了系统的边界和具体功能，如图 10-1 所示。

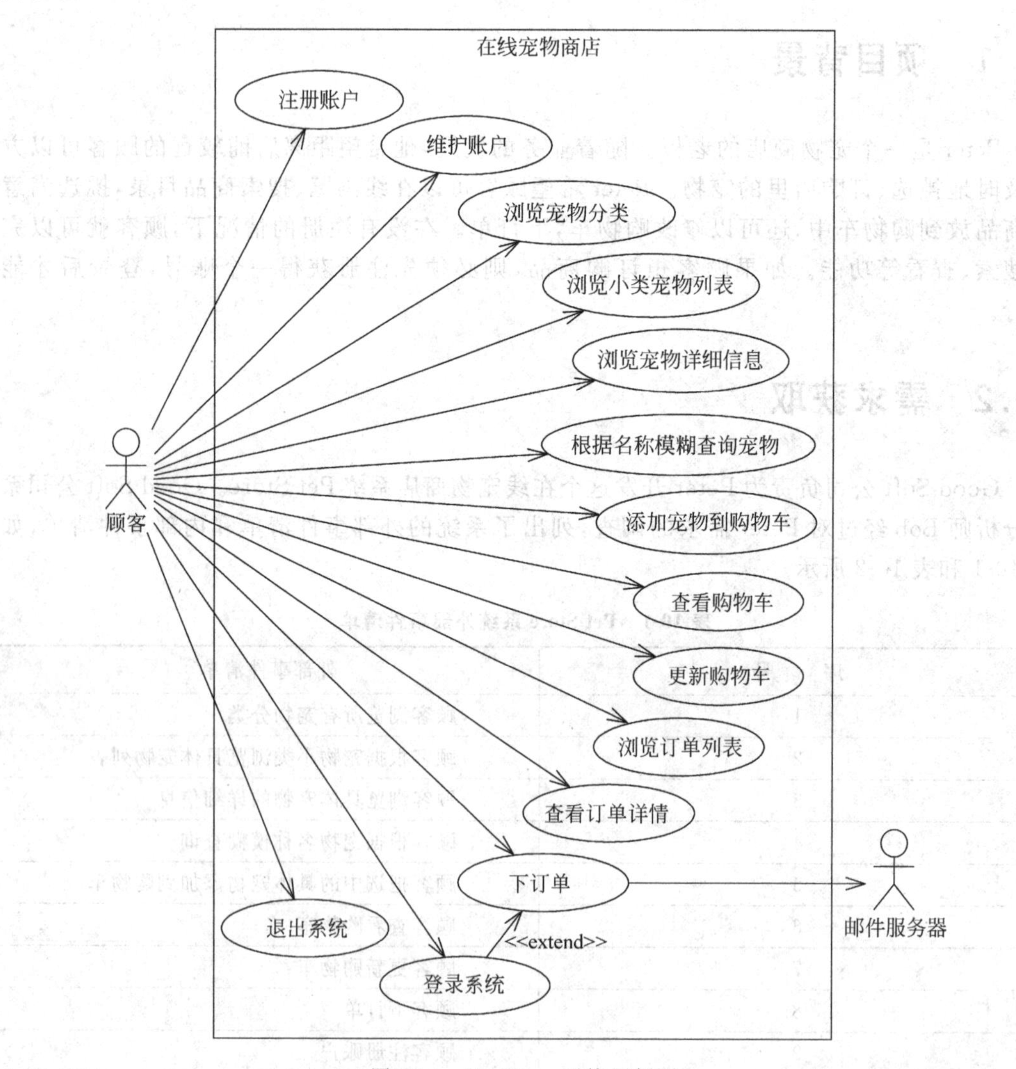

图 10-1　Pet Store 系统用例图

系统分析师 Bob 跟宠物店老板详细推敲了每个用例的具体细节，写下了系统用例说明。

用例 UC1：登录系统

为了订单的有效性和追溯性，系统要求只有拥有账号且登录验证身份后才能下订单。

基本流程：

1. 顾客如果还没有登录，可以在任何时候选择登录系统；
2. 填写顾客名和密码以验证身份；
3. 系统检查合法性；
4. 系统显示首页。

用例 UC2：退出系统

如果顾客想清除系统登录信息，或者切换顾客时，可以退出系统。

基本流程：

1. 如果顾客已经登录系统，可以在任何时候选择退出系统；
2. 系统清除登录信息；
3. 系统显示首页。

用例 UC3：注册账户

顾客填写用户信息、账户信息、个人资料以获得一个系统账号。

基本流程：

1. 顾客在登录之前，可以选择注册；
2. 系统显示注册表格；
3. 顾客填写表格并提交；
4. 系统验证注册信息并创建账户。

用例 UC4：维护账户

顾客登录系统后，任何时候都可以维护账户信息。

基本流程：

1. 顾客登录后，随时可以选择维护账户；
2. 系统显示用户信息、账户信息、个人资料编辑表格；
3. 顾客可以修改并提交；
4. 系统根据用户的修改更新账户信息。

用例 UC5：浏览宠物分类

顾客在网站首页即可浏览全部宠物分类。

基本流程：

1. 顾客访问网站地址；
2. 系统在首页中显示宠物店里的全部宠物。

用例 UC6：浏览小类宠物列表

顾客可以在任何时候查看某个宠物分类中的宠物列表。

基本流程：

1. 顾客选择某个宠物分类；
2. 系统显示该分类下的全部宠物信息。

用例 UC7：浏览宠物详细信息

顾客可以查看某个宠物的详细信息。

基本流程：

1. 顾客在浏览宠物列表时，可以选择某个宠物；
2. 系统显示该宠物的描述和价格；
3. 顾客可以选择进一步查看详细信息；
4. 系统显示该宠物的图片和库存量。

用例 UC8：根据名称模糊查询宠物

顾客可以在任何时候根据名称模糊查询宠物。

基本流程：

1. 顾客填写宠物名称作为搜索条件，提交查询请求；
2. 系统显示符合条件的宠物列表；
3. 顾客可以查看宠物的详细描述；
4. 系统执行查看宠物详情用例。

用例 UC9：添加宠物到购物车

顾客可以将选中的宠物添加到购物车中。

基本流程：

1. 顾客在浏览某个宠物的详细信息时，可以添加该宠物到购物车中；
2. 系统将该宠物添加到购物车。

用例 UC10：查看购物车

顾客可以在任何时候，查看购物车中的商品信息以及库存信息。

基本流程：

1. 顾客可以在任何时候选择查看购物车；
2. 系统显示购物车中的商品信息、库存有无情况，以及订单总价等信息。

用例 UC11：更新购物车

顾客可以在查看购物车的时候，对购物车内的信息进行维护。

基本流程：

1. 顾客在查看购物车时，可以选择删除某个宠物或者更改某个宠物的购买数量；
2. 系统根据顾客的选择，删除购物车中的宠物或者修改购买数量。

用例 UC12：下订单

顾客可以选择对购物车中的商品结账。

基本流程：

1. 顾客在查看购物车时，可以选择结账；
2. 系统检测顾客是否已登录系统；
3. 如果未登录，执行登录系统用例；
4. 如果已登录，系统显示订单摘要(包括每件商品的详细订购信息和订单总价格)；
5. 顾客对订单摘要信息予以确认；
6. 系统要求填写支付信息，并显示默认送货信息；
7. 顾客填写信息并提交；
8. 系统显示订单支付信息和送货信息摘要；
9. 顾客对此信息进行确认；
10. 系统发送订单受理邮件到顾客注册邮箱；
11. 系统显示订单完整信息，并提示订单已被受理。

用例 UC13：浏览订单列表

顾客在维护账户信息时，可以浏览已提交的订单列表。

基本流程：

1. 顾客在维护账户时，可以选择浏览订单列表；
2. 系统显示该顾客的订单列表信息。

用例 UC14：查看订单详情

顾客在浏览订单列表时，可以查看订单详细信息。

基本流程：

1. 顾客浏览订单列表时，可以选择查看某订单的详细信息；
2. 系统显示该订单的详细信息。

为了更好地理解宠物店老板 Peter 对软件的具体需求，Bob 决定为系统设计界面原型，这样他们就可以对系统的需求达成较清晰、一致的理解了，如图 10-2～图 10-14 所示。

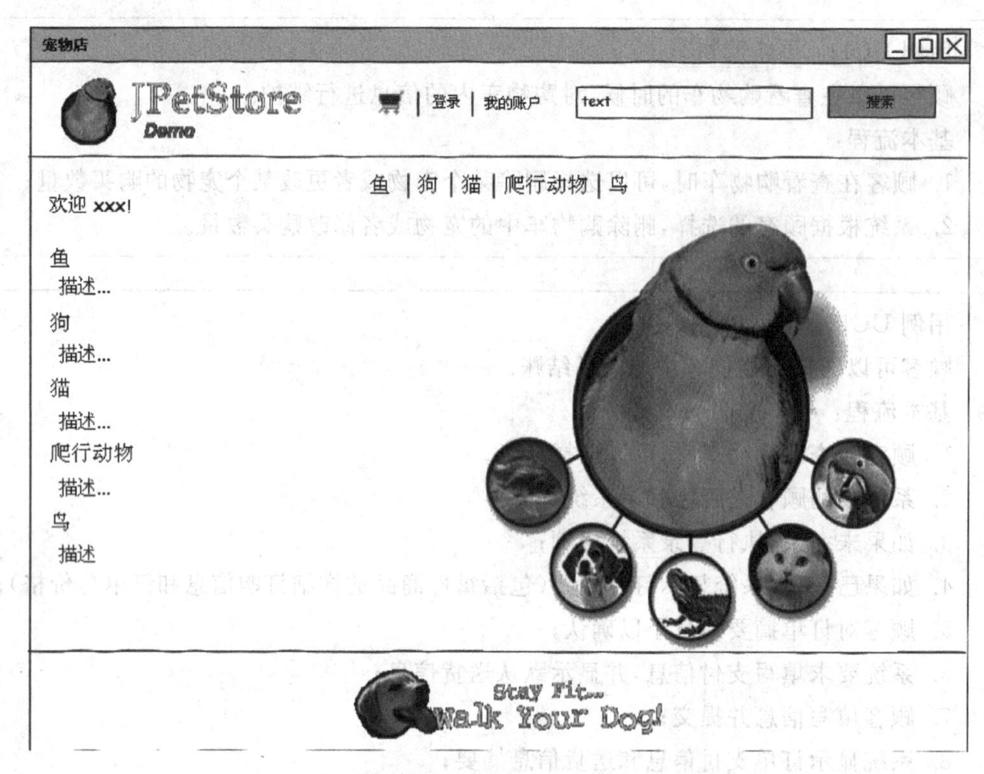

图 10-2 首页 UI 原型

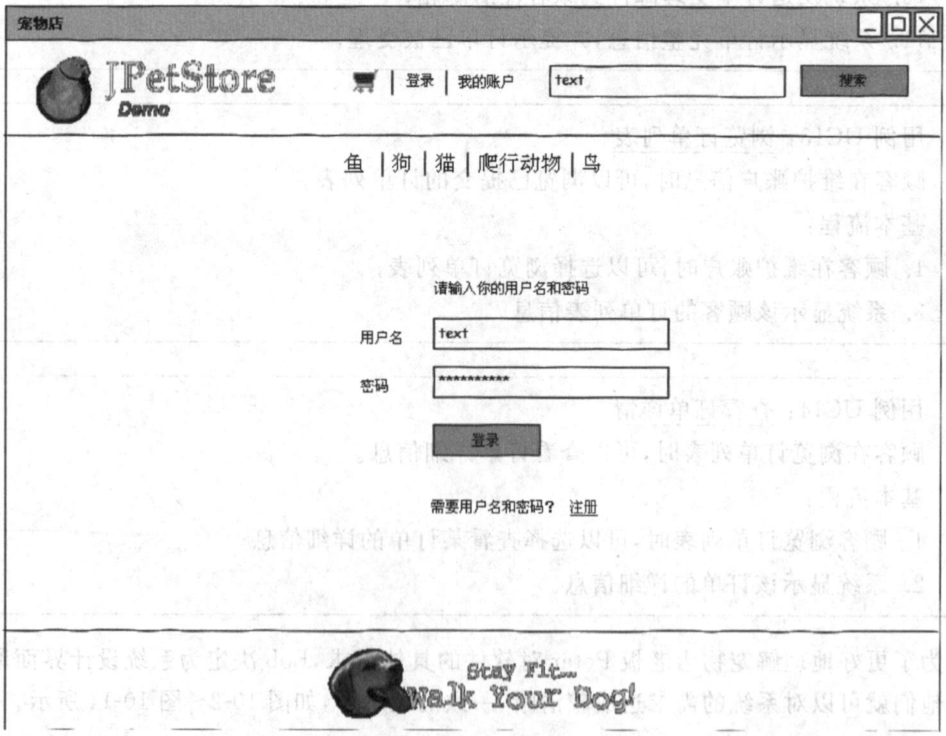

宠物店

JPetStore
Demo

登录 | 我的账户 | text | 搜索

鱼 | 狗 | 猫 | 爬行动物 | 鸟

请输入你的用户名和密码

用户名 text

密码 ***********

登录

需要用户名和密码？ 注册

Stay Fit...
Walk Your Dog!

图 10-3 登录 UI 原型

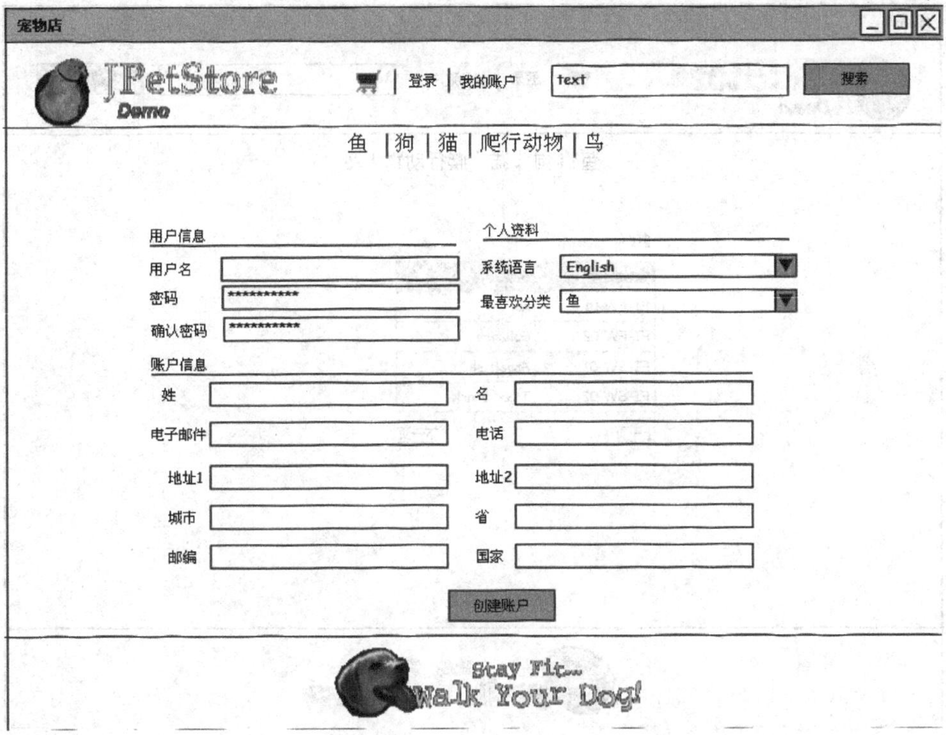

宠物店

JPetStore Demo

登录 | 我的账户 | text | 搜索

鱼 | 狗 | 猫 | 爬行动物 | 鸟

用户信息

用户名

密码 ***********

确认密码 ***********

个人资料

系统语言 English

最喜欢分类 鱼

账户信息

姓

名

电子邮件

电话

地址1

地址2

城市

省

邮编

国家

创建账户

Stay Fit... Walk Your Dog!

图 10-4　注册 UI 原型

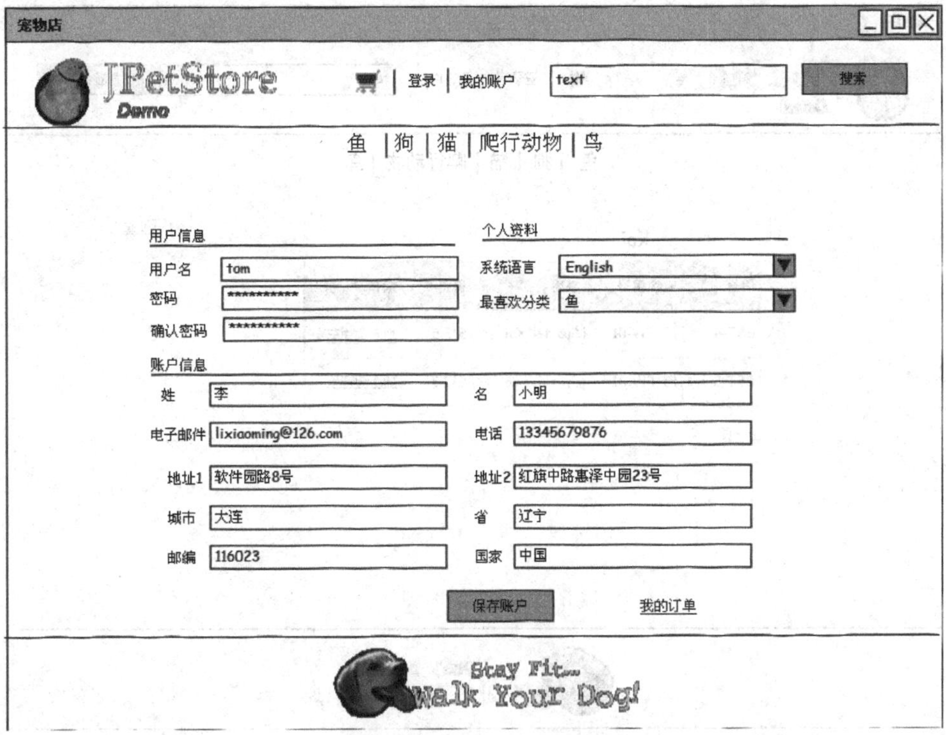

宠物店

JPetStore Demo

登录 | 我的账户 | text | 搜索

鱼 | 狗 | 猫 | 爬行动物 | 鸟

用户信息

用户名 tom

密码 ***********

确认密码 ***********

个人资料

系统语言 English

最喜欢分类 鱼

账户信息

姓 李

名 小明

电子邮件 lixiaoming@126.com

电话 13345679876

地址1 软件园路8号

地址2 红旗中路惠泽中园23号

城市 大连

省 辽宁

邮编 116023

国家 中国

保存账户　　我的订单

Stay Fit... Walk Your Dog!

图 10-5　维护账户 UI 原型

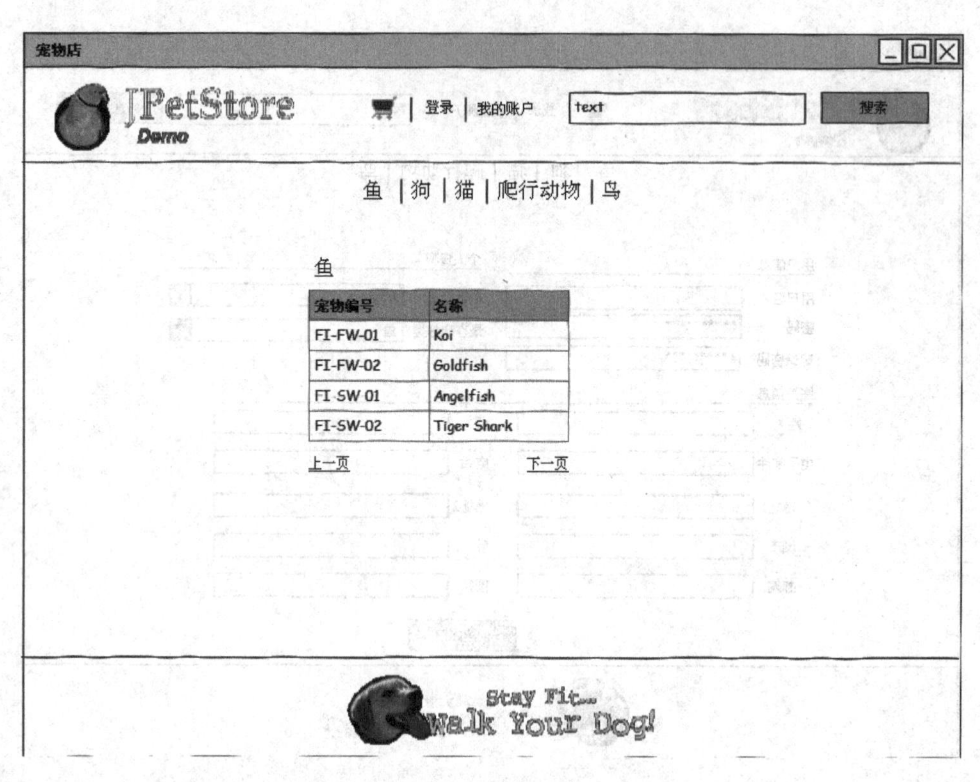

图 10-6 浏览小类宠物列表 UI 原型

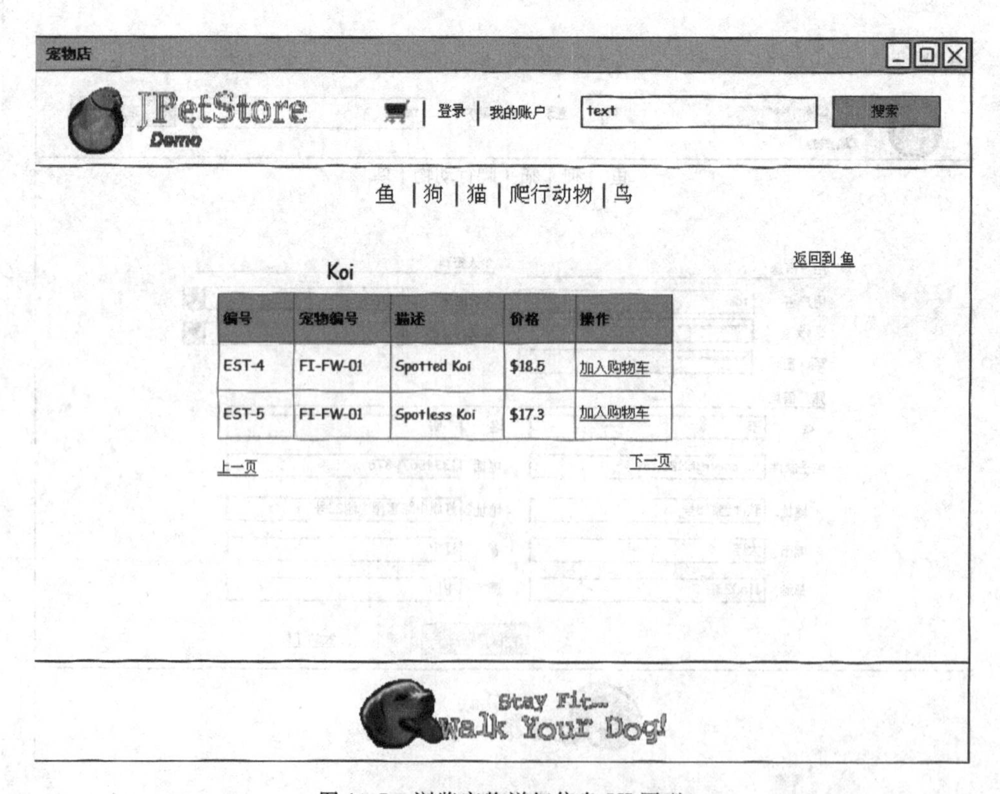

图 10-7 浏览宠物详细信息 UI 原型

图 10-8 宠物详细信息显示 UI 原型

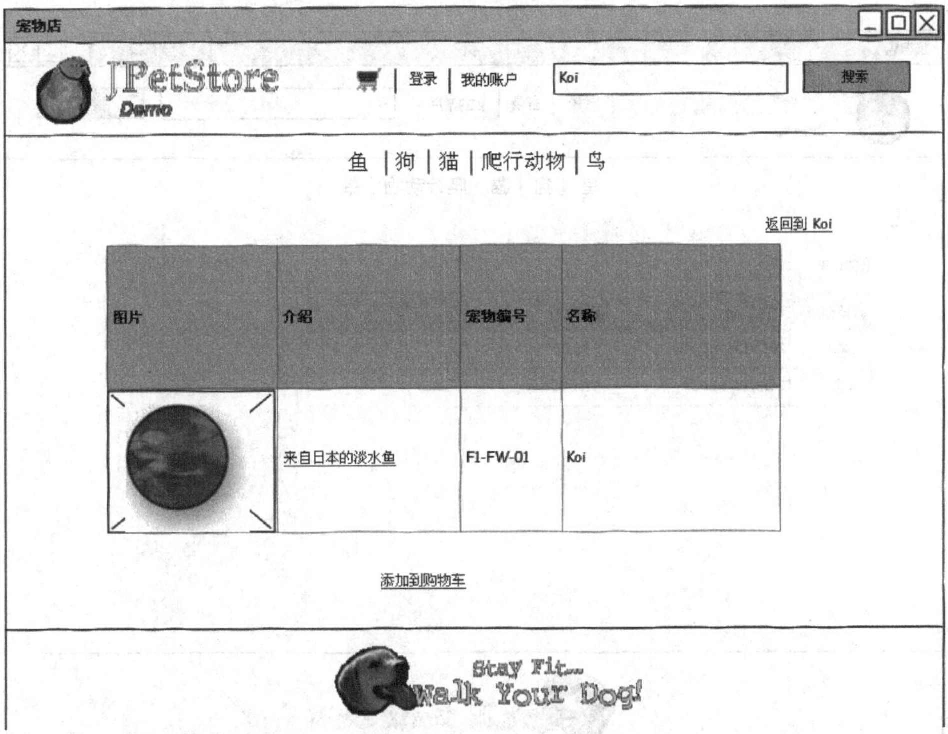

图 10-9 根据名称模糊查询宠物

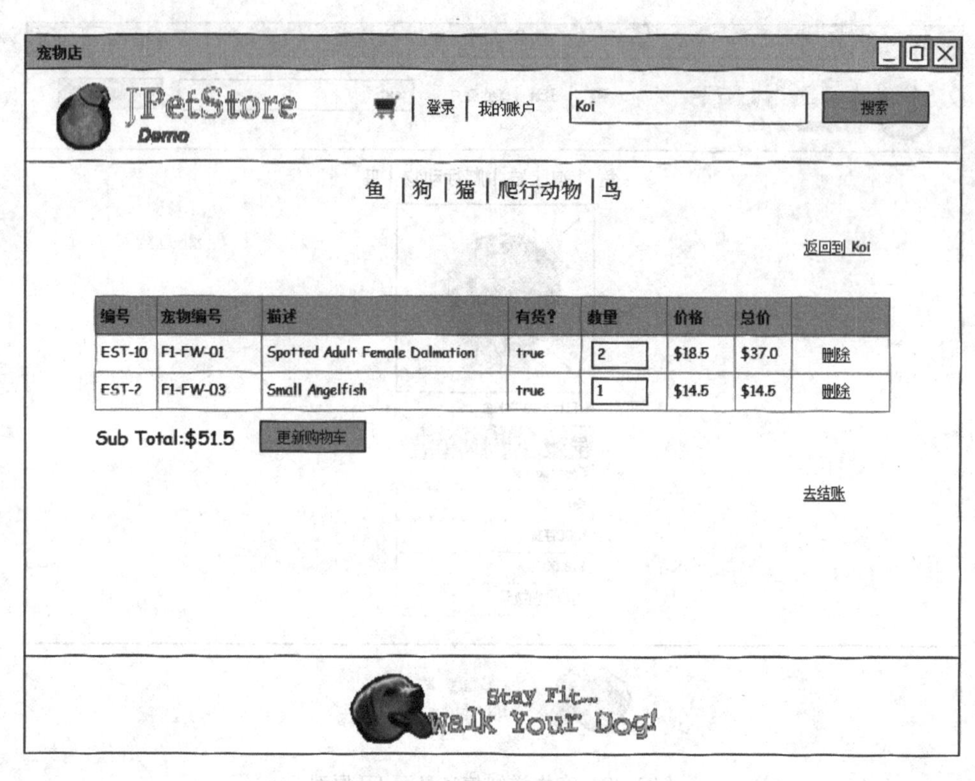

图 10-10 购物车 UI 原型

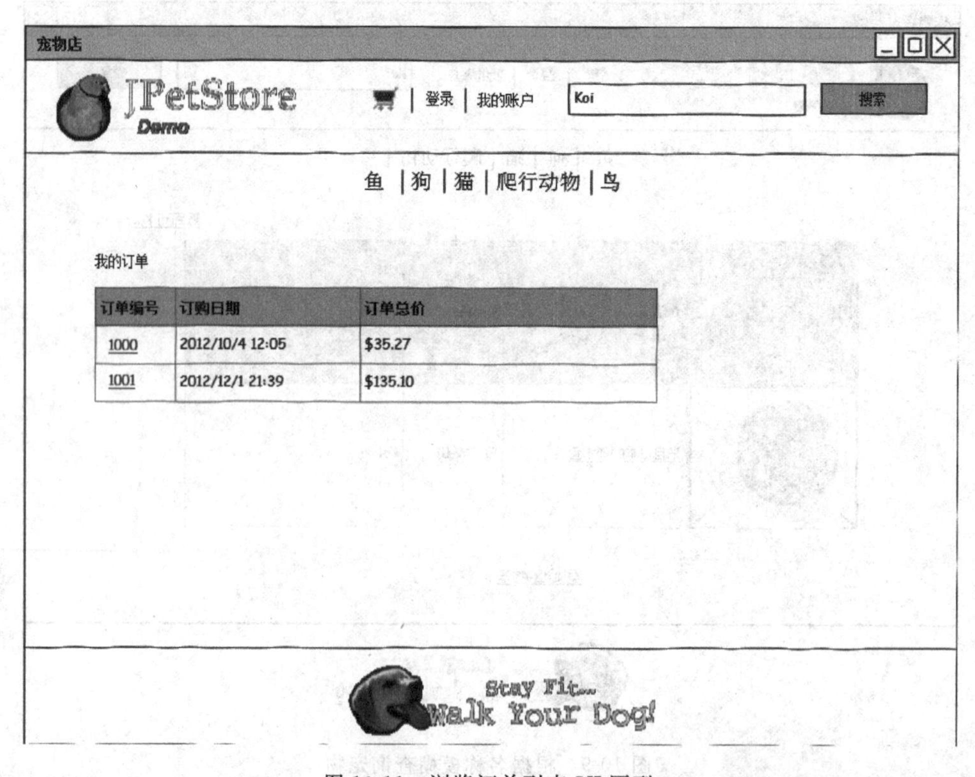

图 10-11 浏览订单列表 UI 原型

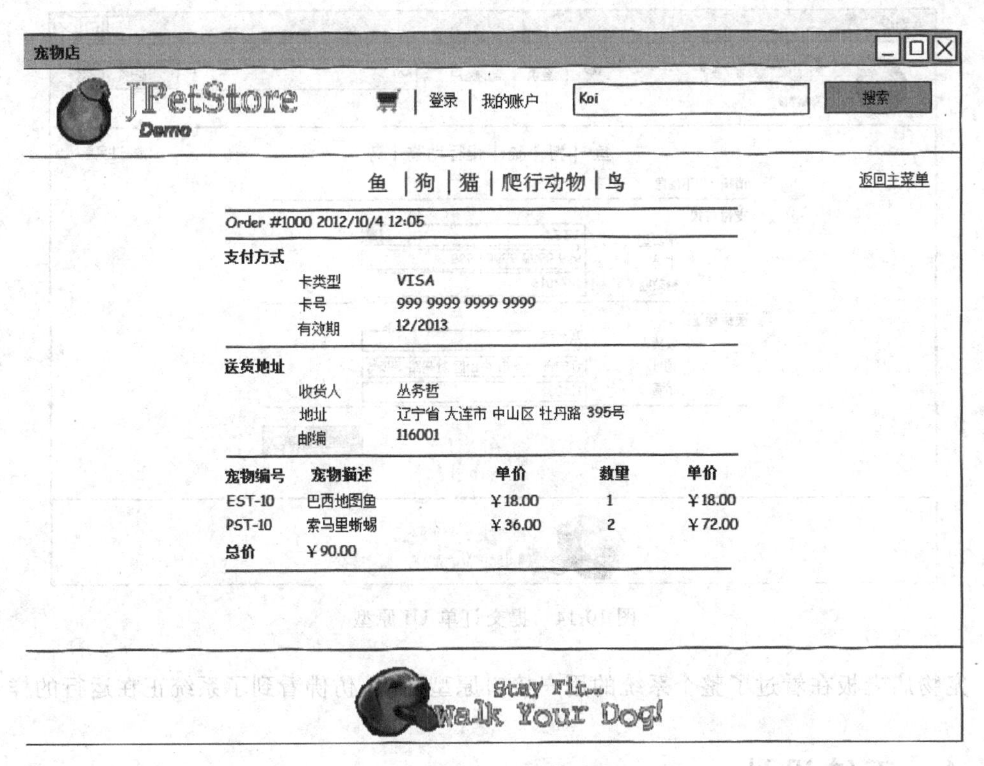

图 10-12 查看订单详情 UI 原型

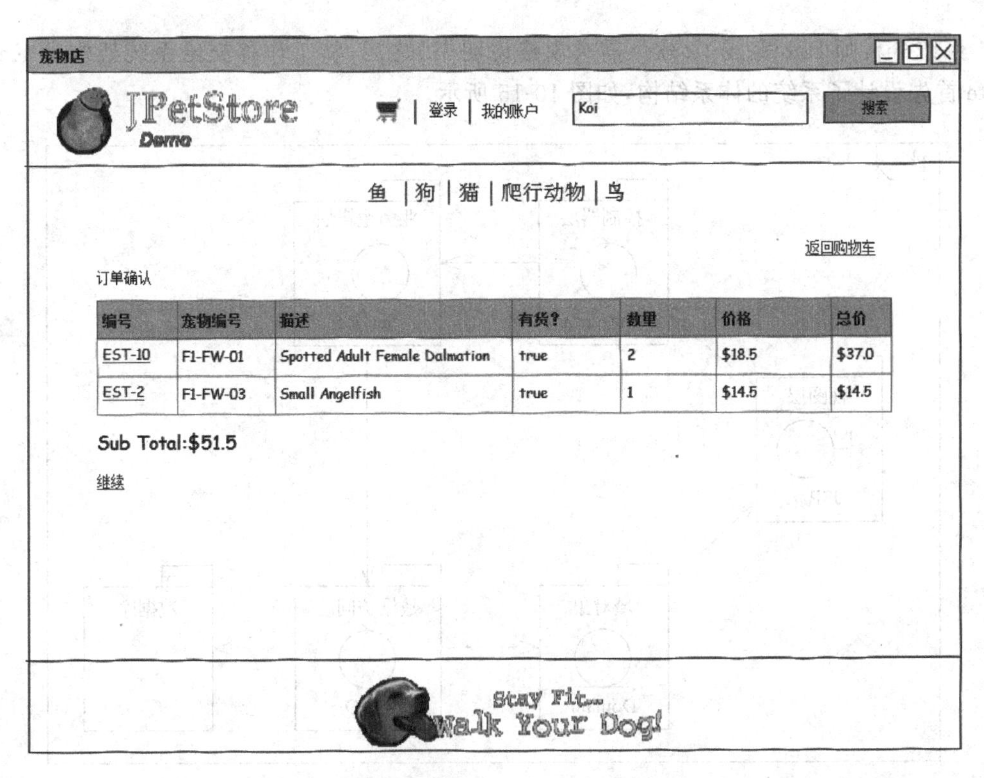

图 10-13 下订单 UI 原型

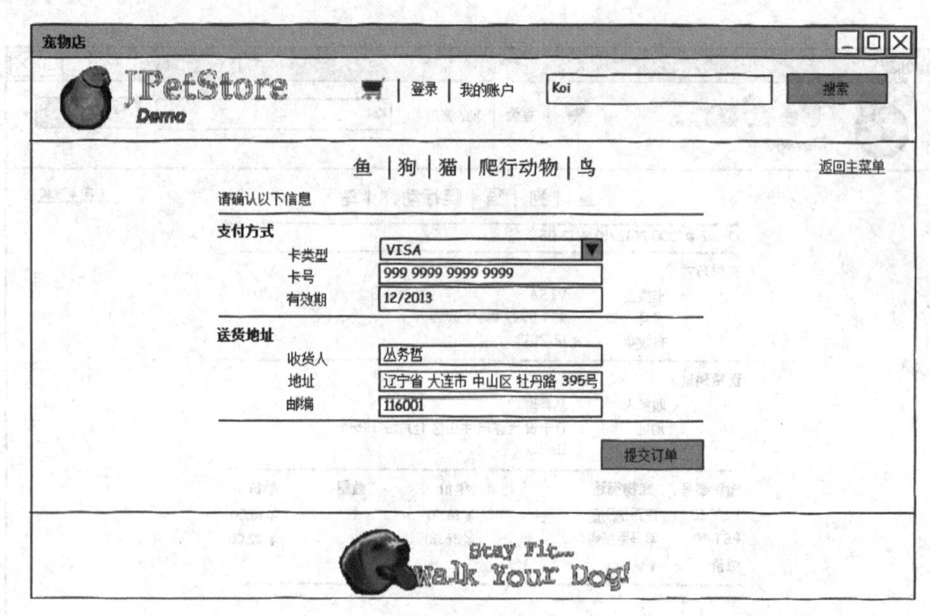

图 10-14　提交订单 UI 原型

宠物店老板在看过了整个系统的用户接口原型之后,仿佛看到了系统正在运行的样子。

10.4 系统设计

系统分析师 Bob 完成了《软件需求规格说明书》之后,将工作移交给系统架构师 Kate。Kate 首先设计了系统的体系结构,如图 10-15 所示。

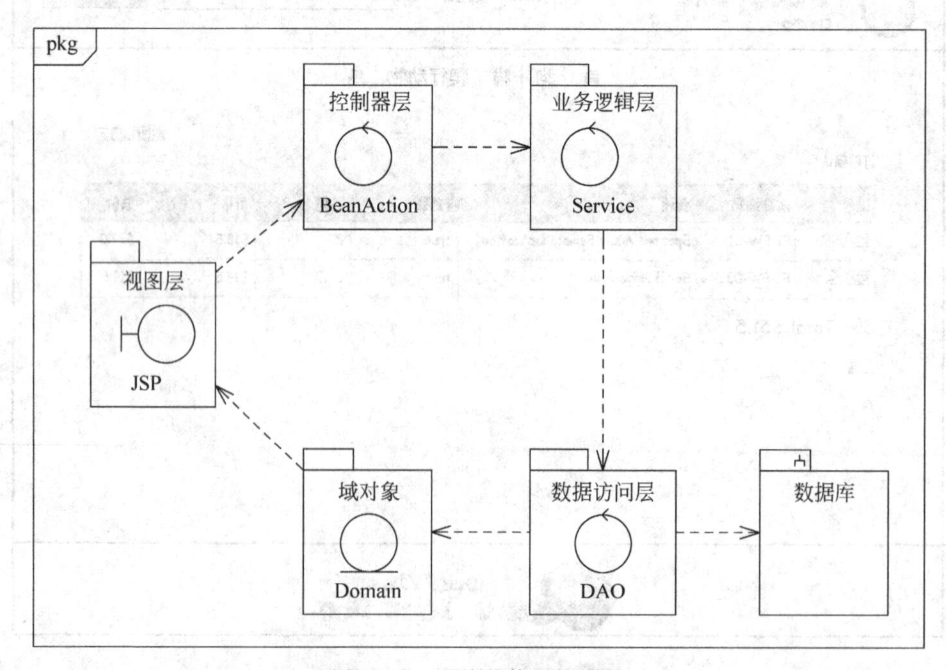

图 10-15　系统的体系结构图

(1) 视图层。通常一个软件系统的用户界面会以多种可能的形式出现，然而底层的业务逻辑却保持不变。把用户界面类从业务逻辑类中分离出来，就可以使用选择的任何方式改变用户界面。用户目前通过浏览器与系统进行交互，将来可能要改成同时支持手持 PAD 触摸屏的访问方式。为了支持这种新访问方式，仅需要增加新的用户界面类。虽然用户与系统之间的交互方式发生了很大的变化，但是系统的基本业务逻辑没有改变，因此不需要改变业务逻辑类和控制器类。

(2) 控制器层。在需求分析中介绍了事件清单。当用户在使用系统过程中向系统发出系统事件时，系统的哪个对象负责接收该事件并进行处理呢？一般而言，针对每一个用例通常要分别设计一个控制器类。当用户通过用户界面使用系统时，用户界面类会产生系统事件传递给控制器类，后者负责该系统事件的处理。

(3) 业务逻辑层。在需求分析阶段，已经识别出了问题域中重要的概念、处理规则、业务操作等业务领域知识。这些概念、规则和操作将会被封装，并进行必要的修改和调整，使之成为业务逻辑层中的类。

(4) 数据访问层。系统中往往存在持久化对象，即需要持久化到永久物理存储介质的对象，如业务对象。数据访问层提供了存储、检索、更新和删除对象的基础结构。在软件的分层结构中，消息从业务逻辑层发送到数据访问层。这些消息通过以下形式出现："生成一个新对象"，"从数据库检索该对象"，"更新该对象"或者"删除该对象"。这些类型的消息被称为面向对象创建、检索、更新和删除。

将数据访问层独立出来的目的在于当数据存储机制或策略发生变化的时候，可以减少维护工作。目前，大部分系统都是采用数据库作为存储介质。但数据库肯定会改变，比如数据库升级，数据表从一个数据库移动到另一个数据库，或者从一个服务器移动到另一个服务器，数据模式将会改变，数据表字段的名称也可能改变。因此，需要将对数据库的操作封装起来，使变化影响的范围局部化。数据访问层是完成这一任务的最好方式。数据访问层封装了数据管理功能，向业务逻辑层对象提供数据服务。无论持久存储策略如何变化，业务逻辑类都不会受影响，从而增加了应用程序的可维护性、可扩展性和可移植性。

10.5　对象设计

软件设计师 Lucy 考虑了软件的体系结构，并逐个分析每个用例和用户接口原型给出了系统的对象的设计。

10.5.1　域对象的设计

软件设计师根据每个用例对于数据存储的需求设计了系统的域对象类图，如图 10-16 所示。

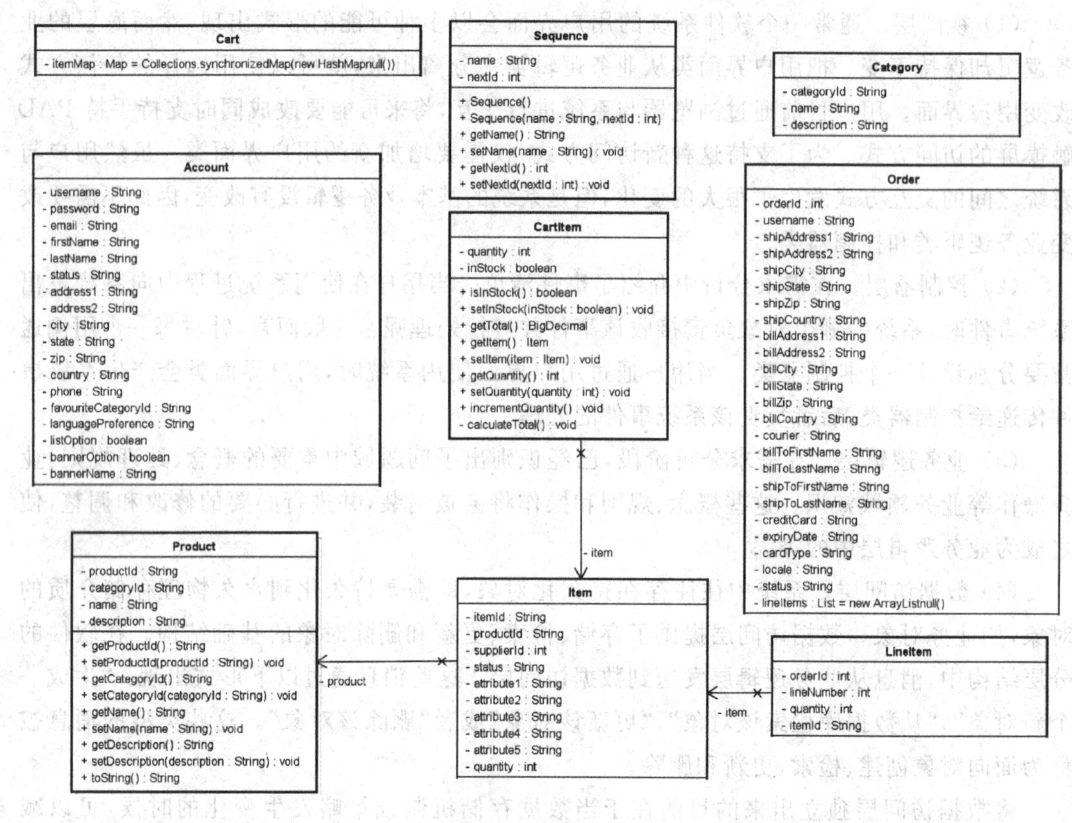

图 10-16　域对象类图

10.5.2　用例的健壮性分析

软件设计师 Lucy 根据系统用例的描述逐一做了健壮性分析，并绘制了健壮图，如图 10-17～图 10-30 所示。

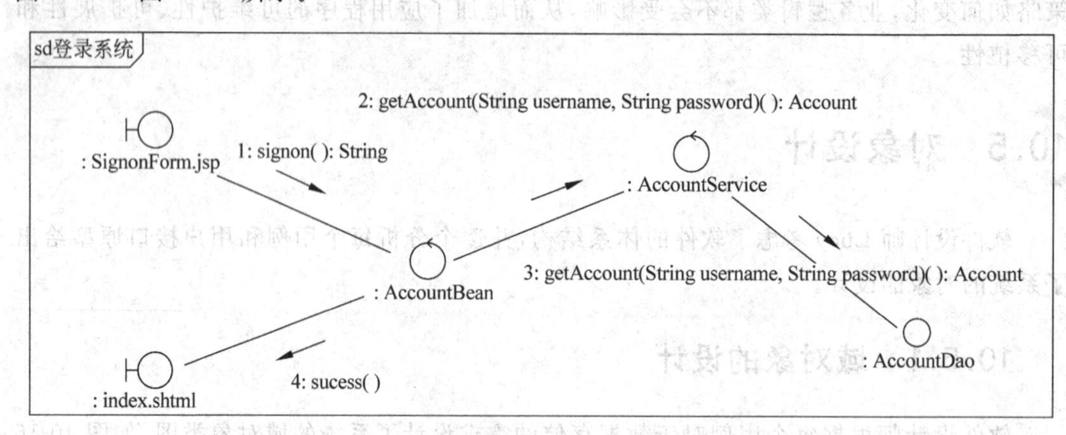

图 10-17　登录系统用例健壮图

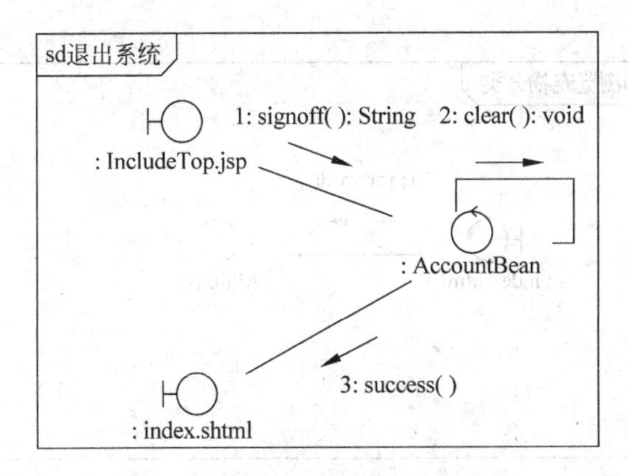

图 10-18　退出系统用例健壮图

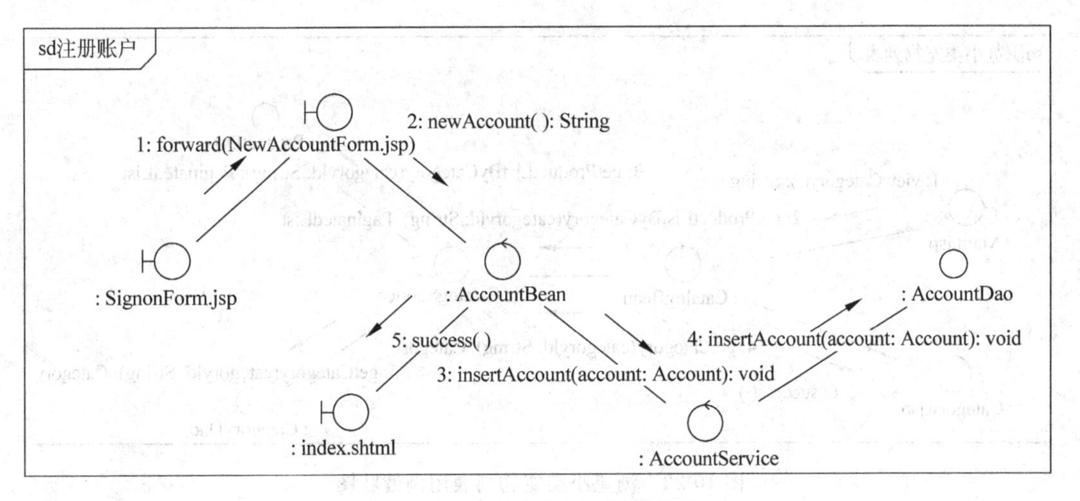

图 10-19　注册账户用例健壮图

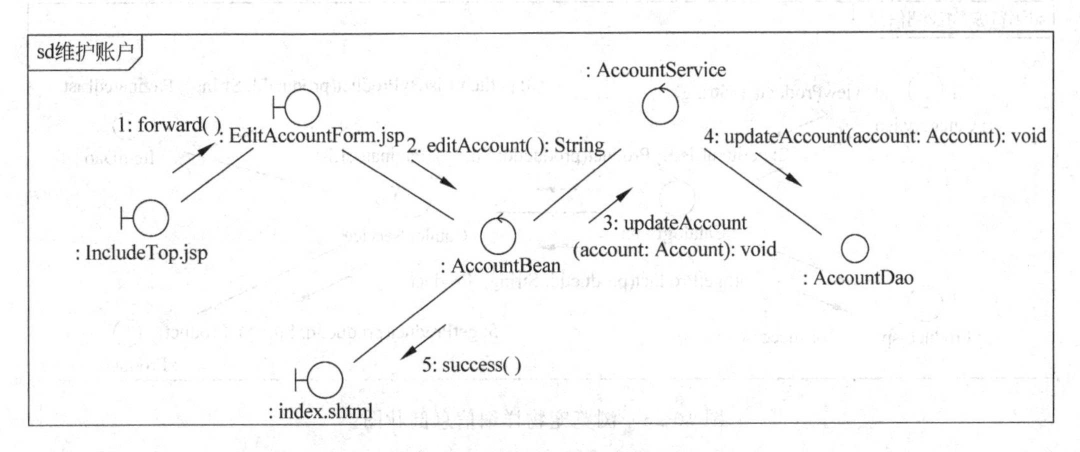

图 10-20　维护账户用例健壮图

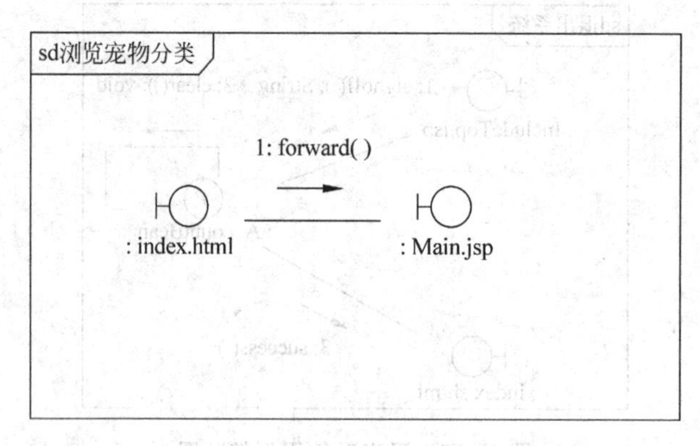

图 10-21 浏览宠物分类用例健壮图

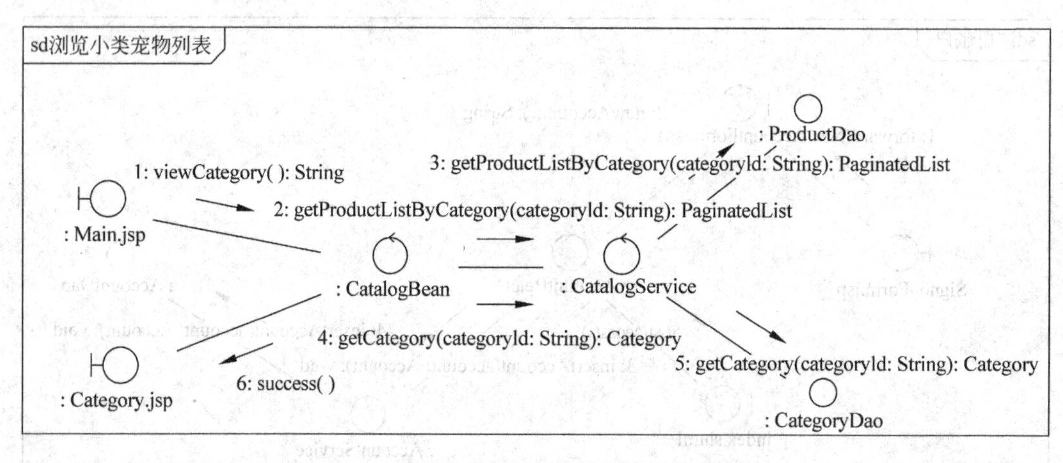

图 10-22 浏览小类宠物列表用例健壮图

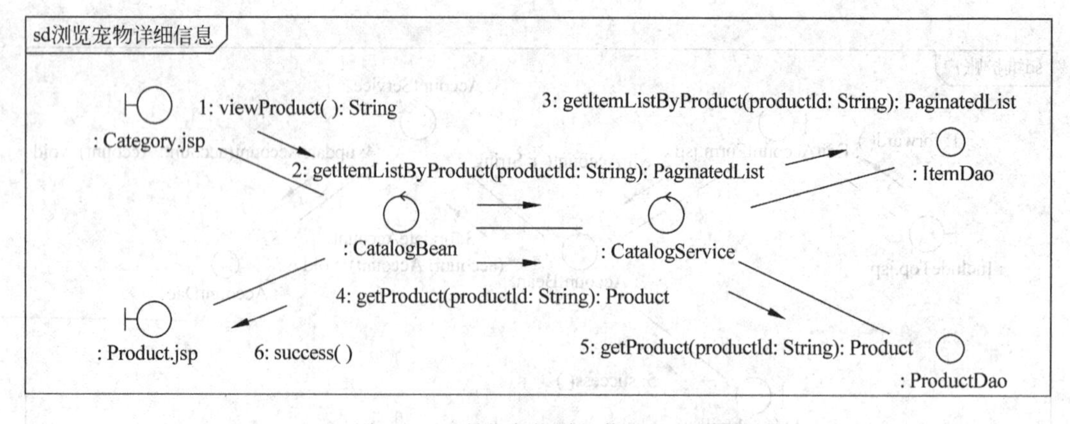

图 10-23 浏览宠物详细信息健壮图

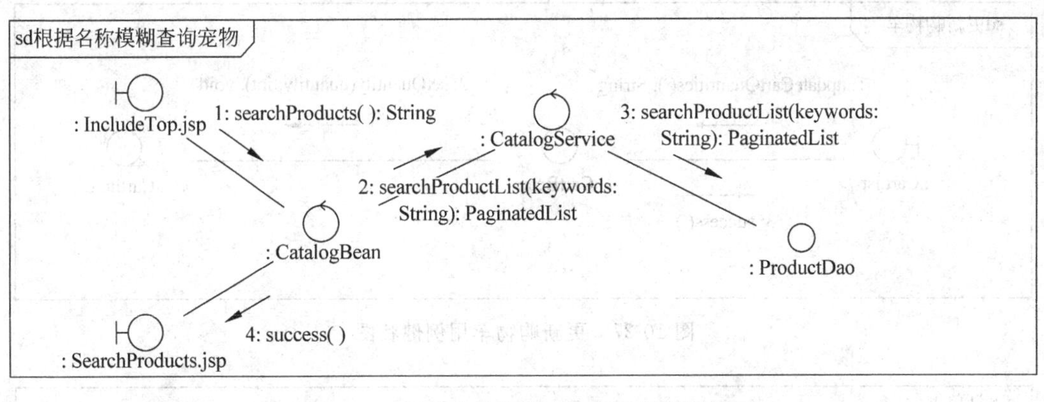

图 10-24　根据名称模糊查询宠物用例健壮图

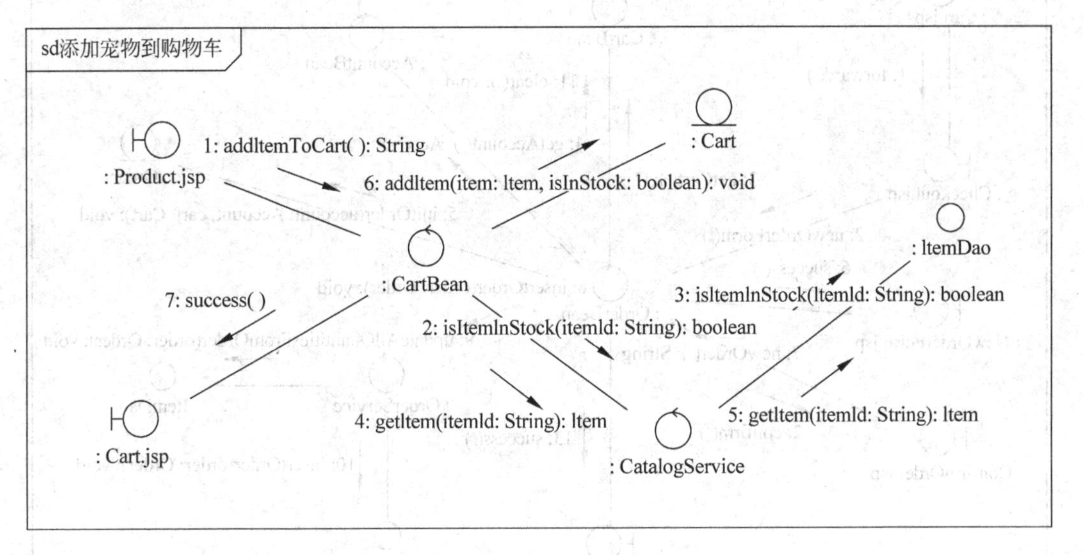

图 10-25　添加宠物到购物车用例健壮图

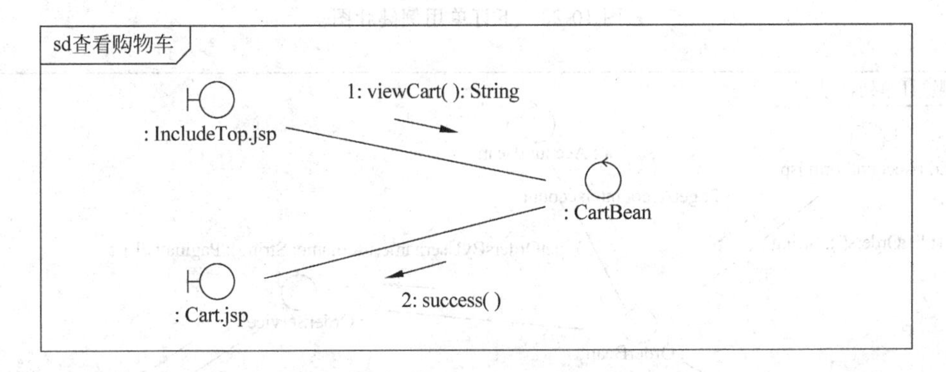

图 10-26　查看购物车用例健壮图

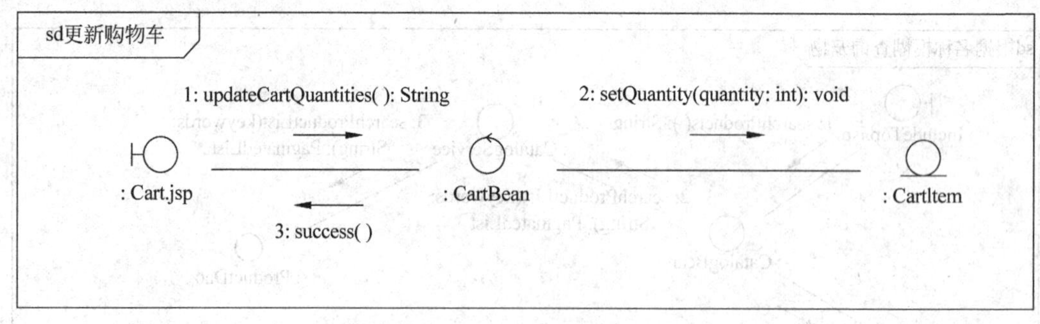

图 10-27 更新购物车用例健壮图

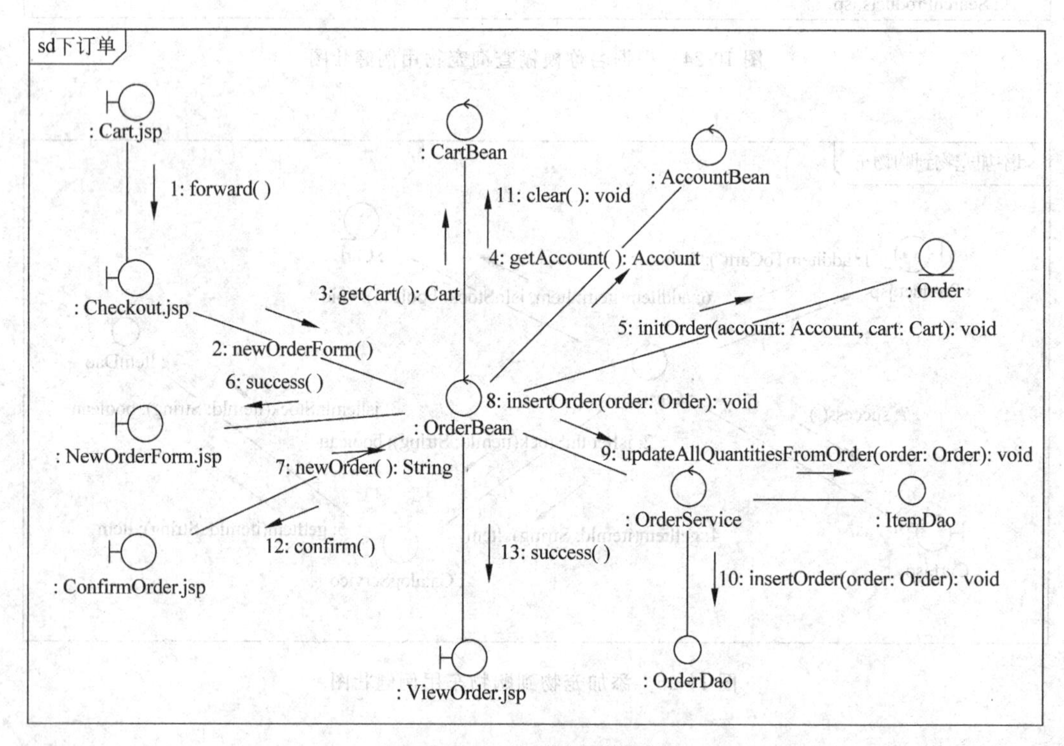

图 10-28 下订单用例健壮图

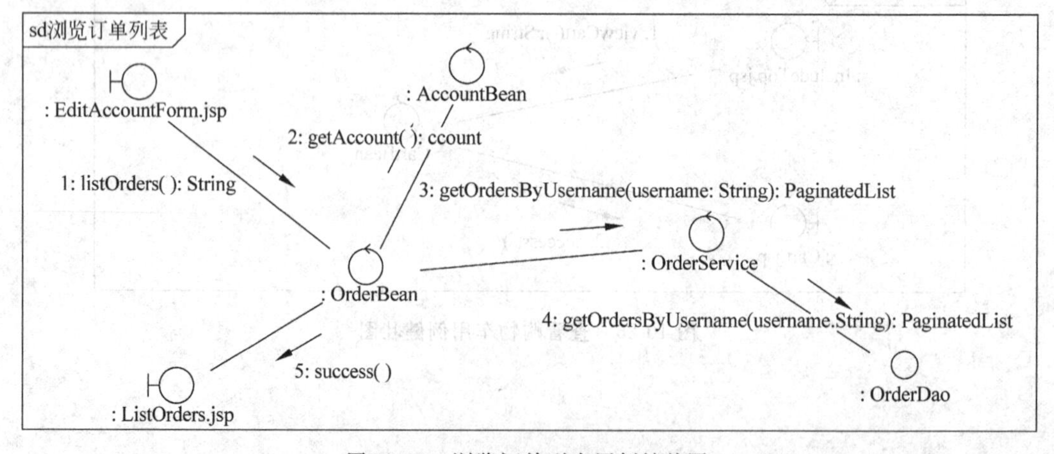

图 10-29 浏览订单列表用例健壮图

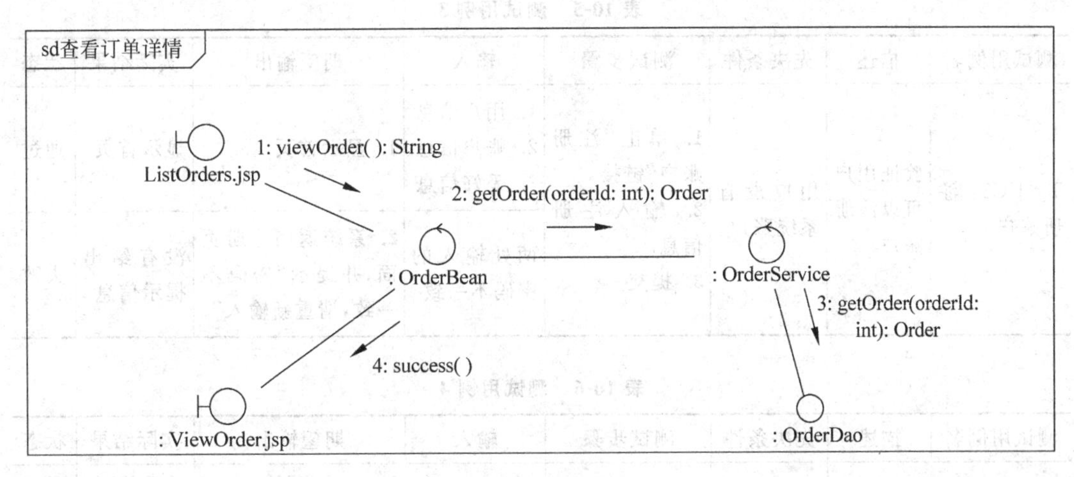

图 10-30 查看订单详情用例健壮图

10.6 代码实现

软件设计师 Lucy 将《系统详细设计文档》交给程序员 Bird，Bird 据此编写代码。

10.7 软件测试

软件测试工程师 Tim 根据《软件需求规格说明书》撰写了测试用例，并据此验证了系统的功能。其测试用例如表 10-3～表 10-16 所示。

表 10-3 测试用例 1

测试用例名	描述	先决条件	测试步骤	输入	期望输出	实际结果	状态
T_UC1：登录系统	验证用户可以用正确的用户名和密码登录	用户已经注册，并已获得用户名和密码	1. 输入网站地址 2. 单击“登录”链接 3. 输入用户名和密码提交	1. 用户名：admin1 2. 密码：1234	1. 显示首页	显示首页	通过
					2. 首页中显示“欢迎 admin1”	没有显示欢迎信息	失败

表 10-4 测试用例 2

测试用例名	描述	先决条件	测试步骤	输入	期望输出	实际结果	状态
T_UC2：退出系统	验证用户可以退出系统	用户已经登录系统	单击“退出”链接	无	1. 显示首页	显示首页	通过
					2. 首页“欢迎 admin1”信息消失	欢迎信息没有消失	失败

表 10-5　测试用例 3

测试用例名	描述	先决条件	测试步骤	输入	期望输出	实际结果	状态
T_ UC3：注册账户	验证用户可以注册账户	用户没有系统账户	1. 单击“注册账户”链接 2. 输入注册信息 3. 提交	1. 用户信息 2. 账户信息 3. 爱好信息	1. 显示首页	显示首页	通过
				两处输入的密码不一致	2. 系统返回注册页面，并提示“密码不一致，请重新输入”	没有给出提示信息	失败

表 10-6　测试用例 4

测试用例名	描述	先决条件	测试步骤	输入	期望输出	实际结果	状态
T_ UC4：维护账户	验证用户可以注册账户	用户没有系统账户	1. 单击“注册账户”链接 2. 输入注册信息 3. 提交	1. 用户信息 2. 账户信息 3. 爱好信息	1. 显示首页	显示首页	通过
					2. 首页中显示“欢迎 admin1”	显示正确	通过
				4. 两处输入的密码不一致	3. 系统返回注册页面，并提示“密码不一致，请重新输入”	没有给出提示信息	失败

表 10-7　测试用例 5

测试用例名	描述	先决条件	测试步骤	输入	期望输出	实际结果	状态
T_ UC5：浏览宠物分类	验证宠物分类浏览可以正确显示	系统已经为每个类别录入了正确的宠物信息	1. 单击某个宠物类别信息 2. 重复上一步骤，直到所有的类别都查看了	无	显示某一类别的宠物列表	显示正确	通过

表 10-8　测试用例 6

测试用例名	描述	先决条件	测试步骤	输入	期望输出	实际结果	状态
T_ UC6：浏览小类宠物列表	验证宠物小类浏览可以正确显示	系统已经为每个小类录入了正确的宠物信息	1. 单击某个宠物小类信息 2. 重复上一步骤，直到所有的小类都查看了	无	显示某一小类的宠物列表	显示正确	通过

表 10-9　测试用例 7

测试用例名	描述	先决条件	测试步骤	输入	期望输出	实际结果	状态
T_ UC7：浏览宠物详细信息	验证宠物详细信息可以正确浏览	系统已经为每个宠物录入了正确的详细信息	1. 单击某个宠物 2. 重复上一步骤，直到连续 10 个宠物的信息都可以正确显示	无	显示某个宠物的详细信息	正确显示	通过

表 10-10　测试用例 8

测试用例名	描述	先决条件	测试步骤	输入	期望输出	实际结果	状态
T_UC8：根据名称模糊查询宠物	验证宠物模糊查询功能正确	系统已经存有 100 条宠物记录信息	1. 输入搜索条件 2. 重复上一步骤，直到连续 10 次查询都可以正确显示	1. 存在的宠物关键字	1. 显示某个宠物的详细信息	当宠物图片宽度大于 400 像素时，屏幕布局变形	待改进
				2. 不存在的宠物关键字	2. 显示空列表	正确显示	通过

表 10-11　测试用例 9

测试用例名	描述	先决条件	测试步骤	输入	期望输出	实际结果	状态
T_UC9：添加宠物到购物车	验证可以将有货的宠物添加到购物车	系统已经存在有货的宠物 5 个以上和无货的宠物 5 个以上	1. 单击“添加到购物车”链接 2. 重复上一步骤，直到连续 5 次添加有货宠物和连续 5 次添加无货宠物	1. 添加有存货的宠物	1. 显示购物车页面，该条宠物信息在其中	正确显示	通过
				2. 添加无存货的宠物	2. 显示“该宠物目前无货”的提示信息	正确	通过

表 10-12　测试用例 10

测试用例名	描述	先决条件	测试步骤	输入	期望输出	实际结果	状态
T _ UC10：查看购物车	验证可以正确查看购物车信息	购物车中有宠物	1. 单击“购物车”链接	无	1. 显示购物车页面，宠物信息在其中	正确显示	通过
		购物车中无宠物	2. 单击“购物车”链接	无	2. 显示空购物车页面	正确显示	通过

表 10-13　测试用例 11

测试用例名	描述	先决条件	测试步骤	输入	期望输出	实际结果	状态
T _ UC11：更新购物车	验证购物车更新功能	购物车中有宠物	1. 修改某宠物项的数量 2. 单击“更新”链接	1. 新的数量值（小于存货量）	1. 显示新的数量信息	正确显示	通过
				2. 新的数量值（大于存货量）	2. 仍然显示原数量信息，并给出“新数量超过库存值”提示信息	显示新的数量，且没有给出任何提示	失败
			3. 单击“删除”链接	无	3. 购物车中不再显示删除的宠物信息	正确显示	通过

表 10-14 测试用例 12

测试用例名	描述	先决条件	测试步骤	输入	期望输出	实际结果	状态
T_UC12：下订单	验证可以下单	购物车中已经存在宠物信息	1. 单击“继续”链接 2. 修改订单信息 3. 单击“提交订单”链接	1. 无	1. 显示订单概览信息	正确显示	通过
				2. 新的支付方式	2. 新的支付方式显示在订单概览信息中	正确显示	通过
				3. 新的送货地址	3. 新的送货地址显示在订单概览信息中	正确显示	通过

表 10-15 测试用例 13

测试用例名	描述	先决条件	测试步骤	输入	期望输出	实际结果	状态
T_UC13：浏览订单列表	验证可以正确浏览订单信息	账户中有订单	1. 单击“浏览订单”链接	无	1. 显示该账户已经提交的全部订单概要信息	正确显示	通过
		账户中无订单	2. 单击“浏览订单”链接	无	2. 显示空列表	正确显示	通过

表 10-16 测试用例 14

测试用例名	描述	先决条件	测试步骤	输入	期望输出	实际结果	状态
T_UC14：查看订单详情	验证订单详情可以正确浏览	系统已经存在订单信息	单击某个“订单编号”链接	无	显示某个订单的详细信息	正确显示	通过

附录A 面向对象技术概述

面向对象技术最早是于20世纪60年代后期在编程语言Simula中提出的。虽然当时的实现还不是很完整,但已经是语言发展史上的一个重要的里程碑。第一个完整意义上的面向对象语言是Smalltalk,它产生于20世纪70年代,提出"一切皆对象"的思想。第一个被广泛使用的面向对象语言是产生于1983年的C++。在经历了将近十年的时间后,Borland公司和Microsoft公司先后推出各自的C++版本,使得面向对象语言真正走入人们的视野。与此同时,面向过程的编程语言和软件工程方法,经历了从波峰逐步转向波谷的发展历程。在这段时间,人们渐渐发现由于系统规模的不断增大,原有的结构化表示方法很难清晰准确地描述业务模型和程序模型,并且它们之间的转换也存在着很多不确定性,程序越来越难以控制,越来越难以维护。此时,人们的目光逐渐集中到面向对象技术上,面向对象所具有的良好独立性、信息隐蔽性等特点能够灵活地处理这种情况,让人们看到了应对这种局面的一条新的途径。

A.1 面向对象的基本概念

面向对象的软件工程将以面向对象视角,采用面向对象的分析设计方法来解决搭建软件系统的问题,因此对于面向对象概念的理解和把握将直接影响面向对象系统的构成质量。下面将简单介绍一下面向对象中几个基本的也是非常重要的概念。

A.1.1 对象

对象(Object)是在应用领域中有意义的、与所要解决的问题有关系的任何事物。它既可以是具体的物理实体的抽象,也可以是人为的概念,或者是任何有明确边界和意义的东西。从一支笔到一家商店,从简单的整数到整数列、极其复杂的自动化工厂、航天飞机都可看作对象,它不仅能表示有形的实体,也能表示无形的(抽象的)规则、计划或事件。面向对象方法学中的对象是由描述该对象属性的数据(数据结构)以及可以对这些数据施加的所有操作封装在一起构成的统一体。这个封装体有可以唯一地标识它的名字,而且向外界提供一组服务。从程序设计者来看,对象是一个程序模块;从用户来看,对象为他们提供所希望的行为或服务;从对象自身来看,这种服务或行为通常称为方法。

要想深刻理解对象的特点,就必须明确对象的下述特点。

(1) 以数据为中心。

所有施加在对象上的操作都基于对象的属性,这样保证对象内部的数据只能通过对象的私有方法来访问或处理,这就保证了对这些数据的访问或处理,在任何时候都是使用统一的方法进行的。

(2) 对象是主动的。

对象向外提供的方法是自身向外提供的服务。对于数据的提供不是被动的,而是根据自身的特点及接收发来的消息进行处理后向外反馈信息。

(3) 实现了数据封装。

使用对象时只需知道它向外界提供的接口形式而无须知道它的内部实现算法。不仅使得对象的使用变得非常简单、方便,而且具有很高的安全性和可靠性,实现了信息隐藏原则。

(4) 对象对自己负责

对象可以通过父类得知自己的类型,对象中的数据能够告诉自己它的状态如何,而对象中的代码能够使它正确工作。

(5) 模块独立性好。

对象中的方法都是为同一职责服务的,模块的内聚程度高。

A.1.2 类

人们一般习惯于把有相似特征的事物归为一类。在面向对象的技术中,把具有相同属性和相同操作的一组相似对象也归为一"类"。类(Class)是对象的模板。即类是对一组有相同属性和相同操作的对象的定义,一个类所包含的方法和属性描述一组对象的共同属性和行为。类是在对象之上的抽象,对象则是类的具体化,是类的实例。类可有其子类,也可有其他类,形成类的层次结构。

例如,三个圆心位置、半径大小和颜色均不相同的圆,是三个不同的对象。但是,它们都有相同的属性(圆心坐标、半径、颜色)和相同的操作(计算面积、绘制图形等等)。因此,它们是同一类事物,可以用"Circle 类"来定义。

类与类之间存在以下 4 种相互关系。

1. 泛化关系

B 类继承了 A 类,就是继承了 A 类的属性和方法。A 类称为父类,B 类称为子类。子类在获得父类功能的同时,还可以扩展自己的功能。

2. 依赖关系

对于两个相对独立的对象,当一个对象负责构造另一个对象的实例,或者依赖另一个对象的服务时,这两个对象之间主要体现为依赖关系。在代码实现中主要体现在某个类对象存在于另一个类的某个方法调用的参数中,或某个方法的局部变量中,或调用被调用类的静态方法。

3. 关联关系

对于两个相对独立的对象,当一个对象的实例与另一个对象的一些特定实例存在固定的结构关系时，这两个对象之间为关联关系。例如，班级是由学生组成的，这是客观存在的规则，是不能够随意改变的固定结构关系。关联有两种特殊的形式，聚合(Aggregation)和组合(Composition)。

聚合指的是整体与部分的关系。当整体不存在了，部分仍可以独立存在。例如，计算机和组成计算机的配件。组合表示类之间整体和部分的关系，但是组合关系中部分和整体具有统一的生存期，即整体对象不存在，部分对象也将不存在。例如，鸟和翅膀之间的关系，当鸟不存在了，鸟的翅膀也就没有存在的意义了。

从代码层面上讲，关联、聚合和组合没有什么区别，主要是从语义环境中加以区分，当这种结构关系比较强的时候，就可以考虑使用聚合或组合关系了。

A.1.3 实例

实例(Instance)就是由某个特定的类所描述的一个具体的对象。类是对具有相同属性和行为的一组相似的对象的抽象，类在现实世界中并不能真正存在。

在地球上并没有抽象的"中国人"，只有一个个具体的中国人，例如，张三、李四、王五……实际上，类就是建立对象时使用的"模板"；按照这个模板所建立的一个个具体的对象，才是类的实际表现，称为实例。可以说对象就是实例。在程序设计中将特定的类称为实例，在业务环境中(或分析过程中)将特定的类称为对象。

A.1.4 消息

消息(Message)是对象之间进行通信的一种规格说明。一般它由三部分组成：接收消息的对象、消息名及实际变元。例如，MyCircle 是一个半径 4cm、圆心位于(100,200)的 Circle 类的对象，也就是 Circle 类的一个实例。当要求它在屏幕上绘制出自己时，在 Java 语言中应该向它发送下列消息：

```
MyCircle.draw();
```

消息的发送相当于 A 向 B 发送请求 doSomething()。则 B 必须具有 doSomething 的这项服务，也就是 B 对外提供公共方法，A 了解 B 的行为后，请求 B 为其提供服务，帮助 A 解决 B 管辖范围内的事务。消息就是 A 向 B 发起的请求。

A.1.5 方法

方法(Method)就是对象所能执行的操作，也就是类中所定义的服务。方法描述了对象执行操作的算法，响应消息的方法。例如，为了让 Circle 类的对象能够响应让它在屏幕上绘制出自己的消息 draw()，在 Circle 类中必须给出成员函数 draw()的定义，也就是要给出这个成员函数的实现代码。

A.1.6 属性

属性(Attribute)就是类中所定义的数据，它是对客观世界实体所具有的性质的抽象。类的每个实例都有自己特有的属性值。例如，Circle 类中定义的代表圆心坐标、半径、颜色等的数据成员，就是圆的属性。

A.1.7 封装

封装(encapsulation)是面向对象的主要特征之一，它是一种信息隐蔽技术，体现于类的说明。封装使数据和加工该数据的方法(函数)封装为一个整体，使得用户只能见到对象的外部特性(对象能接收哪些消息，具有哪些处理能力)，而对象的内部特性(保存内部状态的私有数据和实现加工能力的算法)对用户是隐蔽的。封装的目的在于把对象的设计者和对象的使用者分开，使用者不必知晓行为实现的细节，只须用设计者提供的接口来访问该对象。

对象具有封装性的条件如下。

(1) 有一个清晰的边界。所有私有数据和实现操作的代码都被封装在这个边界内，从外面看不见，更不能直接访问。

(2) 有确定的接口(即协议)。这些接口就是对象可以接收的消息，只能通过向对象发送消息来使用它。

(3) 受保护的内部实现。实现对象功能的细节(私有数据和代码)不能在定义该对象的类的范围外访问。

A.1.8 继承

继承(Inheritance)是子类自动共享父类之间数据和方法的机制。它由类的派生功能体现。一个类直接继承其他类的全部描述，同时可修改和扩充。继承能够直接获得已有的性质和特征，而不必重复定义它们。

继承具有传递性。继承分为单继承(一个子类只有一个父类，使得类等级成为树状结构)和多重继承(一个类有多个父类，多重继承的类可以组合多个父类的性质构成所需要的性质)。类的对象是各自封闭的，如果没有继承机制，则类对象中的数据、方法就会出现大量重复。继承不仅支持系统的可重用性，而且还促进系统的可扩充性。

一个类实际上继承了它所在的类等级中在它上层的全部基类的所有描述。也就是说，属于某类的对象除了具有该类所描述的性质外，还具有类等级中该类上层全部基类描述的一切性质。

A.1.9 多态性

多态性(Polymorphism)是对象根据所接收的消息而做出动作。同一消息为不同的对象接收时可产生完全不同的行动，这种现象称为多态性。利用多态性用户可发送一个通用的信息，而将所有的实现细节都留给接收消息的对象自行决定，这样，同一消息即可调用不同的方法。例如，print 消息被发送给一个图或表时调用的打印方法与将同样的 print 消息发送给一个正文文件而调用的打印方法会完全不同。多态性的实现受到继承性的支持，利用类继承的层次关系，把具有通用功能的协议存放在类层次中尽可能高的地方，而将实现这一功能的不同方法置于较低层次，这样，在这些低层次上生成的对象就能给通用消息以不同的响应。在面向对象编程中可通过在派生类中重定义基类函数来实现多态性。

A.1.10 重载

重载(Overloading)是在同一类层次中,使用同一方法名,通过传递不同类型的参数来确定具体的方法的一种机制。

重载在面向对象中有以下两种。

(1) 函数重载:是指在同一作用域内的若干个参数特征不同的函数可以使用相同的函数名字。

(2) 运算符重载:是指同一个运算符可以施加于不同类型的操作数上面。

A.2 面向对象方法的总结

综上可知,面向对象方法学可以采用方程的形式来总结:

```
OO = Objects + Classes + Inheritance + Communication with messages
```

也就是说,面向对象就是既使用对象又使用类和继承等机制,而且对象之间仅能通过传递消息实现彼此通信。

在面向对象方法中,对象和传递消息分别表现事物及事物间相互联系的概念。类和继承是适应人们一般思维方式的描述模式。方法是允许作用于该类对象上的各种操作。这种对象、类、消息和方法的程序设计模式的基本点在于对象的封装性和类的继承性。通过封装能将对象的定义和对象的实现分开,通过继承能体现类与类之间的关系,以及由此带来的动态联编和实体的多态性,从而构成了面向对象的基本特征。

采用面向对象方法具有以下几个主要优点。

1. 稳定性好

面向对象方法以对象为中心构造软件系统。用对象模拟问题领域中的实体,以对象间的联系刻画实体间的联系。当系统的功能需求变化时,往往只需要做一些局部性的修改。这样的软件系统比较稳定。而结构化方法以算法为核心,开发过程基于功能分析和功能分解。软件系统的结构紧密依赖于系统所要完成的功能,当功能需求发生变化时将引起软件结构的整体修改。

2. 可重用性好

面向对象的设计方法中重用一个对象类有两种方法,一种方法是创建该类的实例,从而直接使用它;另一种方法是从它派生出一个满足当前需要的新类。继承机制使得子类不仅可以重用其父类的数据结构和程序代码,而且可以在父类代码的基础上方便地修改和扩充,这种修改并不影响对原有类的使用。

结构化方法通过标准函数库中的函数作为“预制件”来建造新的软件系统。但标准函数缺乏必要的“柔性”,不能适应不同的应用场合,不是理想的可重用的软件成分。

3. 较易开发大型软件产品

用面向对象方法开发软件时,可以把一个大型产品看做一系列本质上相互独立的小产品来处理,这就不仅降低了开发的技术难度,而且也使得对开发工作的管理变得容易。这就是为什么对于大型软件产品来说,面向对象方法优于结构化方法的原因之一。许多软件开发公司的经验都表明,当把面向对象技术用于大型软件开发时,软件成本明显地降低了,软件的整体质量也提高了。

4. 可维护性好

由于对象的独立性强,模拟了人们对现实世界的认识,因此用面向对象的方法开发的软件比较容易修改、理解,易于测试和调试。

5. 面向对象方法解决的两个经典问题

首先,面向对象的方法将数据模型和处理模型合二为一。其次,使用面向对象方法可以从系统分析平滑地过渡到系统设计。UML 的出现将分析和设计模型统一,使用的符号统一,设计模型是分析模型的完善和扩充。如果此时需求发生变动,修改相应的分析模型,而设计模型只要在分析模型的基础上稍做调整即可,不用再重新进行设计。传统方法学中从分析到设计采用两种模型的转换,从数据流图到结构图的转变因人而异,不是唯一的。每个人的设计思想不能够统一到一起。如果需求发生变化,则需要更改分析模型,而对应的设计模型将会随之发生很大的变化,并可能推翻原有的设计重新开始。

A.3 面向对象建模

在进行系统分析和设计的过程中无论采用哪种方法,都需要对分析得到的结果进行描述,让其他相关人员能够理解你的想法,这就需要一种简洁直观的描述方式,这让我们马上想到了图形符号,它能让我们在对问题的认识上更快地进行统一,减少了文字描述带来的复杂性,可以把知识规范地表示出来。

在软件工程中,这种主要以图形的方式来达成共识的方式称为构建模型,简称建模。建模这种方式并不只是单纯地由图形构成,它是由一组图示符号和组织这些符号的规则组成,利用它们来定义和描述问题域中的术语和概念。模型是对事物的一种无歧义的书面描述,是现实的简化。它提供了系统的设计图。模型可以包含详细的规划,也可以包含概括性的规划,这种规划高度概括了正在考虑的系统。好的模型包括那些具有高度抽象性的元素。

在面向对象技术中,通常需要建立三种形式的模型,它们分别是对象模型、动态模型、功能模型。对象模型是用来描述系统的数据结构,而动态模型是用来描述系统的控制结构,功能模型是用来描述系统的功能。一个典型的软件系统组合了上述三方面内容。

面向对象建模的形式自其产生以来,出现了许多自成体系的表示方法。这些表示法表达了相同的概念,但符号不同,令开发者混淆,使得开发者之间的交流反而更加困难。

为了能够解决出现的这种混乱的局面,软件界开始集中力量合并这些不同的表示法。1994 年,Jim Rumbaugh 加入了 Rational 公司,与 Grady Booch 一起统一了 OMT 和 Booch

表示法。1995 年，Ivar Jacobson 也加入了 Rational 公司，并把用例(Objector)加入到统一化工作中。Rational 公司在响应 1996 年对象管理组织(OMG)发出的请求时，提议完成一套标准面向对象建模表示法。

对于 UML 视图种类的说法，各种参考书上根据描述的角度不同而有所不同。如附图 A-1 所示，典型的是 UML 4＋1 视图，包括用例视图、逻辑视图、实现视图、进程视图和部署视图。主要是从应用的角度进行描述，在什么阶段对某一问题进行建模时，使用什么视图，这个视图都包括哪些具体的 UML 图，即通过哪几种图形能够描述这个问题。

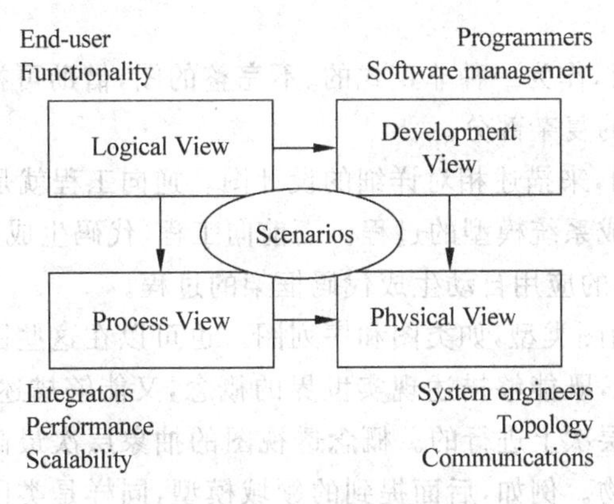

附图 A-1　UML4＋1 视图

1. 用例视图

描述了从外部参与者看来系统应该完成的功能以及系统的需求。它是为用户、系统分析人员、设计者、开发者和测试人员设计的。用例视图是其他视图的中心，其内容驱动了其他视图的开发。从技术角度看，用例应该是中立的，不包含对象。也就是说，其内容集中在系统解决方案能够完成哪些功能，而不是如何构建系统，强调了需求阶段的任务。它是用例模型的子集。

2. 逻辑视图

描述了如何提供系统功能，该视图主要用于系统的设计者和开发者，它着眼于系统的内部，与更为宏观的用例视图形成对比。它描述了静态结构(类、对象及其关系)，也描述了对象为响应外部或内部事件而发送消息时的动作协作序列。它是设计模型的子集。

3. 开发视图

描述了各个实现模块以及它们之间的依赖关系。这些模块可以和其他交付产品进行交叉检验，以确保所有的需求最终都实现为代码。它主要用于开发者，由组件图组成。

4. 进程视图

也称为并发性视图。它描述了如何将系统划分为各个进程和处理器。这种划分考虑到了有效的资源使用、并行执行以及对异步事件的处理。它是为开发者和系统集成人员设计的。只有在系统中存在很高程度的并发性时才需要这种视图。它包括状态图、序列图、协作图以及活动图,还有组件图和部署图。

5. 部署视图

通过组件图和部署图,描述了系统物理部署情况。开发者、系统集成人员和测试人员会使用该视图。当系统属于分布式系统时才需要这种视图。

UML并不是面向对象分析和设计的全部,它只是一种手段,一种工具。需要通过自己对对象的理解和使用面向对象分析设计技术来进行系统的分析和设计,然后通过UML的形式来进行表述。

UML可以作为草图,作为一种非正式的、不完整的图,借助可视化语言的功能,用于探讨问题或解决方案空间的复杂部分。

UML可以作为蓝图,来描述相对详细的设计图。逆向工程就是利用UML间接直观的特点将已有的代码转换成系统模型的过程。而前向工程(代码生成)则是基于对UML对问题描述的规则,通过工具的应用自动生成代码框架的过程。

UML可以描述原始图类型,如类图和序列图。也可以在这些图上叠加建模的透视图。例如,同样的UML类图,既能够描述现实世界的概念,又能够描述面向对象语言中的软件类。这种分类是从抽象层次上进行的。概念透视图的抽象层次最高,它是用图来描述现实世界或关注领域中的事物。例如,后面提到的领域模型,同样是类图,它与设计类图所表达的含义完全不同。而规格说明透视图是用图来描述软件的抽象物或具有规格说明和接口的构件,但是并不约束特定实现。实现透视图是用图来描述特定技术中的软件实现。

UML仅是标准的图形化表示方法。它使用常用符号给可视化建模带来极大的帮助,但它不可能与设计和对象思想同等重要。设计知识是极不寻常的且更为重要的技能,它不是通过学习UML表示法或相关CASE工具就可以掌握的。如果不具备良好的面向对象设计和编程能力,那么,即使使用UML,也只能画出拙劣的设计。记住这一点是至关重要的。

在本书讲解过程中,采用UML作为系统的建模描述语言,不仅是因为它已经成为软件界公认的建模标准,而且也是RUP过程模型中的重要组成部分,RUP将是面向对象软件工程方法介绍过程中选用的过程模型。

小结

本章重点介绍了面向对象方法在解决复杂问题时显示出的突出的优势,而且面向对象的语言应用也正处于蓬勃发展阶段,因此,面向对象技术得到了广泛的使用。为了能够熟练掌握面向对象的分析设计技术,就必须熟悉面向对象的基本概念,为各章的学习打好基础。

参考文献

[1] Paul R Reed,Jr. Java 与 UML 协同应用开发[M]. 郭旭译. 北京：清华大学出版社,2003.

[2] Craig Larman. UML 和模式应用(原书第 3 版)[M]. 李洋等译. 北京：机械工业出版社,2006.

[3] John W Satzinger,Robert B Jackson,Stephen D Burd. 系统分析与设计(第 3 版)[M]. 李芳等译. 北京：电子工业出版社,2006.

[4] Gary Police ,Liz Augustine,Chris Lowe,et al. 小型团队软件开发——以 RUP 为中心的方法[M]. 宋锐等译. 北京：中国电力出版社,2004.

[5] Alistair Cockburn. 编写有效用例[M]. 王雷等译. 北京：机械工业出版社. 2002.

[6] Steve Adolph,Paul Bramble. 有效用例模式[M]. ePress. cn,车立红译. 北京：清华大学出版社,2003.

[7] Joey F George,Dinsh Batra,Joseph S Valacich,et al. 面向对象的系统分析与设计[M]. 梁金昆译. 北京：清华大学出版社,2005.

[8] Roger S Pressman. 软件工程：实践者的研究方法(第 5 版)[M]. 梅宏译. 北京：机械工业出版社. 2005.

[9] Kendall Scott. 统一过程精解[M]. 付宇光,朱剑平译. 北京：清华大学出版社,2005.

[10] 张海藩. 软件工程[M]. 北京：人民邮电出版社, 2005.

[11] Shari Lawrence Pfleeger. 软件工程理论与实践(第 3 版)(英文影印版)[M]. 北京：高教出版社,2006.

[12] Stephen R Schach. 面向对象与传统软件工程——统一过程的理论与实践[M]. 韩松,邓迎春译. 北京：机械工业出版社,2006.

[13] 韩万江. 软件工程案例教程[M]. 北京：机械工业出版社,2007.

[14] 温昱. 软件架构设计[M]. 北京：电子工业出版社,2007.

[15] Ian Sommerville. 软件工程(原书第 6 版)[M]. 程成,陈霞等译. 北京：机械工业出版社,2003.

[16] 林锐. 软件工程与项目管理解析[M]. 北京：电子工业出版社,2003.

[17] Doug Rosenberg,Kendall Scott. 用例驱动的 UML 对象建模应用——范例分析[M]. 管斌,袁国忠译. 北京：人民邮电出版社,2005.

[18] Rational统一过程——软件开发团队的最佳实践. http://www. ibm. com/developerworks/cn/rational/r-rupbp/.

[19] 石冬凌等. 软件工程实用教程[M]. 大连：大连理工大学出版社,2011.

教学资源支持

◇◇

敬爱的教师：

感谢您一直以来对清华版计算机教材的支持和爱护。为了配合本课程的教学需要，本教材配有配套的电子教案（素材），有需求的教师请到清华大学出版社主页（http://www.tup.com.cn）上查询和下载，也可以拨打电话或发送电子邮件咨询。

如果您在使用本教材的过程中遇到了什么问题，或者有相关教材出版计划，也请您发邮件告诉我们，以便我们更好地为您服务。

◇◇

我们的联系方式：

地　　址：北京海淀区双清路学研大厦 A 座 707

邮　　编：100084

电　　话：010－62770175－4604

课件下载：http://www.tup.com.cn

电子邮件：weijj@tup.tsinghua.edu.cn

教师交流 QQ 群：136490705

教师服务微信：itbook8

教师服务 QQ：883604

（申请加入时，请写明您的学校名称和姓名）

用微信扫一扫右边的二维码，即可关注计算机教材公众号。

扫一扫

课件下载、样书申请

教材推荐、技术交流